U0195139

『十一五』国家重点图书出版规划项目

中国环境变迁史丛书

魏晋南北朝环境变迁史

李文涛◎著

中州古籍出版社
·郑州·

图书在版编目（CIP）数据

魏晋南北朝环境变迁史 / 李文涛著 . —郑州：中州古籍出
版社，2021. 10（2022. 6 重印）
（中国环境变迁史丛书）
ISBN 978-7-5348-8761-1

Ⅰ.①魏… Ⅱ.①李… Ⅲ.①生态环境－变迁－研究－中
国－魏晋南北朝时代 Ⅳ.① X321.2

中国版本图书馆 CIP 数据核字（2019）第 164721 号

WEI-JIN NAN-BEI CHAO HUANJING BIANQIAN SHI
魏晋南北朝环境变迁史

策划编辑　杨天荣
责任编辑　杨天荣
责任校对　牛冰岩
美术编辑　王　歌

出 版 社　中州古籍出版社（地址：郑州市郑东新区祥盛街 27 号 6 层
　　　　　　邮编：450016　电话：0371-65788693）
发行单位　河南省新华书店发行集团有限公司
承印单位　河南瑞之光印刷股份有限公司
开　　本　710 mm×1000 mm　1/16
印　　张　26.5
字　　数　457 千字
版　　次　2021 年 10 月第 1 版
印　　次　2022 年 6 月第 2 次印刷
定　　价　95.00 元

《中国环境变迁史丛书》 总序

一部环境通史，有必要开宗明义，先介绍环境的概念、学科属性、学术研究状况等，并交代写作的思路与框架。因此，特作总序于前。

一、何谓环境

何谓环境？《辞海》解释之一为：一般指围绕人类生存和发展的各种外部条件和要素的总体。……分为自然环境和社会环境。[①] 由此可知，环境分为自然环境与社会环境。

本书所述的环境主要指自然环境，指人类社会周围的自然境况。"自然环境是人类赖以生存的自然界，包括作为生产资料和劳动条件的各种自然条件的总和。自然环境处在地球表层大气圈、水圈、陆圈和生物圈的交界面，是有机界和无机界相互转化的场所。"[②]

环境有哪些元素？空气、气候、河流湖泊、大海、土壤、动物、植物、灾害等，都是环境的元素。需要说明的是，这些环境元素不是一成不变的，在不同的时期、不同的学科、不同的语境，人们对环境元素的理解是有差异的。在一些专家看来，环境是一个泛指的名词，是一个相对的概念，是相对于主体而言的客体，因此，不同的学科对环境的含义就有不同的理解，如环境保护法明确指出环境是指"大气、水、土地、矿藏、森林、草原、野生动物、野生植

①《辞海》，上海辞书出版社 2020 年版，第 1817 页。

② 胡兆量、陈宗兴编：《地理环境概述》，科学出版社 2006 年版，第 1 页。

物、名胜古迹、风景游览区、温泉、疗养区、自然保护区、生活居住区等"①。

二、何谓环境史

国内外学者对环境史的定义做过许多探讨，表述的内容差不多，但没有达成一个共识。如，包茂宏认为："环境史是以建立在环境科学和生态学基础上的当代环境主义为指导，利用跨学科的方法，研究历史上人类及其社会与环境之相互作用的关系。"② 梅雪芹认为："作为一门学科，环境史不同于以往历史研究和历史编纂模式的根本之处在于，它是从人与自然互动的角度来看待人类社会发展历程的。"③

享誉盛名的美国学者唐纳德·休斯在《什么是环境史》一书中，用整整一部著作讨论环境史，他在序中说：环境史是"一门历史，通过研究作为自然一部分的人类如何随着时间的变迁，在与自然其余部分互动的过程中生活、劳作与思考，从而推进对人类的理解"④。显然，休斯笔下的环境史是人类史，是作为自然一部分的人类的历史，是人与自然关系的历史。

根据学术界的观点，结合我们研究的体会，我们认为：环境史是客观存在的历史。从学科属性而言，环境史是自然史与人类史的交叉学科。人类史与环境史是有区别的，在环境史研究中应当更多关注自然，而不是关注人。环境史是从人类社会视角观察自然的历史，研究的是自然与人类的历史。还要说明的是，我们所说的环境史，不包括与人类没有直接关系的纯自然现象，那样一些现象是动物学、植物学、细菌学等自然学科所研究的内容。

进入我们视觉的环境史是古老的。从广义而言，有了人类，就有环境史，就有了环境史的信息，就有了可供环境史研究的资料。人类对环境的关注、记载、研究的历史，可以上溯到很久以前，即可与人类文明史的起点同步。有了

---

① 朱颜明等编著：《环境地理学导论》，科学出版社 2002 年版，第 1 页。

② 包茂宏：《环境史：历史、理论和方法》，《史学理论研究》2000 年第 4 期。

③ 梅雪芹：《马克思主义环境史学论纲》，《史学月刊》2004 年第 3 期。

④ ［美］J. 唐纳德·休斯著，梅雪芹译：《什么是环境史》，北京大学出版社 2008年版，第 2 页。

人类，就有了对环境的观察、选择、利用、改造。因此，我们说，环境史是古老的，其知识系统是悠久的。环境史是伴随着人类历史的步伐而走到了现在。

如果从更广义而言，环境史还应略早于人类史。有了环境才有人类，人类是环境演迁到一定阶段的产物。因此，环境史可以向上追溯，追溯到环境与人类社会的产生。作为环境史研究，可以从远观、中观、近观三个层次探究环境的历史。环境史的远观比人类史要早，环境史的中观与人类诞生相一致，环境史的近观是在20世纪才成为一门独立的学科。

三、环境史学的产生

人类生活在自然环境之中，但环境长期没有作为人类研究的主要内容。直到工业社会以来，环境才逐渐进入人类研究的视野，环境史学才逐渐成为历史学的一部分。为什么会产生环境史学？为什么会产生环境史的研究？环境史学的产生是20世纪以来的事情，之所以会产生环境史学，当然是学术多元发展的结果，更重要的是人类社会发展的结果，是环境问题越来越严重的结果。具体说来，有五点原因。

其一，人类社会越来越关注人自身的生存质量。随着物质文明与精神文明的发展，人们的欲望增加，人类的享乐主义盛行。人们都希望不断提高生活质量，要住宽敞的大房子，要吃尽天下的山珍海味，要到环境优美的地方旅游，要过天堂般的舒适生活。因此，人们对环境质量的要求越来越高，对环境的关注度超过了以往任何时候。

其二，人类对自己所处的生活环境越来越不满意。人类生存的环境条件日益恶化，各种污染严重威胁人们的生活与生命，如空气、水、大米、肉、蔬菜、水果等无一不受到污染，各种怪病层出不穷。事实上，生活在工业社会的人们，虽然在科技上得到一些享受，但在衣食方面、空气与水质方面远远不如农耕社会那么纯粹天然。

其三，人类越来越感到资源欠缺。随着工业化的进程，环境资源消耗增大，且正在消耗殆尽，如石油、木材、淡水、土地等，已经供不应求。以汽车工业为例，虽然生产汽车在短时间内拉动了经济，便利了人们的生活，但同时也带来了空气污染、石油消耗、交通拥挤等后患。

其四，人类面临的灾害越来越多。洪水、干旱、地震、海啸、瘟疫等频频发生，这些灾害严酷地摧残着人类，使人类付出了极大的代价。生活在这个地球上的人类，越来越艰难，无不感到自然界越来越可怕了。也许是互联网太发达，人们天天听到的都是环境恶化的坏消息。

其五，人类希望社会可持续发展，希望人与自然更加和谐，希望子孙后代也有好的生活空间。英国学者汤因比主张研究自然环境，用历史的眼光对生物圈进行研究，从人类的长远利益出发进行研究，目的是要让人类能够长期地在地球这个生物圈生活下去。他说："迄今一直是我们唯一栖身之地的生物圈，也将永远是我们唯一的栖身之地，这种认识就会告诫我们，把我们的思想和努力集中在这个生物圈上，考察它的历史，预测它的未来，尽一切努力保证这唯一的生物圈永远作为人类的栖身之处，直到人类所不能控制的宇宙力量使它变成一个不能栖身的地方。"①

人类似乎正处在文明的巅峰，又似乎处在文明的末日。换言之，人类正在创造美好的世界，又正在挖自己的坟墓。人类的环境之所以演变到今天这种情况，有其必然性。随着工业化的进程，随着大科学主义的无限膨胀，随着人类消费欲望的不断增多，随着人类的盲目与自大，随着人类对环境的残酷掠夺与虐待，环境一定会受到破坏，资源一定会减少，生态一定会不断恶化。有人甚至认为环境破坏与资本主义有关，"把人类当前面临的全球生态环境问题放在一个比较长的时段上进行观察，我们发现，这是一个经过了长期累积、在工业化以后日趋严重、到全球化时代已无法回避的问题。在近代以来的每个历史阶段，全球性的生态环境问题都与资本主义有关"②。如果没有资本主义，也许环境不会恶化成现在这个样子。但是，资本主义相对以前的社会形态毕竟是一个进步，环境恶化不能完全怪罪于社会的演进。

要改变环境恶化的这种情况，必须依靠人类的文化自觉。幸好，人类还有良知，人类还有先知先觉的智者。环境史学科的产生，就是人类良知的苏醒，就是学术自觉的表现。为了创造美好的社会，保持现代社会的可持续性发展，各国学者都关注环境，并致力于从环境史中总结经验。正因为人类社会越来越

---

① [英] 汤因比著，徐波等译：《人类与大地母亲》，上海人民出版社 2001 年版，第 8 页。

② 俞金尧：《资本主义与近代以来的全球生态环境》，《学术研究》2009 年 6 期。

关注环境，当然就会产生环境史学，开展环境史的研究。

四、环境史研究的内容

环境史研究可以分为三个方面：

第一，环境的历史。在人类社会的历史长河中，与人类息息相关的环境的历史，是环境史研究最基本的内容。历史上环境的各种元素的状况与变化，是环境史研究的主要板块。环境史不仅要关注环境过去的历史，还要着眼于环境的现状与未来。现在的环境对未来环境是有影响的，决定着未来的环境的状况。当前的环境与未来的环境都是历史上环境的传承，受到历史上环境的影响。

第二，人类社会与环境的关系的历史。历史上，环境是怎样决定或影响着人类社会？人类社会又是怎样反作用于环境？环境与农业、游牧业、商业的关系如何？环境与民族的发展如何？环境与城市的建设、居住的建筑、交通的变化有什么关系？这都是环境史应当关注的。

第三，人类对环境的认识史。人类对环境有一个渐进的认识过程，从简单、糊涂、粗暴的认识，到反思、科学的认识，都值得总结。人类的智者自古就提倡人与自然和谐，提倡保护自然。古希腊斯多葛派的创始人芝若说过："人生的目的就在于与自然和谐相处。"

由以上三点可知，环境史研究的目的，一是掌握有关环境本身的真实信息、确切的规律，二是了解人类有关环境问题上的经验教训与成就，三是追求人类社会与环境的和谐相处与持续发展。

五、环境史研究的社会背景与学术背景

研究环境史，或者把它当作一门环境史学科，应是 20 世纪以来的事情。环境史学是古老而年轻的学科。在这门年轻学科构建的背景之中，既有社会的酝酿，也有学术的准备。

1. 社会的酝酿

1968 年，在罗马成立了罗马俱乐部，其创建者是菲亚特汽车公司总裁佩

切伊（1908—1984），他联合各国各方面的学者，展开对世界环境的研究。佩切伊与池田大作合著《二十一世纪的警钟》。1972 年，世界上首次以人类与环境为主题的大会在瑞典斯德哥尔摩召开，发表了《联合国人类环境会议宣言》，会议的口号是"只有一个地球"，首次明确提出："保护和改善人类环境已经成为人类一个紧迫的目标。"联合国把每年的 6 月 5 日确定为世界环境日。1992 年在巴西召开了世界环境与发展大会，有 183 个国家和地区的代表团参加了会议，有 102 个国家的元首或政府首脑参加，通过了《里约环境与发展宣言》《21 世纪议程》。这次会议提出全球伦理有三个公平原则：世界范围内当代人之间的公平性、代际公平性、人类与自然之间的公平性。

2. 学术的准备

环境史学有相当长的准备阶段，20 世纪有许多关于研究环境的成果，这些成果构成了环境史学的酝酿阶段。

早在 20 世纪初，德国的斯宾格勒在《西方的没落》中就提出"机械的世界永远是有机的世界的对头"的观点，认为工业化是一种灾难，它使自然资源日益枯竭。[1] 资本主义的初级阶段，造成严重的环境污染，引起劳资双方极大的对立。斯宾格勒正是在这样的背景下写出了他的忧虑。

美国的李奥帕德（又译为莱奥波尔德）撰有《大地伦理学》一文，1933年发表于美国的《林业杂志》，后来又收入他的《沙郡年记》。《大地伦理学》是现代环境主义运动的《圣经》，李奥帕德本人被称为"现代环境伦理学之父"。他超越了狭隘的人类伦理观，提出了人与自然的伙伴关系。其主要观点是要把伦理学扩大到人与自然，人不是征服者的角色，而是自然界共同体的一个公民。

德国的海德格尔在《论人类中心论的信》（1946）中反对以人类为中心，他说："人不是存在者的主宰，人是存在者的看护者。"[2] 另一位德国思想家施韦泽（又译为史韦兹，1875—1965 年在世），著有《敬畏生命》（上海社会科学科学院出版社 2003 年版），主张把道德关怀扩大到生物界。

---

① [德] 斯宾格勒：《西方的没落》，黑龙江教育出版社 1988 年版，第 24 页。

② 宋祖良：《海德格尔与当代西方的环境保护主义》，《哲学研究》1993 年第 2 期。

　　1962年，美国生物学家蕾切尔·卡逊著《寂静的春天》（中国环境科学出版社1993年版），揭露美国的某些团体、机构等为了追求更多的经济利益而滥用有机农药的情况。此书被译成多种文字出版，学术界称其书标志着生态学时代的到来。

　　此外，世界自然保护同盟主席施里达斯·拉夫尔在《我们的家园——地球》中提出，不能仅仅告诉人们不要砍伐森林，而应让他们知道把拯救地球与拯救人类联系起来。① 英国学者拉塞尔在《觉醒的地球》（东方出版社1991年版）中提出地球是活的生命有机体，人类应有高度协同的世界观。

　　美国学者在20世纪先后创办了《环境评论》《环境史评论》《环境史》等刊物。美国学者约瑟夫·M. 佩图拉在20世纪80年代撰写了《美国环境史》，理查德·怀特在1985年发表了《美国环境史：一门新的历史领域的发展》，对环境史学作了概述。以上这些学者从理论、方法上不断构建环境史学科，其学术队伍与成果是世界公认的。

　　显然，环境史是在社会发展到一定阶段之后，由于一系列环境问题引发出学人的环境情怀、环境批判、环境觉悟而诞生的。限于篇幅，我们不能列举太多的环境史思想与学术成果，正是有这些丰硕的成果，为环境史学科的创立奠定了基础。

六、中国环境史的研究状况与困惑

　　中国是一个悠久的文明古国，一个以定居为主要生活方式的农耕文明古国，一个还包括游牧文明、工商文明的文明古国，一个地域辽阔的多民族大家庭的文明古国。在这样的国度，环境史的资料毫无疑问是相当丰富的。在世界上，没有哪一个国家的环境史资料比中国多。中国人研究环境史有得天独厚的条件，没有哪个国家可以与中国相提并论。

　　尽管环境史作为一门学科，学术界公认是外国学者最先构建的，但这并不能说明中国学者研究环境史就滞后。中国史学家一直有研究环境史的传统，先

---

① ［英］施里达斯·拉夫尔：《我们的家园——地球》，中国环境科学出版社1993年版。

秦时期的《禹贡》《山海经》就是环境史的著作。秦汉以降，中国出现了《水经注》《读史方舆纪要》等许多与环境相关的书籍，涌现出郦道元、徐霞客等这样的环境学家。史学在中国古代是比较发达的学科，而史学与地理学是紧密联系在一起的，任何一个史学家都不能不研究地理环境，因此，中国古代的环境史研究是发达的。

环境史是史学与环境学的交叉学科。历史学家离不开对环境的考察，而对环境的考察也离不开历史的视野。时移势易，生态环境在变化，社会也在变化。社会的变化往往是明显的，而山川的变化非要有历史眼光才看得清楚。早在 20 世纪，中国就有许多历史学家、地理学家、物候学家研究环境史，发表了一些高质量的环境史的著作与论文，如竺可桢在《考古学报》1972 年第 1期发表的《中国近五千年来气候变迁的初步研究》就是环境史研究的代表作。此外，谭其骧、侯仁之、史念海、石泉、邹逸麟、葛剑雄、李文海、于希贤、曹树基、蓝勇等一批批学者都在研究环境史，并取得了丰硕的成果。国家环保局也很重视环境史的研究，曲格平、潘岳等人也在开展这方面的研究。

显然，环境史学科正在中华大地兴起，一大群跨学科的学者正在环境史田园耕耘。然而，时常听到有人发出疑问，如：

有人问：中国古代不是有地理学史吗？为什么还要换一个新名词环境史学呢？

答：地理史与环境史是有联系的，也是有区别的。环境史的内涵与外延大于地理史。环境史是新兴的前沿学科，是国际性的学科。中国在与世界接轨的过程中，一定要在各个学科方面也与世界接轨。应当看到，中国传统地理学有自身的局限性，它不可能完全承担环境史学的任务。正如有的学者所说：传统地理学的特点在于依附经学，寓于史学，掺有大量堪舆成分，持续发展，文献丰富，擅长沿革考证，习用平面地图。① 直到清代乾隆年间编《四库全书总目》，仍然把地理学作为史学的附庸，编到史部中，分为宫殿、总志、都会、郡、县、河渠、边防、山川、古迹、杂记、游记、外记等子目。这些说明，传统地理学不是一门独立的学科，需要重新构建，但它可以作为环境史学

---

① 孙关龙：《试析中国传统地理学的特点》，参见孙关龙、宋正海主编：《自然国学》，学苑出版社 2006 年版，第 326—331 页。

的前身。

有人问：研究环境史有什么现代价值？

答：清代顾祖禹在《读史方舆纪要·序》中说："孙子有言：'不知山林险阻沮泽之形者，不能行军。不用乡导者，不能得地利。'"环境史的现代价值一言难尽。如地震方面：20世纪50年代，中国科学院绘制《中国地震资料年表》，其中有近万次地震的资料，涉及震中、烈度，这对于了解地震的规律性是极有用的。地震有灾害周期、灾异链，许多大型工程都是在经过查阅大量地震史资料之后，从而确定工程抗震系数。又如兴修水利方面：黄河小浪底工程大坝设计参考了黄河历年洪水的数据，特别是1843年的黄河洪水数据。长江三峡工程防洪设计是以1870年长江洪水的数据作为参考。又如矿藏方面：环境史成果有利于我们了解矿藏的分布情况、探矿经验、开采情况。又如，有的学者研究了清代以来三峡地区水旱灾害的情况①，意在说明在三峡工程竣工之后，环境保护仍然是三峡地区的重要任务。

说到环境史的现代价值，休斯在《什么是环境史》第一章有一段话讲得好，他说："环境史的一个有价值的贡献是，它使史学家的注意力转移到时下关注的引起全球变化的环境问题上来，譬如，全球变暖，气候类型的变动，大气污染及对臭氧层的破坏，包括森林与矿物燃料在内的自然资源的损耗……"② 可见，正因为有环境史，所以人类更加关心环境的过去、现在与未来，而这是其他学科所没有的魅力。毫无疑问，环境史研究既有很大的学术意义，又有很大的社会意义，对中国的现代化建设有重要价值，值得我们投入到其中。

每个国家都有自己的环境史。中华民族有五千多年的文明史，作为中国的学者，应当首先把本国的环境史梳理清楚，这才对得起"俱往矣"的列祖列宗，才对得起当代社会对我们的呼唤，才对得起未来的子子孙孙。如果能够对约占世界四分之一人口的中国环境史有一个基本的陈述，那将是对世界的一个

---

① 华林甫：《清代以来三峡地区水旱灾害的初步研究》，《中国社会科学》1991年第1期。

② [美] J. 唐纳德·休斯著，梅雪芹译：《什么是环境史》，北京大学出版社2008年版，第2页。

贡献。中华民族的学者曾经对世界作出过许多贡献，现在该是在环境史方面也作出贡献的时候了！

王玉德

2020 年 6 月 3 日

序　言

　　魏晋南北朝时期的环境史，总体上来看，学术成果并不丰富。气候史的研究，仍然是学术界的一个重点。竺可桢认为魏晋南北朝到隋初，是一个寒冷时期。① 满志敏也同意这个看法。② 徐中舒指出汉晋气候的不同。③ 葛全胜认为在中国的东中部，三国西晋至东晋前期，气候略冷；东晋中期至北魏统一北方，气候略暖于今；南朝宋梁时，气候寒冷；南朝梁末到陈亡，气候转暖。在西部地区，公元3世纪和5—6世纪气候显著寒冷，4世纪气候相对温暖些。④

　　关于这一时期的植被状况，史念海指出：魏晋南北朝时期，黄河中游平坦宜农的地方都已没有森林，森林地区已被限制到山地去了。由于农业地区扩大，平原森林逐渐减少，山地森林自然会随之受到破坏。魏晋南北朝时期，伊洛流域诸山上的森林已经被破坏殆尽。阴山山脉本来就多森林。在阴山一带，北魏远征夏国时，曾在山上伐木，制作攻具。当时采伐的具体冈峦不可具知，然白道岭（在今呼和浩特市北）之西的一处山上，就已成了童阜。⑤ 此

---

① 竺可桢：《中国近五千年来气候变迁的初步研究》，《中国科学》1973年第2期。
② 满志敏：《中国历史时期气候变化研究》，山东教育出版社2009年版，第148—163页。
③ 徐中舒：《四川古代之文化》，《史学季刊》1940年第1期。
④ 葛全胜等：《中国历朝气候变化》，科学出版社2011年版，第221—233页。
⑤ 史念海：《黄土高原历史地理研究》，黄河水利出版社2001年版，第448—461页。

外，朱士光、王守春、桑广书等人的研究也涉及秦汉时期黄河流域植被情况。[①] 凌大燮、徐海亮、周云庵等也对这一时期的森林有一定的研究。[②] 陈嵘、董智勇等人的森林史资料汇编中，对这时期森林史料有比较全面的收集与整理。[③]

　　对魏晋南北朝时期水环境方面的研究，王邨的研究可谓代表。[④] 此外，黄

---

① 朱士光：《历史时期华北平原的植被变迁》，《陕西师范大学学报》（自然科学版）1994 年第 4 期；王守春：《历史时期黄土高原的植被及其变迁》，《人民黄河》1994 年第 2 期；桑广书：《黄土高原历史时期植被变化》，《干旱区资源与环境》2005 年第 4 期。

② 凌大燮：《我国森林资源的变迁》，《中国农史》1983 年第 2 期；徐海亮：《历代中州森林变迁》，《中国农史》1988 年第 4 期；周云庵：《秦岭森林的历史变迁及其反思》，《古今农业》1993 年第 1 期；周云庵、范升才：《陕西古代森林消耗初探——论建筑用材》，《西北林学院学报》1997 年第 1 期；周景贤：《太行山南端森林变迁史的初步研究》，《河南师范大学学报》（自然科学版）1987 年第 4 期；樊宝敏：《中国森林生态史引论》，科学出版社 2008 年版。

③ 陈嵘：《中国森林史料》，中国林业出版社 1983 年版；董智勇主编：《中国森林史资料汇编》，中国林学会林业史学会 1993 年版。

④ 王邨、王松梅：《近五千余年来我国中原地区气候在年降水量方面的变迁》，《中国科学》（B 辑）1987 年第 1 期。

河、长江等江流以及一些有代表性的湖泊的变迁，① 学术界有较多的研究。

魏晋南北朝时期沙漠的情况，朱震达、侯仁之以及景爱、李并成等做了不少研究。② 近些年，兰州大学不少学位论文关注历史时期的沙漠变迁。

---

① 岑仲勉：《黄河变迁史》，人民出版社 1957 年版；张新斌：《济水与河济文明》，河南人民出版社 2007 年版；黄海军等：《黄河三角洲与渤、黄海陆海相互作用研究》，科学出版社 2005 年版；水利部黄河水利委员会《黄河水利史述要》编写组：《黄河水利史述要》，水利电力出版社 1984 年版；谭其骧：《西汉以前的黄河下游河道》，《历史地理》1981 年创刊号；谭其骧：《〈山经〉河水下游及其支流考》，《中华文史论丛》第七辑（1978 年）；史念海：《论济水和鸿沟》（上、中、下），《陕西师大学报》（哲学社会科学版）1982 年第 1—3 期；何幼琦：《古济水钩沉》，《新乡师范学院学报》（自然科学版）1983 年第 2 期；石泉等：《古代荆楚地理新探》，武汉大学出版社 1988 年版；谭其骧：《云梦与云梦泽》，《复旦学报·历史地理专辑》1980 年；张修桂：《云梦泽演变的历史过程》，《中国历史地貌与古地图研究》，社会科学出版社 2006 年版；张修桂：《洞庭湖变迁的历史过程》，《历史地理》创刊号，上海人民出版社 1981 年版；周宏伟：《洞庭湖变迁的历史过程再探讨》，《中国历史地理论丛》2005 年第 2 期；卞鸿翔：《历史上洞庭湖面积的变迁》，《湖南师范大学自然科学学报》1986 年第 2 期；谭其骧、张修桂：《鄱阳湖演变的历史过程》，《复旦学报》（社会科学版）1982 年第 2 期；苏守德：《鄱阳湖成因与演变的历史论证》，《湖泊科学》1992 年第 1 期；王尚义：《太原盆地昭余古湖的变迁及湮塞》，《地理学报》1997 年第 3 期；王利华：《中古时期北方地区的水环境和渔业生产》，《中国历史地理论丛》1999 年第 4 期；《中古华北水资源状况的初步考察》，《南开学报》（哲学社会科学版）2007 年第 3 期。

② 朱震达等：《中国沙漠概论》，科学出版社 1980 年版；景爱：《沙漠考古通论》，紫禁城出版社 1999 年版；侯仁之：《历史地理学的理论与实践》，上海人民出版社 1979 年版；李并成：《河西走廊历史时期沙漠化研究》，科学出版社 2003 年版。

　　魏晋时期动物变化，以文焕然和何业恒的研究为代表，此外王利华、蓝勇等人的研究，也涉及了这一时期的动物情况。[①]

　　魏晋南北朝时期的灾害问题，邓云特的《中国救荒史》做了开拓性的研究。近几年成果比较丰富，龚胜生等对此都做了深入的研究。[②] 此外，还有不少学位论文也从各个方面研究了魏晋南北朝时期的灾害问题。

　　环境与民俗密切相关，对这一问题的研究，张承宗等的《秦汉风俗史》有所涉及。

[①] 王利华：《中古华北的鹿类动物与生态环境》，《中国社会科学》2002 年第 3 期；高耀亭：《我国野象现况、历史分布和保护问题的探讨》，《兽类学报》1981 年第 1 期；蓝勇：《野生印度犀牛在中国西南的灭绝》，《四川师范学院学报》（自然科学版）1992 年第 2 期；《历史上中国西南华南虎分布变迁考证》，《贵州师范大学学报》（自然科学版）1991 年第 2 期；王振堂等：《犀牛在中国灭绝与人口压力关系的初步分析》，《生态学报》1997 年第 6 期；孙刚等：《野象在中国的历史性消退及与人口压力关系的初步研究》，《东北林业大学学报》1998 年第 4 期；黄家芳：《中国犀演变简史》，陕西师范大学 2009 年硕士论文；张洁：《历史时期中国境内亚洲象相关问题研究》，陕西师范大学 2008 年硕士论文；曹志红：《老虎与人：中国虎地理分布和历史变迁的人文影响因素研究》，陕西师范大学 2010 年博士论文。

[②] 龚胜生：《魏晋南北朝时期疫灾时空分布规律研究》，《中国历史地理论丛》2007 年第 3 期；张波：《中国农业自然灾害史料集》，陕西科学出版社 1994 年版；张美丽等：《中国灾害通史》（魏晋南北朝卷），郑州大学出版社 2008 年版。

目录

第一章

魏晋南北朝时期的气候

第一节　相关问题的讨论

对魏晋南北朝气候的文献学研究，学术界成果虽然并不多，但这些研究成果之中，对相关问题还存在不同的看法，因此，有必要对有争议的问题加以讨论。

一、长江流域野象活动与魏晋南北朝时期的气候

我国野象分布面积极广。在 7000 年前，我国野象的分布曾北至河北阳原盆地，南达雷州半岛南端，南北跨纬度约 20°。东起长江三角洲的上海马桥附近，西至云贵高原盈江县西的中缅国境线，东西跨经度约 24°。野象曾在华北、华东、华中、华南、西南的广阔地区栖息繁衍，分布地区随着时光的流逝而减少。[1] 由于记载的延续性，加之野象目前仅生活在云南的西双版纳和东南亚的热带雨林之中，很多人将之视作热带动物，并将之作为历史时期气候演变的指示物。魏晋南北朝时期，在长江流域，野象活动的记载比较频繁。

在刘宋时，《宋书·符瑞志》记载："宋文帝元嘉元年（公元 424 年）十二月丙辰，白象见零陵洮阳。元嘉六年（公元 429 年）三月丁亥，白象见安成安复（今江西安福），江州刺史南谯王义宣以闻。"《宋书·五行志》记载："宋顺帝昇明元年（公元 477 年），象三头度蔡洲（今南京），暴稻谷及园野。""有象三头至江陵城北数里，攸之自出格杀之。"[2] 在梁朝末年，北周杨忠攻打

---

[1] 文焕然、文榕生：《再探历史时期中国野象的变迁》，《西南师范大学学报》（自然科学版）1990 年第 2 期。

[2]《宋书·沈攸之传》。

江陵时，"梁人束刃于象鼻以战，忠射之，二象反走"①。可见在江陵周边地区存在不少野象，梁人驯服之后用于战争。在今鄂州，南齐时也有野象出没，永明十一年（公元 493 年），"白象九头见武昌"②。在天监六年（公元 507 年）三月，"有三象入京师"③。承圣元年（公元 552 年），"淮南有野象数百，坏人室庐"④。《魏书·灵征志》记载："天平四年（公元 537 年）八月，有巨象至于南兖州，砀郡民陈天爱以告，送京师，大赦改年。"不过据《魏书·孝静纪》记载："元象元年（公元 538 年）春正月，有巨象自至砀郡陂中，南兖州获送于邺。"当时的砀郡一带还可以见到野象的活动，不过这种活动并不频繁，否则，当时的东魏统治者不会将之作为祥瑞的出现而改年号。

以上可见，这一时期野象的活动记载最早在元嘉元年，此后延续到魏晋南北朝后期。野象如此集中活动，有人认为这是气候回暖的标志。⑤

不过，在公元 537 年左右，气候又极度寒冷。《魏书·食货志》记载："孝静帝天平三年（公元 536 年），秋，并、肆、汾、建、晋、泰、陕、东雍、南汾九州霜旱，民饥流散。"《梁书·武帝纪下》记载："武帝大同三年（公元 537 年）六月，青州朐山境陨霜。是（七）月，青州雪，害苗稼。"《隋书·五行志上》记载，东魏兴和二年（公元 540 年），"五月，大雪"。公元 541 年则是"今岁奇寒，江淮亦冰"。东魏兴和四年（公元 542 年），《资治通鉴》卷一五八《梁纪十四》记载："冬，十月，己亥，欢围玉壁，凡九日，遇大雪，士卒饥冻，多死者，遂解围去。"上述文献和研究表明《齐民要术》中所反映的气温要比现在低 2℃左右。在公元 535 年，有过一次火山大爆发或者小行星撞击地球的记录，这都会导致大量尘埃进入平流层，导致气温下降。研究表明，火

①《周书·杨忠传》。

②《南齐书·祥瑞志》。

③《梁书·武帝纪中》。

④《南史·元帝纪》。

⑤ 吴宏歧、党安荣：《隋唐时期气候冷暖特征与气候波动》，《第四纪研究》1998 年第 1 期。

山活动后的一年至几年内，火山周围地区乃至全球会产生不同程度的降温。[1]
其对气候的持续影响，可能有几十年。[2]

由于 7000 多年来我国野象的分布曾北至河北阳原盆地，因此，历史时期
野象的分布，不能作为热带动物的标志。在不受人类活动干扰的情况之下，野
象可以在亚热带地区活动。[3] 野象的活动，除了受到气候因素影响之外，主要
还受到人类活动的影响。[4] 魏晋南北朝时期野象活动，不能作为气温回暖的
标志。

二、建康橘树与魏晋南北朝时期的气候

我国是柑橘的原产地，栽培已经有近三千年历史。对橘树的生长习性，很
早就有记载。《考工记》记载："橘逾淮而北为枳。"表明人们已经有了长期的
生产经验，并试图将其移栽到北方，但没有获得成功，也表明人们已经有了对
橘树种植北界的认识。因此，橘树在气候史的研究中，常被认为是研究的指
示物。[5]

东晋南朝时期，橘树在建康的种植有记载。东晋太元三年（公元 378
年），"秋七月，新宫城，内外殿宇三千五百间"。《苑城记》记载："城外堑内
并种橘树，其宫墙内则种石榴，其殿庭及三台三省悉列种槐树，其宫南夹路出

---

① 李平原等：《火山活动对全球气候变化的影响》，《亚热带资源与环境学报》2012
　年第 1 期。

② 李先恭等：《火山活动对气候影响的数值模拟研究》，《应用气象学报》1994 年
　第 1 期。

③ 龚高法等：《历史时期我国气候带的变迁及生物分布界限的推移》，《历史地理》
　（第五辑），上海人民出版社 1987 年版。

④ 孙刚等：《野象在中国的历史性消退及与人口压力关系的初步研究》，《东北林业
　大学学报》1998 年第 4 期。

⑤ 竺可桢：《中国近五千年来气候变迁的初步研究》，《中国科学》1973 年第 2 期；
　龚高法等：《历史时期气候变化研究方法》，科学出版社 1983 年版。

朱雀门，悉垂杨与槐也。"① 可见在东晋末年，建康城已经有比较大的橘树种植规模了。《宋书·符瑞志》记载："大明元年二月壬寅，华林园双橘树连理。"可知在刘宋时期，建康还存在柑橘种植的记载，不过种植在皇家苑林中，其规模尚未可知。到陈朝末年，建康仍然还有规模比较大的橘树种植。《隋书·五行志》记载："陈后主时，梦黄衣人围城。后主恶之，绕城橘树，尽伐去之。"现代江苏的橘树仅种植在太湖一带，由于冬季气温太低，冻害频率较高，因而其他地区没有种植。南京这个位置已经超过了现代柑橘可能种植的北界。这则史料是第一次记载柑橘实际种植地区超越现代可能种植北界的资料。② 因而也被认为是当时气温较高于现代的标志之一。③

实际上，上述材料还值得仔细分析，"陈后主时，梦黄衣人围城。后主恶之，绕城橘树，尽伐去之"。我们可以看到，陈后主出于某种禁忌，要将橘树全部砍去，但砍掉的橘树是"绕城橘树"，普通人家的橘树并没有被砍。那么，普通人家是否种植有橘树呢？由于禁忌的原因，普通人家的橘树不可能幸免于难。因此，当时建康城的橘树只有"绕城"才有种植，也可能是延续东晋时期的"城外堑内并种橘树"的传统。为什么"城外堑内并种橘树"呢？皇家种植橘树当然不是为了收获橘子，其重要目的是做篱笆之用。④ 因为橘树在低温的条件之下，容易变成枳树，而枳树带刺，可做篱笆。

嵇康提到："橘渡江为枳，易土而变，形之异也。"⑤ 不过到了西晋时期，《博物志》明确记载："橘渡江北，化为枳。今之江东，甚有枳橘。"可知在西晋时期，江东一带，橘树大都变异为枳。《齐民要术》卷一〇《橘》引《异物志》记载："橘树，白花而赤实，皮馨香，又有善味。江南有之，不生他所。"

---

①《建康实录》卷九《烈宗孝武皇帝》，中华书局1986年版，第266页。

② 满志敏：《中国历史时期气候变化研究》，山东教育出版社2009年版，第442页。

③ 葛全胜等：《中国历朝气候变化》，科学出版社2011年版，第231页。

④ 王士性《广志绎》卷二《两都》记载："南京城中，巨室细家俱作竹篱门。盖自六朝时有之。《舆地志》云：'自宫门至朱雀桥作夹路，筑墙，瓦覆，或作竹篱，使男女异行。'又《宫苑记》：'旧京，南北两岸设篱门五十六所。邑之郊门也。'"竹篱作门，橘树变异为枳树后也能做篱笆或者门。

⑤《全三国文·嵇康·答向子期难养生论》。

《异物志》在北朝时期又有很多种，基本上是东汉后的作品。① 由此可知，自三国到北朝时期，橘分布在江南基本上没有变化。南朝时期建康的寺院中，有枳园寺，其由来是："严性爱虚靖志避喧尘。恢乃为于东郊之际更起精舍。即枳园寺也。"② 枳园寺名称的由来，或与寺周为枳有关。③ 所以，虽然在东晋南朝时期，还有橘树的记载，但这一时期的橘树重要功能不是作为果树，而是用于篱笆之用。

《淮南子·原道训》记载："今夫徙树者，失其阴阳之性，则莫不枯槁。故橘树之江北，则化而为枳。"在西汉时期，橘树北线在长江以北，西晋到南朝时期，建康一带的橘树变异为枳树，可知西晋南朝时期的气候比西汉中期要冷。因此，在魏晋南北朝时期，建康城的橘树，不能是这一时期气候温暖的标志。

三、北魏"司竹都尉"的存废与黄河流域竹子资源

竹子的分布可以反映出气温的变化。不过，由于人类活动及竹子种类繁多，利用竹子种植变化作为温度变化的证据存在不足。④ 北朝时期，竹子的分布，与其他历史时期的分布没有多大的区别。比如弘农"出漆蜡竹木之饶，路与南通，贩贸来往"⑤。在河南淇园，魏晋南北朝时期，竹子资源仍然丰富，"车驾将幸邺，平上表谏曰：'伏见己丑诏书，云轩銮辂。'行幸有期，凤服龙

---

① 缪启愉、缪桂龙撰：《齐民要术译注》，上海古籍出版社 2006 年版，第 701 页。

②《高僧传·译经下·宋京师枳园寺释智严》。

③ 沈约在《湘州枳园寺刹下石记》中提道："佛教东流，适未尤著；始自洛京，盛于江左。晋故车骑将军、琅邪王邵，立悟独晓，信解渊微。于太祖文献公清庙之北，造枳园精舍。其始则芳枳树篱，故名因事立。"可知枳园寺与枳有关。详见《全梁文·沈约·湘州枳园寺刹下石记》。

④ 牟重行：《中国五千年气候变迁的再考证》，气象出版社 1996 年版，第 12—13 页。

⑤《魏书·崔玄伯传》。

骖，克驾近日。将欲讲武淇阳，大习邺魏；驰骟骎于绿竹之区，骋骓骥于漳滏之壤"①。可见，在北魏时期，淇园竹类资源丰富，只不过可能由于军事需要，导致竹类资源比前代有所减少，而不是气候变化的结果，所以郦道元在《水经注》卷九《淇水》中说："汉武帝塞决河，斩淇园之竹木以为用。寇恂为河内，伐竹淇川，治矢百余万，以输军资。今通望淇川，无复此物。"综合上述两则史料，我们可以发现，从秦汉到北朝，淇园之竹都还存在，只不过由于军事需要，竹子种植面积有所减少。

　　黄河流域的竹类资源，还可以从北魏"司竹都尉"的存废来判断。孝文帝在平城时期设置"司竹都尉"这一官职，不过，"（太和）二十三年，高祖复次职令，及帝崩，世宗初班行之，以为永制"②。在这个职令中，好多职位都不见，其中就有"司竹都尉"这一官职，"司竹都尉"或者撤销，或者并入其他部门。究其原因，可见在平城时代，虽然理论上平城周边地区产竹子，但由于不多，需要专门机构和人员负责竹子的收集来供应军事或者其他需要。但到了洛阳地区，由于黄河周边地区竹子资源丰富，可以不要专门机构来管理这个事情，"司竹都尉"职位并不重要，被裁省或者并入其他部门了。这可以反映出竹类资源在北朝黄河中游地区分布较广。在此之前，"（姚）兴以国用不足，增关津之税，盐竹山木皆有赋焉。群臣咸谏，以为天殖品物以养群生，王者子育万邦，不宜节约以夺其利"③。所以，认为黄河流域竹类资源减少并进而来说明历史时期气候变迁，理由并不充分。

---

① 《魏书·李平传》。

② 《魏书·官氏志》。

③ 《晋书·姚兴载记下》。

第二节　魏晋南北朝时期气候的总体特征

魏晋南北朝气候的总体特征，可以通过物候、二十四节气的变化以及农事活动来判断。不过，物候、农事活动等反映出来的气候变化时间尺度较大，这是这种研究方法的弊端。

物候（phenology）是自然环境中动植物生命活动的季节性现象和在一年中特定时间出现的某些气象、水文现象。主要包括三个方面：①各种植物的发芽、展叶、开花、结实、叶变色和落叶。②候鸟、昆虫以及其他动物的飞来、初鸣、终鸣、离去和冬眠等。③一些水文气象现象，如初霜、终霜、结冰、消融、初雪和终雪等。在不同时期物候差异与气候变迁研究中，历史物候记载是一种间接的气候资料，是气候变化的有力证据。影响植物物候期的因素很多，有纬度、经度、海拔、气象等，在这些气象因素中，温度具有重要的地位，植物的物候节律是温度节律的反映。植物物候与气温息息相关，特别是在植物生长发育期各阶段的前期。据调查，每个物候期的开始日期与其前 2—3 个月的气温有显著的相关关系，在中纬度地区，植物的春季物候如发芽、展叶、开花主要取决于气温的高低。[①]

通过南北朝时期的物候与秦汉时期的物候对比，可以反映出这段时间气候变化的大致情况。秦汉时期，中国政治经济中心在黄河流域，史籍上记载的物候多反映黄河流域此时期状况。南北朝时期，南北政权的历法中，都有物候资料，但由于对比的需要，只能用北朝时期的资料。北朝时期物候的记载主要有北魏时期的《正光历》和《甲子元历》，这两个历法在物候上并没有改动，反映的是洛阳附近地区的物候状况。在北朝之前有物候记载的主要是《逸周

[①] 陆佩玲：《中国木本植物物候对气候变化的响应研究》，北京林业大学 2006 年博士论文，第 1、4、5 页。

书·时训解》，其中的七十二候应基本抄自《礼记·月令》，而《礼记·月令》中的候应与《吕氏春秋·十二纪》和《淮南子·时则训》相一致。所以，可以说《逸周书》基本上代表了战国末期和西汉初期西安的气候。西安的纬度位于北纬33°39′—34°45′之间，属关中平原地区；洛阳位于北纬33°48′左右，处于平原之上。西安和洛阳地区基本上处于同一纬度，两地都位于平原之上，而且都是内陆性气候。也就是说，影响物候的纬度、海拔、经度基本相同，影响历史时期的物候只有气候了。

《逸周书·时顺解》所反映的物候

节气＼物候	第一候	第二候	第三候
立春	东风解冻	蛰虫始振	鱼上冰
雨水	桃始华	仓庚鸣	鹰化为鸠
惊蛰	獭祭鱼	鸿雁来	草木萌动
春分	玄鸟至	雷始发声	始电
清明	萍始生	鸣鸠拂其羽	戴胜降桑
谷雨	桐始华	田鼠化为鴽	虹始见
立夏	蝼蝈鸣	蚯蚓出	王瓜生
小满	苦菜秀	靡草死	小暑至
芒种	螳螂生	鵙始鸣	反舌无声
夏至	鹿角解	蝉始鸣	半夏生
小暑	温风至	蟋蟀居壁	鹰乃学习
大暑	腐草化为萤	土润溽暑	大雨时行
立秋	凉风至	白露降	寒蝉鸣
处暑	鹰祭鸟	天地始肃	禾乃登
白露	鸿雁来	玄鸟归	群鸟养羞
秋分	雷始收声	蛰虫培户	水始涸
寒露	鸿雁来宾	雀入大水化为蛤	菊有黄花
霜降	豺祭兽	草木黄落	蛰虫咸俯

续表

物候 节气	第一候	第二候	第三候
立冬	水始冰	地始冻	雉入大水化为蜃
小雪	虹藏不见	天气上腾，地气下降	闭塞而成冬
大雪	鹖鸟不鸣	虎始交	荔挺出
冬至	蚯蚓结	麋角解	水泉动
小寒	雁北向	鹊始巢	雉始雊
大寒	鸡始乳	鸷鸟厉疾	泽腹坚

北魏《正光历》所反映的物候①

物候 节气	第一候	第二候	第三候
立春	鸡始乳	东风解冻	蛰虫始振
雨水	鱼上冰	獭祭鱼	鸿雁来
惊蛰	始雨水	桃始华	仓庚鸣
春分	鹰化鸠	玄鸟至	雷始发声
清明	电始见	蛰虫咸动	蛰虫启户
谷雨	桐始花	田鼠化为驾	虹始见
立夏	萍始生	戴胜降桑	蝼蝈鸣
小满	蚯蚓出	王瓜生	苦菜秀
芒种	靡草死	小暑至	螳螂生
夏至	鵙始鸣	反舌无声	鹿角解
小暑	蝉始鸣	半夏生	木槿荣
大暑	温风至	蟋蟀居壁	鹰乃学习
立秋	腐草化为萤	土润溽暑	凉风至

---

① 《魏书·律历志》。

物候 节气	第一候	第二候	第三候
处暑	白露降	寒蝉鸣	鹰祭鸟
白露	天地始肃	暴风至	鸿雁来
秋分	玄鸟归	群鸟养羞	雷始收声
寒露	蛰虫附户	杀气浸盛	阳气日衰
霜降	水始涸	鸿雁来宾	雀入大水化为蛤
立冬	菊有黄花	豺祭兽	水始冰
小雪	地始冻	雉入大水化为蜃	虹藏不见
大雪	冰益壮	地始坼	鹖鸟不鸣
冬至	虎始交	芸始生	荔挺出
小寒	蚯蚓结	麋角解	水泉动
大寒	雁北向	鹊始巢	雉始雊

从二者的对比可以看出，反映历史时期气候状况的物候，《逸周书》大部分物候比《正光历》早。如，"桃始华"，《逸周书》比《正光历》早四个候，"东风解冻"也是早一个候，两个表格之中以差两个物候为多。可见《逸周书》中所反映的物候比《正光历》早 7—10 天。有研究认为，气温每升高 1℃，花期要提前 3—4 天。[①] 以"桃始华"为例，北魏时期比西汉初年晚一个候，相当于 5 天，也就意味着西汉初年的年均气温至少要比北朝时期高 1℃。如果以普遍的两个候为例，北朝时期年均气温要比西汉低 2℃—3℃。这也可以反映出西汉至北朝时期气候变化的大致情况。

中国是古老的农业国家，有丰富的农业文献，可以从农事活动的时间看魏晋南北朝时期气候状况。

冬小麦种植时间的变化也可以大致反映出历史时期气候的变化。冬小麦生长周期较长，秋种夏收，经历四季，对气候反映比较敏感，在同一地区最适宜的播种和收割期，为十天左右。冬麦的播种因为纬度、地势高低和品种的不同

---

① 张福春：《气候变化对中国木本植物物候的可能影响》，《地理学报》1995 年第 5 期。

而时间不同，纬度、地势高的地区就必须早种，反之就要晚种；气温高时要晚种，反之就要早种。① 一般而言，中原地区冬小麦种植时间在农历八月，而到了江南地区则是在农历九月。如果早种，气候温暖会导致病虫灾害，而且由于在当年生长茂盛而受到霜害；晚种也有很多缺点，比如易受霜害，分蘖少，而且种子要求多，而收获少。因此，冬小麦要在最佳时间种植，否则来年收成会出问题。这一点，古人早有认识，《氾胜之书》记载："早种则虫而有节，晚种则穗小而少实。"

东汉时期的《四民月令》记载："凡种大小麦，得白露节，可种薄田；秋分，种中田；后十日，种美田。"白露在 9 月 8 日左右，秋分在 9 月 22 日左右，这表明，在东汉时期，宿麦的种植时期比西汉稍微提前。

到了北朝时期，冬小麦的种植时间是"八月上戊社前为上时，中戊前为中时，下戊前为下时"。八月上戊社是指八月上旬的戊日即秋社②，虽然不一定在上旬碰到这个戊日，但主要是要求提前种植冬小麦。八月上旬在阳历九月初，而要在此之前种，即是在阳历八月下旬就可以种植冬小麦了，这又较东汉时期有所提前，所以北朝气候较东汉要冷一些。其实，冬小麦经过几百年的种植，在农民的选择和培育之下，其生长期逐渐变短而耐寒耐旱性有一定的提高，种植时间提早更可以反映出气候变冷。

至于其他农作物如大豆、粟等在种植时间上的安排，通过将《齐民要术》《氾胜之书》和《四民月令》比较，可以发现，北朝时期农作物的种植时间大部分有所提前，基本上可以反映出北朝较东汉要冷，东汉较西汉冷。其中最明显的一个例子是瓠的种植，在两汉时期，瓠都在八月收获；西汉在三月种植，而东汉在二月种植，以积温标准来看，西汉用较短的时间达到了作物成熟所要的积温要求，而东汉要求的时间比较长，故而东汉比西汉要冷③。此外，从两

---

① 陈良佐：《从春秋到两汉我国古代气候变迁——兼论〈管子·轻重〉著作的时代》，（台北）《新史学》1991 年第 1 期。

② 缪启愉、缪桂龙撰：《齐民要术译注》，上海古籍出版社 2006 年版，第 126 页。

③ 陈业新在《两汉时期气候状况的历史学再考察》（《历史研究》2002 年第 4 期）一文中以农事安排越早，气候越温暖来作为气候变化的一个重要指标。该结论只考虑到了降水等因素，并没有考虑到积温，故而其得出的结论有待进一步商榷。

汉到北朝，大豆的播种时间一再提前，也与气候变冷有关。大豆正常生长需要一定积温，气候变冷，农作物生长期延长，但气候变冷又使得霜期提前，所以必需提前播种。①

文献中所见的农事时间表②

作物＼文献	《氾胜之书》（西汉）	《四民月令》（东汉）	《齐民要术》（北朝）	反映气候状况
禾	种禾无期，因地为时。三月榆荚时雨，高地强土可种禾。	二月、三月可种植禾。	二月上旬为上时，三月上旬及清明节、桃花始为中时，四月上旬为下时。	北朝冷。
黍	黍者暑也，种者必待暑。先夏至二十日，此时有雨，强土可种黍。	四月蚕入簇，时雨将，可种黍禾，谓之上时。	三月上旬为上时，四月上旬为中时，五月上旬为下时。	北朝冷。
大豆	三月榆荚时，有雨，高田可种大豆……种大豆，夏至后二十日，尚可种。	二月可种大豆……三月……可种大豆，谓之上时。	二月中旬为上时，三月上旬为中时，四月上旬为下时。	北朝冷。（北朝种植大豆的"上时"比东汉早）
麻	夏至后二十日沤枲，枲和如丝。	夏至先后各五日，可种牡麻。	夏至前十日为上时，至日为中时，至后十日为下时。	北朝冷。
麻子	二月下旬，三月上旬，傍雨种之。	二三月，可种苴麻。	三月种者为上时，四月为中时，五月初为下时。	相差不大。

---

① 刘磐修：《两汉魏晋南北朝时期的大豆生产和地域分布》，《中国农史》2000年第1期。

② 此表参考陈业新《两汉时期气候状况的历史学再考察》（《历史研究》2002年第4期）中表格，但笔者的结论和陈业新的正好相反。

续表

文献\作物	《氾胜之书》（西汉）	《四民月令》（东汉）	《齐民要术》（北朝）	反映气候状况
瓜	种常以冬至后九十日、百日，得戊辰日种之。	（正月）可种瓜，种瓜宜用戊辰日。三月三日，可种瓜。	二月上旬种者为上时，三月上旬为中时，四月上旬为下时。	东汉比北朝冷。
瓠	三月耕良田十亩……区种。八月微霜下，收取。	（正月）可种瓠。（八月）可断瓠作蓄。	二月，可种瓜、瓠。①	北朝与东汉差不多，但比西汉要冷。
芋	二月注雨，可种芋。	正月，可种芋。	二月，可种芋。②	北朝与东汉差不多。

　　从上面可以看出，北朝时期农作物种植普遍要提前。以禾的种植为例，西汉时期在三月份种植，到了东汉时期二月份就可以种植，而在北朝时期则强调在二月上旬种植为最佳时机，这反映农作物的种植有提前的趋势。考虑到北朝时期培育了不少耐旱耐寒的作物品种，即使有了这些耐寒耐旱的品种还强调早种，则可以反映出北朝气候比以前要寒冷。所以，从农事活动的安排上来看，东汉气候整体来讲比西汉要冷，北朝时期又比东汉冷。当然，这只是一个大的趋势，至于气候波动情况，可知还需从另外角度来研究。

---

① 此处出自《齐民要术》中引的《家政法》，但《家政法》一书是南朝作品，所反映的是南方的农事活动，北方应该比南方要提前。

② 此处出自《齐民要术》中引的《家政法》，但《家政法》一书是南朝作品，所反映的是南方的农事活动，北方应该比南方要提前。

第三节　魏晋南北朝时期的气候波动

农事活动等反映的气候状况，只是气候变化的一个长期趋势。这一过程中的气候波动，还需从物候等现象分析。通过分析这一时期的霜、雪等情况，可知其中气候波动大致经历了以下几个阶段。

一、公元220年至公元355年，气候进一步变冷

三国时期，继承了东汉末年来的寒冷。"延康元年，大霖雨五十余日，魏有天下乃霁。"[①] 这一年的十月十七日，曹魏受禅，也就是说在之前的八月份持续下雨，应该是冷空气提前南下，但势力较弱的结果。在十月十七日这一天，当时有大臣上奏说："属出见外，便设坛场，斯何谓乎？今当辞让不受诏也。但于帐前发玺书，威仪如常，且天寒，罢作坛士使归。"[②] 受禅是一件非常庄重的事情，由于天气比较冷而没有完成坛场，说明当年气温比较低。

这一时期，有较多极端寒冷天气的记载：

魏文帝黄初六年（公元225年），正月，雨木冰。（《三国志·魏书·文帝纪》）是冬魏文帝至广陵，临江观兵，兵有十余万，旌旗弥数百里，有渡江之志。权严设固守。时大寒冰，舟不得入江。帝见波涛汹涌，叹曰："嗟乎！固天所以隔南北也！"遂归。（《三国志·魏书·文帝纪》引《吴录》）

吴孙权嘉禾三年（公元234年），九月朔，陨霜伤谷。（《晋书·五行志》）

吴孙权嘉禾四年（公元235年）七月，雨雹，又陨霜。（《晋书·五行志》）

吴孙权赤乌四年（公元241年）正月，大雪，平地深三尺，鸟兽死者太

---

①《艺文类聚》卷二《天部下·霁》引《魏略》。

②《三国志·魏书·文帝纪》。

半。(《晋书·五行志》)

吴孙亮太平二年(公元 257 年),二月,乙卯,雪,大寒。(《晋书·五行志》)

特别是公元 225 年淮河流域结冰,可能是有记载以来第一次结冰,所以文帝才发出"嗟乎!固天所以隔南北也"的感慨,反映出气候较冷。

此外,三国时期,还有多次长时间下雨的记载:

魏文帝黄初五年(公元 224 年),帝东征,后留许昌永始台。时霖雨百余日,城楼多坏,有司奏请移止。(《三国志·魏书·文德郭皇后传》)

魏明帝太和元年(公元 227 年),秋,数大雨,多暴雷电,非常,至杀鸟雀。(《晋书·五行志》)

魏明帝太和四年(公元 230 年),八月,大雨霖三十余日,伊、洛、河、汉皆溢,岁以凶饥。(《宋书·五行志》)召李严使将二万人赴汉中,表严子丰为江州都督,督军典严后事。会天大雨三十余日,栈道断绝。(《资治通鉴·魏纪三》)

魏明帝景初元年(公元 237 年),夏,大水,伤五谷。九月,淫雨,冀、兖、徐、豫四州水出,没溺杀人,漂失财产。(《晋书·五行志上》)

魏明帝景初二年(公元 238 年),秋,七月,大霖雨,辽水暴涨,运船自辽口径至城下。雨月余不止,平地水数尺。(《资治通鉴·魏纪六》)

长时间下雨,是冷空气南下,暖空气势力不强的结果,反映出这些年份气候比较寒冷。《宋书·五行志》记载:"魏元帝景元三年(公元 262 年)十月,桃李华。"可知当年整体气温较低。

到了三国后期,气候进一步变冷。在北方,虽然没有多少记载,但到了西晋泰始六年(公元 270 年),"冬,大雪"。泰始七年(公元 271 年),"十二月,又大雪"。泰始九年(公元 273 年),"四月辛未,陨霜"①。武帝咸宁三年(公元 277 年),"八月,平原、安平、上党、泰山四郡霜,害三豆。是月,河间暴风寒冰,郡国五陨霜伤谷"②。武帝咸宁四年(公元 278 年),"十一月,辛卯,以预为镇南大将军,都督荆州诸军事。(羊)祜卒,帝哭之甚哀。是

---

① 《晋书·五行志下》。

② 《晋书·五行志下》。

日，大寒，涕泪沾须鬓皆为冰"①。可知当年冬天比较寒冷。武帝太康元年（公元280年），"三月，河东、高平霜雹，伤桑麦"②。这些可以反映出这一时期气候开始出现变冷的趋势。

在南方，"吴孙皓时，常岁无水旱，苗稼丰美而实不成，百姓以饥，阖境皆然，连岁不已"③。孙皓统治时间在公元264至公元280年，"苗稼丰美而实不成"，实际上是由于气候偏冷，而老百姓还是按照以往的种植模式去种植五谷，导致积温不足而没有收成。在建衡三年（公元271年）正月，"是月晦，大举兵出华里，载太后、皇后及后宫数千人，从牛渚西上。东观令华覈等固谏，不听。行遇大雪，道涂陷坏，兵士被甲持仗，百人共引一车，寒冻殆死"④。此外孙皓统治时期，贺邵曾上书说："臣窃观天变，自比年以来阴阳错谬，四时逆节，日食地震；中夏阴霜，参之典籍，皆阴气陵阳，小人弄势之所致也。"⑤ 贺邵上书年代不能具体确定，但可知当时有夏季比较寒冷的情况。因此，在孙皓统治时期，全国的气候比较寒冷。《临海水土异物志》记载："杨桃，似橄榄其味甜，五月、十月熟。谚曰：'杨桃无蹙，一岁三熟。'"⑥ 这里的"三熟"，不是实指，是指多次成熟。从杨桃成熟时间来看，比现在略晚，可知当时气候比现在要冷。

西晋统一之后，气候进一步变冷。极端天气频繁出现。《晋书·五行志》记载太康二年二月和三月都有阴霜，这一年也可能是人们记忆中最寒冷的一年，《异苑》记载："晋太康二年冬，大寒。南洲人见二白鹤语于桥下曰：'今兹寒不减尧崩年也。'于是飞去。"⑦ 这种寒冷天气持续的时间比较长。《晋书·武帝纪》记载：太康五年九月，"阴霜"。到了惠帝时期，据《晋书·惠帝纪》记载，元康七年，"七月，阴霜"。此二年应该是这一时期最寒冷的年

①《资治通鉴·晋纪二》。

②《晋书·五行志下》。

③《晋书·五行志下》。

④《资治通鉴·晋纪一》。

⑤《三国志·吴书·贺邵传》。

⑥张崇根著：《临海水土异物志辑校》，农业出版社1981年版，第42页。

⑦《异苑》卷三。

份。这一阶段除了春季陨霜的记载较多之外，秋季陨霜的记载也颇多，表明这一时期年均气温较低。

武帝太康二年（公元281年），二月辛酉，陨霜于济南、琅邪，伤麦。三月甲午（4月18日），河东陨霜，害桑。（《晋书·五行志下》）

武帝太康三年（公元282年），十二月，大雪。（《晋书·五行志下》）

武帝太康五年（公元284年），九月，南安大雪，折木。（《晋书·五行志下》）

武帝太康六年（公元285年），二月，东海陨霜，伤桑麦。三月戊辰（5月1日），齐郡临淄、长广不其等四县，乐安梁邹等八县，琅邪临沂等八县，河间易城等六县，高阳北新城等四县陨霜，伤桑麦。（《晋书·五行志下》）

武帝太康八年（公元287年），四月，齐国、天水二郡陨霜。十二月，大雪。（《晋书·五行志下》）

武帝太康九年（公元288年），四月，陇西陨霜。（《晋书·五行志下》）

武帝太康十年（公元289年），四月，郡国八陨霜。（《晋书·五行志下》）

惠帝元康五年（公元295年），十二月，丹阳建邺大雪。（《晋书·五行志下》）

惠帝元康六年（公元296年），三月，东海陨雪，杀桑麦。（《晋书·五行志下》）

惠帝元康七年（公元297年），七月，秦、雍二州陨霜，杀稼也。（《晋书·五行志下》）

惠帝元康九年（公元299年），三月旬有八日，河南、荥阳、颍川陨霜，伤禾。（《晋书·五行志下》）

惠帝永宁二年（公元302年），十二月大寒，凌破河桥。（《太平御览》卷三四《时序部·寒》引《晋朝杂事》）

怀帝永嘉元年（公元307年），十二月冬，雪，平地三尺。（《晋书·五行志下》）

怀帝永嘉七年（公元313年），大雪。（《晋书·五行志下》）

元帝大兴三年（公元320年），二月辛未，雨，木冰。（《晋书·五行志上》）

元帝大兴四年（公元321年），冬，大寒，伤民冰厚。（《太平御览》卷三四《时序部·寒》引《晋朝杂事》）

明帝太宁元年（公元323年），二月，丙寅，陨霜。壬申，又陨霜，杀谷。三月丙戌，陨霜，杀草。（《晋书·明帝纪》）十二月，幽、冀、并三州大雪。（《晋书·五行志下》）

明帝太宁三年（公元325年），三月癸巳，陨霜。（《晋书·五行志下》）明帝太宁三年三月丁丑，雨雪；癸巳，陨霜。（《文献通考·物异考·恒寒》）

成帝咸和九年（公元334年），八月，成都大雪。（《晋书·五行志下》）

康帝建元元年（公元343年），八月，大雪。（《晋书·五行志下》）

穆帝永和二年（公元346年），八月，冀方大雪，人马多冻死。（《晋书·五行志下》）

穆帝永和三年（公元347年），石虎以五月发五百里内万人营华林苑。至八月，天暴雨雪，雪深三尺，作者冻死数千人。（《太平御览·咎征部五·不时雪》）案：《资治通鉴·晋纪十九》记载，石虎营造华林苑时间为347年。永和三年，春二月，虎率三公九卿躬耕藉田，后率三夫人、命妇祠先蚕于近郊。是岁，八月雨雪，大寒，行旅冻死。（《太平御览》卷三四《时序部·寒》引《石虎别传》）

穆帝永和八年（公元352年），正月乙巳，雨，木冰。（《晋书·五行志上》）

穆帝永和十年（公元354年），前凉张祚和平元年，大会，黑风冥暗，五月雨雪，行人冻死。（《太平御览·咎征部五·不时雪》）废诸神祀，山川枯竭……仲夏降霜。（《魏书·张寔传附张祚》）其国中五月霜降，杀苗稼果实。（《晋书·张祚传》）穆帝永和十年，三麦不登，至关西亦然。自去秋至是夏，无水旱，无麦者，如刘向说也。（《宋书·五行志五》）

穆帝永和十一年（公元355年），四月壬申朔，霜。（《晋书·五行志下》）

西晋武帝太康二年（公元281年）三月甲午，河东一带下霜；河东地区为今山西运城临汾一带，与洛阳基本处于同一纬度上，而现代洛阳平均终霜日在3月15日，[①] 当年的终霜比现代晚30天以上。太康六年（公元285年）三月戊辰，淄博一带下霜；而现代淄博附近平均终霜日在4月9日，[②] 当年终霜

① 宛敏渭主编：《中国自然历选编》，科学出版社1986年版，第257页。

② 宛敏渭主编：《中国自然历选编》，科学出版社1986年版，第230页。

时间比现代晚 20 天以上。同样公元 287 年的终霜时间也比现代晚至少 20 天；公元 296 年的终霜比现代至少晚 10 天。公元 288 年陇西四月下霜，而现代陇西民勤一带平均终霜时间为 5 月 10 日，[1] 当年终霜时间至少比现代晚 8 天。公元 289 年、公元 299 年的下霜，应在洛阳附近的郡县，其终霜比现代晚 40 天左右。公元 323 年、公元 325 年和公元 355 年的晚霜发生在南京附近，现代南京终霜时间在 3 月 29 日，[2] 分别比现代终霜时间晚 28 天、33 天和 62 天。此外，这段时间成都等地初雪的时间也比现代要提前 60 多天，可见当时气温比较低。

此外，在这一段时间还有长时间下雨的记载，《晋书·五行志上》记载："元帝大兴三年（公元 320 年），春雨至于夏。是时王敦执权，不恭之罚也。永昌元年（公元 322 年），春雨四十余日，昼夜雷电震五十余日。是时王敦兴兵，王师败绩之应也。成帝咸和四年（公元 329 年），春雨五十余日，恒雷电。"春季长期下雨，是暖气团势力弱小，冷气团势力强大所致，也可反映出这几年气候较为寒冷。永嘉末年，公元 310 年至公元 312 年期间，盘踞在南阳一带的王如，"连年种谷皆化为莠，军中大饥，其党互相攻劫，官军进讨，各相率来降。如计无所出，归于王敦"[3]。可知这一时期天气比较寒冷，有效积温不足，最终导致谷物不能正常生长。

二、公元 356 年至公元 462 年，气候回暖

公元 356 年至公元 462 年，百余年间，气候整体回暖。这一时期极端天气虽然不时出现，但寒冷时期都出现在冬季，早霜的记载只有两次，早雪的年份也比较少。可知当时的整体气候比较温暖。

---

[1] 宛敏渭主编：《中国自然历选编》，科学出版社 1986 年版，第 403 页。

[2] 宛敏渭主编：《中国自然历选编》，科学出版社 1986 年版，第 149、165 页。由于没有南京一带的观测数据，以扬州和镇江一带的观测数据为参考，二者终霜时间都在 3 月 29 日。

[3]《晋书·王如传》。据《资治通鉴·晋纪九》和《资治通鉴·晋纪十》记载，王如盘踞在南阳附近的时间为公元 310 年至公元 312 年。

穆帝升平二年（公元 358 年），正月，大雪。（《晋书·五行志下》）

孝武帝太元二年（公元 377 年），十二月，大雪。（《晋书·五行志下》）

孝武帝太元十二年（公元 387 年），（后秦）时天大雪，苌下书深自责罚，散后宫文绮珍宝以供戎事，身食一味，妻不重彩。（《晋书·姚苌载记》）

孝武帝太元十四年（公元 389 年），十二月乙巳，雨，木冰。（《晋书·五行志上》）

孝武帝太元二十一年（公元 396 年），十二月，雨雪二十三日。（《晋书·五行志下》）并州是岁早霜，民不能供其食。（《资治通鉴·晋纪三十》）

安帝隆安元年（公元 397 年），二月，宝引还中山，魏兵随而击之……时大风雪，冻死者相枕。（慕容）宝恐为魏军所及，命士卒皆弃袍仗、兵器数十万，寸刃不返。（《资治通鉴·晋纪三十一》）

安帝隆安二年（公元 398 年），冬，旱，寒甚。（《晋书·五行志中》）

安帝元兴二年（公元 403 年），十二月，酷寒过甚。是时，桓玄篡位，政事烦苛。识者以为朝政失在舒缓，玄则反之以酷。案刘向曰："周衰无寒岁，秦灭无燠年。"此之谓也。（《晋书·五行志下》）

太祖天赐五年（公元 408 年），七月，冀州陨霜。（《魏书·灵征志上》）

安帝义熙五年（公元 409 年），三月己亥，雪，深数尺。（《文献通考·物异考·恒寒》）

太宗神瑞元年（公元 414 年），十二月，丙戌朔，柔然可汗大檀侵魏。丙申，魏主嗣北击之。大檀走，遣奚斤等追之，遇大雪，士卒冻死及堕指者什二三。（《资治通鉴·晋纪三十八》）

太宗神瑞二年（公元 415 年），顷者以来，频遇霜旱，年谷不登。（《魏书·太宗纪》）

魏比岁霜旱，云、代之民多饥死。（《资治通鉴·晋纪三十九》）

世祖始光二年（公元 425 年），十月，大雪数尺。（《魏书·灵征志上》）

世祖太延元年（公元 435 年），七月庚辰，大陨霜，杀草木。（《魏书·灵征志上》）

世祖太平真君八年（公元 447 年），五月，北镇寒雪，人畜冻死。（《魏书·灵征志上》）

文帝元嘉二十五年（公元 448 年），正月，积雪冰寒。（《宋书·五行志四》）二十五年春正月戊辰，诏曰："比者冰雪经旬，薪粒贵踊，贫弊之室，

多有窘罄。可检行京邑二县及营署，赐以柴米。"（《宋书·文帝纪》）

文帝元嘉三十年（公元453年），正月，雨冻杀牛马。（《宋书·五行志五》）

孝武帝大明元年（公元457年），十二月庚寅，大雪，平地二尺余。（《宋书·五行志四》）

此外，这一时期太阳黑子活动比较频繁。

晋成帝咸康八年（公元342年）正月壬申，日中有黑子，丙子乃灭。（《晋书·天文志中》）

晋穆帝永和八年（公元352年），张重华在凉州，日暴赤如火，中有三足为乌，形见分明，五日乃止。（《晋书·天文志中》）

晋穆帝永和十年（公元354年）十月庚辰，日中有黑子，大如鸡卵。（《晋书·天文志中》）

晋穆帝永和十一年（公元355年）三月戊申，日中有黑子，大如桃，二枚。（《晋书·天文志中》）

晋穆帝升平三年（公元359年）十月丙午，日中有黑子，大如鸡卵。（《晋书·天文志中》）

晋海西公太和四年（公元369年）十月乙未，日中有黑子。（《晋书·天文志中》）

晋海西公太和五年（公元370年）二月辛酉，日中有黑子，大如李。（《晋书·天文志中》）

晋简文咸安二年（公元372年）十一月丁丑，日中有黑子。（《晋书·天文志中》）

晋孝武宁康元年（公元373年）十一月己酉，日中有黑子，大如李。（《晋书·天文志中》）

晋孝武宁康二年（公元374年）三月庚寅，日中有黑子二枚，大如鸭卵。（《晋书·天文志中》）十一月己巳日中有黑子，大如鸡卵。（《晋书·天文志中》）

晋孝武太元十三年（公元388年）二月庚子，日中有黑子二，大如李。（《晋书·天文志中》）

晋孝武太元十四年（公元389年）六月辛卯，日中又有黑子，大如李。（《晋书·天文志中》）

晋孝武太元二十年（公元 395 年）十一月辛卯，日中又有黑子。（《晋书·天文志中》）

晋安帝隆安四年（公元 400 年）十一月辛亥，日中有黑子。（《晋书·天文志中》）

公元 342 年至公元 400 年是太阳黑子活跃时期，此前最近的一年是公元 322 年，此后最近的一年是公元 478 年。① 在此时段，有黑子活动记载的年份有 15 年，不到 6 年就有一次太阳黑子的活动。太阳黑子周期长度，与我国 2500 年的温度变化有好的对应关系，小于 11 年，为我国的"好天时"时期，是暖湿时段。而我国历史的"顺世"（生产发展、社会安定、人口增加等）大都出现在暖湿时段。② 这一时期，太阳黑子周期长度较短，属于好的天时阶段，气候比较温暖湿润。

不过这一时期，南北气候回暖并不一致。

公元 317 年至公元 386 年之间，北方陷入战乱，北方气候资料记载比较少。随着北魏政权的建立，有关气候资料也逐渐增多，公元 386 年至公元 427 年间，气候虽然回暖，但南方气候还处于相对寒冷期。在这期间，前期北魏经济以游牧为主，农业只占据一小部分。③ 这一时期北魏不断对外征讨，获得大量牛马等战利品，能够补充农业生产的不足，所以对气候变化并不敏感，故在这一时期有关气候的资料较少。随着局势逐渐稳定，都城平城地区人口增加，畜牧业不能满足日益增长的人口需要，农业活动的扩展使农业在经济中的比重越来越大，人们对于气候变化对农业的影响感受越来越深刻，在这段时期的后期有关气候的资料开始增多。在这期间，水灾有三次，旱灾有明确记载的有两次，不过在公元 415 年左右是"频遇霜旱"，可见这一时期还是干旱时间较多，加以早霜现象比较多，表明气候比较寒冷。在公元 415 年左右，由于"频

① 陈美东等：《中、朝、越、日历史上太阳黑子年表（公元前 165 年—公元 1648 年）》，《自然科学史研究》1982 年第 3 期。

② 汤懋苍等：《天时、气候与中国历史（I）：太阳黑子周长与中国气候》，《高原气象》2001 年第 4 期。

③ 黎虎：《北魏前期的狩猎经济》，《历史研究》1992 年第 1 期。

遇霜旱，年谷不登，百姓饥寒不能自存者甚众"①。太宗计划迁都邺城，后来因为崔浩等人的劝阻而未实施。崔浩等人反对的原因是"今国家迁都于邺，可救今年之饥，非长久之策也。东州之人，常谓国家居广漠之地，民畜无算，号称牛毛之众。今留守旧部，分家南徙，恐不满诸州之地。参居郡县，处榛林之间，不便水土，疾疫死伤，情见事露，则百姓意沮。四方闻之，有轻侮之意。屈丐、蠕蠕必提挈而来，云中、平城则有危殆之虑。阻隔恒代千里之险，虽欲救援，赴之甚难。如此则声实俱损矣。今居北方，假令山东有变，轻骑南出，耀威桑梓之中，谁知多少？百姓见之，望尘震服。此是国家威制诸夏之长策也。至春草生，乳酪将出，兼有菜果，足接来秋。若得中熟，事则济矣"。不过太宗还是担心："今既糊口无以至来秋，来秋或复不熟，将如之何？"② 这段话表明，此时平城地区人口规模并不大，只要"中熟"，也就是说只要气候一般、收成一般就能满足京畿地区人口食物的需求；不过太宗还是担心没有保证，表明这一时期由于气候寒冷导致生长期太短，以及灾害频发，致使农业生产量不够。

此外，在这一时期，黄河冰封时间也比较早。在公元 367 年，什翼犍征卫辰，"时河冰未成，帝乃以苇绹约渐，俄然冰合，犹未能坚，乃散苇于上，冰草相结，如浮桥焉。众军利涉，出其不意，卫辰与宗族西走，收其部落而还，俘获生口及马牛羊数十万头"③。元嘉三年，也就是公元 426 年，王仲德与到彦之北伐，"大破虏军。诸军进屯灵昌津。司、兖既定，三军咸喜，仲德独有忧色，曰：'胡虏虽仁义不足，而凶狡有余，今敛戈北归，并力完聚，若河冰冬合，岂不能为三军之忧！'十月，虏于委粟津渡河，进逼金墉，虎牢、洛阳诸军，相继奔走"④。从王仲德的话语来判断，北魏军队是在十月份乘黄河结冰之际渡河。宋文帝"自践位以来，有恢复河南之志"。始光四年，也就是公元 427 年，"冬十月丁巳，车驾西伐，幸云中，临君子津。会天暴寒，数日冰

---

①《魏书·太宗明元帝纪》。

②《魏书·崔浩传》。

③《魏书·序纪》。

④《宋书·王懿传》。

结"①。到了元嘉七年，也就是公元 430 年，宋文帝又派王仲德、到彦之等人北伐，在军事行动之前，"先遣殿中将军田奇使于魏，告魏主曰：'河南旧是宋土，中为彼所侵，今当修复旧境，不关河北。'魏主大怒曰：'我生发未燥，已闻河南是我地。此岂可得！必若进军，今当权敛戍相避，须冬寒地净，河冰坚合，自更取之。'"面对刘宋军队的进攻姿态，北魏统治者认为，"宜待其劳倦，秋凉马肥，因敌取食，徐往击之，此万全之计也"。到了十月乙亥，"魏安颉自委粟津济河，攻金墉"。后来，"魏河北诸军会于七女津。到彦之恐其南渡，遣裨将王蟠龙溯流夺其船，杜超等击斩之。安颉与龙骧将军陆俟进攻虎牢，辛巳，拔之；尹冲及荥阳太守清河崔模降魏"②。从到彦之采取防止南渡的措施来看，七女津黄河在十月并没有结冰。但是，从安颉等人的行动来看，十月黄河结冰在这一时期应该是一个比较常见的事情。而现在黄河下游首封时间在 12 月至次年 2 月之间。③ 可见当时气候比较寒冷。

这一时期的后期风灾记载较多，大风之中，有可能来自海洋的台风，但台风的路线，一般是在南方沿海，北方受台风影响的地区，只有八月份的台风可能到达山东半岛及渤海沿岸。华北的大风，主要由于西伯利亚高气压导致气压差距过大，强大的北方气流冲入华北。西伯利亚及蒙古地区越冷，吹向华北的干寒大风越强劲，也越持久。而风灾过后往往还有大量早霜的记载，表明这一时期气候应该以干旱寒冷为主。④

公元 428 年至公元 457 年属于气候温暖期。从公元 428 年也就是神䴥元年开始，气候有逐渐转暖的迹象。神䴥元年十月出现了雷电现象，是暖冬的一个重要的标志。以至在公元 435 年，"以岁和年丰，嘉瑞沓至，诏大酺五日"，表明气候逐渐回暖，灾害减少，收成较好。公元 436 年后，气候逐步稳定，极端天气年份比较少；另外就是冬雷现象出现，也表明气候温暖。由于气候回暖，极端天气较少，所以出现了"百姓晏安，风雨顺序""年谷屡登"的记

---

① 《魏书·世祖太武帝纪》。

② 《资治通鉴·宋纪三》。

③ 陈先德：《黄河水文》，黄河水利科学出版社 1996 年版，第 101 页。

④ 许倬云：《汉末至南北朝气候与民族移动的初步考察》，《许倬云自选集》，上海
  教育出版社 2002 年版。

载。由于收获颇丰，民间有一定的存粮用于酿造酒，民间饮酒成风。粮食被用于酿酒，消耗一定粮食储备；民间酗酒也会带来一些治安问题，故"太宗四年，始设酒禁。是时年谷屡登，士民多因酒致酗讼，或议主政。帝恶其若此，故一切禁之，酿、沽饮皆斩之，吉凶宾亲，则开禁，有日程"。收成稳定，从另外一个侧面也可以看出这一时期气候温暖。

在南方，刘宋末年，冬季长江中下游地区甘露频降。

文帝元嘉三年闰正月己丑，甘露降吴兴乌程，太守王韶之以闻。

元嘉四年十一月辛未朔，甘露降初宁陵。

元嘉九年十一月壬子，甘露降初宁陵。

元嘉十三年二月丁卯，甘露降上明巴山。元嘉十三年二月，甘露降吴兴武康董道益家园树。

元嘉十七年十一月乙酉，甘露降乐游苑。

元嘉二十二年十一月辛巳，甘露降南郡江陵方城里，荆州刺史南谯王义宣以闻。元嘉二十二年十二月丁酉，甘露降长宁陵，陵令包诞以闻。

元嘉二十三年二月丁未，甘露降乐游苑，苑丞张宝以闻。元嘉二十三年十二月庚子，甘露降襄阳郡治，雍州刺史武陵王骏以闻。元嘉二十三年十二月辛丑，甘露频降乐游苑，苑丞何道之以闻。

元嘉二十四年二月己亥、庚子，甘露频降景阳山，山监张绩以闻。元嘉二十四年二月己亥、癸卯，三月丙辰，甘露频降景阳山，华林园丞陈袤祖以闻。

元嘉二十三年至二十四年十二月，甘露频降，状如细雪，京都及郡国处处皆然，不可称纪。

元嘉二十五年十一月庚辰，甘露降南郡，荆州刺史南谯王义宣以闻。元嘉二十五年十一月乙未，甘露降丹阳秣陵岩山。

元嘉二十六年三月壬午，甘露降景阳山，华林园丞梅道念以闻。

元嘉二十八年二月戊辰，甘露降钟山延贤寺，扬州刺史庐陵王绍以闻。元嘉二十八年二月壬午，甘露降徽音殿前果树。元嘉二十八年二月，甘露降合欢殿后香花诸草。

大明四年正月壬辰，甘露降初宁陵松树。大明四年二月丙申，甘露降长宁陵松树。大明四年二月乙巳，甘露降丹阳秣陵龙山，丹阳尹孔灵符以闻。

大明六年二月戊午，甘露降建康灵耀寺及诸苑园，及秣陵龙山，至于娄湖。是日，又降句容、江宁二县。

大明七年十二月辛丑朔，甘露降吴兴乌程，令苟卞之以闻。

明帝泰始三年十一月庚申，甘露降晋陵，晋陵太守王蕴以闻。泰始三年十一月癸亥，甘露降南东海丹徒建冈，徐州刺史桂阳王休范以闻。泰始三年十二月壬午，甘露降崇宁陵，扬州刺史建安王休仁以闻。

后废帝元徽四年十一月乙巳，甘露降吴兴乌程，太守萧惠明以闻。

顺帝昇明二年十一月，甘露降南东海武进彭山，太守谢朏以闻。昇明二年十一月，甘露降吴兴长城卞山，太守王奂以闻。昇明二年十二月，甘露降建康禁中里。

（以上均选自《宋书·符瑞志》）

露水一般是在晴朗、无风的天气中，白天气温较高，蒸发量较大，夜间当大气中的水汽遇到温度较低但仍高于0℃的物体时形成的。一般说来，现在长江中下游的霜期是11月20日到次年3月20日。在正月、二月、十一月、十二月出现甘露，反映出这一阶段气候比较暖和。[1]

此外，元嘉二十年（公元443年），"冬十月，雷"。元嘉二十一年，"冬十月己亥，命刺史郡守修东耕。丙子，雷且电"[2]。元嘉二十年，"自去岁至是，诸州郡水旱伤稼。人大饥，遣使开仓赈恤。二十一年春正月己亥，南徐、南兖、南豫州、扬州之浙江西，并禁酒"。但这次酒禁时间并不长，元嘉二十二年，"九月己未，开酒禁"[3]，反映出气温较高，没有大的灾害，收成较好，不需要酒禁。刘宋时期，饥荒并不多，除了上述一次之外，孝建二年（公元455年），八月，"三吴饥，诏所在振贷"。大明元年（公元457年），"五月，吴兴、义兴大水，人饥。乙卯，遣使开仓振恤"。饥荒不多，也反映了气候比较温暖湿润，处于好的天时阶段，正因为如此，才会出现元嘉中兴的局面。不过，饥荒集中出现，也反映出刘宋末年，气候处于波动下降时期，特别是孝建二年饥荒的原因，史书并没有记载，这一年，史书没有较严重的旱灾和水灾的记载，而发生饥荒，其原因值得推究。这种情景在历史上也出现过，《宋书·五行志》记载："穆帝永和十年（公元354年），三麦不登，至关西亦然。自

---

① 刘继宪：《试析刘宋统治区的气候波动与水旱灾害》，《干旱气象》2005年第4期。

②《南史·宋本纪》。

③《南史·宋本纪》。

去秋至是夏，无水旱，无麦者，如刘向说也。"造成这种原因，就是全年的低温，有效积温不足，出现歉收，导致了饥荒。因此反映出这一年气温比较低。此外，元嘉二十九年（公元452年），"自十一月霖雨连雪，太阳罕曜"。第二年，"正月，大风拔木，雨冻杀牛马，雷电晦冥"①。因此，在大明六年（公元462年）五月丙戌，刘宋政权在南京覆舟山"置凌室，修藏冰之礼"②。虽然这一事件是否是寒冷的标志还存在争议，但从某种意义上也反映出气候较冷。

三、公元463年至公元554年，气候更加寒冷

这一时期,极端天气频繁,初霜期进一步提前，而终霜期较晚。

高宗和平四年（公元463年），冬十月，以定、相二州陨霜杀稼，免民田租。（《魏书·高宗纪》）

高宗和平六年（公元465年），四月乙丑，陨霜。（《魏书·灵征志上》）

明帝泰始三年（公元467年），春，正月，张永等弃城夜遁。会天大雪，泗水冰合，永等弃船步走，士卒冻死者太半，手足断者什七八。（《资治通鉴·宋纪十四》）永征彭城，遇寒雪，军人足胫冻断者十七八，冲足指皆堕。（《南齐书·张冲传》）

明帝泰豫元年（公元472年），正月，巨人见太子西池水上，迹长三尺余。（《宋书·五行志五》）

高祖太和三年（公元479年），七月，雍、朔二州及枹罕、吐京、薄骨律、敦煌、仇池镇并大霜，禾豆尽死。（《魏书·灵征志上》）

高祖太和四年（公元480年），九月甲子朔，京师大风，雨雪三尺。（《魏书·灵征志上》）高帝建元二年（公元480年）闰月己丑，雨雪。（《南齐书·五行志》）

高帝建元三年（公元481年）十一月，雨雪，或阴或晦，八十余日，至四年二月乃止。（《南齐书·五行志》）

高祖太和六年（公元482年），四月，颍川郡陨霜。（《魏书·灵征志上》）

---

① 《宋书·五行志五》。

② 《宋书·孝武帝纪》。

高祖太和七年（公元483年），三月，肆州风霜，杀菽。（《魏书·灵征志上》）

高祖太和九年（公元485年），四月，雍、青二州陨霜。六月，洛、肆、相三州及司州灵丘、广昌镇陨霜。（《魏书·灵征志上》）

高祖太和十四年（公元490年），八月乙未，汾州陨霜。（《魏书·灵征志上》）

高祖太和十七年（公元493年），魏主以平城地寒，六月雨雪，风沙常起，将迁都洛阳。（《资治通鉴·齐纪四》）

高祖太和二十年（公元496年），五月至邺，入治日，暴风大雨，冻死者十数人。（《魏书·元桢传》）

世宗景明元年（公元500年），豫州，灾雪三尺。（《魏书·薛真度传》）四月丙子，夏州陨霜杀草。（《魏书·灵征志上》）

世宗景明二年（公元501年），三月辛亥，齐州陨霜，杀桑麦。（《魏书·灵征志上》）

世宗景明四年（公元503年），三月壬戌，雍州陨霜，杀桑麦。辛巳，青州陨霜，杀桑麦。（《魏书·灵征志上》）武帝天监二年（公元503年），三月，陨霜杀草。（《梁书·武帝纪中》）

世宗正始元年（公元504年），五月壬戌，武川镇大雨雪。六月辛卯，怀朔镇陨霜。七月戊辰，东秦州陨霜。八月庚子，河州陨霜杀稼。（《魏书·灵征志上》）北方霜降，蚕妇辍事。群生憔悴，莫甚于今。（《北史·崔光传》）

世宗正始二年（公元505年），三月丁丑，齐、济二州大雹，雨雪。四月，齐州陨霜。五月壬申，恒、汾二州陨霜杀稼。七月辛巳，齿、岐二州陨霜。乙未，敦煌陨霜。戊戌，恒州陨霜。（《魏书·灵征志上》）

世宗正始三年（公元506年），六月丙申，安州陨霜。（《魏书·灵征志上》）

世宗正始四年（公元507年），二月乙卯，司、相二州暴风，大雨雪。九月壬申，大雪。三月乙丑，齿州频陨霜。四月乙卯，敦煌督陨霜。八月，河州陨霜。（《魏书·灵征志上》）武帝天监六年（公元507年），三月庚申朔，陨霜杀草。（《梁书·武帝纪中》）

世宗永平元年（公元508年），三月乙酉，岐、齿二州陨霜。己丑，并州陨霜。四月戊午，敦煌陨霜。（《魏书·灵征志上》）

世宗永平二年（公元509年），四月辛亥，武州镇陨霜。（《魏书·灵征志

上》）

世宗永平三年（公元 510 年），时仲冬寒盛，兵士冻死者，朐山至于郯城二百里间僵尸相属。（《魏书·赵逸传》）

世宗延昌二年（公元 513 年），授相州刺史。熙以七月入治，其日大风寒雨，冻死者二十余人，驴马数十匹。（《魏书·元熙传》）

世宗延昌四年（公元 515 年），是冬，寒甚，淮、泗尽冻。浮山堰士卒死者什七八。（《资治通鉴·梁纪四》）三月癸亥，河南八州陨霜。（《魏书·灵征志上》）

肃宗熙平元年（公元 516 年），七月，河南、北十一州霜。（《魏书·灵征志上》）

肃宗神龟二年（公元 519 年），九月，霜旱为灾，所在不稔，饥馑荐臻，方成俭敝。（《魏书·崔光传》）

肃宗正光二年（公元 521 年），四月，柔玄镇大雪。（《魏书·灵征志上》）武帝普通二年（公元 521 年），三月庚寅，大雪，平地三尺。（《梁书·武帝纪下》）

孝庄帝永安三年（公元 530 年），并、肆频岁霜旱。（《北齐书·神武帝纪上》）

孝武帝永熙三年（公元 534 年），四月，军出木峡关，大雨雪，平地二尺。（《周书·文帝纪》）

孝静帝天平二年（公元 535 年），佛弟子程荣以去天平二年中遭大苦霜，五谷不熟，天下人民饥饿死者众。[①]

孝静帝天平三年（公元 536 年），秋，并、肆、汾、建、晋、泰、陕、东雍、南汾九州霜旱，民饥流散。（《魏书·食货志》）西魏大统二年（公元 536 年），秋谷不熟，民饥死者半。（《历代三宝纪》卷三）

武帝大同三年（公元 537 年），六月，青州朐山境陨霜。是（七）月，青州雪，害苗稼。（《梁书·武帝纪下》）

东魏兴和二年（公元 540 年），五月，大雪。（《隋书·五行志上》）

---

① 《程荣造像记》，韩理洲等辑校编年：《全北魏东魏西魏文补遗》，三秦出版社
　 2010 年版，第 579 页。

东魏兴和三年（公元541年），今岁奇寒，江淮之间，不乃冰冻。①

东魏兴和四年（公元542年），冬，十月，己亥，欢围玉壁，凡九日，遇大雪，士卒饥冻，多死者，遂解围去。（《资治通鉴·梁纪十四》）

武帝大同十年（公元544年），十二月，大雪，平地二尺。（《文献通考·物异考·恒寒》）

孝静帝武定四年（公元546年），二月，大雪，人畜冻死，道路相望。冬，天雨木冰。（《隋书·五行志上》）

后齐文宣帝天保二年（公元551年），雨木冰三日。（《隋书·五行志上》）简文帝大宝二年（公元551年），二月，（杨）忠等至于汝南，纶婴城自守。会天寒大雪，忠等攻不能克，死者甚众。（《梁书·萧纶传》）

元帝承圣三年（公元554年），魏平江陵，失母所在。时甚寒雪，冻死者填满沟壑。（《南史·殷不害传》）

从中国气候成因分析，初霜、初雪日期的提前和终霜、终雪日期的推迟，均与从西伯利亚南下的冷气团活动的增强有关，秋季冷气团活动南下的时间提前，则初霜和初雪的时间提前，秋季气温较低；冬季后，冷气团势力强大而暖气团势力不足，则终霜和终雪时间推迟，春季气温偏低。初霜期每提前10天，秋季平均气温较平均低0.4℃；终霜期每推迟10天，春季平均气温较平均低0.5℃。② 根据初霜雪和终霜雪的日期推算，公元465年和472年气温较现在低0.8℃，公元479年低1℃，公元480年低0.3℃，公元481年低4.6℃，公元482年低0.4℃，公元500年低1.2℃，公元501年低0.2℃，公元503年低0.6℃，公元504年低1.3℃，公元505年低1.4℃，公元506年低1.6℃，公元515年低0.8℃，公元516年低0.9℃，公元521年低1℃，公元536年低0.4℃，公元537年低2.7℃，公元540年低1.2℃。③ 公元481年和公元537年是比较冷的年份，当时的气温比现在低3℃左右。公元536年，"是岁，魏关中大饥，人相食，死者什七八"。公元537年，"时关中饥……欢右长史薛

①《酉阳杂俎·语资》。

② 王绍武：《公元1380年以来我国华北气温序列的重建》，《中国科学》（B辑）1990年第5期。

③ 郑景云等：《魏晋南北朝时期的中国东部温度变化》，《第四纪研究》2005年第2期。

琡言于欢曰：'西贼连年饥馑，故冒死来入陕州，欲取仓粟。今敖曹已围陕城，粟不得出。但置兵诸道，勿与野战，比及麦秋，其民自应饿死，宝炬、黑獭何忧不降！愿勿渡河。'"① 当时关中已经初步平定，没有大的战乱，也没有规模较大的水旱灾害的记载，这两年的饥荒，应该是由于气温过低导致农业收成不好造成的。公元 535 年后的几年，气候更加寒冷，主要原因是在公元 535 年有一次较大规模的火山爆发，公元 536 年火山灰飘到北半球地区，导致了全球性的气候变冷，也有人认为出现了一段迷你小冰期，持续时间较长，大致到公元 560 年，由于那年火山爆发的影响才逐渐消退。② 公元 540 年，巴布亚新几内亚的拉包尔火山爆发，规模等级为六级。③ 这一年河南五月就下大雪，第二年冬季严寒。"Dark Ages" 变冷事件的研究表明，在公元 530 年前后发生气候突变，气候变得异常寒冷，给人类社会造成严重的影响。④ 这次气候突变，或许与多次火山爆发有关。

这一时期，南方有气候不正常的记载，公元 481 年，齐高帝萧道成下诏说："朕君临区寓，于今三载，虽凤宵夤戒，弗遑荒怠，而阴阳未调，水旱乖度。"⑤ 南方也有长时间下雨的记载，《南齐书·武帝纪》记载，建元四年（公元 482 年）五月南齐武帝下诏说："顷水雨频降，潮流荐满，二岸居民，多所淹渍。遣中书舍人与两县官长优量赈恤。"六月，还下诏说："水潦为患，星纬乖序。京都囚系，可克日讯决；诸远狱委刺史以时察判。"可见当年下雨时间较长。永明元年（公元 483 年），南齐武帝下诏："而远图尚蔽，政刑未理，星纬失序，阴阳愆度。"可见当年气候比较异常。永明五年（公元 487 年），下诏："比霖雨过度，水潦涔溢，京师居民，多离其弊。遣中书舍人、二县官长随宜赈赐。"此外，永明六年，"吴兴、义兴水潦"。永明十年，"顷者霖雨，

①《资治通鉴·梁纪十三》。

②《公元 536 年火山灰层的冰芯新证据》，《地球物理研究快报》第 35 卷第 4 期（2008 年 2 月）。

③ 洪汉净等：《全球火山活动分布特征》，《地学前缘》2003 年第 S1 期。

④ 赵引娟等：《"Dark Ages" 冷事件研究进展》，《冰川冻土》2005 年第 2 期。

⑤ 许敬宗编：《日藏弘仁本文馆词林校证》卷六六七《王俭·南齐高帝水旱乖度大赦诏一首》，中华书局 2001 年版，第 323 页。

樵粮稍贵，京邑居民，多离其弊"。《南齐书·五行志》记载："永明八年（公元 490 年）四月，己巳起阴雨，昼或暂晴，夜时见星月，连雨积霖，至十七日乃止……十一年（公元 493 年）四月辛巳朔，去三月戊寅起，而其间暂时晴，从四月一日又阴雨，昼或见日，夜乍见月，回复阴雨，至七月乃止……永泰元年（公元 498 年）十二月二十九日雨，至永元元年（公元 499 年）五月二十一日乃晴。"《隋书·五行志》记载："梁天监七年（公元 508 年）七月，雨，至十月乃霁。"《周书·卢柔传》记载：永熙三年（公元 534 年），"（贺拔）胜及（卢）柔惧，乃弃船山行，赢粮冒险，经数百里。时属秋霖，徒侣冻馁，死者太半。至丰阳界，柔迷失道，独宿僵木之下，寒雨衣湿，殆至于死"。《周书·文帝纪下》记载：大统三年（公元 537 年），"八月……戊子，至弘农。东魏将高干、陕州刺史李徽伯拒守。于时连雨，太祖乃命诸军冒雨攻之"。东魏武定五年（公元 547 年），"秋，大雨七十余日"。《周书·文帝纪下》记载："西魏文帝大统十六年（公元 550 年），时连雨，自秋及冬，诸军马驴多死。"四月阴雨连绵，是暖空气势力不足所致；秋季久雨，是冷空气提前南下、势力较强的表现。

《南齐书·武帝纪》记载，永明三年（公元 485 年），"是夏，琅邪郡旱。百姓芟除枯苗，至秋擢颖大熟"。应该是前期气温较低，后期气温回暖的结果。永明四年（公元 486 年），"夏，四月，丁亥，以尚书左仆射柳世隆为湘州刺史。临沂县麦不登，刘为马刍，至夏更苗秀"。也是春季气温过低，不利于麦苗生长发蘖；夏季气温升高，麦苗重新生长。此外，《魏书·灵征志上》还多次记载桃李八月后开花的现象，"延兴五年（公元 475 年）八月，中山桃李花。……景明四年（公元 503 年）十一月，齐州东清河郡桃李花。延昌四年（公元 515 年）闰十月辛亥，京师奈树花"。这也反映气候寒冷，导致桃李有效积温不足，直到八月后才开花。

《齐民要术》是北魏留下的著名的农学著作，其成书年代在公元 530 年左右；其反映的物候观测地点，在河北高阳郡及其附近地区。而当时的高阳郡治所，在近河北高阳附近。[①]《齐民要术·种谷》记载："三月上旬及清明节桃始花为中时。"即当时高阳一带山桃始花的平均时间在清明前后，即在 4 月 5 日

---

① 郑景云等：《魏晋南北朝时期的中国东部温度变化》，《第四纪研究》2005 年第 2 期。

左右。1992 年前，北京地区山桃始花在 3 月 27 日左右。[1] 高阳在北京南面，比北京在纬度上南移 1°多，根据中国植物物候的地理分布规律，纬度每南移 1°，山桃始花则提前 3.28 天，以此推算，现代高阳一带的山桃始花期最迟为 3 月 25 日，可见《齐民要术》所载的当时山桃始花比现在晚 10 天左右。研究表明，气温每升高 1℃，花期要提前 3—4 天。[2] 由此可以判断当时的气候要比现在至少低 2℃。

在《齐民要术》中，还多处出现"冻树"的记载。"冻树"也就是现代气象学中所说的雾凇。从书中的记载来看，当时的雾凇气候比较常见。研究表明，在现代华北地区若初夏雾凇，则当年气温一般较气温的多年平均值为低。在 1951—1980 年中，3 月份出现雾凇和雨凇的年份，其春季气温平均要比 30 年的均值低 1.1℃。[3]

此外，《齐民要术·种姜》记载："中国土不宜姜，仅可以存货，势不滋息。种者，聊以药物小小耳。"由此可知，在当时北方地区，并不出产姜。生姜的产地，《吕氏春秋》记载："和之美者有杨仆之姜。"《史记·货殖列传》载，"江南出姜桂"，"蜀亦沃野，地饶姜"。西汉《别录》说："姜生犍为山谷及荆州、扬州。"上述适合生姜生长的地区，均在长江流域及其以南各省。但这些记载，并没有说北方不适合姜的生长。一般说来，黄姜性喜温，较不耐寒冷，0℃以上虽可生长，但在整个生长期内适宜的温度为 15℃—30℃，25℃左右生长最快。此外黄姜整个生长期要求降水量 600—1500 毫米。水分适宜，黄姜生长旺盛、产量高。土壤干旱，黄姜减产。黄姜耐旱，轻微干旱，黄姜可以继续生长，干旱严重时，地上部分萎蔫，降水后很快恢复，继续生长，干旱可造成黄姜减产，不会造成黄姜绝收。黄姜整个生长期内需要充足的阳光，才有利于光合作用，提高产量和品质，一般适宜的年日照时数为 1750—2000 小时。东汉时期的崔寔指出："三月，清明节后十日，封生姜。至四月立夏后，蚕大食，牙生，可种之。九月，藏茈姜、蘘荷。其岁若温，皆待十月。"崔寔

---

[1] 宛敏渭主编：《中国自然历选编》，科学出版社 1986 年版，第 289 页。

[2] 张福春：《气候变化对中国木本植物物候的可能影响》，《地理学报》1995 年第 5 期。

[3] 王绍武：《公元 1380 年以来我国华北气温序列的重建》，《中国科学》（B 辑）1990 年第 5 期。

活动中心在北方，可知东汉时期，北方还种姜。《齐民要术》比较强调商品生产①，姜作为传统的调味品，在北朝畜牧业发达的情况下，北方统治者和普通民众肉食机会较多，对调味品需求较大，多种姜可以获利。但《齐民要术》强调北方不适合生姜的生长，综合生姜的生长要素，当时气温较低是主要条件。②

此外，在公元486年、488年、503年、508年、509年、535年、536年、537年、550年，都出现有"雨土"的记载。一般说来，雨土频繁期为气候寒冷时期。③

这一阶段收成不好的年份也比较多，《南齐书·武帝纪》记载，建元四年（公元482年），"比岁未稔，贫穷不少，京师二岸，多有其弊。遣中书舍人优量赈恤"。永明八年（公元490年），"司、雍二州，比岁不稔，雍州八年以前、司州七年以前逋租悉原。汝南一郡复限更申五年"。《南齐书·郁林王纪》记载，隆昌元年（公元494年），朝廷下诏说："顷岁，多稼无爽，遗秉如积，而三登之美未臻，万斯之基尚远。"可见多年来的收成并不好。《南齐书·明帝纪》记载，建武二年（公元495年），朝廷下诏提及："吴、晋陵二郡失稔之乡，蠲三调有差。"中大通三年（公元531年），"是秋，吴兴生野稻，饥者赖焉"④。《梁书·武帝纪下》记载，大同三年（公元537年），"是岁，饥"。这一年的饥荒与气温低有关，"六月，青州朐山境陨霜。秋七月……青州雪，害苗稼"。此外，"九月，南兖州大饥。是月，北徐州境内旅生稻稗二千许顷"。稻稗是稻田中最严重的恶性杂草，与水稻存在竞争关系，稻稗的耐水性

① 蒋福亚：《〈齐民要术〉所见农民和市场的关系》，《首都师范大学学报》（社会科学版）2002年第2期。

② 我国长江流域、珠江流域以及云贵一带是比较温暖多湿的地区，姜的种植最盛。北方主要分布在山东泰山山脉以南的丘陵地区，河南、陕西以及辽宁等省的少数地区也有少量的种植。缪启愉、缪桂龙撰：《齐民要术译注》，上海古籍出版社2006年版，第215页。

③ 张德二：《历史时期"雨土"现象剖析》，《科学通报》1982年第5期。

④《南史·武帝纪下》。

以及耐寒性都比较强。① 大同四年（公元 538 年）八月，朝廷下诏说："南兖、北徐、西徐、东徐、青、冀、南北青、武、仁、潼、睢等十二州，既经饥馑，曲赦逋租宿责，勿收今年三调。"但这一年没有水旱灾害的记载，应该与上一年饥荒相关。

四、公元 555 年至公元 580 年，气候回暖，但北方气温回升较慢，气候仍较寒冷；南方气温回升迅速，气候温暖

这一时期的史料中霜雪的记载大都在冬季，少有异常初霜雪和终霜雪的记载，反映出气候回暖。不过，这一时期北方气候仍然比较寒冷，除了有"大寒"以及"大雪"记载之外，还频繁出现"雨木冰"的现象，表明冬春气温仍然较低。此外，《隋书·五行志下》也记载："后齐武平元年，槐华而不结实。"表明当年气候比较寒冷，有效积温不足导致槐树不结实。

武成帝河清元年（公元 562 年），岁大寒。（《隋书·五行志上》）

武成帝河清二年（公元 563 年），二月，大雪连雨，南北千余里，平地数尺，繁霜昼下。（《隋书·五行志上》）是时（十二月），大雨雪连月，南北千余里平地数尺，霜昼下。（《北齐书·武成帝纪》）

武帝保定四年（公元 564 年），正月朔，攻晋阳。是时大雪数旬，风寒惨烈。（《周书·杨忠传》）

后主天统二年（公元 566 年），十一月，大雪。（《隋书·五行志上》）

后主天统三年（公元 567 年），正月，又大雪，平地二尺。（《隋书·五行志上》）

后主武平元年（公元 570 年），冬，雨木冰。（《隋书·五行志上》）

后主武平二年（公元 571 年），二月，又木冰。（《隋书·五行志上》）三月，天忽降雪一尺余。时生苗已出，雪复之，盖垄，禾头微萎而不世。（《太平御览》卷八七八《咎征部五·不时雪》）

后主武平三年（公元 572 年），正月，又大雪。（《隋书·五行志上》）

---

① 乔丽雅等：《稗属（Echinochloa Beauv.）杂草的生物学特性研究进展》，《杂草科学》2002 年第 3 期。

后主武平六年至七年（公元 575 年至 576 年），频岁春冬木冰。（《隋书·五行志上》）

宣帝太建十年（公元 578 年），八月戊寅，陨霜，杀稻菽。（《陈书·宣帝纪》）

这一阶段，南方极端气温记载并不多，只有公元 578 年有早霜的记载。表明气候总体上比较温暖。绍泰元年至绍泰二年（公元 555 年至 556 年），"自去冬至是，甘露频降于钟山、梅岗、南涧及京口、江宁县境，或至三数升，大如弈棋子，高祖表以献台"[1]。永定元年（公元 557 年）十一月，"己亥，甘露降于钟山松林，弥满岩谷。庚子，开善寺沙门采之以献，敕颁赐群臣"[2]。太建四年（公元 572 年），"十二月壬寅，甘露降乐游苑"[3]。反映出冬季气候比较暖和。太建十二年（公元 580 年），"冬十月癸丑，大雨，震电"[4]。冬季大雨，又有雷电，反映出气温较高。《陈书·宣帝纪》则记载："冬十月癸丑，大雨雹震。"这也反映了对流强盛，暖气团势力比较强。此外，在南方，这一时期水灾和旱灾较少，而且即便是灾害时期，也没有发生过大面积的饥荒，由此可知这一段时期收成较好，是气候较温暖的结果。

在南北朝时期，南北气候变化不一致，特别是在北方，在北朝后期，气候回暖较慢，气温仍然较低，收成不好的情况仍然存在，而在同一时期的南方，气温却出现上升的趋势。这反映出南北方气候变化的非同步性。

---

[1]《陈书·高祖纪上》。

[2]《陈书·高祖纪下》。

[3]《陈书·宣帝纪》。

[4]《南史·宣帝纪》。

第四节　考古所见魏晋南北朝时期的气候特点

历史时期的气候变化，除了可以通过文献研究之外，还可以通过树轮、湖泊沉积等手段分析得出。目前关于魏晋南北朝时期的气候，考古学上有不少成就。

一、青藏高原地区

青藏高原是世界上对全球气候变化比较敏感的地区之一，它可以提供区域性乃至全球性气候信号，在大尺度气候变化研究中受到越来越多的重视。和其他代用资料相比，树木年轮具有定年准确、分辨率高、连续性强和分布范围广等特点，是研究十年和百年尺度气候变化的首先代用资料。[①] 青藏高原树木样本分布范围广，且对气候变化敏感，很早就被用来研究历史时期的气候变化。不过由于西藏地区建立树木年轮序列比较困难，利用这种技术研究西藏地区历史时期气候变化的成果并不多见。

在西藏大昭寺有一段古木，其年轮序列被定位为公元初年至公元 6 世纪。对这段古木的研究表明："第二、第三世纪可比现今平均气温高 1℃ 以上。但第三世纪后期直到第五世纪，中间虽有波动，总的来说一直持续着甚为寒冷的状态。约比现今低 1℃ 左右。"[②] 近年来，学者从六座建于唐朝时期的古墓里采

① 魏本勇、方修琦：《树轮气候学中树木年轮密度分析方法的研究进展》，《古地理学报》2008 年第 2 期。

② 吴祥定、林振耀：《青藏高原近二千年来气候变迁的初步探讨》，中央气象局气象科学研究院天气气候研究所编《全国气候变化学术讨论会文集（一九七八年）》，科学出版社 1981 年版。

集了 180 多棵祁连圆柏样本，建立了一个树轮年表，这个考古树轮年表始于公元前 484 年，止于公元 804 年。根据对这些材料的研究，学者认为，从公元前的几个世纪到公元 350 年这个长达 700 年的时段内，该地区温度有一个缓慢的变冷趋势，显示出了较强的年际、年代温度变化，但整体上该时期温度高于平均值。在这之后，气候出现了多次剧烈的冷暖波动。公元 348—366 年，气温极其寒冷，达到过去 2485 年间寒冷的顶点。公元 401—413 年，气温迅速回升，这一时期是过去 2485 年中最温暖的时期，其特殊性不仅仅在于它的温度超过了现在，更是因为它由非常寒冷的阶段迅速跳跃到温度高峰值，随后又迅速地降温。这一异常事件在青藏高原中东部的树轮中得到了很好的记录。这个过程在气候学界也被称之为东晋事件，当时平均温度由 1.62℃ 陡然升至 2.89℃，平均年均温差达到 1.27℃。[1]青海都兰树轮记录表明，在近两千年中，气温可分为 5 个阶段，公元 230 年前为高温期，其中还出现两次极高温事件和一次高温事件。公元 240—800 年为暖波动强烈的低温期。在持续达 57 个年代的时段内，3 个极低温年代均出现于此期，近两千年中的 22 个低温事件有 11 个发生于此期，1 个极端高温事件和 4 个高温年份也发生在这一时期，这指示出该时段变冷趋势下的奇寒暴暖事件。[2]不过康兴成等人的研究表明，公元 159—240 年、292—307 年、380—423 年、496—540 年、568—627 年为冷期，而公元 249—291 年、308—379 年、424—495 年、541—567 年为暖期。[3]

青藏高原东部希门错湖泊沉积记录表明，公元前 430 年至公元 480 年间，为气候寒冷时期，不过这一阶段存在两次小幅的冷波动。公元前 430 年到公元元年及稍后，气温下降。从公元 120 年到公元 480 年，气温逐渐升高。公元 480 到公元 1460 年，这一时期是研究时段内一个非常显著的温暖期，磁化率

① 刘禹等：《青藏高原中东部过去 2485 年以来温度变化的树轮记录》，《中国科学》（D 辑）2009 年第 2 期。

② 杨保等：《近 2000 年都兰树轮 10 年尺度的气候变化及其与中国其它地区温度代用资料的比较》，《地理科学》2000 年第 5 期。

③ 康兴成等：《青海都兰过去 2000 年来的气候重建及其变迁》，《地球科学进展》2000 年第 2 期。

为明显的高值段，反映冰川强烈退缩，大量磁性矿物颗粒的入湖导致沉积物磁化率量值的升高；色素含量，尤其是颤藻黄素、蓝藻叶黄素同样是一显著的高值段，暗示温度条件适宜、湖泊初始生产力较高。这一暖期前期，即公元480年至公元900年，气候相对稳定，波动幅度较小。①

古里雅冰芯高分率记录了近2000年的气候环境变化，近2000年气候可以分为7个冷期和8个暖期。其中，公元300—350年为暖期，公元351—500年为冷期，公元501—600年为暖期。而干湿变化只可以分为4个干期和5个湿期，温度的波动频率大于湿度的波动频率。降水的变化要滞后于温度变化，这一滞后期大约为50—100年。②

二、西北地区

罗布泊现代盐湖沉积记录表明当地经过了几个气候变化阶段，公元221年至公元270年，可能是魏晋南北朝时期气候最冷的时期，平均温度比平常数据低0.25℃—0.3℃；此后气候逐渐回暖，公元271年至公元280年，比平常数据低0.2℃—0.24℃；公元281年至公元293年，比平常数据低0.15℃—0.2℃；而公元294年至公元323年，比平常数据低0.1℃—0.15℃；公元324年至公元354年，比平常数据低0.15℃—0.2℃，表明气候又变冷；不过此后气候一度回暖，公元355至公元434年，比平常数据低0.1℃—0.15℃；此后气候略降，并出现多次波动。公元435年至公元524年，比平常数据低0.15℃—0.2℃；公元525年至公元540年，比平常数据低0.2℃左右；公元541年至公元560年，比平常数据低0.15℃—0.17℃；公元561年至公元581年，比平常数据低0.2℃左右。③

---

① 王苏民等：《希门错2000多年来气候变化的湖泊记录》，《第四纪研究》1997年第1期。

② 姚檀栋：《古里雅冰芯近2000年来气候环境变化记录》，《第四纪研究》1997年第1期。

③ 谢连文：《罗布泊现代盐湖沉积与近两千年气候变化遥感研究》，成都理工大学2004年博士论文，第94—104页。

新疆格策地区孢粉记录分析表明，公元元年至公元 500 年间，气候特征为前期较干，中期相对较湿，且干湿频繁，快速交替，后期较干。公元 500 年至公元 1000 年间，气候较前期偏干，期间有较短的相对湿润波动。①

对尼雅剖面中的多种地化元素和氧化物的分析表明，公元前 200 年至公元 400 年，是相对暖干期；公元 400 年至公元 1000 年，是相对冷湿期。②

青土湖的沉积记录表明，公元 280 年至公元 630 年，是青土湖湖退时期，此次湖退，是魏晋南北朝冷干的结果。公元 400 年前后，有一个约百年尺度的降水增多事件，这一时期有机质较低，是暖湿的结果。此外在公元 400 年前后，氯离子含量较低，反映出气候暖湿。③

对柴达木盆地北缘苏干湖的碳酸盐进行碳、氧同位素分析可知，苏干湖地区在公元元年至公元 190 年为暖干时期；公元 190 年至公元 580 年，为冷干时期；公元 580 年至公元 1200 年为暖干时期。④

孢粉半定量分析表明，岱海地区在公元 110 年左右，温度稍微降低，但干燥度增大。在公元 200 年至公元 390 年间，气候寒冷湿润。公元 390 年至公元 1180 年，气候冷干。⑤

① 钟巍等：《塔里木盆地南缘 4kaB.P. 以来气候环境演化与古城镇废弃事件关系研究》，《中国沙漠》1999 年第 4 期。

② 舒强等：《南疆尼雅地区 4000a 来的地化元素分布特征与古气候环境演化的初步研究》，《中国沙漠》2001 年第 1 期。

③ 王乃昂等：《青土湖近 6000 年来沉积气候记录研究——兼论四五世纪气候回暖》，《地理科学》1999 年第 2 期。

④ 强明瑞等：《2ka 来苏干湖沉积碳酸盐稳定同位素记录的气候变化》，《科学通报》2005 年第 13 期。

⑤ 乌云格日勒等：《岱海游乐场孔孢粉分析及其 2500 年来古气候演化》，《干旱区资源与环境》1998 年第 3 期。

三、西南地区

湖泊沉积真实地显示了历史时期气候波动与流域环境变化过程，连续性好、分辨率高、包含信息丰富，成为过去 2000 年时段全球变化十分活跃的领域之一。云南洱海沉积表明：在公元初年左右至公元 520 年，湖泊沉积记录的气候略偏暖干，由于光照条件改善，水温上升，各种色素也明显上升，有机碳稳定同位素在剖面底部出现峰值，反映气候偏暖。从 C/N 比值的变化来看，本阶段为低值段，反映湖泊暖干背景下采样点湖泊内源有机质的贡献较大。因气候偏干，入湖径流减弱，陆源有机质输入减少。公元 520 年至公元 1110 年气候呈冷湿特征，有机碳稳定同位素呈低值状态，色素含量在岩心剖面上处于低值段，代表偏冷背景下的湖泊初级生产力降低；C/N 比值为高值段，反映偏冷湿气候背景下，湖泊内源有机质的贡献较小；由于气候湿润，入湖径流带来的陆源有机质的贡献相对增加。云南洱海湖泊沉积记录气候冷暖变化的起止时间比中国东部地区落后一些，如中世纪温暖期、小冰期洱海湖泊沉积记录的开始时间分别在 12 世纪初、16 世纪中叶，比中国东部历史气候记录的温暖期、小冰期滞后约两个世纪。这种滞后现象是否反映了流域系统对气候变化响应的滞后性，还有待更加深入的研究。[①]

贵州荔波董哥洞石笋研究表明：距今 1800 年至距今 1080 年为温凉湿润气候，持续时间大约 720 年，相当于东汉末年至唐朝末年。[②]

四、其他地区

通过对神农架大九湖泥炭环境磁学参数测量、X 射线荧光分析、孢粉鉴定和统计建模，研究表明：公元前 600 年至公元 550 年，气候相对冷湿；公元

---

① 张振克等：《近 2000 年来云南洱海沉积记录的气候变化》，《海洋地质与第四纪地质》2001 年第 2 期。

② 张美良等：《贵州荔波地区近 2000 年来石笋高分辨率的气候记录》，《沉积学报》2006 年第 3 期。

550 年至公元 1300 年，气候相对凉干。①

北京昆明湖在公元前 300 年至公元 500 年的后期阶段，蒿属花粉增加，落叶阔叶树种花粉减少，落叶松、冷杉和云杉等寒温性树种花粉的增加，则表明当时气候正朝干冷方面转化，此阶段相当于东汉—六朝寒冷期。公元 500 年至公元 900 年左右，针叶和落叶阔叶混交林明显减少，出现大量温带森林和森林类草原类型花粉，表明当时气候稍微温湿。②

公元 80 年至公元 410 年，内蒙古居延海湖泊沉积环境指标 Sr/Ba 与碳酸钙含量较高，介形类化石组合以 Limnocythere dubhiosa 为主。种类减少，反映出湖水盐度较高。该阶段色素指标 Osc、Myx、CD 呈低值段，反映出湖泊初始生产力水平不高。故可知这一时期气候偏冷干，盐度较高。公元 410 年至公元 1100 年，该阶段介形类化石组合为 Limhocytheredubiosa-Ilyocyprisaspeara，反映出湖水盐度比前期降低，反映出降水增加的趋势。碳酸盐含量、Sr/Ba 比值与色素指标 Osc、Myx、CD 的波动变化明显。环境指标的组合反映该阶段以暖干、冷湿交替为特点。③

孢粉总浓度、水生植物、灌木和草本植物、乔木植物花粉浓度均较带 II 低，鉴定的水生植物花粉和水龙骨科孢子含量也处于低值；其次，典型扇形植硅体含量也明显低于带 II；而且，磁化率和 LOI 值同时出现低值，反映出气候变干，周边区域呈现荒漠景观，植被以葵科和篙属为主；沼泽湿地水体变浅，水生植物含量大幅度减少，但仍有一些芦苇生长。④

鄱阳湖湖口沉积物孢粉分析表明，在公元前 350 年至公元 450 年期间，森林覆盖率低，孢粉总浓度低，暖性树种减少或缺失，喜湿的草本和藏类孢子增

① 何报寅等：《近 2600 年神农架大九湖泥炭的气候变化记录》，《海洋地质与第四纪地质》2003 年第 2 期。

② 张丽华、李钟模：《北京地区 3500a 来的气候与环境变迁——兼论昆明湖的沧桑》，《中国煤田地质》2003 年第 5 期。

③ 张振克等：《近 2600 年来内蒙古居延海湖泊沉积记录的环境变迁》，《湖泊科学》1998 年第 2 期。

④ 张芸等：《新疆草滩湖村湿地 4550 年以来的孢粉记录和环境演变》，《科学通报》2008 年第 3 期。

加，当时气候凉偏湿。公元 450 年至公元 800 年间，常绿及落叶属种的建林树种略有增加，为短暂的气温上升阶段。[1]

大鬼湖沉积物相对亮度在公元 150 年，公元 480 年至公元 580 年间到达高峰。沉积物亮度越高，表明来自陆源的有机质及植物碎屑相对较少，这意味着气候较干冷。由此可见，在公元 150 年至公元 480 年间气温较高；而在公元 480 年至公元 580 年间，气温较低。[2]

通过对黑龙江鸡西密山地区杨木泥炭记录的研究，夏玉梅等指出：公元 10—860 年，即西汉末年至唐朝后期，以栎为主的喜温干阔叶树急剧增加，而松、云杉、冷杉花粉含量下降，反映出随着气温升高，喜冷针叶树向山地推进，喜温阔叶树大幅度增加，说明当时气候总体偏向温干。[3]

对内蒙古居延海湖泊沉积物色素含量的研究表明：公元前 120 至公元 400 年，湖泊沉积物色素含量在整个剖面上为最低段，反映出湖泊环境条件不适合湖泊生物的生存，湖泊生产力低，腐殖酸含量仅为 0.15%。结合其他环境指标进行分析的结果均显示气候由冷湿向冷干转换，湖泊开始萎缩。公元 400—1350 年，湖泊沉积物岩性表现为灰绿色、杂色粉砂质泥，含大量植物残体碎屑。湖泊沉积物几种色素含量迅速增加，总体较高，为峰值段。这反映了湖泊环境改善、水生植物与藻类发育繁盛的特点。沉积物 Sr/Ba 比与碳酸盐含量呈下降趋势，也指示湖水盐度变化呈下降趋势，湖泊扩张。这总体反映了气候暖湿，湖泊再次扩张，中间有小波动，变化也明显，环境指标的组合反映为暖、冷湿交替。[4]

对神农架大九湖泥炭的研究表明：2600 年来大九湖的气候变化从过去到现在划分为四个阶段：其中第 2 阶段为公元前 700 年至公元 550 年，气候相对

① 吴艳宏等：《鄱阳湖湖口地区 4500 年来孢粉组合及古气候变迁》，《湖泊科学》1997 年第 1 期。

② 罗建育等：《台湾大鬼湖的古气候研究》，《中国科学》（D 辑）1996 年第 5 期。

③ 夏玉梅、汪佩芳：《密山杨木 3000 多年来气候变化的泥炭记录》，《地理研究》2000 年第 1 期。

④ 瞿文川等：《近 2600 年来内蒙古居延海湖泊沉积物的色素含量及环境意义》，《沉积学报》2000 年第 1 期。

冷湿润；第 3 阶段为公元 550 年至公元 1300 年，气候相对凉干。[①] 而孢粉分析表明：在距今 1990 年至距今 1620 年，也就是公元 12 年至公元 380 年，其植被特征与现今神农架海拔 1700 米至 1800 米地带落叶阔叶林相似。在距今 1620 年至距今 1000 年，也就是公元 380 年至公元 1000 年，其植被特征与现今神农架海拔 1300 至 1500 米地带的亚热带常绿阔叶林与落叶阔叶林相似。

---

① 何报寅等：《近 2600 年神农架大九湖泥炭的气候变化记录》，《海洋地质与第四纪地质》2003 年第 2 期。

第五节　气候变化与农业结构变化

气候、降水条件的变化，对这一时期的农业有深刻的影响。农业结构的变化、气候变冷、有效积温的变化以及降水的减少，使得农民为了获得稳定的收成，必然改变种植结构。黄河流域中下游地区是中国古代农业经济开发较早的地区，这里种植的主要粮食作物是"五谷"，在明清时期玉米、番薯传入中国之前，这种情况没有多大改变，但在中古时期，黄河流域中下游地区"五谷"在生产和消费中的地位还是有比较缓慢的变化的，其中也有不少起伏。

一、冬小麦种植的变化

一般认为小麦和大麦的原产区不是中国，而是高加索山麓、西南亚以及土耳其一带，这里冬春雨量充沛，适合两年生麦类的天然繁衍。在史前时期，至迟于盘庚迁殷时期，小麦已传入我国华北地区。殷商至战国时期，小麦在华北逐渐推广种植，但在粮食生产地位上还不如小米，其主要原因是小麦并不适合华北的自然生长环境。①

用植物阶段发育理论分析，小麦属于低温、长日照作物。冬麦为低温、长日照要求严格的冬性小麦，须在冬季低温下通过春化阶段，至春季日照延长时通过光照阶段，此后才能抽穗结实，故适于秋播。而春麦为低温要求不严的春性小麦，在较高的温度下很快通过春化阶段，故可用于冬季寒冷的北方春播或冬季较暖的南方秋播。前者经长期栽培，形成对长日照要求较严的北方春性小

① 何炳棣：《黄土与中国农业的起源》，香港中文大学 1969 年版，第 166 页。当然，也有人认为中国也是小麦和大麦的原产地之一，详见夏奇梅《麦类作物起源及其在南北朝以前的栽培》（《中国农史》1989 年第 1 期）。

麦，后者则形成对长日照要求不严的南方春性小麦。在冬麦的长期栽培过程中，人们选择成熟较早、生育期短又耐迟播的，即对低温要求不严的变异类型，而育成适于春播的春性小麦。用遗传学观点分析，冬麦在先为基本型，春麦在后为变异型。① 黄河流域小麦的种植始于何时，还存在一定的争论。② 有人认为在春秋战国时期，黄河流域中下游地区已经普遍种植冬小麦。③ 现在一般认为，在春秋战国时期，黄河流域中下游地区主要种植的是春麦；冬麦在今河南温县以及当时齐国统治的地区有一定的种植。冬小麦收获的时间在夏至前后，这时一般是粮食比较缺乏、断粮比较严重的时候，冬小麦一季的收成，对口粮有一定的补充作用。④

随着手工磨的发明以及筛子的运用，麦类的食用方式由粒食逐渐过渡到粉食，加之关中人口增加，汉武帝时期，董仲舒进言："《春秋》它谷不书，至于麦禾不成则书之，以此见圣人于五谷最重麦与禾也。今关中俗不好种麦，是岁失《春秋》之所重，而损生民之具也。愿陛下幸诏大司农，使关中民益种宿麦，令毋后时。"⑤ 汉武帝接受了董仲舒的意见："遣谒者劝有水灾郡种宿麦。举吏民能假贷贫民者以名闻。"⑥ 不过，汉武帝时期虽然推广冬小麦的种植，但在很长一段时间内，春小麦仍然在麦类种植中占据比较重要的地位。始元二年（公元前85年）秋八月，汉昭帝下诏："往年灾害多，今年蚕麦伤，所振贷种、食勿收责，毋令民出令年田租。"⑦ 初元二年（公元前47年）七月，汉元帝下诏："岁比灾害，民有菜色，惨怛于心。已诏吏虚仓廪，开府库

① 夏奇梅：《麦类作物起源及其在南北朝以前的栽培》，《中国农史》1989年第1期。
② 周书灿：《有关先秦时期北方地区麦子种植的几个问题的思考》，《中国历史地理论丛》2001年第1期。
③ 赵淑玲、昌森：《论两汉时代冬小麦在我国北方的推广普及》，《中国历史地理论丛》1999年第2期。
④ 李长年：《农业史话》，上海科学技术出版社1981年版，第42—43页。
⑤《汉书·食货志上》。
⑥《汉书·武帝纪》。
⑦《汉书·昭帝纪》。

振救，赐寒者衣。今秋禾麦颇伤。"皇帝两次颁布诏书，可知当时春小麦的种植面积不小。史书记载，汉元帝永光元年（公元前43年）三月，"是月雨雪，陨霜伤麦稼，秋罢"①，又据《资治通鉴》记载，"（永光元年）三月……雨雪、陨霜，杀桑。……九月，陨霜杀稼，天下大饥"②，可知这次陨霜应该是对春小麦危害最大。到西汉晚期后，由于朝廷的提倡以及上计政策的考核需要，地方官员积极倡导地方种植冬小麦，冬小麦的种植在全国逐渐推广。西汉末期东海郡冬小麦种植面积已达到740万亩，人均约5.3亩，户均28亩，种植规模颇为可观。③汉成帝时期，曾"遣轻车使者氾胜之督三辅种麦，而关中遂穰"④。至元延元年（公元前12年），谷永托人转奏成帝说："往年郡国二十一伤于水，灾，禾黍不入。今年蚕麦咸恶。百川沸腾，江河溢决，大水泛滥郡国十五有余。比年丧稼，时过无宿麦。"⑤由此可知，当时黄河流域冬小麦的种植面积已经比较广，冬小麦已成为人们的主要粮食品种之一。《氾胜之书》中记载当时人们已经将小麦分为"宿麦"和"旋麦"，即冬小麦和春小麦。其文中，有关麦类种植技术的文字共有近400字，而其中提及春小麦种植技术的仅仅有20来字，可知在当时，人们比较重视冬小麦的种植，也可知当时冬小麦种植面积比较广。

东汉时期，冬小麦的种植面积逐渐扩大，并在麦类种植中占据主要地位。东汉皇帝涉及农业的诏书中有11次提到麦类，其中涉及冬小麦种植的有9次，涉及春小麦的有2次。诏书涉及春小麦的这两次一次是在光武帝时期，一次是在和帝时期，都是在东汉前期。在东汉前期，春小麦仍然是人们的主要食物之一。永元五年（公元93年）二月丁未，和帝下诏说："去年秋麦入少，恐民食不足。其上尤贫不能自给者户口人数。"⑥可知，一般家庭食物结构之中，

---

① 《汉书·元帝纪》。

② 《资治通鉴·汉纪二〇》。

③ 惠富平：《汉代麦作推广因素探讨——以东海郡与关中地区为例》，《南京农业大学学报》（社会科学版）2001年第4期。

④ 《晋书·食货志》。

⑤ 《汉书·谷永传》。

⑥ 《后汉书·孝和帝纪》。

春麦还是占据相当大的比重的。

三国时期，黄河流域中下游地区冬小麦的种植仍然比较普遍，司马芝上奏魏明帝曰："夫农民之事田，自正月耕种，耘锄条桑，耕爆种麦，获刈筑场，十月乃毕。治廪系桥，运输租赋，除道理梁，墐涂室屋，以是终岁，无日不为农事也。"① 所谓"耕爆种麦"，即在夏天耕晒垡，晒后再耕耙收墒，秋天种麦。可见，在曹魏时期，黄河流域中下游地区冬麦的种植面积还是比较广的。由于冬麦在该地区种植结构中所占比例较高，故史书记载"往年牛死，通率天下十能损二；麦不半收，秋种未下"②。

到了西晋时期，黄河流域中下游冬小麦种植面积有所萎缩，春小麦种植面积扩大。咸宁三年（公元 277 年），"三月，平虏护军文淑讨叛虏树机能等，并破之。有星孛于胃。乙未，帝将射雉，虑损麦苗而止"③。在阴历三月还称之为麦苗者，有可能是春小麦，冬小麦在三月已返青拔节，再称麦苗就不合适了。《晋书·五行志》记载当时春小麦的种植地区有任城、梁国、义阳、南阳、东海、济阴、武陵、扶风、始平、京兆、安定、巨鹿、魏郡、汲郡、广平、陈留、荥阳、东平、平阳、上党、雁门、济南、城阳、章武、琅邪等地；冬小麦种植地区可能有三河、魏郡、弘农、高平、陇西、琅邪、东海、齐郡临淄、长广不其等四县、乐安梁邹等八县、琅邪临沂等八县、河间易城等六县、高阳北新城等四县（其中后几个县不一定都是冬小麦的种植区域，因为这些地区是因三月受到霜冻灾害而伤麦的，而这一时期的霜冻天气对春麦生长也不利）。因此可知，在西晋时期，春小麦的种植区域比较广，甚至比冬小麦的种植面积还要大些。

十六国时期，在关中地区，春小麦的种植面积进一步扩大。东晋穆帝永和十年（公元 354 年），桓温北伐，"温恃麦熟，取以为军资。而健芟苗清野，军粮不属，收三千余口而还"④。而《资治通鉴》则记载："温与秦丞相雄等战于白鹿原，温兵不利，死者万余人。初，温指秦麦以为粮，既而秦人悉芟麦，

①《三国志·魏书·司马芝传》。

②《三国志·魏书·杜畿传附子恕传》。

③《晋书·世祖武帝纪》。

④《晋书·桓温传》。

清野以待之，温军乏食。六月，丁丑，徙关中三千余户而归。"① 符健"芟苗清野"应该发生在五月份，可知所芟之麦当是春小麦，因为如果是冬小麦，在五月时已经成熟，不能称之为"苗"。十六国时期，关中周边地区，麦类的种植还是有限的，《晋书·苻健载记》记载："时京兆杜洪窃据长安，自称晋征北将军、雍州刺史，戎夏多归之。健密图关中，惧洪知之，乃伪受石祇官，缮宫室于枋头，课所部种麦，示无西意，有知而不种者，健杀之以徇。"用非常严酷的手段要求百姓种麦，可知当时百姓已经没有种麦的动力了。

北朝时期，冬小麦的种植面积进一步缩小，北魏皇帝在干旱月份的诏令之中，只有一条涉及冬小麦。神龟二年（公元 519 年）二月，孝明帝下诏说："农要之月，时泽弗应，嘉谷未纳，二麦枯悴。德之无感，叹惧兼怀。可敕内外，依旧雩祈，率从祀典。察狱理冤，掩骼埋骸。冀瀛之境，往经寇暴，死者既多，白骨横道，可遣专令收葬。赈穷恤寡，救疾存老，准访前式，务令周备。"② 此外在《魏书·灵征志》也有一条提及"（景明）四年（公元 503 年）三月壬午，河州大螟，二麦无遗"。冬小麦种植面积的萎缩还可以从"嘉麦"或"瑞麦"出现较少体现出来。天降符瑞是统治者认为自己是合法统治或者国泰民安的一个重要标志，朝中大臣或地方官员或编造或上呈各种他们认为是祥瑞的东西。在这些祥瑞的东西之中，就包括"嘉麦""瑞麦""嘉禾""嘉谷"等粮食作物，这些作物大多由于基因变异，导致"异茎同颖"或一茎多穗。"嘉麦"这种变异现象在自然界的粮食作物中出现的概率很小，除非大规模的种植才有可能发生。在北朝时期，史书上记载的"瑞麦"现象只有一例："皇建二年（公元 561 年），累迁东郡太守，以宽惠著名。其年夏，五官张凝因出使，得麦一茎五穗，其余或三穗四穗共一茎者，合郡咸以政化所感，因即申上。"③ 这件事情是否可靠还值得怀疑，因为这件事情并没有上报给朝廷，或许这是有人为了给太守树立好名声而采取的一些非常措施。在北魏时期，地方官吏上"嘉禾"的事件很多，而"瑞麦"几乎没有记载，从这一个侧面也

---

① 《资治通鉴·晋纪二十一》。

② 《魏书·肃宗孝明帝纪》。

③ 《北史·循吏传·孟业传》。

可以看出，大小麦在北魏时期种植并不多。① 此外，均田制分配土地的时间也可以反映出在北朝时期冬小麦种植面积的萎缩。北魏规定还授田的时间在每年的正月，这是一年的开始，也是一年春耕的开始。如果这一时期黄河中下游普遍种植大小麦，也就史书中所记载的"宿麦"或"二麦"，正月距离收割时间很长，在这时进行还授，相当麻烦。北齐规定是每年十月进行还授。② 韩国磐先生认为这是大小麦普遍种植的结果。③ 然而实际上，大小麦种植时间是在农历八月，如果普遍种植大小麦，十月还田或授田还是不方便的，只有一个解释就是，这一时期大小麦并没有普遍种植，把还授田时间由正月改为十月，主要是为了便于更好地准备春耕，而且在十月授田比在正月要方便得多。④

在北朝时期，关中地区春小麦的种植面积还是比较广阔的，北周武成元年（公元559年）六月，大雨霖，明帝下诏说："昔唐咨四岳，殷告六眚，睹灾兴惧，咸置时雍。朕抚运应图，作民父母，弗敢怠荒，以求民瘼。而霖雨作沴，害麦伤苗，隤屋漂垣，泊于昏垫。谅朕不德，苍生何咎。"⑤ 六月份还说大雨伤害麦子，这里的麦子当然是指春小麦了。建德三年（公元574年）正月，武帝"诏以往岁年谷不登，民多乏绝，令公私道俗，凡有贮积粟麦者，皆准口听留，以外尽粜"⑥。冬小麦在四五月份收获，春小麦在八九月份收获，在正月还提及民间储蓄麦子的事情，此处的麦子是春小麦的可能性最大。此外，苏绰还要求："诸州郡县，每至岁首，必戒敕部民，无问少长，但能操持农器者，皆令就田，垦发以时，勿失其所。及布种既讫，嘉苗须理，麦秋在野，蚕停于室，若此之时，皆宜少长悉力，男女并功，若援溺、救火、寇盗之将至，然后可使农夫不废其业，蚕妇得就其功。"⑦ 从这段话中也可以看出当时关中地区春小麦的种植占比较重要的地位。

---

① 《魏书·灵征志》。

② 《通典·食货·田制下》。

③ 韩国磐：《北朝隋唐的均田制度》，上海人民出版社1984年版，第106页。

④ 杨际平：《均田制新探》，厦门大学出版社1991年版，第70页。

⑤ 《周书·明帝纪》。

⑥ 《周书·武帝纪上》。

⑦ 《周书·苏绰传》。

　　不过，在淮河流域、山东等关东地区，冬小麦仍然大面积种植。① 此外，北朝时期，加工小麦的水磨、水碾，大体都分布在洛阳周围和太行山东侧邺城以南的河内地区，而关中和河东以西地区则很少见，也就是说东魏统治区域即关东地区小麦的种植面积大，而西魏统治区域即关中地区种植面积小。②

　　为什么西晋到北朝时期冬小麦种植曾现萎缩的趋势呢？其中一个重要原因是冬小麦生长期长，不大耐旱，它的需水量比粟大一倍，所以古歌谣中说："高田种小麦，终久不成穗。"而黄河流域雨量较小，秋、冬、春三季降水量更少，尤不宜冬小麦的播种和生长。竺可桢先生指出：如种小麦，则四月、五月值小麦需雨最急之时，华北四月、五月平均雨量已嫌不足，若降至平均以下，必遭歉收。所以若无灌溉设施，华北种小麦是不适宜的。③ 黄河流域的气候对冬小麦种植不利，关中这样的干旱半干旱地区更是如此。如何保证土壤中有足够的水分，使冬麦能顺利出苗、生长，并取得较好收成，是小麦推广初期农业生产中的重要课题。汉武帝时期全国各地大兴水利，关中是水利建设的重点地区，相继修建了漕渠、龙首渠、六辅渠、灵轵渠、成国渠、沣渠等水利工程，形成了农田灌溉网络。灌溉条件的改善无疑为小麦增产及种植范围的扩大创造了有利条件。随着水利的兴修以及抗旱技术的进步，从西汉开始，冬小麦逐渐在关中和黄河流域推广。三国时期，由于战乱而破坏了一些水利设施，加之气候变冷、降水减少，冬小麦的种植面积有所减少。到了西晋时期，由于气候更冷，冬小麦的种植面积进一步萎缩。北朝时期，除了天气变冷导致灾害频繁发生之外，冬小麦种植面积缩小的另一个重要原因就是水利失修。北朝时期虽然比较重视水利建设，但是水利工程主要集中在代北、幽燕、徐淮地区，主要是为水田服务，其他很多地区长期水利失修，即使偶尔行之，效果也并不是很大。

　　气候变冷对中国东西部的影响是不同的，总体上来看，在气候变冷过程

---

① 可见于《魏书》之《世宗宣武帝纪》《薛野䐗传》等部分。

② 王利华：《古代华北水力加工兴衰的水环境背景》，《中国经济史研究》2005 年第 1 期。

③ 竺可桢：《论我国气候的几个特点及其与粮食作物生产的关系》，见《竺可桢文集》，科学出版社 1979 年版，第 463 页。

中，黄河流域降水减少了，导致气候干燥。不过，在气候变冷时期，降水呈现分布不均的特点，东部降水相对较多，而西部干旱。[①] 东部降水较多，自然比较适合种植需水较多的作物，冬小麦由于产量较高，加之能作为救济之物，故其在黄河流域东部的种植面积较广。

相对于冬小麦而言，春小麦的抗旱能力更强，株矮穗大，生长期短，从播种到收获约 90 天。自西晋开始，气候变冷，降水减少，故春小麦种植面积逐渐扩大。在北朝时期，关中地区水利失修，加之气候干旱，种植春小麦成为不错的选择。

总之，自西汉武帝时期开始，冬小麦的种植在黄河流域逐渐推广，到东汉中后期，冬小麦已经大面积种植了。西晋时期，春小麦有大面积种植，并有逐渐超越冬小麦的趋势。北朝时期，春小麦在关中地区仍然有大规模种植，不过，在关东地区，冬小麦的种植还是占优势地位的。

二、大豆种植的变化

魏晋北朝时期，黄河流域大豆的种植发生了较大的变化。大豆，古称菽、戎菽、荏菽，自汉代始称大豆。大豆是短日照作物，在昼夜交替过程中，要求相对较长的黑夜和较短的白天，以促进生殖生长、抑制营养生长。大豆喜温，太热太凉都直接影响其产量。因此，秦岭—淮河以北的北温带，便成为汉唐时期中国大豆的主要栽培区。[②]《淮南子·地形训》称北方"其地宜菽"，说明在汉代，人们就已经认识到这一自然规律。从春秋时期开始，文献典籍中经常有"菽粟"的提法，表明大豆已与一直居于"百谷"之首的粟并列，成为当时的两大主要粮食作物之一。在战国时期，统治者都极力发展大豆和粟的种植，可见当时大豆地位的重要性。不过，自战国后期开始，大豆的重要性开始逐渐下降，主要是因为大豆亩产量比粟低，随着黄河流域保墒技术的提高，粟的产量得到进一步的发掘，这使得作为备荒作物的大豆逐渐失去了用武之地，由主食

---

① 张利平：《气候变暖及其对我国的社会影响》，《自然杂志》2000 年第 1 期。

② 刘磐修：《两汉魏晋南北朝时期的大豆生产和地域分布》，《中国农史》2000 年
　　第 1 期。

转变为副食。① 不过，在西汉时期，大豆的种植面积仍然比较广。元凤二年（公元前 79 年），汉昭帝下诏说"朕闵百姓未赡，前年减漕三百万石。颇省乘舆马及苑马，以补边郡三辅传马。其令郡国毋敛今年马口钱，三辅、太常郡得以叔粟当赋"；元凤六年（公元前 75 年）春正月，又下诏说"夫谷贱伤农，今三辅、太常谷减贱，其令以叔粟当今年赋"②。"叔粟"即"菽粟"。王莽统治时期曾出现"陨霜杀菽，关东大饥，蝗"③ 的现象。这些都表明，西汉时期大豆的种植面积还是比较广的。《氾胜之书》说："大豆保岁易为，宜古之所以备凶年也。谨计家口数，种大豆，率人五亩，此田之本也。"按照氾胜之的要求，百亩五口之家，需要种植大豆 25 亩，即 25% 的土地都用来种大豆。这又说明，当时大豆虽然有一定种植面积，但与战国时期比较，其地位已经大为下降。

东汉末年，大豆在黄河流域的食物体系中又开始占据比较重要的地位。梁习在统属冀州时，"总故部曲。又使于上党取大材供邺宫室。习表置屯田都尉二人，领客六百夫，于道次耕种菽粟，以给人牛之费"④。曹操攻打张鲁时，"多收豆麦以益军粮"⑤。据《晋书·五行志》等记载，西晋时期，黄河流域的任城、梁国、平原、安平、上党、泰山、河南、河东、弘农、东平、平阳、雁门、济南、东海等地区，大豆的种植面积非常大。

到了北朝时期，大豆的种植范围还是比较广的。"（北魏太武帝）后车驾田于山北，获麋鹿数千头，诏尚书发车牛五十乘运之。帝寻谓从者曰：'笔公必不与我，汝辈不如马运之速。'遂还。行百余里而弼表至，曰：'今秋谷悬黄，麻菽布野，猪鹿窃食，鸟雁侵费，风波所耗，朝夕参倍。乞赐矜缓，使得收载。'"⑥ 这一时期，文献上还出现了"禾""菽"并提的现象。孝文帝时期，"车驾将幸邺"，李平上书言道："一夫从役，举家失业。今复秋稼盈田，

---

① 李长年：《农业史话》，上海科学技术出版社 1981 年版，第 82 页。

②《汉书·昭帝纪》。

③《汉书·王莽传中》。

④《三国志·魏书·梁习传》。

⑤《三国志·魏书·陈群传》。

⑥《北史·古弼传》。

禾菽遍野，銮驾所幸，腾践必殷。"① 北魏太武帝打猎活动的区域在今山西大同附近，孝文帝这次活动的范围应在今河南洛阳一带。以"麻菽布野"和"禾菽遍野"可知，在北朝时期，大豆的种植面积比较广，是当时人们的主要粮食之一。"高祖太和三年（公元 479 年）七月，雍、朔二州及枹罕、吐京、薄骨律、敦煌、仇池镇并大霜，禾豆尽死。七年三月，肆州风霜，杀菽。"② 北魏末年，冀、定等州县，经常遭受水灾，崔楷上疏言道："华壤膏腴，变为舄卤；菽麦禾黍，化作蘆蒲。斯用痛心徘徊，潸然伫立也。"③《北齐书》也记载，厍狄伏连"冬至之日，亲表称贺，其妻为设豆饼。伏连问此豆因何而得，妻对向于食马豆中分减充用"④。自西汉后期开始，大豆有逐渐转为主要粮食的趋势，这主要是因为气候变冷，而大豆可以种植于"高田"，"土不和"亦可以生长，"保岁易为"，足以"备凶年"，因而受到特殊重视。⑤ 在北朝时期，不仅"禾菽遍野"，而且出现"菽粟"并重的局面，大豆成为老百姓的主要粮食之一。在北朝时期，大豆的品种较多，有"白、黑二种"，又有"黄高丽豆、黑高丽豆、燕豆、䅵豆"等。⑥ 此外，当时还有种类较多的小豆。北齐时，籍田内种植有大豆、小豆，种谷时，"绿豆、小豆底为上，麻、黍、胡麻次之，芜菁、大豆为下"⑦。由此可知，在北朝时期，大豆及小豆仍然是普通老百姓的主要食物之一，其主要原因是北朝时期气候干冷，比较适合大豆和小豆的生长，且豆类在一定程度上能"保岁"。

三、水稻种植的变化

水稻很早就开始在黄河流域种植。在春秋战国时期，西到渭水中游，北到

---

① 《魏书·李平传》。

② 《魏书·灵征志上》。

③ 《魏书·崔辩列传附模弟楷传》。

④ 《北齐书·慕容俨传附厍狄伏连传》。

⑤ 王子今：《秦汉时期气候变迁的历史学考察》，《历史研究》1995 年第 2 期。

⑥ 《齐民要术·大豆》。

⑦ 《齐民要术·种谷》。

关中盆地的北缘、汾水中游，东到泗水流域，都有水稻种植。① 在汉代的关中地区，伊洛河流域、河内地区、黄淮平原都有大面积的水稻种植。《汉书·东方朔传》记载汉武帝在南山下游猎时曾"驰骛禾稼稻粳之地"，东方朔说南山"有粳稻梨栗桑麻竹箭之饶"。《汉书·沟洫志》记载武帝曾说"内史稻田租挈重，不与郡同，其议减"。这些材料说明当时关中水源较多的渭南一带及水利工程覆盖区，高产作物稻的种植范围不小。《汉书·昭帝纪》元凤元年（公元前80年）诏书中提到了"先发觉"上官桀等欲行谋反的"故稻田使者燕仓"，如淳注曰："特为稻田置使者，假与民收其税入也。"燕仓能先发觉上官桀等谋反，说明其管辖范围应在长安或其附近。专门负责管理稻田的官吏的设置也反映了水稻在关中农业中的地位。

东汉时期，张堪为渔阳太守时，"乃于狐奴开稻田八千余顷，劝民耕种，以致殷富"②，秦彭为山阳太守时，"兴起稻田数千顷"③。在东汉时期，关中地区应该还种植粳稻。杜笃在《论都赋》中说："沃野千里，原隰弥望。保殖五谷，桑麻条畅。滨据南山，带以泾、渭。号曰陆海，蠢生万类。梗楠檀柘，蔬果成实。畎浍润淤，水泉灌溉。渐泽成川，粳稻陶遂。厥土之膏，亩价一金。"④ 东汉末年，"是时，世荒民饥，州牧陶谦表登为典农校尉，乃巡土田之宜，尽凿溉之利，粳稻丰积"⑤。此外，刘靖在河北地区"又修广戾陵渠大堨，水溉灌蓟南北；三更种稻，边民利之"⑥。许昌周边地区也有不少稻田，"陈、蔡之间，土下田良，可省许昌左右诸稻田，并水东下"⑦。

制约黄河流域水稻生产的主要自然因素是水资源，光照、气温、土壤等因

---

① 邹逸麟：《历史时期黄河流域水稻生产的地域分布和环境制约》，《复旦学报》
（社会科学版）1985年第3期。

②《后汉书·张堪传》。

③《后汉书·循吏传·秦彭传》。

④《后汉书·文苑传·杜笃传》。

⑤《三国志·魏书·陈登传》注引《先贤行状》。

⑥《三国志·魏书·刘靖传》。

⑦《三国志·魏书·邓艾传》。

素则不构成严重的障碍。① 如今，东北地区也能大规模种植水稻，则可见气温等不是决定能否种植水稻的首要条件，但气候因素在一定程度上影响到了水稻的种植，因为气候变化对降水有一定的影响。西晋时期，黄河流域稻田面积缩小，但邺城等地还有水稻种植。咸宁元年（公元 275 年）十二月，晋武帝下诏说："出战入耕，虽自古之常，然事力未息，未尝不以战士为念也。今以邺奚官奴婢著新城，代田兵种稻，奴婢各五十人为一屯，屯置司马，使皆如屯田法。"② "司隶校尉李憙复上言，骑都尉刘尚为尚书令裴秀占官稻田，求禁止秀。"③ 当然，侵占官稻田的不止裴秀一人，"故立进令刘友、前尚书山涛、中山王睦、故尚书仆射武陔各占官三更稻田，请免涛、睦等官。陔已亡，请贬谥"④。在十六国时期，稻米也可以作为赏赐之物，比如廷尉续咸就受到石勒赏赐的"绢百匹，稻百斛"⑤。侵占朝廷稻田以及将稻米作为赏赐之物，充分反映出这一时期黄河流域稻田面积萎缩，稻米难得，价格较高。

北魏时期，在相当长的一段时间里，稻米是一种比较奢侈的食物。北魏太宗时，元老重臣安同，官拜征东大将军，青、冀二州刺史，想吃稻米饭而不可得。其长子安屈掌管太仓，"盗官粳米数石，欲以养亲"。安同清廉，得知后，上奏朝廷，请求诛戮安屈，并请求处罚自己训子不严的罪责，太宗拓跋嗣很赏识安同的做法，遂下诏，"长给（安）同粳米"⑥。元老重臣需要粳米，尚且要皇帝下特诏赏赐，这从一个侧面反映出当时粳米的缺乏程度。孝文帝在位时，也曾将稻米作为特殊的礼物赐给臣民："（太和四年）秋七月辛亥，行幸火山。壬子，改作东明观。诏会京师耆老，赐锦彩、衣服、几杖、稻米、蜜、面，复家人不徭役。"⑦ 此外，由于稻米比较珍贵，朝廷往往也将水田赐给寺庙或朝中大臣："（高聪）乃因皓启请青州镇下治中公廨，以为私宅，又乞水田数十

① 王利华：《中古华北饮食文化的变迁》，中国社会科学出版社 2000 年版，第 74 页。

②《晋书·食货志》。

③《晋书·裴秀传》。

④《晋书·李憙传》。

⑤《晋书·石勒载记》。

⑥《魏书·安同传》。

⑦《魏书·高祖孝文帝纪》。

顷，皆被遂许。"① 北魏末年，由于降水减少，在北方，水田一度成为地方官员争先圈占的目标。源怀曾上表曰："景明以来，北蕃连年灾旱，高原陆野，不任营殖，唯有水田，少可葺亩。"② 当时，北魏朝廷经常发布禁酒命令，一方面是由于治安问题，另一方面就是因为粮食缺乏。由于稻米是酿酒的主要原料之一，因此要防止用稻米酿酒。这项措施对达官贵人或许没有多大效果，但是对普通老百姓而言可是要严格执行的："乐部郎胡长命妻张氏者，不知何许人也。事姑王氏甚谨。太安中，京师禁酒。张以姑老且患，私为酝之，为有司所纠。王氏诣曹自首，由己私酿。张氏曰：'姑老抱患，张主家事，姑不知酿。'主司不知所处。平原王陆丽以状奏，文成义而赦之。"③ 可见朝廷的禁酒令对于普通老百姓还是有震慑力的，一般人不敢违背。

四、蔬菜地位的加强

中古时期，蔬菜在食物结构中仍然占据比较重要的地位，和今天作为佐饭之物不同，在很长一段时间内，蔬菜是被当作一种粮食的。《尔雅》记载："谷不熟为饥，蔬不熟为馑，果不熟为荒，仍饥为荐。"因此，在中古时期，人们种植蔬菜，不仅是为了佐食，更主要的是以之为食。

两汉时期，朝廷对蔬菜的种植并不十分重视，不过也有许多地方官员要求农民多种蔬菜。《后汉书·仇览传》记载："仇览字季智，一名香，陈留考城人也。少为书生淳默，乡里无知者。年四十，县召补吏，选为蒲亭长。劝人生业，为制科令，至于果菜为限，鸡豕有数，农事既毕，乃令子弟群居，还就黉学。"仇览以法令的形式要求人们种植蔬菜，其目的大概也是将蔬菜作为备荒的食物之一。在民间，蔬菜仍然是普通百姓的主要粮食来源之一。东汉时期的孔奋"事母孝谨，虽为俭约，奉养极求珍膳。躬率妻子，同甘菜茹"④，而《东观汉记》卷八《孔奋传》则记载："妻子但菜食。"由此可知，身为国家官

---

① 《魏书·高聪传》。

② 《魏书·源贺传附子怀传》。

③ 《北史·列女传·魏胡长命妻张氏传》。

④ 《后汉书·孔奋传》。

员的孝子孔奋还以蔬菜作为主要粮食，普通百姓就可想而知了。曹魏时期，太尉司马懿曾上奏说："秋涝伤五谷，又无菜蔬，北方民已有食桑皮者。"① 也可知蔬菜是当时的主要粮食来源之一。

到了西晋时期，蔬菜的地位就显得比较高了。西晋朝廷为官员分发职田时，按级别分别给六顷至十顷的菜田，并给田驺六人至十人。② 十六国北魏时期，蔬菜仍然是重要的食物构成部分。北魏太祖曾 "遣抚军大将军略阳公元遵袭中山，芟其禾菜，入郛而还"③。破坏庄稼和蔬菜，主要是为了破坏敌军的粮食供应，可知当时蔬菜种植面积之广和蔬菜在食物构成中地位之重。饥荒时期，蔬菜成为度过饥荒的重要食物来源之一。北魏太宗时期，代地发生饥荒，很多大臣建议迁都邺城，但崔浩等人反对，他认为："今居北方，假令山东有变，轻骑南出，耀威桑梓之中，谁知多少？百姓见之，望尘震服。此是国家威制诸夏之长策也。至春草生，乳酪将出，兼有菜果，足接来秋。若得中熟，事则济矣。"④ 在孝文帝时期，为了表示对农业的重视，孝文帝要求百姓多种蔬菜："（延兴二年）夏四月庚子，诏工商杂伎，尽听赴农。诸州郡课民益种菜果。"⑤ 北魏的均田制也要求 "男女十五以上，因其地分，口课种菜五分亩之一"⑥。按照这个规定，"五口之家" 至少应种植一亩蔬菜。这个规定的出发点显然不是要解决农民的吃菜问题，因为一亩菜地对老百姓吃菜来说是绰绰有余的（北魏亩制比现代还要大），其真正的目的是种菜防止饥荒。民间谚语 "瓜菜半年粮"，说的就是以蔬菜代替粮食。而且，这只是课种的菜地，蔬菜的实际种植情况可能要比这个规定还高一些。其后，北周的苏绰对蔬菜也比较重视，据《周书·苏绰传》记载，苏绰提出："三农之隙，及阴雨之暇，又当教民种桑、植果，艺其菜蔬，修其园圃，畜育鸡豚，以备生生之资，以供养老之具。" 在北齐时，"伏连家口有百数，盛夏之日，料以仓料二升，不给盐

①《太平御览》卷三五《凶荒》引《魏名臣奏》。

②《晋书·职官志》。

③《魏书·太祖道武帝纪》。

④《魏书·崔浩传》。

⑤《魏书·高祖孝文帝纪》。

⑥《通典·食货·田制上》。

菜,常有饥色"①,可知在日常生活中,菜是重要的食物构成,并不局限于作为佐食之物。北周和北齐虽然没有明确规定要课种菜,但北周的均田制规定:"凡人口十已上,宅五亩;口九已上,宅四亩;口五已下,宅三亩。"② 北周的长度单位比前代要长:"魏及周、齐,贪布帛长度,故用土尺。"③ 北周的亩制,比现在的亩制大10%左右。④ 五口人的住宅面积是三亩,可见,这三亩土地中,除了必要的房屋占地之外,大部分应该是作为菜地的。北周的规定较之北魏,对老百姓更实惠,因为北魏规定种菜要上"课种",就是要收取赋税的,而北周则没有这样的规定。

要求百姓种菜,或者给老百姓土地种菜,其目的在于丰富百姓的食物构成,防止饥荒,维持社会稳定。在很长一段时间内,蔬菜都被中国作为防止饥荒的食物来源之一。"一园菜地三分粮""家有三担菜,不怕年成坏"⑤,这些都反映了蔬菜在中国食物构成中的重要地位。

在《齐民要术》中,贾思勰也将一些蔬菜作为重要的救济食物,提倡人们多种。《种芋》提倡多种芋:"芋可以救饥馑,度凶年。今中国多不以此为意,后至有耳目所不闻见者。及水、旱、风、虫、霜、雹之灾,便能饿死满道,白骨交横。知而不种,坐致泯灭,悲夫!人君者,安可不督课之哉?"《种葵》:"且畦者地省而菜多,一畦供一口。"《蔓菁》:"然此可以度凶年,救饥馑。干而蒸食,既甜且美,自可藉口,何必饥馑?若值凶年,一顷乃活百人耳。"至于莲、菱、芡中米等,也要求多种,《养鱼》:"俭岁资此,足度荒年。"

此外,中古时期的蔬菜品种也大为增加。秦汉时期,蔬菜种类有二十多

---

①《北齐书·慕容俨传附厍狄伏连传》。

②《隋书·食货志》。

③《隋书·律历志上》。

④ 吴慧:《中国历代粮食亩产研究》,农业出版社1985年版,第234页。

⑤ 农业出版社编辑部:《中国农谚》,农业出版社1980年版,第677—679页。

种，① 到了东魏时期，仅《齐民要术》记载的蔬菜品种，就有三十多种。② 此外，《小品方》卷四《治食诸毒方》中有"治人食菜及果子，中蛇毒方"和"治食野菜、诸脯肉、马肝、马肉毒方"，反映出蔬菜在食物结构中占据较重的地位。

五、桑枣榆种植的重视

《魏书·食货志》记载北魏实施均田制时规定："诸初受田者，男夫一人给田二十亩，课莳余，种桑五十树，枣五株，榆三根。非桑之土，夫给一亩，依法课莳榆、枣。奴各依良。限三年种毕，不毕，夺其不毕之地。于桑榆地分杂莳余果及多种桑榆者不禁。"相似的规定也在北齐、北周的均田制中出现，这即是以法令的强制手段规定受田的农民要种植桑、枣和榆树。为什么要种植这三类树木而不是其他树木呢？翻检史籍，我们可以发现，这三类树木用途具有多样性，其中一个共性就是这些树木的副产品可以作为饥荒之时的食物。

桑树除了可以提供养蚕的桑叶之外，其果实——桑葚的产量颇高，必要时可作为重要的粮食来源。东汉末年就曾出现大规模的以桑葚为食物的情景，汉献帝兴平元年（公元194年）七月，饥荒发生："是时谷一斛五十万，豆麦一斛二十万，人相食啖，白骨委积。帝使侍御史侯汶出太仓米豆，为饥人作糜粥，经日而死者无降。"不过到了九月"桑复生椹，人得以食"③。三国时期曾多次发生军队以桑葚为食的事情。《三国志·魏书·武帝纪》引《魏书》记载："自遭荒乱，率乏粮谷。诸军并起，无终岁之计，饥则寇略，饱则弃余，瓦解流离，无敌自破者不可胜数。袁绍之在河北，军人仰食桑椹。"杨沛任地方官时，也征收桑葚以为赋税："兴平末，人多饥穷，沛课民益畜干椹，收橡豆，阅其有余以补不足，如此积得千余斛，藏在小仓。会太祖为兖州刺史，西

---

① 梁家勉主编：《中国农业科学技术史稿》，农业出版社1989年版，第75页。

② 黎虎：《汉唐饮食文化史》，北京师范大学出版社1998年版，第31页；王利华：《中古华北饮食文化的变迁》，中国社会科学出版社2000年版，第86页。

③《后汉书·献帝纪》。

迎天子，所将千余人皆无粮。过新郑，沛谒见，乃皆进干椹。太祖甚喜。"①
十六国时期，"燕、秦相持经年，幽、冀大饥，人相食，邑落萧条。燕之军士
多饿死，燕王垂禁民养蚕，以桑椹为军粮"②。此外，崔鸿《前凉录》记载：
"张天锡为苻坚破后归晋，孝武帝问之曰：'北方何物为美？'锡对曰：'桑椹
甘香。'"③ 可见在黄河流域，以桑葚为食是很常见的事情。北魏时期也出现
过以桑葚为军粮的情景："太祖攻中山未克，六军乏粮，民多匿谷，问群臣以
取粟方略。逞曰：'取椹可以助粮。故飞鸮食椹而改音，《诗》称其事。'太祖
虽衔其侮慢，然兵既须食，乃听以椹当租。逞又曰：'可使军人及时自取，过
时则落尽。'太祖怒曰：'内贼未平，兵人安可解甲仗入林野而收椹乎？是何
言欤！'以中山未拔，故不加罪。"④ 由此可见，北朝时期民间桑树甚多，农民
可获得大量的桑葚，甚至可以以之缴纳赋税。"（崔）孝芬弟孝伟，赵郡太守。
郡经葛荣离乱后，人皆卖鬻儿女。夏椹大熟，孝伟劝户人多收之，郡内乃
安。"⑤《齐民要术》记载"椹熟时，多收，曝干之，凶年粟少，可以当食"，
并指出："今自河以北，大家收百石，少者尚数十斛。故杜葛乱后，饥馑荐
臻，唯仰以全躯民；数州之内，民死而生者，干椹之力也。"可见，在北魏时
期，桑葚往往是度过饥荒的一种重要食物。北魏均田制中要求老百姓种桑树的
措施一直延续到隋朝，具有很长的延续性，反映出这一政策的必要性。

　　枣树是民间常见的一种果树，历史上枣树的种植范围很广，枣树耐旱耐
热，是一种高产的果树。《齐民要术》记载"其阜劳之地，不任耕稼者，历落
种枣则任矣"，原因是"枣性燥故"，即枣比较耐旱耐热。在历史上，枣也曾
被当作拯救饥荒的一种重要的食物。王莽末年，"赤眉复还入长安，禹与战，
败走，至高陵，军士饥饿，皆食枣菜"⑥。东汉末年，以枣为食的事例屡见不

①《三国志》卷一五《魏书·贾逵传》引《魏略列传》。

②《资治通鉴·晋纪二十八》。

③《太平御览·桑》。

④《魏书·崔逞传》。

⑤《北史·崔挺传附孝芬弟孝伟传》。

⑥《后汉书·邓禹传》。

鲜：汉献帝迁往长安途中，"既至安邑，御服穿敝，唯以枣栗为粮"①；"幽州每岁不登，人相食，有蝗旱之灾，民人始知采稆，以枣椹为粮，谷一石十万钱。公孙伯圭开置屯田，稍稍得自供给"②；"是时蝗虫起，岁旱无谷，从官食枣菜"③。《晋书·食货志》也记载："魏武之初，九州云扰，攻城掠地，保此怀民，军旅之资，权时调给。于时袁绍军人皆资椹枣……"

由于桑枣是民间防止饥荒的重要食物来源之一，所以，历代在军事行动之时，为了笼络民心，统治者都严禁士兵破坏桑树和枣树。北魏时期就规定"军之所行，不得伤民桑枣"④。

北朝均田制规定所受之田要种植榆树，为什么不是其他树种呢？一个很重要的原因就是榆叶乃至榆皮可以作为食物。《汉书·天文志》记载："至河平元年（公元前28年）三月，旱，伤麦，民食榆皮。"西汉时期，龚遂"见齐俗奢侈，好末技，不田作，乃躬率以俭约，劝民务农桑，令口种一树榆、百本薤、五十本葱、一畦韭，家二母彘、五鸡"⑤。东汉末年，郑浑"转为山阳、魏郡太守，其治放此。又以郡下百姓，苦乏材木，乃课树榆为篱，并益树五果；榆皆成藩，五果丰实。入魏郡界，村落齐整如一，民得财足用饶"⑥。在《齐民要术》记载榆树种植后，"三年春，可将荚、叶卖之"⑦。春季最容易发生青黄不接的现象，在这一时期，榆树叶子正好可以作为度过饥荒的食物，所以在北方的民间，榆叶是一种很普通的食物。《北史》记载："先是，河南人常笑河北人好食榆叶，故齐人号之为'醋榆贼'。"⑧ 在这一时期，北方民间食用榆叶是一种很常见的风俗习惯，所谓的"榆生欲饱汉"应该是这一时期民间食榆习惯的一种体现。《太平广记》卷二五七《山东人》记载了一件很有趣

---

①《后汉书·皇后纪下·献帝伏皇后纪》。

②《太平御览·凶荒》。

③《三国志·魏书·董卓传》。

④《魏书·太祖道武帝纪》。

⑤《汉书·循吏传·龚遂传》。

⑥《三国志·魏书·郑浑传》。

⑦《齐民要术·种榆》。

⑧《北史·高凉王孤传附六世孙上党王天穆传》。

的事情:"山东人来京,主人每为煮菜,皆不为美。常忆榆叶,自煮之。主人即戏云:'闻山东人煮车毂汁下食,为有榆气。'答曰:'闻京师人煮驴轴下食,虚实。'主人问云:'此有何意?'云:'为有苜蓿气。'主人大惭。"从这个故事中可知,当时,在黄河流域中下游的一些地区,食用榆叶是很常见的事情,有些人甚至将其当作一种嗜好。

　　魏晋南北朝时期,黄河流域食物构成呈现多元化的趋势。食物构成的多元化,意味着当时的人并不依赖单一作物,尽管有时某种作物的亩产量很高,但如果过分依赖这种作物,发生饥荒的风险是很大的。[①] 相反,有些食物亩产量虽然低,但收成有保证。比如《氾胜之书》记载:"稗,既堪水旱,种无不熟之时,又特滋茂盛,易生芜薉。良田亩得二三十斛。宜种之,备凶年。"这种种植模式非常适合斯科特所说的生存最大化的农民:"选择种植食用作物而不是销售作物,为了分散风险而乐于使用不同类型的种子,偏爱那些产量一般但稳定的作物品种。"[②] 这种食物结构,虽然以牺牲粮食总产量为代价,但由于收获比较稳定,人们容易以此度过灾荒。

[①] 单一的食物结构很容易引起饥荒。历史上,爱尔兰人就曾过分依赖土豆,当土豆出现病虫害时,爱尔兰出现大饥荒,导致人口大量死亡。可见(美)迈克尔·波论著,王毅译:《植物的欲望:植物眼中的世界》,上海人民出版社2005年版。

[②] (美)詹姆斯·C.斯科特著,程立显、刘建等译:《农民的道义经济学:东南亚的反叛与生存》,译林出版社2001年版,第28页。

第二章

魏晋南北朝时期的水环境

第一节　魏晋南北朝时期的降水情况

一、降水概况

魏晋南北朝时期，气候逐渐变冷，降水量下降，蒸发量加大，地表水位也下降，导致水质发生了变化，即在浅层地下水中，含盐量增加。在隋朝开皇初年，"高祖将迁都，夜与高颎、苏威二人定议，（庾）季才旦而奏曰：'臣仰观玄象，俯察图记，龟兆允袭，必有迁都。且尧都平阳，舜都冀土，是知帝王居止，世代不同。且汉营此城，经今将八百岁，水皆咸卤，不甚宜人。愿陛下协天人之心，为迁徙之计。'"① 隋文帝谋求迁都，其主要原因之一就是当时都城人口众多，但由于水中含卤太高，不适合大规模人口居住，必须另找一处水源合适的地方。关于这一时期"水皆咸卤"的原因，有人认为是"城市和居民的生活污水、垃圾、人畜排泄物为主。这些含氮有机物在适宜的条件下被矿化成硝酸盐，溶入水中并不断富积，使水质变苦、燥涩、变咸"②。这种说法不无道理，但还要注意到这一时期由于地下水位下降，盐分上升，地下水质也发生了改变的事实。

朝那湫面积的变化，也可以从一个侧面反映这一时期降水状况。"朝那湫……方四十里，冬夏不增减，不生草木……今周回七里，盖近代减耗。"③ 朝那湫周边地区草木不生，周边地区水土流失比较稳定，对其影响较少，主要是

---

① 《隋书·艺术传·庾季才传》。

② 仇立惠等：《古代西安地下水污染及其对城市发展的影响》，《西北大学学报》（自然科学版）2007 年第 2 期。

③ 《元和郡县图志·关内道·原州》。

靠地下水和地表水补给。其面积缩小，也反映了自秦汉魏晋南北朝以来降水的减少。①

刘振和指出，公元初至公元 180 年，黄河壶口年径流量，在原有 600 多亿立方米基础上略有下降，公元 180 年后的 350 年，黄河壶口年径流量下降到 360 亿立方米，几乎降到了近四千年以来黄河水量的最低点。②

最能反映这一时期降水变化的是《水经注》中的相关记载，在《水经注》中记载了很多东汉时期存在的河流、沟渠，在东魏时期已经"无水"，即断流或者干涸了。

在西北地区，"河水又迳典农城东，世谓之胡城。又北迳上河城东，世谓之汉城。薛瓒曰：上河在西河富平县，即此也。冯参为上河典农都尉所治也。河水又北，迳典农城东，俗名之为吕城，皆参所屯，以事农戒。河水又东北，迳廉县故城东，王莽之西河亭。《地理志》曰：卑移山在西北。河水又北，与枝津合。水受大河，东北迳富平城，所在分裂，以溉田圃。北流入河，今无水"③。这条黄河的一支"无水"，部分原因是埋塞。实际上，这条河在东汉时期都还存在，其埋塞的时间是在东汉至北魏之间，在这期间，这一地区汉族农耕区逐渐被放弃，所以这条河的埋塞可能是由于水量减少，而导致来水不足，逐渐湮灭。

在中原地区淇水也干涸了，"河水又东，淇水入焉。《山海经》曰：和山，上无草木而多瑶碧，实惟河之九都。是山也五曲，九水出焉，合而北流，注于河。其阳多苍玉，吉神泰逢司之，是于贲山之阳，出入有光。《吕氏春秋》曰：夏后氏孔甲田于东阳贲山，遇大风雨，迷惑入于民室。皇甫谧《帝王世纪》以为即东首阳山也。盖是山之殊目矣。今于首阳东山，无水以应之，当是今古世悬，川域改状矣"。

今山西汾水流域的古水，在东魏时期，已无水了，"汾水又西与古水合，水出临汾县故城西，黄阜下，其大若轮，西南流故沟横出焉，东注于汾，今无

---

① 王邨、王松梅：《近五千余年来我国中原地区气候在年降水量方面的变迁》，《中国科学》（B 辑）1987 年第 1 期。

② 刘振和：《中国第二寒冷期古气候对黄河水量的影响》，《人民黄河》1993 年第 6 期。

③《水经注·河水三》。

水"。在皮氏县，"汉河东太守番系穿渠，引汾水以溉皮氏县。故渠尚存，今无水"①。

在济水流域，"荥渎又东南流，注于济，今无水。次东得宿须水口，水受大河，渠侧有扈城。水自亭东南流，注于济，今无水"②。在今邯郸地区，也有渠道与河流无水，"（漳水）又东迳肥乡县故城北……渠道交径，互相缠縻，与白渠同归，迳列人，右会漳津，今无水……又北，绛渎出焉，今无水"③。

在易水流域，有一周围四里的大陂，东魏末年，已经无水，"濡水又东至塞口，古累石堰水处也。濡水旧枝分南，入城东大陂，陂方四里，今无水"④。

在漯余水流域，"沽河又东南迳泉州县故城东，王莽之泉调也。沽水又东南合清河也，今无水"⑤。

在洛水流域，"伊水自阙东北流，枝津右出焉，东北引溉，东会合水，同注公路涧，入于洛。今无水……伊水又东北，枝渠左出焉。水积成湖，北流注于洛。今无水"⑥。

在谷水流域，"城西临谷水，故县取名焉。谷水又东，迳谷城南，不历其北。又东，洛水枝流入焉，今无水也……渠水又东，迳杜元凯所谓翟泉北，今无水。郑渠故渎又东，迳巀嶭山南，池阳县故城北，又东绝清水，又东迳北原下，浊水注焉……自浊水以上，今无水"⑦。

变化比较大的是渭水流域，在这里，秦汉时期修筑了不少渠道用以引水灌溉，不过在东魏时期，很多渠道都断流，也有一些比较小的河流无水，"故渠北有汉京兆尹司马文预碑。故渠又东出城，分为二渠，即《汉书》所谓王渠者也……一水迳杨桥下，即青门桥也。侧城北，迳邓艾祠西，而北注渭，今无水……故渠又北，分为二渠，一水东迳虎圈南，而东入霸，一水北合渭，今无

---

① 《水经注·汾水》。

② 《水经注·济水一》。

③ 《水经注·漳水》。

④ 《水经注·易水》。

⑤ 《水经注·漯余水》。

⑥ 《水经注·洛水》。

⑦ 《水经注·谷水》。

水……又东北迳新丰县，左合漕渠，汉大司农郑当时所开也。以渭水难漕，命齐水工徐伯发卒穿渠引渭。其渠自昆明池南傍山原，东至于河，且田且漕，大以为便。今无水……故渠又东迳汉丞相周勃冢南，冢北有弱夫冢，故渠东南谓之周氏曲。又东南迳汉景帝阳陵南，又东南注于渭，今无水……东迳宜春城南，又东南迳池阳城北，枝渎出焉。东南迳藕原下，又东迳郿县故城北，东南入渭。今无水……白渠又东，迳秦孝公陵北，又东南迳居陵城北，莲芍城南，又东注金氏陂，又东南注于渭。……今无水"①。

此外，在颍水流域，"沙水又东南迳东华城西，又东南，沙水枝渎西南达洧，谓之甲庚沟，今无水"②。

《水经注》中记载的很多河流、沟渠已经"无水"，除了与河床变化以及泥沙淤积有关之外，也与这一时期降水减少有关。这些分布在北方各地区的河流沟渠"无水"，从一个侧面反映出这一时期降水的减少。

此外，考古研究表明，魏晋南北朝时期，降水也发生了一定的变化。利用在青海柴达木盆地建立的祁连圆柏树轮宽度指数年表分析，魏晋南北朝时期是极端干旱事件的群发期。③

公元前300年至公元300年，即战国到西晋时期，是艾比湖水位较高时期；公元300年至公元1400年，是艾比湖高水位时期。④

二、干湿情况

气候变化与降水之间存在密切关系，张家诚研究表明，年均气候变化1℃，年均降水也会发生100毫米左右的波动。⑤ 王开发等人的研究也表明气候

---

① 《水经注·渭水三》。

② 《水经注·颍水》。

③ 黄磊等：《树轮记录的青海柴达木盆地过去2800年来的极端干旱事件》，《气候与环境研究》2010年第4期。

④ 阎顺等：《2500年来艾比湖的环境演变信息》，《干旱区地理》2003年第3期。

⑤ 张家诚：《气候与人类》，河南科学技术出版社1986年版，第124—125页。

变化也导致了降水的变化。① 研究降水情况，可以依靠干湿情况以及考古与文献等资料来综合分析。

衡量一个时期或地区的气候，干湿状况是一个重要的指标。对于历史时期干湿状况的研究，必须对历史时期旱涝资料进行参数化处理。目前历史旱涝资料参数化的方法一般有比值法、湿润指数法、差值法和旱涝等级法等。其中比较常用的是湿润指数法和旱涝等级法。

湿润指数法是从概率统计观点出发，把所研究地区在某个时期内的若干府、州（县）发生的水旱次数当作水旱事件的总体，而把收集到的水旱记录次数看作总体的样本。历史资料本身存在漏记、断缺、散失等情况，有随机性。现存的水旱记载被看作历史上发生的水旱中的一个随机样本。因此统计所得的水旱灾害的比值可以看作总体的水旱比值的统计数值。计算公式如下：

$I = F \times 2 / (F + D)$

式中 I 为湿润指数，它介于 0 到 2 之间；F 为某区某年的水灾记载次数；D 为相应的旱灾次数。当水旱记载数相等时，I 为 1。②

这一时期的历史气候资料记载并不详细，有些干旱记录还值得分析，③ 因此，我们不可能完全得出这一时期气候的干湿真实状况，但在一定时期内若干

---

① 王开发等：《根据孢粉分析推断上海地区近六千年以来的气候变迁》，《大气科学》1978 年第 2 期。

② 龚高法等编著：《历史时期气候变化研究方法》，科学出版社 1983 年版，第 46 页。当然，运用这个方法有一定的局限性。在人口密度较低，湖泊河流沼泽较多的时期，人们对干旱的感受较深。故人们对干旱记载较多，对水灾记载较少。当人口增加，人口密度上升，围湖造田导致排水不畅，水灾记载就多起来。这种情况越到后期表现越明显，历史上一些地区旱灾记载次数在不同时期变化不大，但是水灾差距很大，其道理便是如此。故而运用湿润指数法这种方法时要考虑到其局限性。

③ 实际上，随着农业的进步，熟制的变化，在一年一季收获作物时，有些灾害可能不是灾害，但当农作物变为二年三熟或者一年二熟时，灾害的记录可能会提高。因此在运用这个方法时还要考虑到不同年代农作物种植制度的变化。

干湿的基本情况还是可以反映出来的。

公元 220 年至公元 280 年，北方水旱灾害记录均为 17 次，湿润指数为 1，属于干湿均匀时期。由于这一时期有长期下雨的记录，气候还略显湿润。这一阶段南方水灾记录是 4 年，旱灾记录为 5 年，湿润指数为 0.89，也属于干湿均匀时期，但其气候略显干旱。《三国志·吴书》记载："闻吴国比年灾旱，人物凋损，以大夫之明，观之何如。"可见南方旱灾发生频率较高，降水比较少。

公元 281 年至公元 313 年，北方有水灾 12 次，旱灾 17 次，湿润指数为 0.83，属于比较干旱的阶段。自公元 302 年至 313 年间，北方基本上没有水灾的记录，而旱灾较多，属于严重干旱阶段。《晋书·五行志中》记载："武帝太熙元年（公元 290 年），二月，旱。自太康以后，无年不旱。""怀帝永嘉三年（公元 309 年），五月，大旱，襄平县梁水淡池竭，河、洛、江、汉皆可涉。"怀帝永嘉四年（公元 310 年）冬至永嘉五年（公元 311 年）春，"自去冬旱至此春"。南方水灾记录有 15 次，旱灾记录为 8 次，湿润指数为 1.3，属于湿润的阶段。

公元 317 年至 386 年之间，北方陷入战乱，北方气候资料记载比较少，只有 5 次旱灾和 1 次水灾的记载，湿润指数为 0.33，属于比较明显的干旱阶段。在南方有旱灾记录 31 次，水灾记录 13 次，湿润指数为 0.6，属于较干旱阶段。《晋书·五行志中》记载，成帝咸康元年（公元 335 年），"六月，旱。时天下普旱，会稽、余姚特甚，米斗直五百，人有相鬻者"。元帝永昌元年（公元 322 年），"夏，大旱。其闰十一月，京都大旱，川谷并竭"。明帝太宁三年（公元 325 年），"自春不雨，至于六月"。成帝咸和九年（公元 334 年），"自四月不雨，至于八月"。成帝咸康三年（公元 337 年），"六月，旱。遂盗贼公行，频五年亢旱"。《晋书·成帝纪》记载，成帝咸和元年（公元 326 年），"九月，旱。十一月，时大旱，自六月不雨，至于是月"。《晋书·简文帝纪》记载，简文帝咸安二年（公元 372 年），"是岁，三吴大旱，人多饿死，诏所在振给"。由于时常发生干旱，公元 318 年、334 年、336 年、345 年都举行了"大雩"祈雨仪式，举行祈雨仪式如此频繁，可见当时南方旱灾比较严重。

公元 387 年至公元 458 年，北方有旱灾记录 13 次，水灾记录 12 次，湿润指数为 0.96，基本属于干湿均匀阶段。南方有水灾记录 28 次，旱灾记录 34 次，湿润指数为 0.9，也基本属于干湿均匀阶段，不过这一时期干旱也比较严重。公元 425 年大旱，范泰上书说："顷旱魃为虐，亢阳愆度，通川燥流，异井同竭。老弱不堪远汲，贫寡单于负水。租输既重，赋税无降，百姓怨咨。臣年过七十，未见此旱。阴阳并隔，则和气不交，岂惟凶荒，必生疾疫，其为忧虞，不可备序。"① 可见当年旱情比较严重。

公元 459 年至公元 537 年，这在 78 年间，发生干旱年份有 45 次，水灾有 14 次，湿润指数为 0.4，应该属于比较干旱时期。其连续干旱的年份比较集中，公元 459 年、461 年、464 年、466—475 年、477—481 年、484 年、487 年、489—491 年、493 年、494 年、496 年、502 年、503 年、504 年、506 年、508 年、509 年、510 年、512 年、516 年、518—524 年是干旱集中期。公元 460—469 年之间，十年之中就有六年有旱灾，而公元 470—479 年这十年间更是有九年发生旱灾；公元 480—489 年十年中有五年是旱灾，公元 490—499 年中有五年是旱灾，而且主要集中在前几年；公元 500—529 年这三十年间有 15 年发生旱灾，可见旱灾发生频率之高。在发生旱灾时，皇帝都要采取各种措施以便"感动"上苍，《资治通鉴》卷一二九《宋纪十一》记载，高宗和平二年（公元 461 年），"魏大旱，诏：'州郡境内，神无大小，悉洒扫致祷；侯丰登，各以其秩祭之。'于是群祀之废者皆复其旧"。这表明发生旱灾的区域广，影响较大。南方发生旱灾 21 次，水灾 28 次，湿润指数为 1.14，属于气候偏湿阶段。不过前期，旱灾比较严重，公元 463 年以及 464 年，"去岁及是岁，东诸郡大旱，甚者米一升数百，京邑亦至百余，饿死者十有六七"② 中期有长时间下雨的记载，不过到了后期，水灾记录较少。

公元 538 年至公元 580 年，北方水灾记录为 18 次，旱灾记录为 22 次，湿润指数为 0.9，属于干湿均匀阶段。不过这一时期长期下雨的记录比较多，《隋书·五行志上》记载：东魏武定五年（公元 547 年），"秋，大雨七十余日"。武成帝河清三年（公元 564 年），"六月庚子，大雨，昼夜不息，至甲辰。山东大水，人多饿死"。后主天统三年（公元 567 年），"十月，积阴大雨"。武帝建德三年（公元 574 年），"七月，霖雨三旬"。后主武平七年（公元 576 年），"七月，大霖雨，水涝，人户流亡"。《周书·文帝纪下》记载，西魏文帝大统十六年（公元 550 年），"时连雨，自秋及冬，诸军马驴多死"。

---

① 《宋书·范泰传》。

② 《宋书·前废帝纪》。

《周书·韦孝宽传》记载，后主武平元年（公元 570 年），"沧、瀛大水，千里无烟"。这一时期南方灾害记录为水灾 5 次、旱灾 3 次，湿润指数为 1.25，属于较湿的阶段。

第二节　海岸线的变化

一、辽东湾海岸线变迁[①]

辽东湾在山海关至天桥厂岸线变化缓慢，主要在辽金以后逐步发展而来。盖州以南的岸线也如此。由于海面变化，中部的大凌河、绕阳河、辽河下游三角洲，在秦汉魏晋南北朝时期，变化比较大。本三角洲东起盖州，西至四合屯，属渤海凹陷的组成部分。三角洲的两侧受到辽东、辽西山地丘陵所限制，有辽河、绕阳河、大凌河贯穿其间。冰后期海侵，曾被淹没。后因海平面下降，加上河流长期输沙入海，才使三角洲不断形成和扩大。王莽时，王璜说过，以前天尝连雨，助以东北风，海水侵溢数百里，"九河之地已为海所渐矣"，营州（治今朝阳）也受海水的冲蚀，"城垝沦者半"。郦道元还记载说，"昔在汉世，海水波襄，吞食地广，当日碣石，苞沦洪波也"。这次海侵，影响极大。《黑山县志》卷二指出，从前人们穿井，曾于城内掘出腐草，"为海退之地"。盖西汉后期海侵之际，海水可能淹没至此。从西晋开始，海水逐渐退却，海岸线向外延伸。在辽河下游地区，"皝自征辽东，克襄平。仁所署居就令刘程以城降，新昌人张衡执县宰以降。于是斩仁所置守宰，分徙辽东大姓于棘城，置和阳、武次、西乐三县而归"[②]。新县的设置，表明人口增加，也表明海平面下降，耕地面积扩大。在咸康初年，慕容皝从昌黎（今辽宁朝阳）出发，利用海冰，袭击了平郭（今辽宁盖州市西南）慕容仁的军队。这次袭击表明，在当时这一地区的海水后退，已成为浅滩，故海水能结较厚的冰层。

---

① 林汀水：《辽东湾海岸线的变迁》，《中国历史地理论丛》1991 年第 2 期。

②《晋书·慕容皝载记》。

此后，由于土地开垦，河水中含沙量增加，三角洲发展很快。

总之，辽东湾岸在今锦州以西和盖州以南变迁不大，而中部，特别是盘锦地段，变化却很迅速，这是这一地区海岸线变迁的一大特点。另一特点是各地岸线早期的发展都很缓慢，最根本的原因当是辽河古时所经之地，植被良好。清朝后期才引起巨变。锦州以西、盖州以南岸线长期趋于稳定，与此二地河流都很短小，供沙不丰有关。中部岸线伸展的幅度甚大，后期推展迅速。辽东湾岸早期发展缓慢，不但表现在岸线停留在今间阳驿、杜家台和沙岭、牛庄、海城的时间很长，还表现在盘锦湾很早就是个浅湾，而这浅湾迟迟不得发展。

二、苏北海岸线变迁①

江苏沿海在夏商至唐代的这段时间，海平面和岸线并不是一成不变的，它们有过几次波动，较为明显的是夏代中期以后，海平面呈下降趋势，至战国时代一直比较稳定；战国晚期以后到西汉初年呈上升趋势；西汉早期至西汉中期又是一个较为稳定的时期；西汉中期以后至东汉中期，再进入一个海面上升期；东汉晚期以后渐渐下降，至隋唐之前皆较稳定。海平面的变化，也导致了海岸线的波动。

新石器时代晚期（约 5500 年前至 4100 年前），本区的海岸线曾稳定在江南的上海柘林、马桥；嘉定外冈、太仓至江阴冈身和苏北的长江口到鲁东南山地海岸的堡岛—冈身以东一线。晋代以后海平面又退到冈身以东地区。常熟的福山在东晋时为南沙县治地，在福山到太仓的冈身处，发现了西晋和东晋墓葬；南朝时期今泰州、上海冈身以外，扬州蜀冈下、南通市区等近海地区都有人类活动的踪迹。但直到宋代之前，稳定的海岸线在原秦汉时代岸线以东不远处，一旦有了风暴，海涛还是常常冲击滨海居民，于是，兴筑捍海堰和海塘便构成了两汉以后历代沿海官吏政绩的重要内容，如连云港境内的捍海堰分别兴筑于齐、隋和唐时期。

---

① 本节主要参考贺云翱的《夏商时代至唐以前江苏海岸线的变迁》（《东南文化》1990 年第 5 期）。

三、长江河口及南北岸线的变迁[①]

近代河口的发育是冰后期海侵后才开始的，大约有几千年的历史。海侵结束时，河口因遭受海水侵蚀，大多成为溺谷或喇叭状河口湾。海侵结束后的海面稳定时期，河口才逐渐由陆向海发展。

现代的长江在上海入海，但两千年前在镇江、扬州附近入海。《汉书·地理志》记载："广陵国江都，有江水祠。渠水首受江，北至射阳入湖。"枚乘《七发》中记载："将以八月之望，与诸侯远方交游兄弟，并往观涛乎广陵之曲江，至则未见涛之形也，徒观水力之所到，则恤然足以骇矣。"[②]王充《论衡·书虚篇》中写道："大江浩洋，曲江有涛。"可见长江在镇江扬州一带入海，并且下游河汊众多，其中比较有名的是曲江。《三国志·魏书·文帝纪》中载："是冬魏文帝至广陵，临江观兵，兵有十余万，旌旗弥数百里，有渡江之志。权严设固守。时大寒冰，舟不得入江。帝见波涛汹涌，叹曰：'嗟乎！固天所以隔南北也！'"这也说明汉代广陵城附近有曲江和长江，否则曹丕就不会临江观兵和临江而叹了。这一时期的长江河口呈漏斗状河口湾，南北两嘴的距离约 180 千米，到公元 265 年长江河口延伸到江阴附近，潮区界在九江附近，估计两千年前潮区界在九江以上。崇明岛是在公元 618 年出水，形成现在长江河口南北支分汊的形势，当时北岸因沙岛变迁，变化较大，而南岸缓慢延

---

① 本节主要参考赵庆英等的《长江三角洲的形成和演变》（《上海地质》2002 年第 4 期），张军宏等的《长江口北支的形成和变迁》（《人民长江》2009 年第 7 期），陈吉余等的《长江三角洲的地貌发育》（《地理学报》1959 年第 3 期），林承坤的《长江河口及三角洲海岸演变与港口选址》（《海岸工程》1983 年第 2 期），杨怀仁等的《长江下游晚更新世以来河道变迁的类型与机制》[《南京大学学报》（自然科学版）1983 年第 2 期]，印志华的《从出土文物看长江镇扬河段的历史变迁》（《东南文化》1997 年第 4 期），陈家麟的《长江口南岸岸线的变迁》（《复旦学报》（社会科学版）1980 年第 S1 期）。

② 《全汉文·枚乘·七发》。

伸，比较稳定。

全新世中期时长江口北岸沙嘴位于今扬州、泰州地区，称扬泰古沙嘴。古沙嘴南部，即长江北岸堆积了一道道由扬州、江都、泰州至海安青墩一线的弧沙堤，其中，海安至如皋的一道沙堤呈东北西南走向，古称赤岸川，据位于赤岸的青墩新石器遗址碳年代测定，距今 5970±190 年和 5235±135 年，由此可推断距今 5000—6000 年间，长江北岸古沙嘴已向东南延伸至海安如皋一带。战国时期，古沙嘴以东扶海洲出水，西起今通扬运河东段（呈南北走向），东至如东，东西长约 70 千米，南北宽约 42 千米，其与赤岸间水面宽约 23 千米，古称夹江，这就是最早的长江口北支。汉朝起逐渐淤浅束狭，至三国景元年间束狭到不足 10 千米，晋朝时上游逐渐淤闭，形成高阳荡。随后，长江口北岸沙嘴就跃移至今掘港附近的廖角嘴。从上述史料推算，这条北支从形成至消亡约经历了 700—800 年。

扶海洲并岸后，到南北朝梁朝时期，就有"胡逗洲"出现①，其位置处于今南通地区。隋大业年间胡逗洲已成为一个大沙岛，主轴呈东略偏南走向，东西长约 54 千米，南北宽约 24 千米，其北岸和古沙嘴南岸构成了一个喇叭状水道，时称横江，即为长江口第 2 代北支。喇叭状水道的河势形态加之水沙多从南水道下泄，为后起的长江口沙岛和现行北支的形成造就了集水、集沙的有利地域。在其后时冲时淤的 300 余年间，胡逗洲东南先后涨出了南布洲、东洲和布洲；不久，东洲和布洲涨连一体，合称东布洲，组成了胡逗洲—东布洲岛链；胡逗洲、东布洲以及位于其间的南布洲在 10 世纪还未并岸，它们的并岸大致应在修筑余西至吕四场段范公堤时期前，约 11 世纪初才归并北岸，随之第 2 代北支消亡，长江口北岸沙嘴—廖角嘴，又从如东跃移至今吕四港附近，其位置大致在吕四东南 20 千米的海中。据上述史料推算，第 2 代北支从形成到消亡约经历了 500—600 年。

---

① 《梁书·羊侃传附子鹍传》中记载："（侯）景于松江战败，惟余三舸，下海欲向蒙山。会景倦昼寝，鹍语海师：'此中何处有蒙山！汝但听我处分。'遂直向京口。至胡豆洲，景觉，大惊，问岸上人，云'郭元建犹在广陵'，景大喜，将依之。鹍拔刀叱海师，使向京口。景欲透水，鹍抽刀斫之，景乃走入船中，以小刀抶船，鹍以槊入刺杀之。"

　　史籍上有关长江口北岸变化的记载不少。东晋以前，南通地区大部分尚未成陆，其与扬州地区相邻部分属海陵县东境，海陵县即今泰州，始置于汉。东晋义熙年间，"安帝分广陵郡之建陵、临江、如皋、宁海、蒲涛五县置山阳郡，属南兖州"①。《南齐书》卷一四《州郡上》记载："三年（公元422年），檀道济始为南兖州，广陵因此为州镇。土甚平旷，刺史每以秋月多出海陵观涛，与京口对岸，江之壮阔处也。"刘宋永初三年（公元422年），檀道济出任镇北将军、南兖州刺史镇守广陵时，由于长江故道的南迁，江心沙洲的淤涨，使原来位于曲江和大江之间的施桥沙洲与北岸相连成陆，而显得土地十分平旷。曲江的淤没，"广陵涛"也随之消失，檀道济每到八月之望只能到海陵一带观涛。由于出现了新的土地，所以引起移民的开垦。梁朝时期，又析置江阴、海安，② 新县的设置，一方面反映了当地人口的增加，另一方面也反映了海陵县东南境的土地有了较大的扩展。

　　在长江口南岸，从常熟的福山起，经过太仓、方泰、马桥、新寺直到金山的槽径一线及其以东，有几条并列的沙堤，由于较平原高亢，如山之冈阜相连，故俗称为冈身。在吴淞江故道以北地区分布着一至五条。在常熟境内，据《读史方舆纪要》卷二十四记载："自常熟福山而下，有沙冈身二百八十余里，以限沧溟，冈身间有港浦百五十处以泄太湖水。"迄太仓境有四条，即太仓冈身、上冈身、下冈身、归胡冈身。嘉定以南有所谓东冈、青冈、外冈、沙冈、浅冈。综观以上冈身的地理位置，最西的一条相当于福山、梅李、支塘、直塘、方泰一线；最东一条约在今梅李、徐市、涂松、娄塘、马陆、南翔一线。吴淞江故道以南共有三条，即沙冈、紫冈、竹冈。沙冈身约分布于沙冈庵、马桥、邹桥、槽径一线，东面的竹冈，在今诸翟、撷桥、南桥、柘林一线。这些沙堤大多呈西北东南走向，组成的物质以中沙、细沙为主，分选较好，而且有的地方入土数尺内还有蛤、螺、蚌之类的介壳类动物残骸的堆积。它显然系在江海交汇的地带，由波浪将近海泥沙与介壳类动物的残骸堆积而成的沙堤。

　　由于资料缺乏，对每条沙堤绝对年龄的确定目前还有困难。只是在竹冈附近的马桥古文化遗址发掘以后，根据它下层是良渚文化人们的居住遗址和墓

---

①《晋书·地理志上》。

②《隋书·地理志下》。

地，其绝对年代，按金山亭林遗址，应有 4000 年左右，也就是说，这些沙堤就是约 4000 年前长江南岸的海岸所在。此后，一直到 4 世纪以前的海岸仍在冈身附近，因为至今还没有发现魏晋以前的遗址，又无文字资料的记载。

4 世纪时，海岸又向东推进。明代弘治《太仓州志》记载："穿山在州（今太仓）东北四十里，高一十七丈，周二百五十步，山有洞通，南北往来，故曰穿。《临海记》曰：'山昔在海中，下有洞穴，高广各十余丈，舟帆从穴中过。'予尝疑过帆之事为妄谈。正统间，近山居民景升氏凿池得桅，梢径尺二许。其为海中岛无疑。"《临海记》成书约在南北朝，其成书的资料来源恐怕还要早些，则此地与陆地相连当在南北朝之前。又据清代嘉庆《太仓州志》记载，崇恩寺在镇洋（太仓）县东二十里，云翔寺（南翔寺）在嘉定县南二十四里，护国寺在嘉定县西门外，三寺都建于梁天监年间。清代嘉庆《南翔镇志》并进一步记载寺有梁朝井五，"二在山门外，二在砖塔旁，一在大雄殿西，俗呼为八角井"。吴淞江故道以南近年于莘庄发现有南北朝墓，莘庄恰位于最东一条冈身的边缘。据此，则 4 世纪的岸线已离开冈身，东进至梅李—徐市—涂松—嘉定—南翔—莘庄—柘林一线稍东。

4 世纪以前的岸线虽已离开冈身，但向东伸展并不远。与竹冈的成陆（4000 年前）联系起来看，则近 3000 年的时间海岸才向东渐进不超过 1—8 公里的范围。从地貌特征，考古发掘和文献资料的互相印证可知南北朝至隋唐时期，海岸有大幅度的伸展。据调查，北起宝山县的盛桥、月浦、江湾，南经川沙县的北蔡，下迄南汇县的周浦、下沙、航头一线，存在着一条断续相连的沙带，这条沙带西距冈身三十多公里，大致与冈身相平行。1975 年 11 月，在沙带内侧一公里今北蔡西南严桥发现唐代的遗址。估计这条沙带当为南朝后期至唐初时期的岸线所在。据南宋《云间志》载，有"旧瀚海塘，西南抵海盐县界，东北抵松江，长一百五十里"。这条瀚海塘的起讫地点都比较明确，但是它的建筑年代不详。而《新唐书·地理志》记载："有捍海塘堤，长百二十四里，开元元年重筑。"盐官县在海盐县的南面，开元元年已经有重筑海塘的记载，估计《云间志》所载这条华亭县境内的海塘，应和盐官县境内的一样，也筑于唐代。这是今上海市境内的第一条海塘，说明至唐代在冈身以东已有大面积土地出水成陆，且已被开垦成为农田，兴筑海塘显然是为了保护农田免受咸潮浸灌。华亭县始置于天宝十载（公元 751 年），是由海盐等县析置出来的。海塘的创建很可能在天宝之前。正是由于有了海塘，使原来海滨斥卤之地变为良田，才为建县创造了条件。

四、浙江海岸线变迁[①]

杭州湾北岸是长江三角洲的南缘。大约距今二三千年前长江南岸岸线北起镇江，经江阴、常熟、昆山及奉贤一线，与杭州湾的槽径、王盘山相连。此岸线的南缘曾较稳定地延续到晋朝。乍浦九山外曾是一片良畴沃野。至 2 世纪，海盐县治在九山外的故邑城。王盘山曾是东晋屯兵处，有人在撇开山（王盘山五山之一）和王盘山上都曾采集到印陶碎片，并在海盐城东黄家堰的海滩上收集到晋代废窑砖多块。这证明王盘山很可能曾与陆地相连，并且在 4 世纪，岸线仍有可能经王盘山而过。[②] 其后随着三角洲的淤涨外伸，人类不断筑塘护岸，使海岸不断推进。杭州湾南岸呈弧形的堆积平原，历史上开发较早，但宋代以前，人类活动主要局限于姚江平原一带。

---

① 本节主要参考孙英等的《浙江海岸的淤涨及其泥沙来源》（《东海海洋》1984 年第 4 期）。

② 孙林、高蒙河：《江南海岸线变迁的考古地理研究》，《东南文化》2006 年第 4 期。

第三节　河流与湖泊的变化

魏晋南北朝时期，黄河、长江、淮河没有多大的变化。这一时期，济水有一定的变化。济水的变化可以从济水的清浊变化中体现。《太平御览》卷五九引《博物志》曰："水有浊有清，河淮浊，江济清。南阳有清泠之水，丹水，泉水，汝南有黄水，华山南有黑水，天下之水皆类五色，今载其名也。泞水不流。"以张华的学识，当时济水比较清澈，应当是事实。其后，袁宏在《北征赋》中记载："于是背梁山，截汶波，汛清济，傍祀阿。"[1]《晋书》记载："袁宏……从桓温北征，作《北征赋》，皆其文之高者。尝与王珣、伏滔同在温坐，温令滔读其《北征赋》。"[2] 由此可知，袁宏记载当时的济水比较清澈应该是其亲眼所见。

此后，济水平时比较浑浊，在特殊时期出现清澈的现象，当时人以为出现了异常现象而加以记载。"宋文帝元嘉二十四年（公元447年）二月戊戌，河、济俱清，龙骧将军、青冀二州刺史杜坦以闻。"[3] 元嘉二十四年，"夏四月，河、济俱清"[4]。孝武帝孝建三年（公元456年），"九月，济、河清，冀州刺史垣护之以闻……孝武帝大明五年（公元461年）九月庚戌，河、济俱清，平原太守申纂以闻"[5]。河清元年（公元562年），"四月，河、济清"[6]。以上几处因异常现象而出现的济水清澈的记载说明了济水平时是比较浑浊的。

---

① 《全晋文·袁宏·北征赋》。

② 《晋书·文苑传·袁宏传》。

③ 《宋书·符瑞志下》。

④ 《南史·文帝纪》。

⑤ 《宋书·符瑞志下》。

⑥ 《隋书·五行志下》。

济水浑浊的变化，可能与汴渠的变化有关。三国西晋时期，汴渠到黄河之间有淮阳渠相接，黄河水通过汴渠直达济水，导致济水比较浑浊，西晋时期，由于战乱，汴渠淤塞，济水比较清澈。刘裕北伐时，汴渠得到疏浚，北魏时也重新修整了汴渠，黄河之水直达济水，济水又浑浊。①

由于气候冷干以及人类活动的影响，魏晋南北朝时期，中国湖泊严重萎缩，许多湖泊由于来水不足或者受农耕的影响，逐渐变小，甚至淤平，全国大型湖泊面积较秦汉时期减少了30%—55%。②

魏晋南北朝时期，荆江三角洲在向东延伸的同时，迅速向南扩展，从而迫使原来华容县境内的云梦泽主体，向下游方向的东南部转移。北魏时期，云梦泽的主体已在华容县东。原来华容县南的云梦泽，则逐渐成为陆地。西晋时期，在此设置了监利县。刘宋盛弘之在《荆州记》中写道："夏、涌二水之间，谓之夏州，首尾七百里，华容、监利二县在其中矣。"随着荆江三角洲夏、涌二水分流顶点高度的增加，平水期荆江水流归槽，致使夏、涌水逐渐变为冬竭夏流的季节性分洪道。在魏晋之后，夏、涌分流口之间的长江中，开始出现了沙洲。"江曲"其后，韶州继续向西发展，致使涌水源头逐渐枯竭。到北魏时期，涌水上游完全断流，下游则为向南偏移的夏水取代。

这一时期云梦泽的主体，据《水经注·沔水》记载：在云杜、惠怀、监利一线以东，由大浐、马骨湖等构成，"周三四百里"。这一时期的云梦泽，范围已不及先秦时期的一半，其深度也大为降低。荆江三角洲北侧的云梦泽沼泽区，由于东晋时期江陵金堤的兴建，荆门一带水流在此汇聚，沼泽逐渐演变

---

① 史念海：《论济水和鸿沟》（下），《陕西师大学报》（哲学社会科学版）1982 年第 3 期。

② Jin-Qi Fang：《Lake Evolution during the Last 3000 Years in China and Its Implications for Environmental Change》，《Quaternary Research》（Volume 39，Issue 2，March 1993）.

为一连串湖泊，据《水经注·沔水》记载，有赤湖、离湖、船官湖、女官湖等。①

魏晋南朝时期洞庭湖区的情况，通过郦道元《水经注》一书，我们今天能够有较多的了解。

首先，看看《水经注》中关于四水下游的记载：

《水经注·湘水》："湘水自汨罗口，西北迳磊石山西，而北对青草湖，亦或谓之为青草山也……湘水又东北，为青草湖口……湘水左会清水口，资水也，世谓之益阳江……湘水左则沅水注之，谓之横房口，东对微湖，世或谓之麋湖也……湘水左则澧水注之，世谓之武陵江：凡此四水，同注洞庭，北会大江……湖水广圆五百余里，日月若出没于其中。"

《水经注·资水》："（东与沅水合于湖中）湖即洞庭湖也，所入之处，谓之益阳江口。"

《水经注·沅水》："沅水又东历龙阳县之氾洲，洲长二十里，吴丹杨太守李衡植柑其上……沅水又东迳龙阳县北，城侧沅水……沅水下注洞庭湖，方会于江。"

《水经注·澧水》："澧水又东迳南安县南……澹水注之。水上承澧水于作唐县，东迳其县北，又东注于澧，谓之澹口……澧水又东，与赤沙湖水会，湖水北通江而南注澧，谓之沙口。澧水又东南注于沅水，曰澧口，盖其枝渎耳……澧水流注于洞庭湖，俗谓之澧江口也。"

《水经注·江水》："（江水）又东，又合油口，又东迳公安县北……县有油水，水东有景口，口即武陵郡界。景口东有沦口，沦水南与景水合，又东通

---

① 石泉先生认为：江汉平原湖泊众多，"云梦泽"只是指其中几个，同一历史时期江汉平原往往有不止一个云梦泽异地存在，但其中只有一个最显著。每个云梦泽面积不是很大。具体而言，春秋战国时期，江汉平原有两个"云梦泽"，一个是今京山、钟祥间的"云杜梦"，一个是在今钟祥西北的"江南之梦"。前者最为古老，也最出名，在汉初已消亡；后者著称汉魏六朝，称之为"华容云梦泽"，在明清仍有传说，并有遗迹可寻。汉代又出现了一个"云梦泽"，即"安陆云梦"，它最早见于《汉书·地理志》，著称于隋唐、北宋。详见石泉等《古代荆楚地理新探》，武汉大学出版社1988年版。

澧水及诸陂湖……大江右得龙穴水口，江浦右迤也……大江右径石首山北……江之右岸则清水口……北对清水洲，洲下接生江洲，南即生江口，水南通澧浦。"

《水经注·江水》又记载："凡此诸水（指澧水、沅水、资水），皆注于洞庭之陂，是乃湘水，非江川。"

由此可见，魏晋南朝时期洞庭湖区出现了两大变化：其一是在湘、资、沅、澧四水下游地区形成了不少湖泊。最大的为"广圆五百余里"的洞庭湖。其二是荆江开始有多口与四水中的澧水沟通。上荆江段有景水、沦水、龙穴水经赤沙湖南流进入澧水，下荆江段亦有生江水经生江湖、赤沙湖南流进入澧水。

枭阳在西汉时期设置，可见在当时，这里还是河网密布的平原。枭阳县到了刘宋永初二年（公元 421 年）就废弃了，据《太平寰宇记·饶州鄱阳县》记载："废枭阳县在西北一百二十里。按《鄱阳县记》云：汉高祖六年立，宋永初二年废。"可见在公元 400 年左右，湖水面积已经比较大了。公元 155 年至公元 480 年，显示出类似洪水沉积的特点，表明湖面面积扩大；公元 480 年至公元 955 年，表明形成的水域逐步扩大，水动力也略有增强。①

鄱阳湖的逐渐形成，是由于长江主泓道的变化而致。鄱阳湖是个南高北低的吞吐型湖泊，高差达 11 米，若湖口处没有阻挡的话，湖水将会顺利地泄出，也就不会形成大湖面，远在汉晋时期，盆地内不存在大水体，却发育着完整的赣江水系，如《水经注·赣水》所记载的那样，"其水总纳十川，同臻一渎，俱注放彭蠡也，北入于大江"。《汉书·地理志》则有豫章水北入大江和湖汉水东至彭泽入江的记载。都说明了盆地内虽汇聚了五河等河流的来水，但并没有形成大湖面，或仅在湖口地堑内存在着一个小水域。当时，长江出武穴之后，摆脱两岸山地约束，形成了一个以武穴为顶点，北至黄梅城关，南至九江市区的巨大冲积扇。在这个冲积扇内，长江主泓道发生了几次变化。由于受科氏力的作用而向右偏转。在汉初，长江主泓道在今太白湖、龙感湖、大官湖和黄湖一线，故才有汉武帝"曾浮江，自得阳、出极阳、过彭蠡"的记载。《汉

---

① 项亮：《鄱阳湖历史时期水面扩张和人类活动的环境指标判识》，《湖泊科学》1999 年第 4 期。

书·地理志》所载"赣，豫章水出西南，北入大江……雩都，湖汉水东至彭泽入江"。这说明当时长江不在湖口附近。此外，古浔阳原在江北，属庐江郡，其南面有九江，皆东合为大江，但是到东晋咸和年间（公元 326 年—334 年）却移至江南，到义熙八年（公元 412 年）始废掉江北的浔阳，浔阳为长江沿岸重镇，它从江北移至江南，与长江主泓道迁徙不无关系。东晋时庐山高僧释慧远在《庐山记略》中写道"庐山在寻阳南，南滨宫亭湖，北对小江，山去小江三十里"，也说明当时的长江主泓道在今长江之北。在公元 400 年前后，长江主泓道移至湖口一带，滔滔江水直接阻碍了赣江水系的泄水，使湖水迅速向南扩张。①

猪野泽的变化。猪野泽又名潴野泽或都野泽，系发源于河西走廊东端、祁连山北麓的石羊河的古终端湖泊。东汉时期猪野泽面积已经大为缩小。东汉之后，垦区又逐渐变成了牧区，农业用水减少，流入湖泊的水量增加，湖面又有所扩大。"姑臧城东西门外涌泉合于城北，其大如河。自余沟流入泽中，其间乃无燥地。泽草茂盛，可供大军数年。"② 反映出北朝时期湖面扩大。

屠申泽在汉代面积约 700 平方千米③，其水积而为屠申泽，泽东西 60 千米。到了东魏时期，《水经注·肥水》记载："陂周百二十里。"其面积已大为缩小。公元 100 年至公元 300 年，博斯腾湖面积先扩张后收缩；④ 公元 300 年至公元 600 年，博斯腾湖的沉积物平均粒径以及粗颗粒含量有所减少，盘星藻基本消失，湖水咸化，并有可能变浅，碳酸盐含量略有上升，可能指示区域气候干旱，而香蒲花粉的异常高值则有可能指示出湖水的退缩。博斯腾湖的低水位、低来水量则很有可能导致了孔雀河的长时间断流。孔雀河的断流使得楼兰人无水可用，而罗布泊在没有水流补给的情况下，由于区域气候极端干旱，其

---

① 谭其骧先生认为，鄱阳湖的形成与地陷有关；而苏守德则认为与长江主泓道改变有关。这里从苏说。

②《魏书·恭宗纪》。

③ 陈桥驿：《我国古代湖泊的湮灭及其经验教训》，《历史地理》（第二辑），上海人民出版社 1982 年版。

④ 周刚：《新疆博斯腾湖记录的我国西北干旱区过去 2000 年气候变化研究》，兰州大学 2011 年硕士论文，第 39 页。

较浅的水体也会很快干涸。①

大野泽的变化。大野泽又称巨野泽，为梁山泊前身。《汉书·地理志》记载大野泽的位置"山阳郡……巨野，大野泽在北，兖州薮"。在汉武帝时期，"河决于瓠子，东南注巨野，通于淮、泗"。大野泽水面有所扩大。东晋时，桓温、刘裕北伐，"进次金乡。时亢旱，水道不通，乃凿巨野三百余里以通舟运，自清水入河"②。刘宋时期何承天说："巨野湖泽广大，南通洙、泗，北连青、齐，有旧县城，正在泽内。"③ 可见大野泽水域面积逐渐南移，以致旧县城都被淹没。

到了北魏时期，郦道元《水经注》卷六《汾水》记载："自县连延，西接邬泽，是为祁薮也。即《尔雅》所谓昭余祁矣。"《汉书·地理志》里所记的九薮的其他七薮都不见了，估计已经淤积为陆地或者萎缩成更小的湖泊了。据卫星遥感图来看，到了北魏时期，这一带只有 700 平方千米，为北魏时期邬泽和祁薮的范围。④

荥泽、圃田及其附近诸湖也发生了较大的变化。荥泽又名荥波，湖址在今河南郑州市西北，古荥阳县境。《史记·魏世家》："决荥泽水灌大梁，大梁必亡。"即指此泽。它的水源来自黄河："导洈水，东流为济，入于河，溢为荥。"后因这一段黄河主流北移，水源断绝，它便逐渐干涸了。干涸的时间，估计在汉代。圃田泽，春秋时代号原圃，《史记·魏世家》："秦七攻魏，王入圃中。"圃即指圃田泽。从这句话可以看出，战国时代的圃田泽是相当大的。到了北魏时代，据《水经注》卷二二《颍水》的记载："故《述征记》曰：践县境便睹斯卉，穷则知逾界。今虽不能，然谅亦非谬。《诗》所谓东有圃草也。皇武子曰：郑之有原圃，犹秦之有具圃。泽在中牟县西，西限长城，东极官渡，北佩渠水，东西四十许里，南北二十许里。中有沙冈，上下二十四浦，津流迳通，渊潭相接，各有名焉。有大渐、小渐、大灰、小灰、义鲁、练秋、

---

①黄小忠：《新疆博斯腾湖记录的亚洲中部干旱区全新世气候变化研究》，兰州大学 2006 年博士论文，第 128 页。

②《晋书·桓温传》。

③《宋书·何承天传》。

④王尚义：《太原盆地昭余古湖的变迁及湮塞》，《地理学报》1997 年第 3 期。

大白杨、小白杨、散哧、禺中、羊圈、大鹄、小鹄、龙泽、密罗、大哀、小哀、大长、小长、大缩、小缩、伯邱、大盖、牛眠等浦，水盛则北注，渠溢则南播。"从中可以看出囿田泽在北魏时期面积大为缩小，且被分割为众多小湖泊。[①] 苏北的硕项湖于高齐天统前后一度干涸。[②] 芍陂在汉代全盛时期，陂周围 150 余千米，其面积可能在 1000 平方千米上下。[③] 在成都平原，滇池等湖泊在晋以后就不见记载，可能是淤积成为平底；万顷池在 6 世纪时期也逐渐消失了。消失的原因，一是自然方面的原因，即穿过成都平原的崛江等河流携带来的泥沙在"滇池"中大量淤积；一是人为方面的原因，即鳖令、李冰、文翁等人对"滇池"出水口的不断开凿疏导和人们在淤积、排干的土地上必然进行的垦殖活动。

[①] 周宏伟：《"滇池"本在成都平原考》，《西南师范大学学报》（人文社会科学版）2005 年第 5 期。

[②]《太平寰宇记·河南道·海州》。

[③] 陈桥驿：《我国古代湖泊的湮灭及其经验教训》，《历史地理》（第二辑），上海人民出版社 1982 年版。

第四节　治水与水利建设

魏晋南北朝时期，南北长期处于分裂状态之中，但只要政局比较稳定，各个政权都比较重视水利建设。

一、运河的修建

魏晋南北朝时期，当时黄河南通江淮的运道有两路：东路为邗沟北通淮河，再由淮河入泗水到彭城，可由汴渠西进黄河；亦可溯泗水北上，接汶水、济水，由济水入黄河。西路由长江支流濡须水和南肥水，入颍水或涡水再由广漕渠通黄河。黄河大致在三国时多走西路，东晋南北朝时多走东路。东路邗沟，这一时期经过改道，裁弯取直，东晋以后间有多处堰埭，使水道渠化。泗水自彭城以北，东晋时开过人工渠道，公元 356 年重开洸水通汶。公元 369 年，由巨野泽开渠 300 余里，名桓公沟，沟通泗、汶、济水。

杜预在江陵时，向北利用天然湖泊及古渠道，开凿沟渠，沟通江水和汉水，使航行不经过今武汉；又向东南经过洞庭湖区开渠直通湘江。长江下游，孙吴时期，自太湖通南京，为了避开长江一段水道，在今江苏句容和丹阳之间开了一条运渠，长四五十里，东接古运渠，西接秦淮河通南京。这条运渠叫破岗渎，南北朝时期两次修改。①

此外，自东晋时期，南方还修建了大量的埭。埭，就是堵水的土坝。古时于水浅不利行船处，筑土遏水，两岸树立转轴，遇有船过，以缆系船，用人或畜力挽之而渡。谢安"及至新城，筑埭于城北，后人追思之，名为召伯埭"。收复兖州之后，谢玄"患水道险涩，粮运艰难，用督护闻人奭谋，堰吕梁水，

---

① 姚汉源：《黄河水利史研究》，黄河水利出版社 2003 年版，第 49—51 页。

树栅，立七埭为派，拥二岸之流，以利运漕，自此公私利便"①。由于江南地处水运交通要道，水运发达，如果控制了这一地区的埭，就会给自己带来客观的利益，所以，早在东晋时期，"东海王奕求海盐、钱塘以水牛牵埭税取钱直，帝初从之，严谏乃止"②。虽然在东晋时期，收取埭税并没有实施，但是由于这其中存在巨大的利益，刘宋之后，这种公共资源逐渐成为私人牟利的手段，朝廷在财力匮乏之时，也打起了埭税的主意，而且收获颇丰。在刘宋时期，埭税还没有进入朝廷的视野，所以刘宋时期的郭原平，"见人牵埭未过，辄迅楫助之；已自引船，不假旁力。若自船已渡，后人未及，常停住须待，以此为常。尝于县南郭凤埭助人引船，遇有相斗者，为吏所录，闻者逃散，唯原平独住"③。从郭原平的事例之中，我们可以看到，在刘宋时期，埭还是公共资源，不过到了南齐时期，埭逐渐成为税收的来源之一。南齐武帝萧赜时期，"吴兴无秋，会稽丰登，商旅往来，倍多常岁。西陵牛埭税，官格日三千五百，元懿如即所见，日可一倍，盈缩相兼，略计年长百万。浦阳南北津及柳浦四埭，乞为官领摄，一年格外长四百许万。西陵戍前检税，无妨戍事，余三埭自举腹心"④。可见在南齐早期就已经收取了埭税，虽然顾宪之建议不要收取过多的埭税，并且"世祖并从之"，但是，效果并不明显。东昏侯的皇后潘氏，"服御，极选珍宝。主衣库旧物，不复周用，贵市民间金银宝物，价皆数倍。虎魄钏一只，直百七十万。京邑酒租，皆折使输金，以为金涂，犹不能足。下扬、南徐二州桥桁塘埭丁计功为直，敛取见钱，供太乐主衣杂费。由是所在塘渎，多有隳废"⑤。由于埭税收入丰厚，是朝廷主要的商税来源之一，梁武帝大同十一年（公元545年）下令："四方所立屯、传、邸、冶、市埭、桁渡、津税、田园，新旧守宰，游军戍逻，有不便于民者，尚书州郡各速条上，当随言除省，以舒民患。"⑥ 埭税的收取，说明在南方埭这种水利工程是

---

① 《晋书·谢安传附奕子玄传》。

② 《晋书·孔愉传附子严传》。

③ 《宋书·孝义传·郭世道传附子原传》。

④ 《南齐书·陆慧晓传附顾宪之传》。

⑤ 《南齐书·东昏侯纪》。

⑥ 《梁书·武帝纪下》。

很常见的。当然，兴修埭的一般是地方政府，主要是方便百姓的出入，在一定程度上又有利于商业的繁荣。

二、水利建设

三国时期，虽然处于分裂状态，但各个政权都比较重视兴修水利。刘馥为扬州刺史时，"修芍陂、茹陂、七门、吴塘诸堨，以溉稻田，公私有蓄，历代为利"。贾逵在豫州为官时，"外修军旅，内治民事，遏鄢、汝，造新陂，又断山溜长溪水，造小弋阳陂，又通运渠二百余里，所谓贾侯渠者也"。郑浑在沛郡的萧、相二县"兴陂堨，开稻田"。徐邈在凉州"广开水田，募贫民佃之，家家丰足，仓库盈溢"。皇甫隆为敦煌太守时，"敦煌俗不作耧犁，及不知用水，人牛功力既费，而收谷更少。隆到，乃教作耧犁，又教使灌溉。岁终率计，所省庸力过半，得谷加五，西方以丰"。魏明帝青龙元年（公元233年），"开成国渠自陈仓至槐里；筑临晋陂，引汧洛溉禹卤之地三千余顷，国以充实焉"①。为了统一南方，西晋"时欲广田畜谷，为灭贼资"，在这种情况下，邓艾建议："令淮北屯二万人，淮南三万人，十二分休，常有四万人，且田且守。水丰常收三倍于西，计除众费，岁完五百万斛以为军资。六七年间，可积三千万斛于淮上，此则十万之众五年食也。以此乘吴，无往而不克矣。"②邓艾的建议得到朝廷赞许，"遂北临淮水，自钟离而南横石以西，尽沘水四百余里，五里置一营，营六十人，且佃且守。兼修广淮阳、百尺二渠，上引河流，下通淮颍，大治诸陂于颍南、颍北，穿渠三百余里，溉田二万顷，淮南、淮北皆相连接"③。曹魏西晋初年重视水利建设，最终为统一中国提供了重要的物资保障。

蜀国虽然占据号称"天府之国"的成都平原，但诸葛亮也比较重视对都江堰的维护，"诸葛亮北征，以此堰农本，国之所资，以征丁千二百人主护

---

① 《晋书·食货志》。

② 《三国志·魏书·邓艾传》。

③ 《晋书·食货志》。

之，有堰官"①。孙吴虽然没有大规模兴修水利，但也在多处实现屯田，在屯田处，必会兴修水利。孙吴统治时期，"分会稽无锡已西为屯田，置典农校尉"②。吴国典农都尉管辖的地方很广，江乘、晋陵、湖熟、溧阳等地都为其管辖地区③，东吴将领陆逊也曾经"出为海昌屯田都尉，并领县事"④。故吴国用以屯田的兵卒很多，孙权时期，"遣校尉陈勋将屯田及作士三万人凿句容中道"⑤；这三万人中屯田兵卒所占人数不少；在孙吴后期，兵力不足，"丞相兴建取屯田万人以为兵"⑥。东吴的屯田分两种，一种是民屯，一种是军屯；上述屯田都尉管辖的地区属于民屯系统。东吴在边境上建立了大量带有军事性质的屯田区域，耕种屯田的士兵，平时生产，战时打仗。孙权时期，陆逊"以所在少谷，表令诸将增广农亩"⑦。这些将领要广增田亩，就是要多开垦荒田作为军事屯田。"赤乌中，诸郡出部伍，新都都尉陈表、吴郡都尉顾承各率所领人会佃毗陵，男女各数万口。"⑧ 可见在当时屯田规模比较大。

　　孙吴的屯田主要集中在江南和沿江边境，这些地区水利建设最为突出。仅以沿江屯田为例，在孙吴的边境上，武昌地位重要，布有重兵，孙吴一度想将都城迁到武昌，为了保障军队粮食的供给，孙吴在武昌周边地区有大量屯田。《水经注》卷三五《江水三》记载："大江右岸有厌里口、安乐浦。从此至武昌，尚方作部诸屯相接，枕带长江。"在雉县（今阳新），"水之左右，公私裂溉，咸成沃壤。旧吴屯所在也"⑨。周泰在"荆州平定"之后，"将兵屯岑"⑩。

---

①《水经注·江水一》。

②《晋书·地理志下》。

③《宋书·州郡志一》。

④《三国志·吴书·陆逊传》。

⑤《三国志·吴书·吴主传》。

⑥《三国志·吴书·三嗣主传·孙休传》。

⑦《三国志·吴书·吴主传》。

⑧《三国志·吴书·诸葛瑾传》。

⑨《水经注·江水三》。

⑩《三国志·吴书·周泰传》。

结果是"屯塌涔水，溉田数千顷"①。此外在鄠县"吴时，旧立屯于水侧，引巴水以溉野"。在江陵、安陆等屯田区也都有农田水利的开发。《三国志·魏书·王基传》称："江陵有沮漳二水，溉灌膏腴之田以千数，安陆左右，破池沃衍。"说明这些屯区的水利灌溉具有一定的规模。此外，"吴都尉严密建议作浦里塘，群臣皆以为难；唯卫将军陈留濮阳兴以为可成，遂会诸军民就作，功费不可胜数，士卒多死亡，民大愁怨"②。浦里塘其地不可考，但从动用的劳动力来看，这应该是一项庞大的水利工程。在地广人稀的江南，通过屯田推动的水利建设，东吴获得了大量的粮食，为其立国创造了良好的物质基础。

西晋统一中国之后，在原有屯田的基础之上，继续重视水利建设。刘颂为淮南相，"旧修芍陂，年用数万人，豪强兼并，孤贫失业，颂使大小戮力，计功受分，百姓歌其平惠"③。在平定南方后，杜预在荆州，"又修邵信臣遗迹，激用滍淯诸水以浸原田万余顷，分疆刊石，使有定分，公私同利。众庶赖之，号曰'杜父'"。除此之外，杜预还开凿运河，方便漕运，"旧水道唯沔汉达江陵千数百里，北无通路。又巴丘湖，沅湘之会，表里山川，实为险固，荆蛮之所恃也。预乃开杨口，起夏水达巴陵千余里，内泻长江之险，外通零桂之漕"④。傅祗担任荥阳太守时，"自魏黄初大水之后，河济泛溢，邓艾尝著《济河论》，开石门而通之，至是复浸坏。祗乃造沈莱堰，至今兖、豫无水患，百姓为立碑颂焉"⑤。十六国时期，虽然北方陷入战乱，但一些统治者仍比较重视水利建设，苻坚统治时期，"以关中水旱不时，议依郑白故事，发其王侯已下及豪望富室僮隶三万人，开泾水上源，凿山起堤，通渠引渎，以溉冈卤之田。及春而成，百姓赖其利"⑥。后赵的石勒，"徙辽西、北平、渔阳万余户于兖、豫、雍、洛四川之地。自幽州以东至白狼，大兴屯田"⑦。可见，石勒屯

①《水经注·油水》。

②《资治通鉴·魏纪九》。

③《晋书·刘颂传》。

④《晋书·杜预传》。

⑤《晋书·傅玄传附咸从父弟祗传》。

⑥《晋书·苻坚载记上》。

⑦《资治通鉴·晋纪十八》。

田面积广大。在十六国时期的高昌，也有良好的灌溉制度。①

北朝时期，统治者都比较重视农业，登国十年（公元 395 年），后燕军队攻占五原，"降魏别部三万余家，收稼田百余万斛"②，这些别部其实就是屯田户。孝文帝时期，屯田户规模进一步扩大，"又别立农官，取州郡户十分之一以为屯人，相水陆之宜，料顷亩之数，以赃赎杂物余财市牛科给，令其肆力"③。但北魏直到孝文帝时期才开始重视水利的兴修。前面已有论述，这里不再重复。

在南方，自东晋时代，就继续兴修水利。东晋初年陈敏据有江东，令其弟陈谐"遏马林溪以溉云阳，亦谓之练塘，溉田数百顷"④。张闿为晋陵内史时，"时所部四县并以旱失田，闿乃立曲阿新丰塘，溉田八百余顷，每岁丰稔。葛洪为其颂"⑤。孔愉为会稽太守时，"句章县有汉时旧陂，毁废数百年。愉自巡行，修复故堰，溉田二百余顷，皆成良业"⑥。东晋太元十年（公元 385 年），谢安在邗沟南端筑邵伯埭（扬州市东北），除了便于往来之外，还有蓄水灌溉之利。

宋文帝时期，"起湖熟废田千顷"⑦。刘宋时期还修筑了阳湖堰得良田数百顷。⑧ 由于吴兴郡，"衿带重山，地多污泽，泉流归集，疏决迟壅，时雨未过，已至漂没。或方春辍耕，或开秋沈稼，田家徒苦，防遏无方。彼邦奥区，地沃民阜，一岁称稔，则穰被京城；时或水潦，由数郡为灾"。因此，刘浚建议："欲且开小漕，观试流势，辄差乌程、武康、东迁三县近民，即时营作。若宜

---

① 柳洪亮：《略谈十六国时期高昌郡的水利制度——吐鲁番出土文书研究》，《新疆大学学报》（哲学社会科学版）1986 年第 2 期。

②《资治通鉴·晋纪三十》。

③《魏书·李彪传》。

④《元和郡县图志·江南道·润州》。

⑤《晋书·张闿传》。

⑥《晋书·孔愉传》。

⑦《宋书·文帝纪》。

⑧《读史方舆纪要·南直七》。

更增广，寻更列言。"这个工程得到了朝廷的批准，但最终中途而废。① 山阴县由于人多地少，孔灵符"表徙无赀之家于余姚、鄞、郧三县界，垦起湖田"。最终，"从其徙民，并成良业"②。

南齐建元年间，齐郡太守刘怀慰"垦废田二百顷，决沈湖灌溉"③。建武五年（公元498年）在今扬州市江都区，"遏艾陵湖水，立裒塘屯"④。

梁朝也比较重视兴修水利，天监八年（公元509年）后，裴邃出为竟陵太守，"开置屯田，公私便之"；裴邃后又迁北梁秦二州刺史，"复开创屯田数千顷，仓廪盈实，省息边运，民吏获安，乃相率饷绢千余匹"⑤。梁朝时期，民间修建的水利工程有仙堂六破，在仙居县，梁武帝大同元年（公元535年），"百姓堰谷水为六破，以溉稻田"⑥。梁时在沭阳县北，百姓开渠引沭水溉田，"萧梁时，土人张高等于县北凿河，引水溉田二百余顷，俗呼红花水。又宋沈适为沭阳簿，疏沭水为百渠九堰，得上田七千顷"⑦。

南方兴修水利的同时，在淮河流域，南方各政权也屯田。东晋永和六年（公元350年），殷浩北征许洛，"开江西田千余顷，以为军储"⑧。荀羡也"北镇淮阴，屯田于东阳之石鳖"⑨。北齐占淮南，乾明中，"尚书左丞苏珍芝议修石鳖等屯，岁收数万石"⑩。陈宣帝太建五年（公元573年）命大将吴明彻攻取淮南，"劝课士女，随近耕种。石鳖等屯，适意修垦"⑪。太建十年（公元

---

① 《宋书·二凶例·始头五濬传》。
② 《宋书·孔季恭传附子灵符传》。
③ 《南齐书·良政传·刘怀慰传》。
④ 《读史方舆纪要·南直五》。
⑤ 《梁书·裴邃传》。
⑥ 《元和郡县图志·河南道·光州》。
⑦ 《读史方舆纪要·南直四》。
⑧ 《晋书·殷浩传》。
⑨ 《晋书·荀崧传附子羡传》。
⑩ 《隋书·食货志》。
⑪ 《陈书·宣帝纪》。

578 年）陈兵败，退回长江以南，屯田活动才告结束。

晋义熙十二年（公元 416 年），刘裕伐后秦，遣毛修之"复芍陂，起田数千顷"①。元嘉七年（公元 430 年），刘义欣为豫州刺史镇寿阳，"芍陂良田万余顷，堤竭久坏，秋夏常苦旱。义欣遣咨议参军殷肃循行修理。有旧沟引浠水入陂，不治积久，树木榛塞。肃伐木开榛，水得通注，旱患由是得除"②。元嘉二十一年（公元 444 年），宋文帝下诏："比年谷稼伤损，淫亢成灾，亦由播殖之宜，尚有未尽，南徐、兖、豫及扬州浙江西属郡，自今悉督种麦，以助阙乏。速运彭城下邳郡见种，委刺史贷给。徐、豫土多稻田，而民间专务陆作，可符二镇，履行旧陂，相率修立，并课垦辟，使及来年。凡诸州郡，皆令尽勤地利，劝导播殖，蚕桑麻苎，各尽其方，不得但奉行公文而已。"③ 修理旧陂当然也包括芍陂在内。芍陂在齐梁仍然是朝廷的重要屯田场所，南齐建元二年（公元 480 年），高祖"敕崇祖修治芍陂田"④。不过，到齐明帝时，淮南的部分地区为北魏所占，芍陂一度荒废，明帝建武间徐孝嗣上书建议：

臣比访之故老及经彼宰守，淮南旧田，触处极目，陂遏不修，咸成茂草。平原陆地，弥望尤多。今边备既严，戍卒增众，远资馈运，近废良畴，士多饥色，可为嗟叹。愚欲使刺史两千石躬自履行，随地垦辟。精寻灌溉之源，善商肥确之异。州郡县戍主帅以下，悉分番附农。水田虽晚，方事菽麦，菽麦二种，益是北土所宜，彼人便之，不减粳稻。开创之利，宜在及时。所启允合，请即使至徐、兖、司、豫，爰及荆、雍，各当境规度，勿有所遗。别立主曹，专司其事。田器耕牛，台详所给。岁终言殿最，明其刑赏。此功克举，庶有弘益。若缘边足食，则江南自丰。权其所饶，略不可计。⑤

不过由于时局动荡，这个建议并没有被朝廷采纳。梁武帝普通四年（公元 523 年）北伐攻寿阳，"是冬，始修芍陂"⑥。梁中大通二年（公元 530 年），

---

① 《宋书·毛修之传》。

② 《宋书·宗室传·长沙景王道怜传附子义欣传》。

③ 《宋书·文帝纪》。

④ 《南齐书·垣崇祖传》。

⑤ 《南齐书·徐孝嗣传》。

⑥ 《梁书·裴邃传》。

陈庆之为都督南北司、豫州军事，"罢义阳镇兵，停水陆转运，江湖诸州并得休息。开田六千顷，二年之后，仓廪充实"①。芍陂当时属豫州，开田六千顷，应该是在芍陂故地。利用旧有的水渠开垦土地，比较省时省力，而且见效也快。中大通六年（公元534年）夏侯夔任豫州刺史，"豫州积岁寇戎，人颇失业，夔乃帅军人于苍陵立堰，溉田千余顷。岁收谷百余万石，以充储备，兼赡贫人，境内赖之。夔兄亶先经此任，至是夔又居焉。兄弟并有恩惠于乡"②。仓陵在今寿县以西，是芍陂灌区的一部分。

---

① 《梁书·陈庆之传》。
② 《梁书·夏侯亶传附弟夔传》。

第五节　水环境与生产生活

一、渔采业

魏晋南北朝时期，由于湖泊较多，渔业和以水生植物为目标的采集业仍然是人们生业的补充形式，在一些地方甚至是主要生业方式。《晋书·食货志》记载，咸宁三年（公元277年），曾下诏说：“今年霖雨过差，又有虫灾。颍川、襄城自春以来，略不下种，深以为虑。主者何以为百姓计，促处当之。”杜预上疏建议：“臣愚谓既以水为困，当恃鱼菜螺蚌，而洪波泛滥，贫弱者终不能得。今者宜大坏兖、豫州东界诸陂，随其所归而宣导之。交令饥者尽得水产之饶，百姓不出境界之内，且暮野食，此目下日给之益也。水去之后，填淤之田，亩收数钟。至春大种五谷，五谷必丰，此又明年益也。”杜预建议在兖州和豫州遭受水灾的地方，老百姓通过渔业和采集水生植物等方式度过饥荒，而不必移民，可见当地的水生资源比较丰富。《晋书·束皙传》记载，束皙认为：“又如汲郡之吴泽，良田数千顷，泞水停洿，人不垦植。闻其国人，皆谓通泄之功不足为难，舄卤成原，其利甚重。而豪强大族，惜其鱼捕之饶，构说官长，终于不破。此亦谷口之谣，载在史篇。谓宜复下郡县，以详当今之计。荆、扬、兖、豫，污泥之土，渠坞之宜，必多此类，最是不待天时而丰年可获者也。”可知荆、扬、兖、豫水生资源丰富，渔业和采集业是人们的重要生业补充形式。袁山松《宜都记》记载：“限山县东六十里有山……昔永嘉乱，土人登此避贼，守之经年，食尽，取池鱼掷下与贼，以示不穷，贼遂退散，因此名为下鱼城。”当地人“取池鱼掷下与贼，以示不穷”，则表明，当时鱼可以作为主要的食物来源，可知渔业资源丰富。

十六国时期，刘聪“常晨出暮归，观渔于汾水，以烛继昼”，可见当时汾水流域渔业资源比较丰富。刘聪还以“鱼蟹不供”的罪名将左都水使者襄陵王摅杀害。① 石虎统治时期，由于干旱导致歉收，"使令长率丁壮随山津采橡捕鱼以济老弱，而复为权豪所夺，人无所得焉"。后来还下诏："朕在位六载，不能上和乾象，下济黎元，以致星虹之变。其令百僚各上封事，解西山之禁，蒲苇鱼盐除岁供之外，皆无所固。公侯卿牧不得规占山泽，夺百姓之利。"② 石虎想通过开山泽之利，让老百姓捕鱼采集来度过饥荒。

北魏的统治者虽然出身游牧民族，但也比较喜欢渔猎活动，太祖拓跋珪除了"亲渔，荐于寝庙"之外，还经常观看别人捕鱼，他曾经"观渔于延水"；此外还"穿城南渠通于城内，作东西鱼池"③。太宗拓跋嗣两次"去畿陂观渔"，一次"观渔于灅水"。④ 此外还"渔于旋鸿池"，"将观渔于昆明池"。北魏前期皇帝的"观渔"活动，反映出在北方地区，尤其是山西渔业资源丰富。北魏迁都以后，洛阳成为新的政治中心，在洛阳城东的孝义里，"里三千余家，自立巷市，所卖口味，多是水族，时人谓为鱼鳖市也"⑤。在城南的归化里，"别立市于洛水南，号曰四通市，民间谓永桥市。伊、洛之鱼，多于此卖，士庶须脍，皆诣取之。鱼味甚美，京师语曰：洛鲤伊鲂，贵与牛羊"⑥。可见当时伊洛河流域渔业资源丰富。北齐文宣帝高洋曾颁布命令："诸取虾蟹蚬蛤之类，悉令停断，唯听捕鱼。"⑦ 高洋的这个命令很有代表性，它表明"捕鱼"是很多家庭生计来源的补充，所以不能随便禁止。周静帝时期，曾经规定"罢诸鱼池及山泽公禁者，与百姓共之"⑧。这都反映在普通人的日常生活之中，说明捕鱼是生计重要的补充。

捕鱼是南方人民一种传统的生活方式，《史记·货殖列传》记载："楚越

---

① 《晋书·刘聪载记》。

② 《晋书·石季龙载记上》。

③ 《魏书·太祖道武帝纪》。

④ 《魏书·太宗明元帝纪》。

⑤ 《洛阳伽蓝记·城东》。

⑥ 《洛阳伽蓝记·城南》。

⑦ 《北齐书·文宣纪》。

⑧ 《周书·静帝纪》。

之地，地广人希，饭稻羹鱼，或火耕而水耨果隋赢蛤，不待贾而足无饥馑之患。地势饶食，无饥馑之患。"《汉书·地理志》记载："巴、蜀……民食稻鱼"，"江南地广，或火耕水耨。民食鱼稻，以渔猎山伐为"。

经过三国和两晋南北朝的开发，农业获得了长足的发展，但渔业经济成为经济活动乃至生计中的一个重要的组成或者补充部分。在荆州，西晋时期刘弘在此为官时，"旧制，岷方二山泽中不听百姓捕鱼，弘下教曰：'礼，名山大泽不封，与共其利。今公私并兼，百姓无复厝手地，当何谓邪！速改此法。'"①　为了攻打那些掠夺过江商人财富的山夷，陶侃的部将吴寄建议："要欲十日忍饥，昼当击贼，夜分捕鱼，足以相济。"②　可见在荆州和武昌渔业资源丰富，除了一般老百姓以此为生计之外，军队有时候也可以用鱼当作军粮。

在西南地区，《华阳国志·巴志》记载，当地有"鱼、盐、铜、铁、丹、漆、茶、蜜、灵龟、巨犀、山鸡、白雉、黄润、鲜粉，皆纳贡之"，"广都县郡西三十里……有盐井、渔田之饶。大豪冯氏有鱼池盐井，县凡有小井十数所"。《华阳国志·蜀志》也记载："汉安县郡东五百里……有盐井、鱼池以百数，家家有焉，一郡丰沃。"可知巴蜀之地，很多人还以渔业为生计方式。至于生活在这一带的少数民族，更是如此。《魏书·獠传》也记载："獠者，盖南蛮之别种，自汉中达于邛笮川洞之间，所在皆有。种类甚多，散居山谷……能卧水底，持刀刺鱼。"

东晋初年，甘卓与王敦产生矛盾，襄阳太守周虑等人"诈言湖中多鱼，劝卓遣左右皆捕鱼，乃袭害卓于寝，传首于敦"③　甘卓之所以上当受骗，可能与他喜欢率部捕鱼有关。甘卓为梁州刺史镇襄阳时，也施行过与渔业有关的措施，"州境所有鱼池，先恒责税，卓不收其利，皆给贫民，西土称为惠政"。可见，在襄阳的很多贫民多以捕鱼为生计的主要来源。东晋时期的翟庄"惟以弋钓为事"④，郭翻"惟以渔钓射猎为娱"⑤。当然，这两人的垂钓活动不能

①《晋书·刘弘传》。

②《晋书·陶侃传》。

③《晋书·甘卓传》。

④《晋书·隐逸传·翟汤附子庄传》。

⑤《晋书·隐逸传·郭翻传》。

简单归纳为娱乐活动，这两人的家庭状况不好，娱乐之余，其更是生计的一种方式。在东晋初年，杯度东游入吴郡，"路见钓鱼师，因就乞鱼。鱼师施一喂者，度手弄反覆还投水中，游泳而去。又见鱼网师，更从乞鱼，网师嗔骂不与"①。这些所谓的鱼师和钓鱼师应该是以捕鱼为职业的人。高僧史宗，"后南游吴会，尝过渔梁，见渔人大捕，宗乃上游洗浴，群鱼皆散，其潜拯物类如此"②。可见当时捕鱼人多，收获也很大。所以王胡之说道："此间万顷江湖，挠之不浊，澄之不清，而百姓投一纶下一筌者，皆夺其鱼器，不轮十匹，则不得放。不知漆园吏何得持竿不顾，渔父鼓而歌沧浪也。"③

在刘宋时期，山阴"缘湖居民，鱼鸭为业"④。可见捕鱼是居民的生计来源之一。王弘之，"性好钓，上虞江有一处名三石头，弘之常垂纶于此。经过者不识之，或问：'渔师得鱼卖不？'弘之曰：'亦自不得，得亦不卖。'日夕载鱼入上虞郭，经亲故门，各以一两头置门内而去"⑤。王弘之的经历表明，在南朝时期，存在一部分以钓鱼为业的渔师。王弘之不以钓鱼为业，但每次收获颇丰，除了他钓鱼技巧好之外，渔业资源丰富也可能是其中一个主要原因。《宋书·沈攸之传》记载："沈攸之责赕，伐荆州界内诸蛮，遂及五溪，禁断鱼盐。群蛮怒，酉溪蛮王田头拟杀攸之使，攸之责赕千万，头拟输五百万，发气死。"可知渔业是当时荆州蛮人的主要生业之一。

淮水流域资源丰富，萧子良其年疾笃，"谓左右曰：'门外应有异。'遣人视，见淮中鱼万数，皆浮出水上向城门"⑥。南齐末年，"鲁山城乏粮，军人于矶头捕细鱼供食，密治轻船，将奔夏口"⑦。可知长江水域中渔业资源丰富。《南齐书·礼志上》记载："永明六年，太常丞何谞之议：'今祭有生鱼一头，干鱼五头。'《少牢馈食礼》云，司士升鱼腊肤鱼，用鲋十有五。"祭祀时还用

---

①《高僧传·神异传下·杯度传》。

②《高僧传·神异传下·史宗传》。

③《全晋文·王胡之·与庾安西笺》。

④《宋书·孔季恭传附子灵符传》。

⑤《晋书·隐逸传·王弘之传》。

⑥《南齐书·武十七王传·竟陵文宣王子良传》。

⑦《南齐书·张冲传》。

鱼，可知食鱼之风比较普遍。

梁朝时期，丹阳、琅邪二郡"不惮风波"的捕水之客很多，以致江斅指出："……捕水之客，不惮风波，江宁有禁，即达牛渚，延陵不许，便往阳羡，取生之地虽异，杀生之数是同，空有防育之制，无益全生之术。"① 当时，由于京师一带，以渔业为生的人很多，禁止捕鱼的建议颇多。王述指出："京邑翼翼，四方所视民渐至化，必被万国。今祈寒暑雨，人尚无怨，况去俗入真，所以可悦，谓断之为是。"② 释僧也认为："京畿既是福地，而鲜食之族，犹布筌网，并驱之客，尚驰鹰犬，非所以仰称皇朝优治之旨。请丹阳、琅邪二境，水陆并不得搜捕。"③ 梁朝时期，还有官吏对渔民征收渔业税，"风闻征虏将军臣萧颖达启乞鱼军税，辄摄颖达宅督彭难当到台辨问。列称：'寻生鱼典税，先本是邓僧琰启乞，限讫今年五月十四日。主人颖达，于时谓非新立，仍启乞接代僧琰，即蒙降许登税，与史法论一年收直五十万。'如其列状，则与风闻符同，颖达即主"④。

据《建康实录》卷一九记载：陈霸先少时"每以捕鱼为事"，张昭的父亲，"常患消渴，嗜鲜鱼，昭乃身自结网捕鱼，以供朝夕"⑤。这一时期渔业在淮南人的经济生活之中也占据很重要地位，"高元海执政，断渔猎，人家无以自资"⑥。陈朝时期，"合州刺史陈裒赃污狼藉，遣使就渚敛鱼，又于六郡乞米，百姓甚苦之"。宗元饶也弹劾他："遂乃擅行赋敛，专肆贪取，求粟不厌，愧王沉之出赈，征鱼无限，异羊续之悬枯，置以严科，实惟明宪。"⑦ 可知合州周边地区渔业资源丰富。

由于气候以及技术等原因，南北渔业发展还有差异。在北方，鱼主要由贵族地主消费，北魏时期陆通父亲陆政，"性致孝。其母吴人，好食鱼。北土鱼

① 《全梁文·江斅·丹阳、琅邪二郡断搜捕议》。

② 《全梁文·王述·丹阳、琅邪二郡断搜捕议》。

③ 《全梁文·释僧·请禁丹阳、琅邪二郡搜捕启》。

④ 《梁书·萧颖达传》。

⑤ 《陈书·孝行传·张昭传》。

⑥ 《北史·卢潜传》。

⑦ 《陈书·宗元饶传》。

少，政求之常苦难"①。梁时，王固出使西魏，"又宴于昆明池，魏人以南人嗜鱼，大设罝网，固以佛法咒之，遂一鳞不获"②。可见当时渔业资源还是相对较贫乏的。不过，在南方，渔业资源丰富，"江左水族甚贱"③。因此在江南地区，普通人家都有鱼可吃，如果家庭条件比较好而吃一般的鱼，则被别人讥笑。南朝时，吏部郎庾杲之去拜会乐颐之，"颐之为设食，唯枯鱼菜菹。杲之曰：'我不能食此。'母闻之，自出常膳鱼羹数种"④。庾杲之不吃枯鱼之类的食物，表明这些是普通人吃的；乐颐之的母亲以"鱼羹数种"来招待客人，这又说明普通人也常吃鱼。南朝时期沈众，"性吝啬，内治产业，财帛以亿计，无所分遗。其自奉养甚……恒服布袍芒屩，以麻绳为带，又携干鱼蔬菜饭独啖之，朝士共诮其所为"⑤。可见，当时干鱼是普通百姓的主要食物之一，故沈众以干鱼为食遭到同行的耻笑，这也充分说明当时南方渔业资源丰富。此外，《小品方》卷四《治食毒诸方》中记载很多治疗食物中毒的秘方，其中有"治食鱼中毒方"，"食鱼中毒，冬瓜汁最验"，"治食鱼及生肉，住胸膈中不化，吐之不出，便成症方"，"食鱼中毒，面肿烦乱，及食鲈鱼肝中毒欲死方"，"中鲐鱼毒方"，这些秘方的出现，反映出当时南方食鱼比较普遍。

　　湖泊之中除了生长鱼类之外，还出产莲藕、菱角、茭白等食物。《水经注·滱水》记载滱水"散为泽渚，渚水潴涨，方广数里，匪直蒲笋是丰，实亦偏饶菱藕，至若娈童卯角，弱年崽子，或单舟采菱，或叠舸折芰，长歌阳春，爱深渌水，掇拾者不言疲，谣咏者自流响，于时行旅过瞩，亦有慰于羁望矣，世谓之为阳城淀也"。《水经注·汝水》记载："沟之东有澄潭，号曰龙渊，在汝北四里许，南北百步，东西二百步，水至清深，常不耗竭，佳饶鱼笋。"葛陂"陂方数十里，水物含灵，多所孕育"。《水经注·伊水》记载，慎望陂"陂方数里，佳饶鱼苇"。《水经注·赣水》记载东大湖"水至清深，鱼甚肥美"。可知湖泊水生资源丰富。

---

①《北史·陆通传附父政传》。

②《陈书·王固传》。

③《南史·循吏传·何远传》。

④《南史·孝义传上·乐颐之传》。

⑤《陈书·沈众传》。

在南齐时，"会稽人陈氏，有三女，无男。祖父母年八九十，老耄无所知，父笃癃病，母不安其室。值岁饥，三女相率于西湖采菱莼，更日至市货卖，未尝亏怠"①。《晋书·谢灵运传》记载："会稽东郭有回踵湖，灵运求决以为田，太祖令州郡履行。此湖去郭近，水物所出，百姓惜之，颇坚执不与。灵运既不得回踵，又求始宁岯崲湖为田，颙又固执。灵运谓颙非存利民，正虑决湖多害生命，言论毁伤之，与颙遂构仇隙。因灵运横恣，百姓惊扰，乃表其异志，发兵自防，露板上言。""水物"包括了渔业资源和其他水生资源。《晋书·徐羡之传》也记载南兖州"城北有陂泽，水物丰盛"。此外据《南史·鱼弘传》记载，当时号称"我为郡有四尽：水中鱼鳖尽"的鱼弘，在其"为湘东王镇西司马，述职西上，道中乏食，缘路采菱，作菱米饭给所部。弘度之所，后人觅一菱不得……比及江陵，资食复振"。可知当时水生资源比较丰富。《幽明录》记载："河东常丑奴寓居章安县，以采蒲为业。"这是以水生植物采集为主要生计方式的家庭。《艺文类聚》引《广志》记载："淮汉以南，凶年以菱为蔬，犹以橡为资也。"可见南方水生资源比较丰富。

东魏羊敦为朝廷重臣，但遇饥荒之年，也要靠藕根来充饥，"雅性清俭，属岁饥馑，家馈未至，使人外寻陂泽，采藕根而食之"②。由于湖泊资源丰富，收成稳定，受水灾和旱灾的影响较小，多种植莲藕之类植物，平时可以作为蔬菜，在饥荒时也可以作为救济食物。《齐民要术》卷六《养鱼》记载："莲、菱、芡中米，上品药。食之，安中补藏，养神强志，除百病，益精气，耳目聪明，轻身耐老。多蒸曝，蜜和饵之，长生神仙。"并号召人们"多种，俭岁资此，足度荒年"。

渔采业在南北方都是重要的经济活动，故权贵们常圈占山水，老百姓只有缴纳税收之后才能捕鱼与采集。这种行为很容易激化阶级矛盾，故刘宋时期，羊希建议："辰之制，其禁严刻，事既难遵，理与时弛。而占山封水，渐染复滋，更相因仍，便成先业，一朝顿去，易致嗟怨。今更刊革，立制五条。凡是山泽，先常燎炉种养竹木杂果为林，及陂湖江海鱼梁鳅鳖场，常加功修作者，听不追夺。官品第一、第二，听占山三顷；第三、第四品，二顷五十亩；第五、

---

①《南齐书·孝义传·韩灵敏传》。

②《魏书·良吏传·羊敦传》。

第六品，二顷；第七、第八品，一顷五十亩；第九品及百姓，一顷。皆依定格，条上赀簿。若先已占山，不得更占；先占阙少，依限占足。若非前条旧业，一不得禁。有犯者，水土一尺以上，并计赃，依常盗律论。停除咸康二年壬辰之科。"① 羊希的建议最后被朝廷采纳。此措施虽然考虑的是统治者的利益，但对统治者也有一定的约束，就是要求他们种植树木，管理渔业资源，所以，从渔业资源的可持续发展来说是有利的。它在一定程度上避免了只捕鱼而不管理的局面，有利于渔业资源的可持续发展。

由于湖泊能提供丰富的水藻资源，东汉之后，牧猪还在一段时间内存在，西晋时期，"州司十郡，土狭人繁，三魏尤甚，而猪羊马牧，布其境内"②。很显然，即使在人口比较稠密的三魏地区，猪还是牧养。西晋时期陶侃的部下"或以谈戏废事者，乃命取其酒器、蒲博之具，悉投之于江，吏将则加鞭扑，曰：'樗蒲者，牧猪奴戏耳！《老》《庄》浮华，非先王之法言，不可行也。'"③ 可见在西晋时期，牧猪还是比较普遍的。

北朝时期，贾思勰的《齐民要术》卷六《养猪》记载这一时期养猪处于放牧和圈养混合阶段，"春夏草生，随时放牧、糟糠之属，当日别与。八九十月，放而不饲。所有糟糠，则蓄待穷冬春初"。其主要原因是"猪性甚便水生之草，耙耧水草等令近岸，猪食之皆肥"。《齐民要术·种麻》中说："同五谷地畔近道者，多为六畜所犯，宜种在麻、麻子以遮之。胡麻，产畜不食；麻子啮头，则科大。"《齐民要术·栽树》中强调："埋之欲深，勿令挠动。凡栽树讫，皆不用手捉，及六畜抵突。"《齐民要术·种竹》中也说："稻、麦糠粪之。二糠各自堪粪，不令和杂。不用水浇。浇则淹死。勿令六畜入园。"《齐民要术·笨曲并酒》中提及："糠、淠埋藏之，勿使六畜食。"六畜，即传统的马、牛、羊、猪、狗、鸡等六种牲畜，可见当时的猪也是以放养为主。北齐时期，"后主晋州败，太后从土门道还京师，敕劢统领兵马，侍卫太后。时佞幸闻寺，犹行暴虐，民间鸡猪，悉放鹰犬搏噬取之"④。民间的猪应该还是牧

---

① 《宋书·羊玄保附兄子希传》。

② 《晋书·束皙传》。

③ 《晋书·陶侃传》。

④ 《北齐书·清河王岳附子劢传》。

养的，如果是圈养，被老鹰和猎犬伤害的概率就很小，对老百姓造成的伤害不大。

牧猪虽然可以在水泽和山林牧养，但即使在山林中也要求水草丰富。放养是魏晋南北朝时期主要的养猪方式，至少北方地区如此。当然，放养并不等于放手不管，在晚上和冬天还要将猪关在猪圈里喂养，刘磐修认为汉唐时期圈养是主要的养猪方式。① 实际上，即使在西晋时期人口众多的三魏地区，也还在牧猪，在人口比较少的区域，放养更是存在的。

二、以水为兵

以水为兵的水攻战术，在中国源远流长，《墨子·水攻》就记载了如何防备敌人以水攻城的战术。在魏晋南北朝时期，以水为兵成为这一时期战争的主要战术之一。十六国时期，慕容垂"攻苻丕于邺，乃引漳水以灌之，不没者尺余。丁零翟斌怨垂，使人夜往决堰，水溃，故邺不拔"②。在公元 421 年，"河西王蒙逊筑堤壅水以灌敦煌"③。这是南北朝时期比较少见的北方势力之间以水为兵的战争。

南北朝战争之中，淮河流域是双方争夺的重点，也是这一时期所谓的中间地带，南方政权在淮水流域，多次以水为兵，来进攻北方在这一区域的战略据点。

公元 450 年，北魏拓跋焘南伐时，"山阳太守萧僧珍悉敛其民入城，台送粮仗诣盱眙及滑台者，以路不通，皆留山阳；蓄陂水令满，须魏人至，决以灌之。魏人过山阳，不敢留，因攻盱眙"④。这次以水为兵虽然没有进行，但对对方的威慑还是比较大的。

南齐高帝建元二年（公元 480 年），北魏遣"梁王郁豆眷及刘昶马步号二十万，寇寿春"。桓崇祖召文武议曰："贼众我寡，当用奇以制之。"这里的

①刘磐修：《汉唐时期的养猪业》，《农业考古》2003 年第 3 期。

②《魏书·徒何慕容廆传附元真子垂传》。

③《资治通鉴·宋纪一》。

④《资治通鉴·宋纪八》。

"奇"就是"当修外城以待敌，城既广阔，非水不固，今欲堰肥水却淹为三面之险"。于是，"乃于城西北立堰塞肥水，堰北起小城，周为深堑，使数千人守之"。后来，在双方的战争之中，"（北魏）众由西道集堰南，分军东路肉薄攻小城。崇祖著白纱帽，肩舆上城，手自转式。至日晡时，决小史埭。水势奔下，虏攻城之众，漂坠堑中，人马溺死数千人，众皆退走"①。

梁武帝天监三年（公元504年），北魏攻司州，"潜作伏道以决塍水，（蔡）道恭载土犹塞之"②。

梁武帝天监五年（公元506年），梁朝北伐，韦睿"进讨合肥。先是，右军司马胡略等至合肥，久未能下，睿按行山川，曰：'吾闻汾水可以灌平阳，绛水可以灌安邑，即此是也。'乃堰肥水，亲自表率，顷之，堰成水通，舟舰继至。魏初分筑东西小城夹合肥，睿先攻二城……魏兵来凿堤，睿亲与争之，魏军少却，因筑垒于堤以自固。睿起斗舰，高与合肥城等，四面临之。魏人计穷，相与悲哭。睿攻具既成，堰水又满，魏救兵无所用。魏守将杜元伦登城督战，中弩死，城遂溃。俘获万余级，牛马万数，绢满十间屋，悉充军赏"③。可见这次以水攻城的战争很激烈。

梁武帝天监十三年（公元514年），"是冬，高祖遣太子右卫率康绚督众军作荆山堰。明年，魏遣将李昙定大众逼荆山，扬声欲决堰，诏假义之节，帅太仆卿鱼弘文、直阁将军曹世宗、徐元和等救绚，军未至，绚等已破魏军"④。

梁武帝普通六年（公元525年）夏五月己酉，"筑宿预堰，又修曹公堰于济阴"⑤。其主要目的还是对付北魏的战略据点，"与魏将河间王元琛、临淮王元彧等相拒，频战克捷。寻有密敕，班师合肥，以休士马，须堰成复进。七年夏，淮堰水盛，寿阳城将没，高祖复遣北道军元树帅彭宝孙、陈庆之等稍进，亶帅湛僧智、鱼弘、张澄等通清流涧，将入淮、肥。魏军夹肥筑城，出亶军后，亶与僧智还袭，破之。进攻黎浆，贞威将军韦放自北道会焉。两军既合，

---

① 《南齐书·垣崇祖传》。

② 《梁书·蔡道恭传》。

③ 《梁书·韦睿传》。

④ 《梁书·昌义之传》。

⑤ 《梁书·武帝纪下》。

所向皆降下。凡降城五十二，获男女口七万五千人，米二十万石"①。这次战争之中，通过"淮堰水盛，寿阳城将没"，说明还是以水攻城。

梁武帝大通元年（公元527年）二月，梁朝成景俊"筑栅造堰，谋断泗水以灌彭城。孝芬率大都督李叔仁、柴集等赴战，景俊等力屈退走"②。

梁武帝大通二年（公元528年）五月，"梁复遣曹义宗围荆州，堰水灌城，不没者数版。时既内外多虞，未遑救援，乃遗黑铁券，云城全当授本州刺史。城中粮尽，黑乃煮粥与将士均分食之……弥历三年，义宗方退"③。

东魏孝静帝天平二年（公元535年）兖州刺史樊子鹄反，"齐神武遣仪同三司娄昭等讨之。城久不拔，昭以水灌城"④。

天平三年（公元536年），"周文围泥，水灌其城，不没者四尺"⑤。

东魏孝静帝武定六年（公元548年）四月，"从征颍川，时引水灌城，城雉将没，西魏将王思政犹欲死战"⑥。

梁武帝太清元年（公元547年），"会大举北伐，仍以侃为持节、冠军，监作韩山堰事，两旬堰立。侃劝元帅贞阳侯乘水攻彭城，不纳；既而魏援大至，侃频劝乘其远来可击，旦日又劝出战，并不从，侃乃率所领出顿堰上。及众军败，侃结阵徐还"⑦。

陈文帝天嘉三年（公元562年），留异据东阳反，侯安都率军讨之，"因其山垅之势，连而为堰。天嘉三年夏，潦，水涨满，安都引船入堰，起楼舰与异城等，放拍碎其楼雉。异与第二子忠臣脱身奔晋安，安都虏其妻子，尽收其人马甲仗，振旅而归"⑧。

---

①《梁书·夏侯亶传》。

②《魏书·崔孝芬传》。

③《北史·王黑传》。

④《北史·樊子鹄传》。

⑤《北齐书·神武纪下》。

⑥《北齐书·赵彦深传》。

⑦《梁书·羊侃传》。

⑧《陈书·侯安都传》。

陈废帝光大二年（公元 568 年），"吴明彻乘胜进攻江陵，引水灌之"①。

北周武帝天和四年（公元 569 年），"陈遣其将章昭达……围江陵。傸王直闻有陈寇，遣大将军赵闻、李迁哲等率步骑赴之，并受腾节度……陈人又决龙川宁邦堤，引水灌江陵城。腾亲率将士战于西堤，破之，斩首数千级，陈人乃遁"②。

陈宣帝太建五年（公元 573 年），吴明彻统军十万"进逼寿阳，（北）齐遣王琳将兵拒守"。王琳初战不利，"齐兵退据相国城及金城。明彻令军中益修治攻具，又连肥水以灌城。城中苦湿，多腹疾，手足皆肿，死者十六七"③。而《北史·卢潜传》记载："陈人遂围寿阳，壅芍陂，以水灌之。"可见借助了芍陂来采取以水攻城的策略。

陈宣帝太建九年（公元 577 年），吴明彻率军北伐，"及陈将吴明彻入寇吕梁，徐州总管梁士彦频与战不利，乃退保州城。明彻遂堰清水以灌之，列船舰于城下，以图攻取。诏以轨为行军总管，率诸军赴救。轨潜于清水入淮口，多竖大木，以铁锁贯车轮，横截水流，以断其船路，方欲密决其堰以毙之。明彻知之，乃破堰遽退，冀乘决水以得入淮。比至清口，川流已阔，水势亦衰，船并碍于车轮，不复得过。轨因率兵围而蹙之。唯有骑将萧摩诃以二十骑先走，得免。明彻及将士三万余人并器械辎重并就俘获。陈之锐卒，于是歼焉"④。

以上我们可以看到，在南北朝时期，以水为兵的战术在这一时期频繁使用。以水为兵一般要先修筑堰，就是现在的水库，在这个过程之中，如果堰修筑不牢固，受害的可能是自己。梁朝修筑的浮山堰就是一个典型的例子，为了"求堰淮水以灌寿阳"，梁朝动用了大量的劳动力兴修这一庞大的水利工程，"发徐、扬人，率二十户取五丁以筑之。假绚节、都督淮上诸军事，并护堰作，役人及战士，有众二十万。于钟离南起浮山，北抵巉石，依岸以筑土，合脊于中流"。"十五年四月，堰乃成。其长九里，下阔一百四十丈，上广四十

①《资治通鉴·陈纪四》。

②《周书·陆腾传》。

③《陈书·吴明彻传》。

④《北史·王轨传》。

五丈，高二十丈，深十九丈五尺。"浮山堰的确起到了预计的作用，"魏军竟溃而归。水之所及，夹淮方数百里地。魏寿阳城戍稍徙顿于八公山，此南居人散就冈垄"①。"由于淮内沙土漂轻，不坚实"，也就是说浮山堰地基不牢固，如果堰内储水过多，就会冲垮大堰。就在天监十五年（公元 516 年）"秋八月，淮水暴长，堰悉坏决，奔流于海"，浮山堰决口，淹没下游居民，"九月丁丑，淮堰破，萧衍缘淮城戍村落十余万口，皆漂入于海"②。浮山堰的决口，使得梁朝淮河下游人口受到很大损失，这些地方的人主要是北方移民，是南朝军队主要兵员来源之一。梁朝损失了这些人口，不仅军事上受到影响，在政局上也产生了影响。出身北府的武人集团在政治上影响逐渐式微，南方本土势力逐渐增加，最终是南方本土势力取代了梁朝。③

三、江南燃料的主要提供者

水域不仅提供了鱼和菱等水生植物；在江南的江淮地区，还提供了大量可用作燃料的芦苇。正是由于有大量芦苇的供应，才使得六朝时期，建康等地在经济发展过程中对木材的消耗不至于使得周边地区森林植被受到比较严重的破坏。

六朝定都建康，随着城市的建设和人口的增长，对周边地区的植被产生了一定的影响。建康位于古丹阳湖地区，东南为太湖平原，南面是低山、岗地、河谷平原、滨湖平原和沿江河地等地形单元构成的地貌综合。这种地理条件决定了建康周边地区不可能有规模较大的原始森林。

六朝定都建康后，建康城经过了几次修建，④ 其中木材乃至砖瓦都来自距离较远的地区。孙权修建太清宫时，"三月，改作太初宫，诸将及州郡皆义作"。此外，孙权还下诏说："建业宫乃朕从京来所作将军府寺耳，材柱率细，

---

① 《梁书·康绚传》。

② 《魏书·肃宗孝明帝纪》。

③ 张敏：《论水灾在南北朝对峙及战争中的作用》，《鄂州大学学报》2004 年第 3 期。

④ 刘淑芬：《六朝建康城的兴盛与衰落》，《六朝的城市与社会》，（台北）学生书局 1981 年版；崔浩：《六朝建康城防研究》，南京师范大学 2010 年硕士论文。

皆以腐杇，常恐损坏。今未复西，可徙武昌宫材瓦，更缮治之。"有司奏言曰："武昌宫已二十八岁，恐不堪用，宜下所在通更伐致。"权曰："大禹以卑宫为美，今军事未已，所在多赋，若更通伐，妨损农桑。徙武昌材瓦，自可用也。"① 孙亮修建宫室时，"诏州郡伐宫材"②。孙皓修建宫室时，华核上书提道："今虽颇种殖，闻者大水沈没，其余存者当须耘获，而长吏怖期，上方诸郡，身涉山林，尽力伐材，废农弃务，士民妻孥羸小，垦殖又薄，若有水旱则永无所获。"③ 由此可知孙吴时期，宫殿建筑所需要的木材乃至砖瓦都依赖于长江中游地区。东晋末年，徐道覆起兵时，"初，道覆密欲装舟舰，乃使人伐船材于南康山，伪云将下都货之。后称力少不能得致，即于郡贱卖之，价减数倍，居人贪贱，卖衣物而市之。赣石水急，出船甚难，皆储之。如是者数四，故船版大积，而百姓弗之疑。及道覆举兵，案卖券而取之，无得隐匿者，乃并力装之，旬日而办"④。南康山在今赣南地区。此外，长江中游的江陵地区，也是东晋时期建康地区的一个主要木材供应地。东晋末年，刘裕攻下建康后，下令说："台调癸卯梓材，庚子皮毛，可悉停省，别量所出。"⑤ 到了梁陈时期，湘州一带，也成为建康地区重要的木材供应基地。大同二年（公元536年），"上为文帝作皇基寺以追福，命有司求良材。曲阿弘氏自湘州买巨材东下。南津校尉孟少卿欲求媚于上，诬弘氏为劫而杀之，没其材以为寺"⑥。陈朝时，"（华）皎起自下吏，善营产业，湘川地多所出，所得并入朝廷，粮运竹木，委输甚众；至于油蜜脯菜之属，莫不营办。又征伐川洞，多致铜鼓、生口，并送于京师。废帝即位，进号安南将军，改封重安县侯，食邑一千五百户。文帝以湘州出杉木舟，使皎营造大舰金翅等二百余艘，并诸水战之具，欲以入汉及峡"⑦。

---

① 《三国志》卷四七《吴书·吴主传》引《江表传》。

② 《三国志》卷四八《吴书·三嗣主传·孙亮传》。

③ 《三国志·吴书·华核传》。

④ 《晋书·卢循传》。

⑤ 《宋书·武帝纪中》。

⑥ 《资治通鉴·梁纪十三》。

⑦ 《陈书·华皎传》。

建康木材来之不易，价格比较高。所以居民建筑用材比较紧张。普通老百姓房屋多以茅、竹作为主要的建筑材料。宋书记载："明帝陈贵妃，讳妙登，丹阳建康人，屠家女也。世祖常使尉司采访民间子女有姿色者。太妃家在建康县界，家贫，有草屋两三间。上出行，问尉曰：'御道边那得此草屋，当由家贫。'赐钱三万，令起瓦屋。"① 竹子是建康周边地区居民的主要建筑用材，《山居赋》记载："水竹，依水生，甚细密，吴中以为宅援。石竹，本科丛大，以充屋榱，巨者竿挺之属，细者无箐之流也。"② 此外，陈朝末年，萧颖建议："又江南土薄，舍多竹茅，所有储积，皆非地窖。密遣行人，因风纵火，待彼修立，复更烧之。不出数年，自可财力俱尽。""上行其策，由是陈人益敝。"③ 在建康，一些廉洁的官员也苦于建材费用的高昂而以茅竹建房："大通元年，转鸿胪卿，寻领步兵校尉。子野在禁省十余年，静默自守，未尝有所请谒，外家及中表贫乏，所得俸悉分给之。无宅，借官地二亩，起茅屋数间。"④ 由于建材费用高昂，即使是权臣，建房过程中，建材也来之不易。刘宋权臣庾登之建房时，"市令盛馥进数百口材助营宅，恐人知，作虚买券"⑤。南齐时，豫章王萧嶷建房时，上奏说："北第旧邸，本自甚华，臣改修正而已，小小制置，已自仰简。往岁收合得少杂材，并蒙赐故板，启荣内许作小眠斋，始欲成就，皆补接为办，无乖格制，要是怪柏之华，一时新净。东府又有斋，亦为华屋。而臣顿有二处住止，下情窃所未安。讯访东宫玄圃，乃有柏屋，制甚古拙，内中无此斋，臣乃欲坏取以奉太子，非但失之于前，且补接既多，不可见移，亦恐外物或为异论，不审可有垂许送东府斋理否？臣公家住止，率尔可安，臣之今启，实无意识，亦无言者，太子亦不知臣有此屋，政以东宫无，而臣自处之，体不宜尔尔。所启蒙允，臣便当敢成第屋，安之不疑。陛下若不照体臣心，便当永废不修。"⑥ 可见当时建康建材木材来之不易。

---

①《宋书·后妃传·明帝陈贵妃传》。

②《宋书·谢灵运传》。

③《隋书·高颎传》。

④《梁书·裴子野传》。

⑤《宋书·庾登之传附弟炳之传》。

⑥《南齐书·豫章文献王传》。

此外，建康周边地区的一大消费就是棺木的消费。南北朝时期，流行砖室葬和石葬，虽然直接消耗森林资源不多，但间接消耗的森林资源也不少。《宋书》卷六四《何承天传》载："丹阳丁况等久丧不葬，为同伍所纠。""如闻在东诸处，此例既多，江西淮北尤为不少。若但谪此三人，殆无整肃。"其主要原因是东晋南朝营墓需临时烧砖，消耗很大的财力与劳力。家贫者甚至需乡里"出夫力助作砖"①。东晋时期的吴逵，"夫妻既存，家极贫窭，冬无衣被，昼则佣赁，夜烧砖甓，昼夜在山，未尝休止，遇毒虫猛兽，辄为之下道。期年，成七墓、十三棺"②。《宋书》记载："既而逵疾得瘳，亲属皆尽，唯逵夫妻获全。家徒壁立，冬无被绔，昼则庸赁，夜则伐木烧砖。"③ 夫妻二人一年多的辛苦劳动，才修好七座砖墓，可见烧砖的劳动量大，木材消耗也多。《颜氏家训·终制篇》言："先君先夫人皆未还建邺旧山，旅葬江陵东郭。承圣末，已启求扬都，欲营迁厝。蒙诏赐银百两，已于扬州小郊北地烧砖。"可见即使是官僚之家，烧砖仍然需要不少财力方能办到。砖室墓葬的流行可能自汉代已形成，在亳县曹操宗族墓葬中就发现大量砖块。④ 南朝贫苦之家遭遇丧事后，多年才正式下葬的情况比较常见。《梁书》四九《刘苞传》记载："初，苞父母及两兄相继亡没，悉假瘗焉。苞年十六，始移墓所，经营改葬，不资诸父，未几皆毕，绘常叹服之。"据北魏墓志所记死亡及埋葬年月，亦每每相隔数月以至经年，原因当亦由于烧砖需时也。南朝砖价不可考，《魏书》十九《任城王澄传》记载："都城府寺犹未周悉，今军旅初宁，无宜发众，请取诸职人及司州郡县犯十杖已上百鞭已下收赎之物，绢一匹，输砖二百，以渐修造。"南北朝时绢一匹为四十尺，可见砖价颇昂贵。⑤ 砖价高的原因，就是在烧制砖的过程之中要消耗大量木材，导致砖的成本高。李伯重指出在明清时期，"烧砖1000块约需要木柴1马车（折合煤0.44吨）以上，烧石灰1吨则至少需要木

---

① 《宋书·孝义传·王彭传》。

② 《晋书·孝友传·吴逵传》。

③ 《宋书·孝义传·吴逵传》。

④ 李灿：《亳县曹操宗族墓葬》，《文物》1978年第8期。

⑤ 周一良：《魏晋南北朝史札记·久丧不葬》，中华书局1985年版，第189页。

柴 4 马车（折合煤 1.76 吨）"①。明清时期烧砖的技术当比魏晋南北朝时期先进，由此可推测当时所需木柴更多。

魏晋南北朝时期流行的砖葬都直接或间接消耗了不少森林资源。按照赵冈的研究，棺木消耗是森林消耗的大宗之一。魏晋南北朝时期，每年需要毁林10 万亩左右，九成被毁林能重生，一成彻底消失②，则一年大致有 1 万亩森林因棺木消耗而消失。

由于砖瓦以及木材昂贵，前面提到，老百姓多以茅竹为屋，即使是建康城市的建设过程之中，城防多用竹篱，"宋世，宫门外六门城设竹篱"。南齐高帝时想"改立都墙"，因为大臣"今天为我生俭也"的理由而停止。③《太平御览》卷一九七《南朝宫苑记》记载："建康篱门，旧南北两岸篱门五十六所，盖京邑之郊门也，如长安东都门亦周之郊门。江左初立，并用篱为之，故曰篱门。南篱门在国门西，三桥篱门在金光宅寺侧。东篱门本名肇建篱门，在古肇建市之东。北篱门今覆舟东头玄武湖东南角，今见有亭，名篱门亭。西篱门在石头城东，护军府在西篱门外路北。白杨篱门外有石井篱门。"可见，薪材的不易获取甚至影响了建康城的城防建设。由于烧制砖成本昂贵，南朝时期，官员都要缴纳修城钱，《南史·齐纪上·武帝纪》记载："（建元四年三月）癸酉，诏免逋城钱，自今以后，申明旧制。初晋、宋旧制，受官二十日，辄送修城钱两千。宋泰始初，军役大起，受官者万计，兵戎机急，事有未遑，自是令仆以下，并不输送。"《南齐书》卷三《武帝纪》则记载："城直之制，历代宜同，顷岁逋弛，遂以万计。虽在宪宜惩，而原心宜亮。积年逋城，可悉原荡。自兹以后，申明旧科，有违纠裁。"

此外，建康等城市的燃料也要消耗一定的薪材。城市人口日常生活需要大量的薪柴，据龚胜生估计，五口之家一年消耗薪柴 4 吨，并不算高。④ 而王天航的研究表明，唐代前期一百余年间因木构建筑的用材至少要采伐 1200 万立

---

① 李伯重：《明清江南工农业生产中的燃料问题》，《中国社会经济史研究》1984
　年第 4 期。

② 赵冈：《中国历史上生态环境之变迁》，中国环境科学出版社 1996 年版，第 73 页。

③《南史·王昙首传附孙俭传》。

④ 龚胜生：《唐长安城薪炭供销的初步研究》，《中国历史地理论丛》1991 年第 3 期。

方米的材木，所占森林面积约 1200 平方千米。这一面积只是单纯考虑建筑用材（高大乔木）情况下的数字，将其还原为天然森林的面积则有 2000 平方千米以上。① 这些研究有很重要的参考价值，唐代长安城人口为八十万左右，而建康城在梁朝时期有人口一百四十万。② 如果按照汉唐时期长安的以乔木为主的消费结构，南朝时期建康周边地区早就遍地童山了。

不过，自孙吴时期，建康及周边人口集中地区的主要燃料是荻。"吴世有姚光者，有火术，吴主躬临试之，积荻数千束，光坐其上。又以数千束荻累之，因猛风燔之。火尽，谓光当已化为烟烬。而光恬然端坐灰中，振衣而起，把一卷书。吴主取而视之，不能解也。"③《搜神记》也记载："太兴中，吴民华隆，养一快犬，号的尾，常将自随。隆后至江边伐荻，为大蛇盘绕，犬奋咋蛇，蛇死。"④ 东晋初年，郭璞上书提道："不宜禁荻地，礼云，名山大泽不封。盖欲与民通才共利，不独专之也。"⑤ 可见在建康周边地区，以荻为燃料比较普遍。此后，"（王）敦在石头，欲禁私伐蔡洲荻，以问群下。时王师新败，士庶震惧，莫敢异议。（王）峤独曰：'中原有菽，庶人采之。百姓不足，君孰与足！若禁人樵伐，未知其可。'敦不悦"⑥。刘宋时期，宋武帝刘裕下诏书提及："少府前岁所封诸洲芦荻，可开以利民。"⑦ 在南朝时期的建康，即使是有权势的官员，其家用燃料，也多是荻，庾登之就被批评："国吏运载樵荻，无辍于道。"⑧ 南齐时期，"先是旱甚，诏祈蒋帝神求

---

① 王天航：《建筑与环境：唐长安城木构建筑用材定量分析》，陕西师范大学硕士论文 2007 年，第 63 页。

② 何德章：《中国经济通史》（魏晋南北朝卷），湖南人民出版社 2002 年版，第 137 页。

③《艺文类聚·草部下·荻》。

④《搜神记》卷二〇。

⑤《全晋文·郭璞·谏禁荻地疏》。

⑥《晋书·王湛传附承族子峤传》。

⑦《全宋文·武帝·诏少府》，又见《艺文类聚·草部下·荻》。

⑧《宋书·庾登之传》。

雨，十旬不降。帝怒，命载荻欲焚蒋庙并神影"①。南齐末年，"时东昏余党初逢赦令，多未自安，数百人因运荻炬束仗，得入南北掖作乱，烧神虎门、总章观"②。

建康周边地区荻的产量比较丰富，在淮河流域，公元450年北魏拓跋焘准备攻打长江北岸的彭城时，"十有二月丁卯，车驾至淮。诏刈藋苇，泛筏数万而济"③。可见当地的芦苇资源比较丰富。建康城所用的荻，多由周边地区以船运入。侯景叛乱时，"及景至江，正德潜运空舫，诈称迎荻，以济景焉。朝廷未知其谋，犹遣正德守朱雀航"④。"萧正德先遣大船数十艘，伪称载荻，实装济景。"⑤由于江边荻丰富，陈朝末年，贺若弼建议灭陈的计策就包括："积苇荻于扬子津，其高蔽舰。及大兵将度，乃卒通渡于江……涂战船以黄，与枯荻同色，故陈人不预觉之。"⑥

由于建康周边地区居民以荻为主要燃料，建康城周边地区也是森林密布。南齐时，萧宝卷在建康附近"置射雉场二百九十六处，翳中帷帐及步鄣，皆夹以绿红锦，金银镂弩牙，玳瑁帖箭。郊郭四民皆废业，樵苏路断，吉凶失时"⑦。此外，建康城周边地区还多有虎及大象的活动。刘宋元嘉二十八年（公元451年）秋，"猛兽入郭内为灾"⑧。南齐建武四年（公元497年）春，"当郊治圜丘，宿设已毕，夜虎攫伤人"⑨。此外，在建康附近的山林地区，也

①《南史·曹景宗传》。

②《梁书·张弘策传》。

③《魏书·世祖纪下》。

④《梁书·临贺王正德传》。

⑤《梁书·侯景传》。

⑥《全北周文·贺若弼·平陈七策》。

⑦《南齐书·东昏侯本纪》。

⑧《南史·宋本纪》。

⑨《南齐书·五行志》。

有老虎的活动，"山中多猛兽"①，"新林，连接山阜，旧多猛兽"②。天监六年（公元507年）三月，"有三象入京师"。老虎和大象频繁在建康一带活动，是这一地区植被比较好的表现。

---

①《南史·鄱阳忠烈王恢传附谘弟修传》。

②《南史·孝义传下·司马暠传》。

第三章

魏晋南北朝时期的植被环境

魏晋南北朝时期植被环境研究成果比较多，其中以史念海先生的研究最具代表性；此外，王守春、朱士光等学者也对历史时期黄土高原植被的变迁做过相当深入的研究；① 在一些森林史的研究之中，也论及了这一时期植被状况。魏晋南北朝时期，人口虽然减少，总体上来看，人口对环境的压力减轻，但在局部地区，在一段时间内，人口对环境的压力还是很大。

第一节　中原地区的植被

魏晋南北朝时期，中原地区平原的森林基本上所剩无几。当时宫殿等的森林用材，已经转向太行山地区。自魏晋时期，由于修建邺城的需要，取材于太行山。"又使于上党取大材供邺宫室。"② 十六国时期，石勒"虽都襄国，又营邺宫，作者数十万从，兼以昼夜"。石虎"于邺起台四十余所，营长安、洛阳二宫，作者四十余万人。又欲自邺起阁道，至于襄国"③。在东魏末年时期，高欢决定都城定在邺下时，"车驾便发，户四十万狼狈就道"④。四十万户人加上宫殿建筑的需要，使得对木材需求增加，史书记载："及迁都于邺，留于

---

① 史念海等：《黄土高原森林与草原的变迁》，陕西人民出版社 1985 年版；史念海：《黄土高原历史地理研究》，黄河水利出版社 2001 年版；朱士光：《历史时期华北平原的植被变迁》，《陕西师范大学学报》（自然科学版）1994 年第 4 期；王守春：《历史时期黄土高原的植被及其变迁》，《人民黄河》1994 年第 2 期；桑广书：《黄土高原历史时期植被变化》，《干旱区资源与环境》2005 年第 4 期。

②《三国志·魏书·梁习传》。

③《魏书·羯胡石勒传附子虎传》。

④《北齐书·神武纪下》。

后，监掌府藏，及撤运宫庙材木，以明干见称。"① 将洛阳的宫殿拆除，利用原有的木料，不失为一个方便快捷的办法。但由于需求太多，还是得从太行山寻找木材。太行山南端东部的山地和丘陵地区，森林受到了比较严重的破坏，导致发生了几次严重的旱灾。②

西晋末年，由于长期的战乱，使得在平原居住的一部分人，迁移到丘陵地区或者是山谷地区，建立坞堡，通过建立武装来保卫自己，发展生产。这种生活地点的转移，对环境造成了较大的影响。毛汉光指出：如果在黄淮平原四战之地，因战争对生产资源的破坏可能使可耕之地变为荒芜之地。人口向四方流浪，最有可能的方向是邻近的闲地或南方地带。闲地一般而言是属于丘陵、山谷间崎零地，或较干旱、远离水系之地，相较于已开发的平原可灌溉之地，其生产力较差，需要投入更多的人力才能得到一些收获。魏晋南北朝时北方由于五胡乱华，遍地烽火，有些宗族携家带小向闲地谋取生活，又建立坞堡，躲避战争损害，待战争告一段落，因为经过数代开发其已变成可用之耕地，人们也定居下来，而原来的家园，因战乱破坏生产体系，人口反而减少。所以每见战乱之后，新政府常常下诏要求游民、流民回籍，或实施新的田制将新开发的土地变为公地，建立新的赋税制度。这些闲地，以今日角度观察，应该属于大自然生态的均衡之区，丘陵、山谷、干旱草原之地等，是人与大自然中动植物共生共存的缓冲地区，经过一波一波的勉强开发，破坏了大自然环境的均衡作用，人类在这些地区与大自然争地，其所得到的财富，从长远而论，常常得不偿失。③

这一时期史书中记载的坞堡颇多："齐王冏之唱义也，张泓等肆掠于阳翟，衮乃率其同族及庶姓保于禹山。"④ 郗鉴在西晋末年，"于时所在饥荒，州中之士素有感其恩义者，相与资赡。鉴复分所得，以恤宗族及乡曲孤老，赖而全济者甚多，咸相谓曰：'今天子播越，中原无伯，当归依仁德，可以后亡。'

---

① 《北齐书·李玙传》。

② 周景贤：《太行山南端森林变迁史的初步研究》，《河南师范大学学报》（自然科学版）1987 年第 4 期。

③ 毛汉光：《中国人权史》（生存权篇），广西师范大学出版社 2006 年版，第 234 页。

④ 《晋书·孝友传·庾衮传》。

遂共推鉴为主，举千余家俱避难于鲁之峄山"①。江惇在西晋末年，因苏峻之乱，"避地东阳山"②。江惇去东阳山中，肯定有很多人跟随，这些人在东阳山中就得建筑房屋，开垦土地。

在洛水流域坞壁有大量的坞堡。檀山坞，"洛水又东迳檀山南，其山四绝孤峙，山上有坞聚，俗谓之为檀山坞"。还有合坞，"城在川北原上，高二十丈，南、北、东三箱，天险峭绝，惟筑西面即为固，一合之名，起于是矣"。云中坞，"左上迢邅层峻，流烟半垂，缨带山阜，故坞受其名"。百谷坞，"坞在川南，因高为坞，高十余丈，刘武王西入长安，舟师所保也"。白马坞，"罗水又西北，白马溪水注之，水出嵩山北麓，径白马坞东，而北入罗水"。此外，"翼崖深高，壁立若阙，崖上有坞，伊水径其下，历峡北流，即古三涂山也"③。从以上坞堡的地理位置来看，其主要建在水资源丰富的山区，有的甚至建立在崖上。

庾衮领导的坞堡是众多坞堡中的一个典型，"于是峻险厄，杜蹊径，修壁坞，树蕃障，考功庸，计丈尺，均劳逸，通有无，缮完器备，量力任能，物应其宜，使邑推其长，里推其贤，而身率之。分数既明，号令不二，上下有礼，少长有仪，将顺其美，匡救其恶"。后来，庾衮移居林虑山，"事其新乡如其故乡，言忠信，行笃敬。经及期年，而林虑之人归之，咸曰庾贤。及石勒攻林虑，父老谋曰：'此有大头山，九州之绝险也。上有古人遗迹，可共保之。'惠帝迁于长安，衮乃相与登于大头山而田于其下。年谷未熟，食木实，饵石蕊，同保安之，有终焉之志。及将收获，命子怞与之下山，中途目眩瞀，坠崖而卒"。从庾衮的事例中我们可以看出，坞堡周边地区包括丘陵和山谷等地，凡是适宜开垦的土地，基本上被开垦了。而要开垦这些地区，森林就要被清理，一些山谷和丘陵的森林被砍伐。不过，这些森林又不能过分砍伐，因为还要依靠森林来防御敌对武装力量的进攻。

邵续在西晋末年，"时天下渐乱，续去县还家，纠合亡命，得数百人。王浚假续绥集将军、乐陵太守，屯厌次，以续子义为督护"。李矩，"属刘元海

---

① 《晋书·郗鉴传》。

② 《晋书·江统传附子惇传》。

③ 《水经注·洛水》。

攻平阳，百姓奔走，矩素为乡人所爱，乃推为坞主，东屯荥阳，后移新郑"。魏浚，"永嘉末，与流人数百家东保河阴之硖石"。郭默，"永嘉之乱，默率遗众自为坞主，以渔舟抄东归行旅，积年遂致巨富，流人依附者渐众"。① 这些坞堡应该建立在丘陵或者山区附近，以便于防御，或者在战事来临时可以快速转移相关人员与物资，比如李矩，"石勒亲率大众袭矩，矩遣老弱入山，令所在散牛马，因设伏以待之。贼争取牛马。伏发，齐呼，声动山谷，遂大破之，斩获甚众，勒乃退"。由此可知，李矩的坞堡建立在山谷附近，可以随时方便人员与物资的转移。

北魏初年李显甫，"豪侠知名，集诸李数千家于殷州西山，开李鱼川方五六十里居之，显甫为其宗主"②。李显甫所力道的坞堡，至少有 2000 家，按照户均 6 口计算，③ 这里至少聚集了 12000 人。北魏一里相当于现今 615 米，方圆五六十里，最大面积约合现在 8.5 平方千米。按照《商君书·算地》中提出的一个比较理想的模式："故为国任地者，山陵居什一，薮泽居什一，溪谷流水居什一，都邑蹊道居什一，恶田居什二，良田居什四。此先王之正律也，故为国分田数小。亩五百，足待一役，此地不任也。方土百里，出战卒万人者，数小也。此其垦田足以食其民，都邑遂路足以处其民，山陵薮泽溪谷足以供其利，薮泽堤防足以畜。故兵出，粮给而财有余；兵休，民作而畜长足。此所谓任地待役之律也。"在这里，商鞅指出了一个在当时生产力水平以及种植模式的条件下，人口与环境相对比较和谐的模式。在这个模式中，一个地区要有 10% 的森林覆盖面积，10% 的湿地面积，10% 的水域面积，10% 的土地作为

---

① 《晋书》卷六三《邵续传》《李矩传》《魏浚传》《郭默传》。

② 《北史·李灵传附恢子显甫传》。

③ 梁方仲编著：《中国历代户口、田地、田赋统计》，上海人民出版社 1980 年版，第 38、59 页。十六国至北朝时期，黄河流域户口统计比较模糊，前燕时期，户均人口只有 4 人左右；东魏时期，户均人口不到 4 人；北齐承光元年（公元 577年），北齐统治区户均人口达 6.06 人；而北周静帝大象年间（公元 579 年—581年），北周统治区户均人口只有 2.51 人，存在较多可疑之处。这里按照 6 口人计算，比较符合历史实际情况。

道路，20%的土地是三年一耕的恶地，40%的土地是良田。魏晋南北朝时期，还在实行休耕制。也就是说，一个区域之中最多有60%的土地可以开垦而不会产生环境压力，即每平方千米土地最多耕种900亩。北魏平均每户耕种约67亩土地，北魏1亩约合今1.13亩，每户耕种的67亩约合现在75亩；也就是说12户耕种1平方千米土地没有人口压力，大约是每平方千米78人。而当时李显甫所聚集的区域，每平方千米人口达到1140人，达到了理想状态下的15倍。这种人口大规模聚集的情况，对环境的压力很大。

因此，坞堡虽然能够使老百姓远离战乱，但坞堡多建在丘陵和山区，陈寅恪先生指出："凡聚众据险者，欲久支岁月，及给养能自足之故，必选择险阻而又可耕种，及有水源之地。其具备此二者之地，必为山顶平原及溪涧水源之地，此又自然之理也。"[①] 坞堡人口密度大，要获得建筑用材和薪材以及足够的食物，势必大规模地毁林与开山，在短时期内对区域环境的压力很大，甚至造成了严重的水土流失。

西晋末年，由于很多人移居到丘陵和山谷地区，加之这一时期人口减少，所以在中原地区，很多平原地区土地变成了草原或者次生灌木丛地带。

北魏自立至公元439年北方统一这五六十年间，共发生针对别的部族的掠夺战争不下十五起，而且规模越来越大。战争不但使其军事实力不断增强，而且促使其畜牧业经济取得了很大发展，为后来的统一北方打下了坚实的基础。公元429年，太武帝北征柔然，"国落四散，窜伏山谷，畜产布野，无人收视"，高车也乘机攻击，"高车诸部杀大檀种类，前后归降三十余万，俘获首虏及戎马百余万匹"。[②] 这一时期，除自然繁殖以外，掠夺在北魏的畜牧业生产中占据非常重要的地位。正是为了安置这些掠夺而来的马牛羊等战利品，同时也为了频繁而又长期的统一战争的需要，加之北方地区一百多年来长期处于战乱分裂的局面，人烟稀少，土地荒芜，于是在北魏畜牧业中有极为重要地位

---

① 陈寅恪：《桃花源记旁证》，《金明馆丛稿初编》，三联书店2001年版，第192页。

② 《魏书·蠕蠕传》。

和影响的国营牧场便应运而生了。① 在这些牧场中，在中原地区的是河阳牧场，史书记载："世祖之平统万，定秦陇，以河西水草善，乃以为牧地。畜产滋息，马至二百余万匹，橐驼将半之，牛羊则无数。高祖即位之后，复以河阳为牧场，恒置戎马十万匹，以拟京师军警之备。每岁自河西徙牧于并州，以渐南转，欲其习水土而无死伤也，而河西之牧弥滋矣。正光以后，天下丧乱，遂为群寇所盗掠焉。"② 可以看到，在秦陇地区有大型牧场，此外在并州也就是太原附近也有规模比较大的牧场。这其中最具有代表性的是河阳牧场，河阳牧场就是在黄河之北的牧场。关于河阳牧场，史书还记载："时仍迁洛，敕福检行牧马之所。福规石济以西、河内以东，拒黄河南北千里为牧地。事寻施行，今之马场是也。及从代移杂畜于牧所，福善于将养，并无损耗，高祖嘉之。"③ 这说明北朝时期，黄河北岸大片良田变为了牧场。

随着农牧分界线的南移，大量的少数民族进入到以前汉族居住的地区。导致这一地区的生产与生活方式发生了变化。《洛阳伽蓝记·城南》记载："（王）肃初入国，不食羊肉及酪浆等物，常饭鲫鱼羹，渴饮茗汁。京师士子，道肃一饮一斗，号为'漏卮'。经数年已后，肃与高祖殿会，食羊肉酪粥甚多。高祖怪之，谓肃曰：'卿中国之味也。羊肉何如鱼羹？茗饮何如酪浆？'肃对曰：'羊者是陆产之最，鱼者乃水族之长。所好不同，并各称珍。以味言之，甚是优劣。羊比齐、鲁大邦，鱼比邾、莒小国。唯茗不中，与酪作奴。'"

这表明了当时北方的生活方式之中，食"羊肉及酪浆"占据主导地位。《隋书·地理志》记载："安定、北地、上郡、陇西、天水、金城，于古为六郡之地，其人性犹质直。然尚俭约，习仁义，勤于稼穑，多畜牧，无复寇盗矣。雕阴、延安、弘化，连接山胡，性多木强，皆女淫而妇贞，盖俗然也。平凉、朔方、盐川、灵武、榆林、五原，地接边荒，多尚武节，亦习俗然焉。河

---

① 黎虎：《北魏前期的狩猎经济》，《历史研究》1992 年第 1 期；张敏：《北魏前期农牧关系的演变》，《许昌学院学报》2005 年第 4 期；王磊等：《论北魏的畜牧业》，《古今农业》2004 年第 1 期；朱大渭等：《中国封建社会经济史》，齐鲁书社 1996 年版，第 55—59 页。

② 《魏书·食货志》。

③ 《魏书·宇文福传》。

西诸郡，其风颇同，并有金方之气矣。"这表明在以前汉族占主导地位的关中地区，畜牧业也占据主导地位。同时，少数民族也开始定居，从事农业，与汉族生产方式接近。至于河东郡等地，社会风气也有一定的变化，《隋书·地理志》也记载："河东、绛郡、文城、临汾、龙泉、西河，土地沃少瘠多，是以伤于俭啬。其俗刚强，亦风气然乎？太原山川重复，实一都之会，本虽后齐别都，人物殷阜，然不甚机巧。俗与上党颇同，人性劲悍，习于戎马。离石、雁门、马邑、定襄、楼烦、涿郡、上谷、渔阳、北平、安乐、辽西，皆连接边郡，习尚与太原同俗，故自古言勇侠者，皆推幽、并云。然涿郡、太原，自前代已来，皆多文雅之士，虽俱曰边郡，然风教不为比也。"

在黄河以南的地区，仍然有不少草场。《魏书·太宗纪》记载太宗时期曾经规定"诏诸州六十户出戎马一匹"，后来还要求"调民二十户输戎马一匹、大牛一头"。这表明当时民间还是有不少耕牛的，因为耕牛对农民很重要，一般不会轻易征发。此外，北魏孝文帝曾经颁布诏书："朕政治多阙，灾眚屡兴。去年牛疫，死伤大半，耕垦之利，当有亏损。今东作既兴，人须肄业。其敕在所督课田农，有牛者加勤于常岁，无牛者倍庸于余年。一夫制治田四十亩，中男二十亩。无令人有余力，地有遗利。"[1] 牛疫之后老百姓的损失很大，这从另外一个侧面说明民间拥有的耕牛多。是否养牛取决于很多条件，其中之一就是牛的食物资源，如果牛的食物资源不丰富，老百姓就会很少或者不养牛。在北魏时期，北方土地的种植方式还是实行休耕制，即种一年休闲一年乃至二年，也就是所谓的"三易之田"。这样，如果算上荒地，基本上每年有一半以上的土地闲置。这些闲置的土地长满荒草，实际上可以算作天然的草场，北方人民利用闲置土地进行放牧，一方面可以牧养牛羊，一方面可以增加土地的地力。

北魏末年，由于农民起义加之长期的战争，中原地区人口减少，史称："东西分裂，连年战争，河南州郡鞠为茂草。"[2] 可见长期战乱后，经济比较发达的地区也野草丛生了。

魏晋南北朝时期，由于生产力有限以及种植结构的限制，基本上采取轮作

①《魏书·高祖孝文帝纪》。

②《资治通鉴·梁纪十四》。

制和一年一季的播种方式。休耕的土地上长满杂草，而播种的土地在收割之后也是杂草丛生。这些杂草，除了可以牧养牛羊之外，还可以作为燃料。

北齐天保九年（公元558年）二月己丑，"诏限仲冬一月燎野，不得他时行火，损昆虫草木"①。这个诏令说明：第一，当时要开垦的土地上还是杂草丛生，所以在耕地之前要放火烧掉土地上的野草；第二，说明当时老百姓并不缺乏燃料，所以可以将土地上的干草烧掉。② 也就是说，在平原地区，森林被砍伐，但田地中收获的秸秆和房前屋后的林木所供应的薪柴还能满足燃料的需要。原因主要是当时实行休耕制，可以获得干草作为燃料，农民并不缺乏燃料，以至于可以把多余的干草放火烧掉。由于施行休耕，并不马上耕地，故还可以保持水土。

魏晋南北朝时期，中原地区平原上的森林基本上被砍伐光了，但也有诸多人工林存在。在《魏书·食货志》中记载："所谓各随其土所出。其司、冀、雍、华、定、相、秦、洛、豫、怀、兖、陕、徐、青、齐、济、南豫、东兖、东徐十九州，贡绵绢及丝。"这些地方基本上是中原地区，桑树种植较多。其次是统治者劝农种树，也使得民间林木较多。比如汉文帝，"诏书数下，岁劝

---

① 《北齐书·文宣纪》。

② 王建革在《"三料"危机：华北平原传统农业生态特点的分析》（《古今农业》1999年第3期）中指出："在近代华北，由于缺乏燃料，老百姓连地里的残梗、叶片和杂草都收集起来去作为燃料，这样会影响土壤肥力，会造成畜牧业的萎缩。"到了近代，江汉平原也出现类似情况，《东史郎战地日记》记载："上午十点离开汤池，返回中队所在地（注：天门市皂市镇）。沿途村庄稀少，满目荒凉，几乎看不见农田。放眼望去，到处都是坑洼不平的荒地，使人顿生寂寞凄凉之感。途中偶见农夫在割原本就稀稀落落的荒草，而这是他们惟一的燃料。对于无林木可资利用的当地农民来说，有些树种只要栽种就能很快成材，可为什么就不做呢？是不是他们太自私，只图一己之利？这样，农民只有收集枯草，以做冬季燃料之用。"（［日］东史郎：《东史郎战地日记》，世界知识出版社2000年版，第81页）

民种树，而功未兴，是吏奉吾诏不勤，而劝民不明也"①。汉景帝时期也要求："令郡国务劝农桑，益种树，可得衣食物。"② 北魏时期的均田制明确规定："诸初受田者，男夫一人给田二十亩，课莳余，种桑五十树，枣五株，榆三根。非桑之土，夫给一亩，依法课莳榆、枣。奴各依良。限三年种毕，不毕，夺其不毕之地。于桑榆地分杂莳余果及多种桑榆者不禁。"③ 所以，在朝廷的要求之下，魏晋南北朝时期，民间种植树木还是比较多的。

总之，魏晋南北朝时期，中原地区由于人口的增长，土地的开发，平原地区的森林普遍遭到砍伐。西晋末年，中原地区百姓为避免战争灾难而在丘陵和山谷等地建立坞堡，也破坏了部分丘陵和山谷地区的森林。但是，由于这一时期在农业上实行轮作制和一年一季的耕作制度，农民并不缺乏薪柴，不需要去砍伐丘陵和山区的森林，故在很多山区，森林植被茂盛。这一时期中原地区平原上的植被虽然发生了变化，森林植被逐渐消失，但是由于每年至少有一半土地休耕，这些土地被野草覆盖，在一定程度上避免了水土流失。魏晋南北朝时期，中原地区植被状况总体上良好，在多数地区水土流失情况并不严重。

---

① 《汉书·文帝纪》。

② 《汉书·景帝纪》。

③ 《魏书·食货志》。

第二节　北方周边和西北地区的植被

魏晋南北朝时期，东北地区大部分被森林覆盖。北魏时期，生活在东北的勿吉，"国无牛，有车马，佃则偶耕，车则步推。有粟及麦穄，菜则有葵"。勿吉的耕作方式还是偶耕，生产力较为低下，开垦土地不多，狩猎经济仍然占据很重要的地位，故"善射猎"，这里也盛产貂。① 在勿吉北面的失韦，"亦多貂皮"，"男女悉衣白鹿皮"。② 可知这一带鹿资源丰富，故这里森林茂盛。在今嫩江流域的豆莫娄国，虽然农业有一定发展，但"其君长皆以六畜名官"③，畜牧业发达。在今兴安岭附近的地豆于国，"多牛羊，出名马，皮为衣服，无五谷，惟食肉酪"④。可知他们当时主要是游牧生活。

在大兴安岭附近，三国时期活动在这一地区的是挹娄，"处山林之间……善射……出赤玉，好貂，今所谓挹娄貂是也"⑤。到了北魏时期，活动在这一区域的则是乌洛侯国，"其土下湿，多雾气而寒，民冬则穿地为室，夏则随原阜畜牧。多豕，有谷麦。无大君长，部落莫弗皆世为之。其俗绳发，皮服，以珠为饰。民尚勇，不为奸窃，故慢藏野积而无寇盗。好猎射"⑥。

在华北的永定河流域，"山岫层深，侧道褊狭，林鄣邃险，路才容轨。晓禽暮兽，寒鸣相和，羁官游子，聆之者莫不伤思矣"⑦。可知这里森林植被覆

---

① 《魏书·勿吉传》。

② 《魏书·失韦传》。

③ 《魏书·豆莫娄传》。

④ 《魏书·地豆于传》。

⑤ 《三国志·魏书·挹娄传》。

⑥ 《魏书·乌洛侯传》。

⑦ 《水经注·湿余水》。

盖良好。太行山及其以东的山地丘陵地区，也多为森林覆盖。在 3 世纪初，修建邺宫室，"又使于上党取大材供邺宫室"①。直到 4 世纪初，滹沱河洪水曾将上游许多大木冲漂到中下游。"大雨霖，中山、常山尤甚，滹沱汛溢，冲陷山谷，巨松僵拔，浮于滹沱，东至渤海，原隰间皆如山积"。利用洪水冲下来的木材，石勒下令，"去年水出巨材，所在山积，将皇天欲孤缮修宫宇也！其拟洛阳之太极起建德殿"。于是，"遣从事中郎任汪帅使工匠五千采木以供之"②。可知这一时期原始林木较多。

东汉之后，在今内蒙古地区鲜卑逐渐"始居匈奴之故地"③，虽然农业有一定发展，但还是以畜牧业为主。阴山周边地区，仍然草木丰盛，是皇帝贵族田猎的好地方。史书记载，北魏世祖拓跋焘曾经"西至五原，田于阴山"；此外拓跋焘还"乃遣就阴山伐木，大造攻具"④。拓跋焘"起殿于阴山之北"，此宫殿就是广德宫，原因是看重阴山地区原始林木较多的缘故。广德宫建好之后，拓跋焘也多次到广德宫去，"车驾幸阴山之北，次于广德宫"⑤。此外，北魏皇帝还多次"行幸阴山"，阴山一带地广人稀，行幸的主要目的就是去打猎，长孙嵩曾建议，"校猎阴山，多杀禽兽，皮肉筋角，以充军实，亦愈于破一小国"⑥。禽兽较多的原因是这一地区森林和草原资源丰富。在北魏时期，流传的鲜卑民歌《敕勒川》写道："敕勒川，阴山下；天似穹庐，笼盖四野。天苍苍，野茫茫，风吹草低见牛羊。"牛羊藏身在深草之中，只有风吹开深草才能现身，可见这一带草资源丰盛。阴山一带是鲜卑民族活动的场所，这一地区植被覆盖良好，蒙古高原的其他地区可想而知。不过，随着在阴山一带长期大规模的砍伐林木行为，阴山附近一些山地已经没有高大的林木。《水经注》记载："芒干水又西南径白道南谷口。芒干水又西南，白道中溪水注之。芒干水又西，塞水出怀朔镇东北芒中，南流径广德殿西山下。余以太和十八年，从

---

① 《三国志·魏书·梁习传》。

② 《晋书·石勒载记下》。

③ 《魏书·序纪·圣武帝纪》。

④ 《魏书·世祖太武帝纪上》。

⑤ 《魏书·世祖太武帝纪下》。

⑥ 《魏书·长孙嵩传》。

高祖北巡，届于阴山之讲武堂。自台西出，南上山，山无树木，惟童阜耳，即广德殿所在也。"① 当然，这一带"童阜"不一定是光秃秃一片，因为当时只是砍伐一些大木，对其他不合规格的木材没有进行扫荡式砍伐。

这一地区在秦汉魏晋南北朝时期开垦了不少土地，砍伐了不少森林，这些开垦的土地逐渐沙化，即使在垦地逐渐荒废之后沙化仍然在继续；有些地方森林破坏也比较严重，但在总体上来说，这里植被仍然覆盖良好。

魏晋南北朝时期，甘陇地区森林茂密，原始林木较多，可利用来修筑宫殿。众多原始森林为民众修建房屋提供了丰富优质的材料，故这一带居民就地取材，用木板搭建房屋，而不采用砖瓦构建的房屋，直到南北朝时期，天水一带的居民仍住着板屋。《水经注》卷一七《渭水上》记载："上邽，故邽戎国也。秦武公十年，伐邽，县之。旧天水郡治，五城相接，北城中有湖水，有白龙出是湖，风雨随之。故汉武帝元鼎三年，改为天水郡。其乡居悉以板盖屋，毛公所谓西戎板屋也。"森林茂盛，取材容易，所以居民以大木板为屋。《南齐书》卷五九《氐传》记载："于上平地立宫室果园仓库，无贵贱皆为板屋土墙，所治处名洛谷。"除了茂密的森林之外，这一地区草原广布。不过到了魏晋南北朝时期，陇右地区不少土地得到开垦，对植被有所破坏，在一些地区，由于人口密度较大，出现一定程度的水土流失现象。

三国时期，魏、蜀长期战争，争夺陇右，为了方便军事行动，双方在陇右地区还多种麦。太和五年（公元231年），诸葛亮经营天水，史书记载："初，亮出，议者以为亮军无辎重，粮必不继，不击自破，无为劳兵；或欲自芟上邽左右生麦以夺贼食，帝皆不从。前后遣兵增宣王军，又敕使护麦。宣王与亮相持，赖得此麦以为军粮。"② 可知在上邽一带，农业颇为发达，能供给军队粮草。其后蜀汉姜维依赖南安、陇西谷、岐山麦，以与曹魏抗衡，所以邓艾建议："从南安、陇西，因食羌谷，若趣祁山，熟麦千顷，为之县饵。"邓艾在陇右"修治备守，积谷强兵。值岁凶旱，艾为区种，身被乌衣，手执耒耜，

---

① 《水经注·河水》。

② 《三国志·魏书·明帝纪》引《魏书》。

以率将士"①。姜维受到宦官的排挤后，"维说皓求沓中种麦"②。屯田势必导致局部人口相对集中，生产和生活的需求对植被破坏比较大，在一定程度上出现水土流失。不过这种情况持续时间不长，姜维屯田发生在蜀国的景耀五年，也就是公元262年，三年后蜀国灭亡，这一带植被得到恢复，水土流失减轻。

南北朝时期，活动在青海一带的是吐谷浑部落，郦道元在《水经注》卷二《河水二》引段国《沙州记》"吐谷浑于河上作桥，谓之河厉。长一百五十步，两岸累石作基陛，节节相次，大木从横，更相镇压。两边俱平，相去三丈，并大材，以板横次之，施钓栏，甚严饰，桥在清水川东也"。河厉就是吐谷浑在今青海黄河上所建的桥，所用大材和木料是不少的，说明当时附近一带有不少林木分布。在"魏、周之际，始称可汗。都伏俟城，在青海西十五里。有城郭而不居，随逐水草"。不过农业仍有一定发展，"有大麦、粟、豆"；青海湖周边地区出良马，"青海周回千余里，中有小山，其俗至冬辄放牝马于其上，言得龙种。吐谷浑尝得波斯草马，放入海，因生骢驹，能日行千里，故时称青海骢焉"③。隋大业五年（公元609年），隋炀帝亲率大军到本区与吐谷浑作战，曾"上大猎于拔延山，长围周亘两千里"④。可知在这一地区虽然农业有一定发展，但还是以畜牧业为主，故草资源丰富。除此之外，"及大业三年，炀帝在榆林，突厥启民及西域、东胡君长，并来朝贡。帝欲夸以甲兵之盛，乃命有司陈冬狩之礼。诏虞部量拔延山南北周二百里，并立表记"⑤。拔延山处河湟之间，在这里打猎，又命虞部测量地形，可见当时草木茂盛，有不少野生动物。隋大业五年，"车驾西巡，将入吐谷浑。子盖以彼多郭气，献青木香以御雾露"⑥。"郭气"也就是瘴气，多在林木茂盛的地方出现。这些反映出这一带森林茂密。总之，虽然青海农业发展了，但仍以畜牧业为主，这一地区植被覆盖良好。

---

① 《三国志·魏书·邓艾传》。

② 《三国志·蜀书·姜维传》。

③ 《隋书·西域传·吐谷浑传》。

④ 《隋书·炀帝杨广纪上》。

⑤ 《隋书·礼仪志三》。

⑥ 《隋书·樊子盖传》。

直到北朝时期，生活在新疆一带的高车还是"其畜产自有记识，虽阑纵在野，终无妄取……其迁徙随水草，衣皮食肉，牛羊畜产尽与蠕蠕同，唯车轮高大，辐数至多"①。不过，自西汉开始到东晋，历朝在西域进行屯田，在楼兰尼雅一带出土的文书表明这一带农业较为发达。②由于农业发达，所以交换经济也比较盛行，开垦土地除了将这里的草原开垦之外，还要将草原上的林木砍掉，在楼兰尼雅文书之中曾提到"胡铁小锯"等工具，如："前胡铁小锯廿八枚，其一枚假兵赵虎"，"入胡铁大锯一枚"，"斧八枚"，"前胡铁小锯十六枚"。③这些小锯、大锯、斧应该是用来砍伐田地及周边地区林木的。楼兰国一带水资源本来就比较匮乏，《汉书·西域传》记载："楼兰国最在东垂，近汉，当白龙堆，乏水草，常主发导，负水儋粮。"在楼兰地区开垦土地，要消耗大量的水资源，"史顺留矣，口口为大琢池，深大。又来水少，计月末左右，已达楼兰"，大琢池就是水坝，供灌溉和引水之用。可见在当时垦区已经深感水资源匮乏。在开垦区，植被破坏较严重，在垦区之外，植被还比较好。文书中记载："去此百里岸流水交集草木。"④不过，随着楼兰垦区逐渐被废止，这一地区土地荒芜，"得至鄯善国。其地崎岖薄瘠，俗人衣服粗与汉地同，但以毡褐为异"⑤。后来这一地区最终荒漠化，据史书记载："鄯善为丁零所破，人民散尽。"⑥楼兰被废弃的原因众说纷纭，但多少与植被破坏导致环境恶化有关。总之，魏晋南北朝时期，新疆地区总体上植被覆盖良好，但在屯田垦区，植被破坏严重，最终导致部分地区出现沙化现象。

---

① 《魏书·高车传》。

② 林梅村编：《楼兰尼雅出土文书》，文物出版社1985年版，第28、53—61页。

③ 林梅村编：《楼兰尼雅出土文书》，文物出版社1985年版，第63、65、71、75页。

④ 林梅村编：《楼兰尼雅出土文书》，文物出版社1985年版，第47页。

⑤ 法显：《佛国记》。

⑥ 《南齐书·芮芮虏传》。

第三节　东南、西南地区的植被

　　魏晋南北朝时期，在东南地区淮河中下游地区，植被一度受到较大的破坏，引起了比较严重的水土流失。《太平御览》卷五九《地部·水下》引《博物志》记载："水有浊有清，河淮浊，江济清。南阳有清泠之水，丹水、泉水，汝南有黄水，华山南有黑水，天下之水皆类五色，今载其名也。泞水不流。"四库本则是："水有五色，有浊有清。汝南有黄水，华山有黑水、泞水。"现在的标点本则在四库本的基础上补充《太平御览》中的相关内容。① 可知在西晋时期，淮水比较浑浊。但直到明代中期，淮河都是比较清澈的，潘季驯就说过："淮清河浊，淮弱河强，河水一斗，沙居其六，伏秋则居其八，非极湍急，必至停滞。当藉淮之清以刷河之浊，筑高堰束淮入清口，以敌河之强，使二水并流，则海口自浚。即桂芳所开草湾，亦可不复修治。"②

　　淮河在西晋时期比较浑浊，是历史事实还是错误记载呢？史书记载："（张）华学业优博，辞藻温丽，朗赡多通，图纬方伎之书莫不详览……华强记默识，四海之内，若指诸掌……雅爱书籍，身死之日，家无余财，惟有文史溢于机箧。尝徙居，载书三十乘。秘书监挚虞撰定官书，皆资华之本以取正焉。天下奇秘，世所希有者，悉在华所。由是博物洽闻，世无与比。"③ 从史书的记载来看，张华记载的西晋时期淮河水比较浑浊是可信的。

　　西晋淮河中下游水质比较浑浊，应该与魏晋淮河流域人口聚集，植被受到破坏，导致水土流失有关。考察这一时期淮河流域的经济情况，魏晋时期淮河流域的确在一段时期内人口大量聚集，大量土地被开垦，人口短时期内对环境

----

① 张华：《博物志》，中华书局 1985 年版。

②《明史·潘季驯传》。

③《晋书·张华传》。

产生了较大压力。

三国时期，魏吴长期在淮河流域对峙，除了在这一地区发生多次战争之外，还在淮河流域进行屯田。孙吴的陆逊建议在淮河流域屯田，"于时三方之人，志相吞灭，战胜攻取，耕夫释耒，江淮之乡，尤缺储峙。吴上大将军陆逊抗疏，请令诸将各广其田。权报曰：'甚善。今孤父子亲自受田，车中八牛，以为四耦。虽未及古人，亦欲与众均其劳也。'有吴之务农重谷，始于此焉"①。其后，吴国的诸葛恪在淮河流域大规模屯田，对魏国是一个较大的威胁。"先是，吴遣将诸葛恪屯皖，边鄙苦之，帝欲自击恪。议者多以贼据坚城，积谷，欲引致官兵，今悬军远攻，其救必至，进退不易，未见其便。""吴人大佃皖城，图为边害。（王）浑遣扬州刺史应绰督淮南诸军攻破之，并破诸别屯，焚其积谷百八十余万斛、稻苗四千余顷、船六百余艘。"② 解除这个威胁之后，魏国也受到诸葛恪屯田的启发，在淮河流域屯田，"帝以灭贼之要，在于积谷，乃大兴屯守，广开淮阳、百尺二渠，又修诸陂于颍之南北，万余顷。自是淮北仓庾相望，寿阳至于京师，农官屯兵连属焉"③。

具体屯田情况，史书记载："时欲广田畜谷，为灭贼资，使艾行陈、项已东至寿春。艾以为'田良水少，不足以尽地利，宜开河渠，可以引水浇溉，大积军粮，又通运漕之道'。乃著济河论以喻其指。又以为：'昔破黄巾，因为屯田积谷于许都以制四方。今三隅已定，事在淮南，每大军征举，运兵过半，功费巨亿，以为大役。陈、蔡之间，土下田良，可省许昌左右诸稻田，并水东下。令淮北屯二万人，淮南三万人，十二分休，常有四万人，且田且守。水丰常收三倍余西，计除众费，岁完五百万斛以为军资。六七年间，可积三千万斛于淮上，此则十万之众五年食也。以此乘吴，无往而不克矣。'宣王善之，事皆施行。正始二年，乃开广漕渠，每东南有事，大军兴众，泛舟而下，达于江、淮，资食有储而无水害，艾所建也。"④ 此外，《晋书·食货志》记载："宣帝善之，皆如艾计施行。遂北临淮水，自钟离而南横石以西，尽沘水

①《晋书·食货志》。

②《晋书·王浑传》。

③《晋书·宣帝纪》。

④《三国志·魏书·邓艾传》。

四百余里，五里置一营，营六十人，且佃且守。兼修广淮阳、百尺二渠，上引河流，下通淮颍，大治诸陂于颍南、颍北，穿渠三百余里，溉田二万顷，淮南、淮北皆相连接。自寿春到京师，农官兵田，鸡犬之声，阡陌相属。每东南有事，大军出征，泛舟而下，达于江淮，资食有储，而无水害，艾所建也。"

《商君书·算地》中提出了一个比较理想的人口与环境之间和谐关系的模式，这种模式要求人口密度在每平方千米 100 人以下，这样地区环境压力并不大，可以实现可持续发展。西晋时期，1 尺约合现今 24.2 厘米，六步一尺，[1] 按照 280 步 1 里计算，西晋 1 里约合现在 400 米。"以五里一营，营六十人"，即是在半径为 2.5 里的地区设有 60 人屯田。2.5 里约合现在 1000 米；半径为 2.5 里的地区约合现今 1 平方千米。这样 1 平方千米虽然只有 60 名军人屯田，但加上其家属，人口至少有 300 人。[2] 人口密度超过了环境可承载力。加上建筑用材以及燃料，还有牲畜喂养的需要，该地区出现了水土流失的现象。

与此同时，在淮河流域的其他地区，地方官员也比较重视招募人口，发展农业，比较典型的是以芍陂为中心的地区。"（刘）馥既受命，单马造合肥空城，建立州治，南怀绪等，皆安集之，贡献相继。数年中恩化大行，百姓乐其政，流民越江山而归者以万数。于是聚诸生，立学校，广屯田，兴治芍陂及（茹）陂、七门、吴塘诸堨以溉稻田，官民有畜。又高为城垒，多积木石，编作草苫数千万枚，益贮鱼膏数千斛，为战守备。"[3] 西晋时期，刘颂"旧修芍陂，年用数万人，豪强兼并，孤贫失业，颂使大小戮力，计功受分，百姓歌其平惠"[4]。合肥地区在短时期内聚集了如此多的人口，对环境的压力也比较大。

到了西晋时期，淮河流域的环境压力已经出现，杜预上疏道："臣辄思惟，今者水灾东南特剧，非但五稼不收，居业并损，下田所在停污，高地皆多

---

① 吴慧：《中国历代粮食亩产研究》，农业出版社 1985 年版，第 236 页。

② 这里仅按一家五口计算。实际上三国时期，黄河流域中下游地区户均人口呈现继续扩大的趋势。曹魏景元四年（公元 263 年），曹魏统治区户均人口达到 6.68 人。西晋太康元年（公元 280 年），当时全国户均人口为 6.57 人。详见梁方仲编著的《中国历代户口、田地、田赋统计》（上海人民出版社 1980 年版，第 20—21 页）。

③《三国志·魏书·刘馥传》。

④《晋书·刘颂传》。

硗塉，此即百姓困穷，方在来年……诸欲修水田者，皆以火耕水耨为便。非不尔也，然此事施于新田草莱，与百姓居相绝离者耳。往者东南草创人稀，故得火田之利。自顷户口日增，而陂塌岁决，良田变生蒲苇，人居沮泽之际，水陆失宜，放牧绝种，树木立枯，皆陂之害也。陂多则土薄水浅，潦不下润。故每有水雨，辄复横流，延及陆田。言者不思其故，因云此土不可陆种。臣计汉之户口，以验今之陂处，皆陆业也。其或有旧陂旧塌，则坚完修固，非今所谓当为人害者也……泗陂在遵地界坏地凡万三千余顷，伤败成业。遵县领应佃二千六百口，可谓至少，而犹患地狭，不足肆力，此皆水之为害也。"杜预认为西晋时期东南地区水土流失的原因是陂塘过多，真正的原因是人口压力过大，导致过度开垦，最终导致水土流失。

不过，西晋末年之后，淮河流域人口对环境的压力减少。西晋末年"八王之乱"，屯田士兵很大程度上参与其中。[①]

十六国时期，淮河流域人口已经大为减少，"且江、淮南北户口未几，公私戎马不过数百，守备之事盖亦微矣。若以步骑一万，建雷霆之举，卷甲长驱，指临江、会，必望旗草偃，壶浆属路。跨地数千，众逾十万，可以西并强秦，北抗大魏"[②]。姚兴统治时期，也有人建议："陛下若任臣以此役者，当从肥口济淮，直趣寿春，举大众以屯城，纵轻骑以掠野，使淮南萧条，兵粟俱了，足令吴儿俯仰回惶，神爽飞越。"[③]

南北朝时期，淮河流域成为南北方争夺的重点，连年的战争，使得淮河流域农业受到破坏，人口大为减少。芍陂也多年荒芜，年久失修。"高祖将伐羌，先遣修之复芍陂，起田数千顷。及至彭城，又使营立府舍，转相国右司马，将军如故。"[④]元嘉时期，"江淮左右，土瘠民疏，顷年以来，荐饥相袭，百城雕弊，于今为甚……芍陂良田万余顷，堤塌久坏，秋夏常苦旱。义欣遣咨

① 淮南王司马允被赵王司马伦杀害后，"淮南国人自相率领，众过万人，人怀慷忾，愍国统灭绝，发言流涕"（《晋书·武王十三子传》）。这里的国人，大部分应该是屯田士卒。

②《晋书·慕容德载记》。

③《晋书·姚兴载记下》。

④《宋书·毛修之传》。

议参军殷肃循行修理。有旧沟引溠水入陂，不治积久，树木榛塞。肃伐木开榛，水得通注，旱患由是得除"①。南齐时期，"垣崇祖修治芍陂田"②。芍陂多次被兴修，是这一地区人口减少，农业荒废的表现。

此外，在淮河流域其他地区也出现荒芜的景象。刘宋元嘉年间，北魏对淮河流域的入侵，对这一地区破坏极大。"既而虏纵归师，歼累邦邑，剪我淮州，俘我江县，喋喋黔首，局高天，蹐厚地，而无所控告。强者为转尸，弱者为系虏，自江、淮至于清、济，户口数十万，自免湖泽者，百不一焉。村井空荒，无复鸣鸡吠犬。时岁唯暮春，桑麦始茂，故老遗氓，还号旧落，桓山之响，未足称哀。六州荡然，无复余蔓残构，至于乳燕赴时，衔泥靡托，一枝之间，连窠十数，春雨裁至，增巢已倾。虽事舛吴宫，而歼亡匪异，甚矣哉，覆败之至于此也。"③ 而《资治通鉴》则记载："魏掠居民、焚庐舍而去……魏人凡破南兖、徐、兖、豫、青、冀六州，杀掠不可胜计，丁壮者即加斩截，婴儿贯于槊上，盘舞以为戏。所过郡县，赤地无余，春燕归，巢于林木。"④ 除了在淮河流域杀戮之外，还把这一地区人口迁往平城等地，"三月己亥，车驾至自南伐，饮至策勋，告于宗庙。以降民五万余家分置近畿。赐留台文武所获军资生口各有差"⑤。这一次战争使得淮河流域更加荒芜。

南齐时期，徐孝嗣上书说："臣比访之故老及经彼宰守，淮南旧田，触处极目，陂遏不修，咸成茂草。平原陆地，弥望尤多。今边备既严，戍卒增众，远资馈运，近废良畴，士多饥色，可为嗟叹。时帝已寝疾，兵事未已，竟不施行。"⑥ 此外，《南齐书》卷一四《州郡志上》记载："义熙二年，刘毅复镇姑熟，上表曰：'忝任此州，地不为旷，西界荒余，密迩寇虏，北垂萧条，土气强犷，民不识义，唯战是习。遘逃不逞，不谋日会。比年以来，无月不战，实非空乏所能独抚。请辅国将军张畅领淮南、安丰、梁国三郡。'时豫州边荒，

①《宋书·宗室传·长沙景王道怜附子义欣传》。

②《南齐书·垣崇祖传》。

③《宋书·索虏传》。

④《资治通鉴·宋纪八》。

⑤《魏书·世祖太武帝纪下》。

⑥《南齐书·徐孝嗣传》。

至乃如此。十二年，刘义庆镇寿春，后常为州治。捍接遐荒，捍御疆场。"

淮河流域的人烟荒芜，使得植被有所恢复。南朝时期，淮河流域出现了较大规模的象群。承圣元年（公元 552 年），"淮南有野象数百，坏人室庐"①。据《魏书》卷一一二《灵征志》记载："天平四年八月，有巨象至于南兖州，砀郡民陈天爱以告，送京师，大赦改年。"野象出现，而且规模较大，正是这一地区植被良好的表现。

南朝时期，淮河流域人口减少，对环境压力减轻，植被恢复较好，淮河流域水质非常清澈。梁武帝修筑浮山堰时，"其水清洁，俯视居人坟墓，了然皆在其下"②。正是淮河流域水质较好，以致能见度较高的缘故。

在三吴地区，魏晋南朝时期，随着北方移民的涌入，三吴地区逐渐开发。北方人口南迁，其饮食习惯很难一时改变，故在南方，旱田作物扩张，尤其是麦作在东南逐渐发展。③ 东晋大兴元年（公元 318 年），朝廷下诏说："徐、扬二州土宜三麦，可督令地，投秋下种，至夏而熟，继新故之交，于以周济，所益甚大。昔汉遣轻车使者氾胜之督三辅种麦，而关中遂穰。勿令后晚。"推广小麦的效果很明显，"其后频年麦虽有旱蝗，而为益犹多"④。元帝大兴二年（公元 319 年），"吴郡、吴兴、东阳无麦禾，大饥"⑤。看来，在南方大兴元年之前麦作在一部分地区已有种植。在此之后，麦作在南方一直都在推广之中。"成帝咸和五年，无麦禾，天下大饥。穆帝永和十年，三麦不登。十二年，大无麦。孝武太元六年，无麦禾，天下大饥。安帝元兴元年，无麦禾，天下大饥。"⑥ 麦作没有收成，而导致饥荒。可见当时麦作推广的面积比较广。刘宋时期，仍大力推广麦作，宋文帝时期还下诏书说："比年谷稼伤损，淫亢成灾，亦由播殖之宜，尚有未尽，南徐、兖、豫及扬州浙江西属郡，自今悉督种

①《南史·元帝纪》。

②《梁书·康绚传》。

③ 黎虎：《东晋南朝时期北方旱田作物的南移》，《北京师范大学学报》1988 年第 2 期；张学锋：《试论六朝江南之麦作业》，《中国农史》1990 年第 3 期。

④《晋书·食货志》。

⑤《晋书·五行志上》。

⑥《晋书·五行志上》。

麦，以助阙乏。速运彭城下邳郡见种，委刺史贷给。"① 孝武帝也指出："近炎精亢序，苗稼多伤。今二麦未晚，甘泽频降，可下东境郡，勤课垦殖。尤弊之家，量贷麦种。"② 陈朝时期也下令："麦之为用，要切斯甚，今九秋在节，万实可收，其班宣远近，并令播种。守宰亲临劝课，务使及时。其有尤贫，量给种子。"③ 陈宣帝还下令免除太建六年、七年以来的"逋租田米粟夏调绵绢丝布麦等"④。东晋南朝时期，麦作种植面积广的地方是建康周边地区和京口、晋陵间以及会稽、永嘉一代，这与北方人在此聚集有关。⑤ 除了麦作之外，菽和粟也在东南地区得到推广，刘宋时期，下令"鳏寡孤独不能自存者，人赐粟五斛"⑥。实际上，刘宋时期，朝廷多次下令赈济饥民或者贫困人口时，粟是主要的救济食物之一。梁武帝在争夺政权的过程之中，"吾自后围鲁山，以通沔、汉。郧城、竟陵间粟，方舟而下；江陵、湘中之兵，连旗继至。粮食既足，士众稍多，围守两城，不攻自拔，天下之事，卧取之耳"⑦。梁朝时期的贺琛，在父亲死后，"家贫，常往还诸暨，贩粟以自给"⑧。南齐时的徐孝嗣要求朝廷广种稻菽麦，"即使至徐、兖、司、豫，爰及荆、雍，各当境规度，勿有所遗。别立主曹，专司其事。田器耕牛，台详所给"⑨。陈朝太建十年（公元 578 年）八月，"戊寅，陨霜，杀稻菽"⑩。这些都表明，在东晋南朝，麦、菽、粟逐渐成为当地百姓的重要粮食来源之一。推广旱田作物，意味着要开发

---

① 《宋书·文帝纪》。

② 《宋书·孝武帝纪》。

③ 《陈书·世祖纪》。

④ 《陈书·宣帝纪》。

⑤ 张学锋：《试论六朝江南之麦作业》，《中国农史》1990 年第 3 期。

⑥ 《宋书·武帝纪中》。

⑦ 《梁书·武帝纪上》。

⑧ 《梁书·贺琛传》。

⑨ 《南齐书·徐孝嗣传》。

⑩ 《陈书·宣帝纪》。

平原和丘陵地区，一个例子就是在东晋时期"有人种黍山中"①，因此对这一带的森林有一定的破坏。

东晋南朝时期，稻米还是南方人主要的粮食，人口的增长，意味着要开垦更多的水田。南朝时期，江东沿海湖泊和沿江之地以及江南一些地方如南州、湘州的一些地方，基本上都已开发。② 东汉以后，中原大乱，黄河流域的人口纷纷南下，但实际来到湘江下游的为数不多，当时人口似乎有所减少。例如南齐时，号称"湘川之奥，民丰土闲"③，可见当时人口还是相对稀少的。东汉以后，次生林有所发展，湘江下游的含沙量很少。《水经注》卷三八《湘水》引晋罗含《湘中记》，叙述当时湘江下游湘阴县境，"湘川清照五六丈，下见底石，如樗蒲矢，五色鲜明，白沙如霜雪，赤崖若朝霞"。这反映了当时湘江流域植被覆盖良好，江水含沙量很小的特点。这种状况一直持续到唐末以前，都是森林覆盖良好，山清水秀。④ 春秋时代，在会稽地区，大部分是古木参天的原始森林。从战国到汉代，尚不乏高大的古木。就是直到原始森林开始被破坏的南北朝初期，会稽地区南部仍然"茂松林密"，拥有许多"千合抱、千仞"的巨材。随着晋代政治中心的南移，会稽地区人口增加，经济发展，出现了"今之会稽，昔之关中"的局面⑤，沼泽地带和会稽山北部的森林至此开发殆尽。到了南北朝初期，本区西部山阴地区的土地价格，已经到了"亩值一金"的程度。人口于是大量向东部的余姚等地移动，使得东部地区也进入到了垦伐植被、开发土地的高潮。⑥ 但这一时期主要土地开发并没有进入腹地，所以整体来说植被覆盖良好。比如，会稽虽说是人口稠密、经济发达的地区，但东晋时期，谢安"少有重名，前后征辟，皆不就，寓居会稽，以山水、

---

①《神仙传·介象》。

② 万绳楠：《魏晋南北朝文化史》，黄山书社 1989 年版，第 227 页。

③《南齐书·州郡志下》。

④ 何业恒、文焕然：《湘江下游森林的变迁》，《历史地理》1982 年第 2 辑。

⑤《晋书·诸葛恢传》。

⑥ 陈桥驿：《古代绍兴地区天然森林的破坏及其对农业的影响》，《地理学报》1965 年第 2 期。

文籍自娱"①。可知会稽地区植被总体良好。

对于东南地区来说，这一时期植被覆盖还可以从燃料的角度来考虑。在东南地区，农民收获谷物之后，只是收割了穗头，秸秆还留在田里，等第二年要耕种时，连同田地中的野草放火烧掉，这就是所谓的"火耕"。这样，不仅可以积累肥料，而且还可以烧死一些害虫。② 秦汉时期，《史记·货殖列传》记载："楚越之地，地广人希，饭稻羹鱼，或火耕而水耨。"《汉书·地理志下》说："楚有江汉川泽山林之饶；江南地广，或火耕水耨。" 说的就是这种耕作方式。在东晋时期，陆云也说在南方是"火耕水耨"③。徐陵在《征虏亭送新安王应令诗》中写道："凤吹临南浦，神驾饯东平。亭回漳水乘，旆转洛滨笙。地冻斑轮响，风严羽盖轻。烧田云色暗，古树雪花明。歧路一回首，流襟动睿情。" 在《新亭送别应令诗》中写道："凤吹临伊水，时驾出河梁。野燎村田黑，江秋岸荻黄。隔城闻上鼓，回舟隐去樯。神襟爱远别，流睇极清漳。"④ 这里所谓的"烧田"和"野燎"就是烧荒，烧掉田中的秸秆和野草。烧荒表明老百姓不缺少薪柴，一般而言，如果缺少薪柴，首先他们会把自己田地中的草料弄回家，其次才考虑去山林中获取木柴。

三国时期，在西南地区的云南，"赋出叟、濮耕牛战马金银犀革，充继军资，于时费用不乏"⑤。可见这一地区由于农业发展，耕牛颇多，森林植被有所破坏。

巴蜀地区经过秦汉时期的开发，平原已经没有了较大的树木，"咸宁三年……蜀中山川神祠皆种松柏，濬以为非礼，皆废坏烧除，取其松柏为舟船……三月，被诏罢屯兵，大作舟船，为伐吴计。别驾何攀以为佃兵但五六百人，无所办。宜招诸休兵，借诸武吏，并万于人造做，岁终可成。濬从之。攀又建议：裁船入山，动书百里，艰难。蜀民冢墓多中松柏，宜什四市取。入山

①《资治通鉴·晋纪二十三》。

② 刘磬修：《"火耕"新解》，《中国经济史研究》1993 年第 2 期。

③《全晋文·陆云·答车茂安书》。

④《先秦汉魏晋南北朝诗·陈诗·徐陵·征虏亭送新安王应令诗》《先秦汉魏晋南北朝诗·陈诗·徐陵·新亭送别应令诗》。

⑤《三国志·蜀书·李恢传》。

者少。濬令攀典舟船器仗。冬十月，遣攀诣洛，表可征伐状。因使至襄阳与征南将军羊祜、荆州刺史宗廷论进取计"①。王濬要造船伐吴，其木材的来源是砍伐蜀民冢墓上的松柏，说明该平原地区当时没有原始的林木了。

东晋时期，巴蜀很多地区畜牧业比较发达，《华阳国志》记载垫江县，"有桑蚕牛马"。巴西郡，"土地山原多平，有牛马桑蚕"。武都郡，"土地险阻，有羌戎之民。其人半秦，多勇憨。出名马、牛、羊、漆、蜜。阴平郡，风俗、所处与武都略同"。汶山县出产"牛、马，羊"。而岷山则"多梓、柏、大竹，颓随水流，坐致材木，功省用饶"。看来这里草原植被和森林植被都较良好。东晋末年，由于饥荒和战乱，很多人成为流人。李苾上书朝廷说："流人十万余口，非汉中一郡所能振赡，东下荆州，水湍迅险，又无舟船。蜀有仓储，人复丰稔，宜令就食。"随着流人的涌入，巴蜀地区又出现了新一轮土地开垦和森林砍伐的浪潮。不过，当时巴蜀地区还有大量土地并未开垦，流民的涌入促进了这一地区的开发，虽然对植被有一定的破坏，但还是在环境可容纳范围之内。南北朝时期，巴蜀地区还有很多地方畜牧业发达，刘宋时期的高僧释慧叡，"常游方而学，经行蜀之西界，为人所抄掠。常使牧羊，有商客信敬者，见而异之，疑是沙门，请问经义，无不综达，商人即以金赎之"②。可见在西部地区畜牧业比较发达，草原植被良好。在山区，原始森林众多，"《益州记》曰：江至都安堰其右，捡其左，其正流遂果，郫江之右也。因山颓水，坐致竹木，以溉诸郡"③。所谓"坐致竹木"就是洪水把山上的竹木冲下山来，很容易就能得到这些竹木。这说明当时其地森林资源丰富。由于森林资源丰富，这里的灵长类动物众多，在僰道一带，"山多犹猢，似猴而短足，好游岩树，一腾百步，或三百丈，顺往倒返，乘空若飞"。在广溪峡，"峡多猿，猿不生北岸，非惟一处，或有取之，放著北山中，初不闻声，将同貉兽渡汶而不生矣"。只有森林茂密，才有灵长类动物活动。此外，"汉安县虽迫，山川土地特美，蚕桑鱼盐家有焉"④。"土地特美"，除了土地肥沃之外，还应该包含

---

① 《华阳国志·大同志》。

② 《高僧传·宋京师乌衣寺释慧叡传》。

③ 《水经注·江水一》。

④ 《水经注·江水一》。

环境优美之意。一直到秭归附近，"春冬之时，则素湍绿潭，回清倒影，绝𪩘多生怪柏，悬泉瀑布，飞漱其间，清荣峻茂，良多趣味。每至晴初霜旦，林寒涧肃，常有高猿长啸，属引凄异，空谷传响，哀转久绝"①。这也正是森林密布的写照。自秦汉开始，巴蜀地区就开采井盐，虽然有一部分依靠天然气来煮盐，但大部分还是以木材为燃料来煮盐。② 不过到魏晋南北朝时期，由于当时产盐区主要集中在川南、川西、滇北地区，在人口压力小的背景下，产盐的规模十分有限，盐业开发规模从总体上来看是十分小的。仅从《盐井》《盐场》图中可看出当时盐场周围仍然森林密布，甚至还有一些野生动物生存其间。③

总之，虽然在魏晋南北朝时期巴蜀地区得到了一定的发展，盐业以及冶铁业消耗不少森林，但是这一地区人口还比较少，盐业及冶铁业规模有限，平原地区有一定的开发，而在丘陵和山区，森林和草原植被覆盖良好。

不过，由于西晋末年发生战乱，导致人口迁徙，丘陵地区因之得到开发，森林植被受到一定程度的破坏。这从长江中上游干流的清浊变化可以反映出来。

《太平御览》卷五九引《博物志》说："江、济清。"可知在西晋时期，长江和济水仍然清澈。东晋时期，长江干流浑浊的记载开始出现。《水经注·夷水》引袁山松《宜都记》记载："（夷水东入）大江，清浊分明，其水十丈见底，视鱼游如乘空，浅处多五色石。"这里描述的就是当时宜都附近的夷水入江时和浑浊的长江干流水形成鲜明对比的情景。此外，在长江中游的湘江段附近，也出现这种情况。《水经注·湘水》记载："水色青异，东北入于大江，有清浊之别。"

长江流经的区域，与黄河不同，原始土壤并不疏松。其浑浊变化，显然受到人类活动的影响。长江中上游直到东汉时期才完成了平原地区的开发，三国后，人口减少，刚起步的丘陵开发又停止。西晋统一之后，国家稳定的局面不长，很快就发生了"八王之乱"，开启了人口大迁徙的序幕。不过对于长江中

①《水经注·江水二》。

② 刘志远：《四川汉代画像砖反映的社会生活》，《文物》1975 年第 4 期。

③ 蓝勇、黄权生：《燃料换代历史与森林分布变迁——以近两千年长江上游为时空背景》，《中国历史地理论丛》2007 年第 2 期。

上游地区来说，情况比较复杂。以巴蜀地区为例，西晋末年，秦雍流人定居在成汉地区，估计人口在 10 万以上。李特占据巴蜀后，本地逃亡外地的流民大致有 30 万。[①]

因此，在巴蜀地区，移出人口比移入人口多，人口有减少的趋势。但为何在这一时期长江中游干流出现浑浊的情况呢？一个很重要的原因就是当时有大量人口为了逃避战乱，逃离平原，进入山区，在山区丘陵地带从事农业活动。《晋书·李特载记》记载："涪陵人范长生率千余家依青城山，尚参军涪陵徐舉求为汶山太守，欲要结长生等，与尚掎角讨流。尚不许，舉怨之，求使江西，遂降于流，说长生等使资给流军粮。长生从之，故流军复振。"我们可以看到，范长生率领千余家、万余人逃避战乱，躲入青城山，这万余人的口粮，应该主要是在青城山区耕种所得。而且，开垦面积较大，有较多的剩余粮食。《宜都记》记载："限山县东六十里有山，名下鱼城，四面绝崖，唯两道可上，皆险绝。山上周回可二十里，有林木池水，入田种于山上。昔永嘉乱，土人登此避贼，守之经年，食尽，取池鱼掷下与贼，以示不穷，贼遂退散，因此名为下鱼城。""常冠皮弁，弊衣，躬耕山薮……寻而范贲、萧敬相继作乱，秀避难宕渠，乡里宗族依凭之者以百数。"[②] 可见由于战乱，当时一些高山和丘陵得到了开发。《华阳国志》记载了东晋时期已有丘陵地区被开发的记载，比如涪陵地区，"有山原田，本稻田"。武都郡，"土地险阻，有麻田"。"江原县……有青城山，称江祠。安汉上下、朱邑出好麻、黄润细布，有羌筒盛。小亭有好稻田。"在巴地丘陵地区"川崖惟平，其稼多黍。旨酒嘉谷，可以养父。野惟阜丘，彼稷多有。嘉谷旨酒，可以养母"。可知，在东晋时期已有较大规模的丘陵开发。丘陵的开发，无疑会加重水土流失。

考古表明，在长江三峡大宁河流域，东汉后期，大宁河泛滥，导致该区文化层发生中断，人民被迫迁往高处。东汉之后，本区人地关系出现了恶化，人类过度采伐森林和垦殖，导致森林植被大量被破坏，水土流失严重，山洪灾害频繁，因此本区汉代之后再无连续的文化层堆积，而由于山洪暴发导致了坡积物在此大量堆积。由于农业生产快速发展，导致土壤垦殖率增高，而当时人类

①葛剑雄主编：《中国移民史》，福建人民出版社 1997 年版，第 309、319 页。

②《晋书·隐逸传·谯秀传》。

的生态意识薄弱，于是该区水土流失比较严重，据统计，历史上水土流失面积达总土面积的 30%。①

东晋之后，随着桓温灭成汉，巴蜀地区又出现稳定的局势。移民还在源源不断流入。刘宋时期，"时秦雍流户悉南入梁州"②。南朝时期，蜀地进一步开发，江水依然浑浊。由于江水含沙量比较大，成都附近的江边有沙洲生成，《南齐书·州郡志下》记载："泰始中，成都市桥忽生小洲，始康人邵硕有术数，见之曰：'洲生近市，当有贵王临境。'永明二年，而始兴王镇为刺史。"这里的泰始年号，应该为刘宋时期的年号，为公元 465 年至 471 年间。此外，枝江在公元 424 年左右和公元 536 年、539 年有新的沙洲形成，《南史·梁本纪下》记载："又江陵先有九十九洲，古老相承云：'洲满百，当出天子。'桓玄之为荆州刺史，内怀篡逆之心，乃遣凿破一洲，以应百数。随而崩散，竟无所成。宋文帝为宜都王，在藩，一洲自立，俄而文帝篡统。后遇元凶之祸，此洲还没。太清末，枝江杨之阁浦复生一洲，群公上疏称庆，明年而帝即位。承圣末，其洲与大岸相通，惟九十九云。"可知当时江水含沙量已经比较大，沙洲逐渐与河岸相连。所以隋初的《图经》说："（清江），一名夷水。蜀中江水皆浊，唯此独清，故名。"③《水经注》卷三四《江水二》记载三峡地区，"春冬之时，则素湍绿潭，回清倒影，绝巘多生怪柏，悬泉瀑布，飞漱其间，清荣峻茂，良多趣味"。这说明长江三峡江水在冬春时节是清澈碧绿的，但在夏秋时节就不那么清澈了。

汉族人口迁入丘陵地区，一方面挤压了獠人的生存空间，引起了獠人的反击。另一方面，在与汉人接触的过程中，獠人也发展农业，过着定居生活。在成汉时期，"初，蜀土无獠，至此，始从山而出，北至犍为、梓潼，布在山谷，十余万落，不可禁制，大为百姓之患"。《魏书·獠传》也记载："獠者，盖南蛮之别种，自汉中达于邛笮川洞之间，所在皆有。种类甚多，散居山谷……能卧水底，持刀刺鱼。建国中，李势在蜀，诸獠始出巴西、渠川、广

---

① 张芸等：《长江三峡大宁河流域 3000 年来的环境演变与人类活动》，《地理科学》
  2001 年第 3 期。

②《宋书·武帝纪下》。

③《方舆胜览·施州·清江》。

汉、阳安、资中，攻破郡县，为益州大患。势内外受敌，所以亡也。自桓温破蜀之后，力不能制，又蜀人东流，山险之地多空，獠遂挟山傍谷。与夏人参居者颇输租赋，在深山者仍不为编户。"獠人的生计模式，已经由渔猎逐渐过渡到农耕，《宋书·蛮夷传》记载："荆、雍州蛮，盘瓠之后也。分建种落，布在诸郡县……蛮民顺附者，一户输谷数斛，其余无杂调，而宋民赋役严苦，贫者不复堪命，多逃亡入蛮。蛮无徭役，强者又不供官税，结党连群，动有数百千人，州郡力弱，则起为盗贼，种类稍多，户口不可知也……所居皆深山重阻，人迹罕至焉。前世以来，屡为民患。"《周书·獠传》也记载："獠者，盖南蛮之别种，自汉中达于邛、筰，川洞之间，在所皆有之……自江左及中州递有巴、蜀，多恃险不宾。太祖平梁、益之后，令所在抚慰。其与华民杂居者，亦颇从赋役。然天性暴乱，旋至扰动。每岁命随近州镇出兵讨之，获其口以充贱隶，谓之为压獠焉。后有商旅往来者，亦资以为货，公卿逮于民庶之家，有獠口者多矣……然其种类滋蔓，保据岩壑，依林走险，若履平地，虽屡加兵，弗可穷讨。性又无知，殆同禽兽，诸夷之中，最难以道义招怀者也。"

《宋书·沈庆之传》记载了当时獠人的经济模式："雍州蛮又为寇，庆之以将军、太守复与随王诞入沔……故蛮得据山为阻，于矢石有用，以是屡无功。庆之乃会诸军于茹丘山下，谓众曰：'今若缘山列旃以攻之，则士马必损。去岁蛮田大稔，积谷重岩，未有饥弊，卒难禽剪。今令诸军各率所领以营于山上，出其不意，诸蛮必恐，恐而乘之，可不战而获也。'于是诸军并斩山开道，不与蛮战，鼓噪上山，冲其腹心，先据险要，诸蛮震扰，因其惧而围之，莫不奔溃。自冬至春，因粮蛮谷……庆之引军自茹丘山出检城，大破诸山，斩首三千级，虏生蛮二万八千余口，降蛮二万五千口，牛马七百余头，米粟九万余斛。"可见獠人的生计模式已经转为以农业为主了。

由于獠人时常叛乱，遭到历朝镇压与强制迁徙，使得在山谷从事农业的獠人减少，部分丘陵地区荒废，水土流失减少。到了南北朝末期，长江干流又变得清澈。《隋书·五行志》记载："陈太建十四年七月，江水赤如血，自建康西至荆州。祯明中，江水赤，自方州东至海。"江水赤，正好反映出平时江水比较清澈。

长江支流的一些水质，还是比较清澈的。《水经注》卷三七《夷水》记载："夷水即佷山清江也，水色清照，十丈分沙石，蜀人见其澄清，因名清江也。"这说明夷水上游段水质特别好，江水的能见度很大。在湘水流域，"神游洞庭之渊，出入潇湘之浦。潇者，水清深也。《湘中记》曰：湘川清照五六丈，下见底石，如樗蒲矢，五色鲜明，白沙如霜雪，赤岸若朝霞，是纳潇湘之名矣，故民为立祠于水侧焉"。可见湘水在这一时期比较清澈。《水经注》卷三九《赣水》记载："修水又东北注赣水，其水总纳十川，同潨一渎，俱注于彭蠡也……大江南赣水，总纳洪流，东西四十里，清泽远涨，绿波凝净，而会注于江川。"从上可知，接纳十多条支流的赣水以及彭蠡泽在北魏时期都是比较清澈的。[①] 淮河中下游流域水质也比较清澈，在梁朝天监年间修筑浮山堰，"十五年四月，堰乃成。其长九里，下阔一百四十丈，上广四十五丈，高二十丈，深十九丈五尺。夹之以堤，并树杞柳，军人安堵，列居其上。其水清洁，俯视居人坟墓，了然皆在其下"[②]。浮山堰引淮水而成，由"其水清洁，俯视居人坟墓，了然皆在其下"我们可以判断，在梁朝时期，淮河水质较好，含沙量小，进而说明淮河流域森林植被良好。

由此可知在魏晋南北朝时期，东南西南地区森林植被覆盖整体上比较良好，但局部地区在一定时期植被覆盖有一定变化，对环境也造成一定的压力。

---

① 林承坤等：《古代长江江水何时变为混浊》，《自然杂志》2005 年第 1 期。

② 《梁书·康绚传》。

第四节　魏晋南北朝时期的农牧分界线

魏晋南北朝时期，随着气候降水的变化，农牧区有所变化。魏晋南北朝前期，农业种植面积有所扩大。晋西至陕北一带，农业界线向北有所扩展。《周书·稽胡传》记载："稽胡一曰步落稽，盖匈奴别种，刘元海五部之苗裔也。或云山戎赤狄之后。自离石以西，安定以东，方七八百里，居山谷间，种落繁炽。其俗土著，亦知种田。地少桑蚕，多麻布。"《魏书·吐谷浑传》记载，当地人"好射猎，以肉酪为粮。亦知种田，然其北界，气候多寒，唯得芜菁、大麦"。农业虽然获得一定发展，但在经济结构中不占主要地位。

北魏建国之初，比较重视农业，《魏书·太祖纪》记载：登国元年（公元386年），"二月，幸定襄之盛乐（今内蒙古和林格尔）。息众课农"。登国六年（公元391年），七月，"卫辰遣子直力鞮出梱杨塞，侵及黑城。九月，帝袭五原，屠之。收其积谷，还纽垤川。于梱杨塞北，树碑记功"。可知在此之前，五原就有一定规模的土地开垦。三年后，北魏利用五原地区已有的农业基础，在此地进一步发展农业，"登国九年（公元394年），春三月，帝北巡。使东平公元仪屯田于河北五原，至于梱杨塞外"。北魏在五原屯田规模颇大，"燕军至五原，降魏别部三万余家，收穄田百余万斛，置黑城，进军临河，造船为济具"[①]。另外，"天兴三年（公元400年）二月丁亥，诏有司祀日于东郊。始耕籍田"。表明北魏把农业放在比较重要的地位。《魏书·灵征志上》记载："高祖太和三年（公元479年）七月，雍、朔二州及枹罕、吐京、薄骨律、敦煌、仇池镇并大霜，禾豆尽死。七年三月，肆州风霜，杀菽。"可见当时北方和西北地区农业发展获得了较大的发展。

此后，在黄河以北的地方，农业进一步发展，《魏书·高车传》记载：

---

① 《资治通鉴·晋纪三十》。

"后世祖征蠕蠕，破之而还，至漠南，闻高车东部在巳尼陂，人畜甚众，去官军千余里，将遣左仆射安原等讨之。司徒长孙翰、尚书令刘洁等谏，世祖不听，乃遣原等并发新附高车合万骑，至于巳尼陂，高车诸部望军而降者数十万落，获马牛羊亦百余万，皆徙置漠南千里之地。乘高车，逐水草，畜牧蕃息，数年之后，渐知粒食，岁致献贡，由是国家马及牛羊遂至于贱，毡皮委积。"而《资治通鉴》则记载："冬，十月，魏主还平城。徙柔然、高车降附之民于漠南，东至濡源，西暨五原阴山，三千里中，使之耕牧而收其贡赋；命长孙翰、刘絜、安原及侍中代人古弼同镇抚之。自是魏之民间马牛羊及毡皮为之价贱。"① 当时的五原阴山一线，农牧并重，农业规模虽然比较小，但毕竟有一定的发展。

在平城一带，农业获得了较大发展。北魏建都平城一带后，不断向平城地区移民。《魏书·太祖纪》记载："徙山东六州民吏及徒何、高丽杂夷三十六万，百工伎巧十万余口，以充京师……二月，车驾自中山幸繁宫，更选屯卫。诏给内徙新民耕牛，计口受田……天兴元年。五郊立气，宣赞时令，敬授民时，行夏之正。徙六州二十二郡守宰、豪杰、吏民两千家于代都。"经过历次的移民，到孝文帝迁都洛阳时期，平城一带的人口估计有 100 万。② 要养活如此多的人口，必须大力发展农业。《魏书·食货志》记载："初，登国六年破卫辰，收其珍宝、畜产，名马三十余万、牛羊四百余万，渐增国用。既定中山，分徙吏民及徒何种人、工伎巧十万余家以充京都，各给耕牛，计口授田。天兴初，制定京邑，东至代郡，西及善无，南极阴馆，北尽参合，为畿内之田；其外四方四维置八部帅以监之，劝课农耕，量校收入，以为殿最。又躬耕籍田，率先百姓。自后比岁大熟，匹中八十余斛。"

此外，在京邑以东的地区，农业也有一定的发展。《魏书·太宗纪》记载：永兴五年（公元413年）七月"徙二万余家于大宁（晋张家口），计口受田……置新民于大宁川，给农器，计口受田"。神瑞二年（公元415年）六月，"壬申，幸涿鹿，登桥山，观温泉，使使者以太牢祠黄帝庙。至广宁，登历山，祭舜庙。秋七月，还宫，复所过田租之半"。太延三年（公元437年），

<hr/>

① 《资治通鉴·宋纪三》。

② 葛剑雄主编：《中国移民史》，福建人民出版社 1997 年版，第 562 页。

"二月乙卯，行幸幽州，存恤孤老，问民疾苦；还幸上谷（今延庆），遂至代。所过复田租之半"。从"复田租之半"可知当地农业有所发展。此外，在龙城（今辽宁朝阳）附近，农业获得大发展。"慕容农至龙城，休士马十余日。诸将皆曰：'殿下之来，取道甚速，今至此。久留不进，何也？'农曰：'吾来速者，恐余岩过山钞盗，侵扰良民耳。岩才不逾人，诳诱饥儿，乌集为群，非有纲纪。吾已扼其喉，久将离散，无能为也。今此田善熟，未收而行，徒自耗损；当俟收毕，往则枭之，亦不出旬日耳。'"① 因此，在这段时间，农牧分界线在内蒙古岱海—张家口一线。不过这条北界线中的农业生产还比较薄弱，容易受到气候变化的影响。《魏书·崔浩传》记载："神瑞二年，秋谷不登，太史令王亮、苏垣因华阴公主等言谶书国家当治邺，应大乐五十年，劝太宗迁都。浩与特进周澹言于太宗曰：'……若得中熟，事则济矣。'太宗深然之，曰：'唯此二人，与朕意同。'复使中贵人问浩、澹曰：'今既糊口无以至来秋，来秋或复不熟，将如之何？'浩等对曰：'可简穷下之户，诸州就谷。若来秋无年，愿更图也。但不可迁都。'太宗从之，于是分民诣山东三州食，出仓谷以禀之。来年遂大熟。赐浩、澹妾各一人，御衣一袭，绢五十匹，绵五十斤。"可知，这条线存在，就需至少"中熟"。随着迁入代地的人口越来越多，农业越来越发展，农业对气候也越来越依赖。

　　《魏书·高祐传》记载，高祖从容问祐曰："比水旱不调，五谷不熟，何以止灾而致丰稔？"可知孝文帝时期，由于气候变化，"不熟"的年份增多，引起了皇帝的担忧。《魏书·高祖纪》记载，太和十一年（公元487年）"秋七月己丑，诏曰：'今年谷不登，听民出关就食。遣使者造籍，分遣去留，所在开仓赈恤。'……九月庚戌，诏曰：'去夏以岁旱民饥，须遣就食，旧籍杂乱，难可分简，故依局割民，阅户造籍，欲令去留得实，赈贷平均。然乃者以来，犹有饿死衢路，无人收识。良由本部不明，籍贯未实，禀恤不周，以至于此。朕猥居民上，闻用慨然。可重遣精检，勿令遗漏。'……十有一月，又岁既不登，民多饥窘，轻系之囚，宜速决了，无令薄罪久留狱犴"。可知，在当时气候条件下，农业收成难以保证。太和十二年（公元488年），"五月丁酉，诏六镇、云中、河西及关内六郡，各修水田，通渠溉灌"。太和十三年（公元

①《资治通鉴·晋纪二十八》。

489 年），八月，"戊子，诏诸州镇有水田之处，各通溉灌，遣匠者所在指授"。朝廷只能把希望寄托在水田之上，至于旱地，估计由于干旱而不得不放弃了。宣武帝时，源怀上书说："景明以来（公元 500 年—公元 503 年），北蕃连年灾旱，高原陆野，不任营殖，唯有水田，少可蓄亩。然主将参僚，专擅腴美，瘠土荒畴给百姓，因此困弊，日月滋甚。诸镇水田，请依地令分给细民，先贫后富。若分付不平，令一人怨讼者，镇将已下连署之官，各夺一时之禄，四人已上夺禄一周。"① 由此可知，在原来农业线内，也只有小规模可供灌溉的水田。此外，"冀定数州，频遭水害"，崔楷上书说："顷东北数州，频年淫雨，长河激浪，洪波汩流，川陆连涛，原隰过望，弥漫不已，泛滥为灾。户无担石之储，家有藜藿之色。华壤膏腴，变为舄卤；菽麦禾黍，化作蘆蒲。"②

此外，在黄河中下游，牧区也大为扩展，《魏书·食货志》记载："高祖即位之后，复以河阳（今河南省卫辉市）为牧场，恒置戎马十万匹，以拟京师军警之备。每岁自河西徙牧于并州，以渐南转，欲其习水土而无死伤也，而河西之牧弥滋矣。"另外，《魏书·宇文福传》记载："（宇文）福规石济以西、河内以东，拒黄河南北千里为牧地。事寻施行，今之马场是也。"可知当时牧场在黄河中下游地区大为扩展。此时的农牧分界线，由碣石志上谷居庸关，折向西南常山关，沿太行山东麓直达黄河。③

①《魏书·源贺传附子怀传》。

②《魏书·崔辨传附模弟楷传》。

③陈新海：《南北朝时期黄河中下游的主要农业区》，《中国历史地理论丛》1990年第 2 期。

第五节　魏晋南北朝时期黄河流域畜牧业结构的变化

在黄河流域，随着土地的开垦，畜牧业逐渐退居次要地位。《孟子·梁惠王上》指出："五亩之宅，树之以桑，五十者可以衣帛矣。鸡豚狗彘之畜，无失其时，七十者可以食肉矣。百亩之田，勿夺其时，数口之家可以无饥矣。谨庠序之教，申之以孝悌之义，颁白者不负戴于道路矣。老者衣帛食肉，黎民不饥不寒，然而不王者，未之有也。"这段话包含两重意思：一是在孟子看来，普通民众吃肉不容易，到五十岁以后才能时常吃肉；二是当时肉食主要是鸡肉、狗肉、猪肉三种。

在汉代，鸡和猪是民众主要的肉食来源。西汉时期，昌邑王被废，其罪名之一是"始至谒见，立为皇太子，常私买鸡豚以食"①。黄霸任颍川太守时，"为选择良吏，分部宣布诏令，令民咸知上意，使邮亭乡官皆畜鸡豚，以赡鳏寡贫穷者"；龚遂任渤海太守时，"见齐俗奢侈，好末技，不田作，乃躬率以俭约，劝民务农桑，令口种一树榆，百本薤、五十本葱、一畦韭，家二母彘、五鸡"②。在西汉时期，黄河流域养羊业也比较发达，《汉书·地理志》记载："河内冀州……畜宜牛、羊，谷宜黍、稷。"刘邦进入关中时，"秦民大喜，争持牛羊酒食献享军士"③。"卜式，河南人也。以田畜为事。有少弟，弟壮，式脱身出，独取畜羊百余，田宅财物尽与弟。式入山牧，十余年，羊致千余头，买田宅。"④ 正因为西汉时期黄河流域养羊业比较发达，汉武帝时期，"乃募民

---

① 《汉书·霍光传》。

② 《汉书·循吏传·黄霸传》《汉书·循吏传·龚遂传》。

③ 《汉书·高祖纪上》。

④ 《汉书·卜式传》。

能入奴婢得以终身复，为郎增秩，及入羊为郎，始于此"①。不过，在汉代饮食结构中，羊肉的地位并不突出，猪肉的地位占优势。汉代史书中记载牧羊的人比牧猪的要少得多。东汉时期的承宫，"少孤，年八岁为人牧豕"②；吴祐，"常牧豕于长坦泽中，行吟经书"③；孙期，"事母至孝，牧豕于大泽中，以奉养焉……郡举方正，遣吏赍羊、酒请期，期驱豕入草不顾"④；梁鸿，"学毕，牧豕于上林苑中"⑤；尹勤，"南阳人……事薛汉，身牧豕"⑥。由于牧猪在两汉是很常见的事情，所以在东汉末年，"时国相徐曾，中常侍璜之兄也，（杨）匡耻与接事，托疾牧豕云"⑦。曹操祖父曹节，"素以仁厚称。邻人有亡豕者，与节豕相类，诣门认之，节不与争；后所亡豕自还其家，豕主人大惭，送所认豕，并辞谢节，节笑而受之"⑧。两家的猪之所以被混淆，应是放养所致，如果是圈养，混淆的可能性就比较小了。

　　魏晋北朝时期，在黄河流域，猪的饲养较为普遍，但与两汉时期相比，这时的养猪规模明显下降，不仅不能与当时家庭养羊百十成群的规模相比，与黄土高原畜牧地带的大规模养羊更无法同日而语。据文献记载，当时养羊常以百、千、万乃至十万、百万计，当时的农学家对养羊的重视程度也远远超过养猪，这一时期文献中猪、豚、豕、彘的出现频率也低于羊。关于食羊肉，魏晋文献记载尚较少，自十六国之后则迅速增多。北朝社会胡人占上风，牛羊当然是其主要肉食来源。⑨反映在礼俗上，北朝聘礼所用的肉料，主要是羊，其次

---

① 《汉书·食货志下》。

② 《后汉书·承宫传》。

③ 《后汉书·吴祐传》。

④ 《后汉书·儒林传上·孙期传》。

⑤ 《后汉书·逸民传·梁鸿传》。

⑥ 《东观汉记·尹勤传》。

⑦ 《后汉书·杜乔传》。

⑧ 《三国志·魏书·武帝纪》，裴松之注引司马彪《续汉书》。

⑨ 王利华：《中古华北饮食文化的变迁》，中国社会科学出版社 2000 年版，第 112 页。

是牛犊，还有雁，但是没有猪。① 此外，北齐规定："生两男者，赏羊五口，不然则绢十匹。"② 此外，这一时期，猪肉的获取也比较难，只有少数人才食用猪肉，史书记载："初，元帝始镇建业，公私窘罄，每得一豚，以为珍膳，项上一脔尤美，辄以荐帝，群下未尝敢食，于时呼为'禁脔'，故珣因以为戏。"③

从两汉到北朝，黄河流域畜牧业中，养羊业在农耕区的地位逐渐超过养猪业。关于其中的原因，黎虎先生认为，东汉魏晋南北朝时气候变冷，降水量减少，使养猪业由放牧为主转向舍养为主。舍养需要大量粮食，这就使养猪业以小规模为主，在民间再也看不到"泽中千足彘"④ 或大群养猪的情况。但是，猪能为农民制造肥料，养猪可以利用农副产品，因此小规模的家庭养猪业作为农民一项重要的副业，仍保持兴旺的势头。⑤ 刘磐修先生也持有类似的观点。⑥

然而，东汉以后，在黄河流域，牧猪还在一段时间内存在。西晋时期，"州司十郡，土狭人繁，三魏尤甚，而猪羊马牧，布其境内"⑦。很明显，即使在人口比较稠密的三魏地区，猪还是牧养的。"诸参佐或以谈戏废事者，（陶侃）乃命取其酒器、蒱博之具，悉投之于江，吏将则加鞭扑，曰：'樗蒱者，牧猪奴戏耳！《老》《庄》浮华，非先王之法言，不可行也。'"⑧ 可见在西晋时期，牧猪还是比较普遍的。

北朝时期，养猪处于放牧和圈养混合阶段，贾思勰的《齐民要术·养猪》记载："春夏草生，随时放牧、糟糠之属，当日别与。八九十月，放而不饲。所有糟糠，则蓄待穷冬春初。"其主要原因是"猪性甚便水生之草，把楼水藻等令近岸，猪食之，皆肥"。北齐时期，"后主晋州败，太后从土门道还京师，

①《隋书·礼仪志四》。

②《北史·邢峦传附虬子邵传》。

③《晋书·谢安传附琰子混传》。

④《史记·货殖列传》。

⑤黎虎：《汉唐饮食文化史》，北京师范大学出版社1998年版，第23页。

⑥刘磐修：《汉唐时期的养猪业》，《农业考古》2003年第3期。

⑦《晋书·束晳传》。

⑧《晋书·陶侃传》。

敕劢统领兵马，侍卫太后。时佞幸阉寺，犹行暴虐，民间鸡猪，悉放鹰犬搏噬取之"①。由此可见，民间的猪应该还是牧养的，如果是圈养的话，被鹰、犬伤害的概率就很小，对老百姓造成的损失不大。气温的下降，并不是养猪业萎缩的主要原因，在明清时期，生活在今东北地区的少数民族还存在牧猪的现象，这一地方的纬度比黄河流域还要高，气温也更低，可知在魏晋北朝时期黄河流域气候还是能适应牧猪业的。魏晋北朝时期，黄河流域养猪以放养居多，故猪肥很少，《齐民要术》记载当时用来提高土壤肥力的主要是绿肥以及少量的蚕粪和熟粪。因此，中古时期黄河流域农耕区养羊取代养猪占据优势地位，用气温下降以及肥料的需求来解释，并不符合实际情况。

魏晋南北朝以前，在农业区，牧羊业取代养猪业的情况也曾发生过。在河湟地区，马厂文化时期，农业发达，这一时期普遍蓄养的是猪。到了齐家文化时期，河湟地区居民逐渐减少农业活动，养羊业发达，逐渐取代养猪业居首要地位。对于这种变化，王明珂先生认为："养猪与养羊，在人类生态上有截然不同的意义。原始农民所养的猪都是放牧的。在自然环境中，猪所寻找的食物是野果、草莓、根茎类植物、菇菌类、野生谷粒；这些，人类也都是可以直接消费的。因此在食物缺乏的时候，猪与人在觅食上处于竞争的地位。这样，养猪不能增加人类的粮食。相反的，羊所吃的都是人类所不能利用的食物……造成这种变化的原因，一方面是西元前 2000—1000 年全球气候的干冷化，使得原始农业受到打击；另一方面，由于马家窑时期以来长期的农业定居生活，造成河湟地区人口扩张与资源分配不均……在资源不足的情况下，另一个解决之道在酝酿中。那就是多养草食类动物，尤其是羊。羊可以吃草，人再来喝羊的乳，吃羊的肉。这样原来无法利用的高地草资源就间接被人利用了……当时的情形可能是，在河湟地区，一些穷苦的农人发现他们能迁到较高的地区，依赖马、牛与羊过活，以此脱离谷地那些剥削他们的人。很快，大家都发现这是个好主意，于是以农业为主的齐家文化生活方式渐瓦解。这种选择，最后将河湟变成与中原完全不同的世界。"②

---

① 《北齐书·清河王岳传附子劢传》。

② 王明珂：《华夏边缘：历史记忆与族群认同》，社会科学文献出版社 2006 年版，第 60—72 页。

　　王明珂的观点给人以很大的启发，长期以来，同一地区的人猪之间存在食物链上的冲突，人猪之间一度是敌人，《礼记·郊特牲》记载先秦时期的"八蜡"之祭中，要祭祀老虎："迎虎，为其食田豕也。"祭祀虎的目的，是希望虎吃掉野猪，使得庄稼丰收。但还有一个问题就是，两汉时期黄河流域为什么养羊业没有养猪业发达，直到北朝时期才出现这种情况呢？这个原因，除了少数民族内迁，导致黄河流域畜牧业发达之外，还有以下几个原因。

　　一是赋税制度上的变化。现代养羊学的研究表明，养一只羊需要八亩草地。① 秦汉时期，人均土地是9.7亩，户均土地是48.4亩。② 秦汉时期的主要粮食是粟，而据《齐民要术·种谷》记载"谷田必需岁易"，否则，"子则莠多而收薄矣"。也就是说，当时农民一年中大概有24亩土地是处于休耕状态的，这些土地上杂草丛生。如果用这些休耕的土地来养羊的话，每户农民至少可以养3只羊，如果利用其他草地，可能养得更多。秦汉时期，黄河流域农民养羊并不多，一个主要原因就是这一时期政府的赋税制度。睡虎地秦简记载《田律》规定："入顷刍稿，以其受田之数，无垦不垦，顷入刍三石、稿二石。"西汉基本上继承了秦朝的刍稿征收制度，《二年律令·田律》规定："入顷刍、稿，顷入刍三石；上郡地恶，顷入二石；稿皆二石。令各入其岁所有，毋入陈，不从令者罚黄金四两。"东汉时期也实行这一制度，从光武帝到汉顺帝时期，都有明确规定，在发生灾害时期，免除部分地区的"刍稿"之赋。③ 秦汉时期，一顷土地折合今69亩左右，一石折合120斤，如果确实一顷地征收三石刍稿，数量也不多。不过至少在汉代，农民拥有的土地即使没有一顷，也按照一顷的标准征收赋税："田虽三十，而以顷亩出税。"④ 这样一来，一顷征收三石刍稿对老百姓来说是一个比较大的负担。政府征收的刍稿主要是用来喂养官府牲畜的，为了保证刍稿的新鲜度，《二年律令·田律》规定不准缴纳陈料，否则将处以重罚。这条律令从另一个侧面也反映出刍稿征收制度对老百姓来说是一个较大的负担。

---

① 李志农：《中国养羊学》，农业出版社1993年版，第373页。

② 杨际平：《秦汉农业：精耕细作抑或粗放耕作》，《历史研究》2001年第4期。

③ 详见《后汉书·光武帝纪》等部分。

④《盐铁论·未通》。

正因为刍稿制度对老百姓来说是一个负担，所以秦汉时期虽然实行休耕，普通百姓也没有多余的草料养羊，导致这一时期养羊业并不发达。

秦汉时期，气候温暖，降水较多，黄河流域湖泊较多，适合放养猪群，故司马迁说"泽中千足彘"①，即养猪是发家致富的手段之一。

到了魏晋北朝时期，朝廷不再收取刍稿之赋，加之气候变得更加寒冷，降水减少，湖泊面积萎缩，故这一时期，养羊业逐步取代养猪业，成为黄河流域农耕区的主要畜牧业。

二是气候变冷，导致降水减少，湖泊萎缩，同时饥荒发生频繁，不利于养猪业的发展。中古时期，黄河流域多以放牧的方式养猪，一个方面是因为这一时期黄河流域存在为数不少的湖泊，可供放牧猪群之用；另一个方面是因为这一时期黄河流域的经济还没有发展到可以完全将猪圈养的阶段。长期以来，猪的主要饲料是水生植物、块茎、糠麸等。《齐民要术·养猪》记载："猪性甚便水生之草，耙耧水藻等令近岸，猪食之，皆肥。"这种主要以青草饲料养猪的方式，被称之为"穷养猪"。在"穷养猪"模式之下，制约农民养猪的不是饲料，而是劳动力。农民会将其最主要的劳动力或者劳动力最主要的部分配置在能获得更高现金收入流的产业上，或者是配置在对家庭延续而言更为重要的主业，比如粮食生产上，而将除此之外的家庭剩余劳动力配置在只能获得较低现金收入流或者重要性较低的产业，比如家庭副业上，确切地说，承担诸如养猪这类副业生产的劳动力，仅仅是家庭剩余或者说富余劳动力的一种组合而非完整劳动力。② 在秦汉时期，即使是在农业比较发达的黄河流域，农业也依然处于粗放耕作的状态③，农民需要将更主要的精力放在农业生产上；而这一时期家庭劳动力也没有剩余或者富裕，投入到养猪上没有必要。不过，由于规模化的"穷养猪"收益较高，所以司马迁说"泽中千足彘"是发家致富的一种手段。在魏晋北朝时期，黄河流域逐渐实行精耕细作，但这一时期，人均耕地还是比较多的，劳动力剩余问题并不突出。此外，在"穷养猪"模式下，养猪的周期比较长，由于冬春气候寒冷的时候不适应放牧，"所有糟糠，则蓄待

---

① 《史记·货殖列传》。

② 罗增海：《农民养猪的低成本依赖性》，《猪业科学》2008 年第 10 期。

③ 杨际平：《秦汉农业：精耕细作抑或粗放耕作》，《历史研究》2001 年第 4 期。

穷冬春初"①。糟糠在某种意义上来说，也是一种投入。与此同时，由于休耕和没有刍稿之赋，农民休耕的土地中有大量的牧草，这些牧草比较适合养羊。养羊投入不多，即使在冬春时节，也可以用干草来喂养，《齐民要术·养羊》："若不种豆、谷者，初草实成时，收刈杂草，薄铺使干，勿令郁浥。"而干草对农民来说基本上算不上投入。此外，在休耕地上放羊，还有利于除去杂草："菅茅之地，宜纵牛羊践之，践则根浮。七月耕之则死。"② 在这种情况下，养羊比养猪投入少，收益却高。

到了魏晋北朝时期，黄河流域灾害频繁，饥荒时常发生，贾思勰指出："且风、虫、水、旱，饥馑荐臻，十年之内，俭居四五，安可不预备凶灾也?"③ 在这种情况下，人们要把备荒的手段做足，除了确保粮食生产外，也把目光投向湖泊。莼菜："莼性易生，一种永得。……种一斗余许，足以供用也。"莲、菱、芡："多种，俭岁资此，足度荒年。"④ 出现灾荒时，放养的猪会与人争夺食物，人猪之间会发生食物链的纠纷，于是人们减少养猪，选择养羊。

魏晋北朝时期，黄河流域的养猪业在家庭畜牧业中位居养羊业之后，这种变化也使得中古时期黄河中下游地区食羊之风盛行。

---

① 《齐民要术·养羊》。

② 《齐民要术·耕田》。

③ 《齐民要术·杂说》。

④ 《齐民要术·养鱼附种莼、藕、莲、芡》。

第四章

魏晋南北朝时期的野生动物环境

魏晋南北朝时期，有很多地方土地未开垦，野生动物比较多。因此，研究这一时期的野生动物环境，可以从典型的野生动物来入手，即虎与鹿等。虎是食物链中的最高端，从其分布情况可以推测出其他野生动物分布概况。鹿处于食物链中的低端，是许多大型食肉动物的主要食物来源，从其分布状况也可以推测出其他野生动物的概况，进而可以反映出这一时期野生动物的生存环境。

第一节　虎的分布

魏晋南北朝时期，陕西和甘肃一带老虎分布很广。晋武帝时期，"泰始元年十二月，白虎见弘农陆浑……泰始二年正月辛丑，白虎见天水西"[①]。十六国苻健统治时期，"关中大饥，蝗虫生于华泽，西至陇山，百草皆尽，牛马至相啖毛，虎狼食人，行路断绝"。在苻生统治时期也发生过类似事件。"虎狼大暴，从潼关至于长安，昼则断道，夜则发屋，不食六畜，专以害人。自其元年秋，至于二年夏，虎杀七百余人，民废农桑，内外恼惧。其官奏请禳灾，生曰：'野兽饥则食人，饱当自止，终不累年为患也。天将助吾行诛，以施刑教，但勿犯罪，何为怨天。'"[②] 可见在这一时期陕甘地区虎的分布地域很广。在甘肃凉州，《太平御览》卷一六五记载："晋安帝隆安元年，凉州牧李暠微服出城，逢虎道边，虎化为人，遥呼暠为西凉君。"可知凉州附近也有老虎的存在。此外，在商洛山，董景道隐居于此，"元平中，知天下将乱，隐于商洛山，衣木叶，食树果，弹琴歌笑以自娱，毒虫猛兽皆绕其傍，是以刘元海及聪屡征，皆碍而不达"[③]。在长安终南山也有虎的存在，梁朝时期的释慧弥，"入

①《宋书·符瑞志中》。

②《晋书·临谓氏苻健传附子生传》。

③《晋书·儒林传·董景道传》。

长安终南山。岩谷险绝，轨迹莫至。弥负锡独前，猛虎肃㖡无扰"①。北周保定三年，"宕昌国献生猛兽二，诏放之南山"②。所谓南山，也就是终南山山脉。

魏晋南北朝时期，在今河北地区，虎的分布比较广。曹操在《北上太行山》中写道："熊罴对我蹲，虎豹夹道啼。"这表明，在太行山一带虎的分布较广。西晋初年的陆机写道："北游幽朔城，凉野多险难。俯入穷谷底，仰陟高山盘。凝冰结重涧，积雪被长峦。阴雪兴严侧，悲风鸣树端。不睹白日景，但闻寒鸟喧。猛虎凭林啸，玄猿临岸欢。"③ 可知在今河北、北京、山西一带，虎狼众多。在复阳县，西晋时期也有人化虎的传说："晋复阳县里民家儿常牧牛。牛忽舐此儿，舐处肉悉白。儿俄而死，其家葬此儿，杀牛以供宾客。凡食此牛肉，男女二十余人，悉变作虎。"④ 这个传说实质上反映出该地虎患比较严重。十六国时期，邺下是很多政权的都城，石虎在邺下周边地区就有一个猎场，"南至荥阳，东极阳都，使御史监司。其中禽兽，民有犯者罪至大辟"。为了在这个猎场狩猎，身体庞大而骑马不方便的石虎"于东平冈山造猎车千乘，辕长三丈，高一丈八尺，置高一丈七尺；格虎车四十乘，立行楼二层于其上"。石虎制造有格虎车四十乘，足见猎场虎多。⑤ 格虎车不一定是专门来格杀老虎，主要是用来对付凶猛的野兽，然而在这些凶猛的野兽之中，老虎是必然有的。此外，石虎还"作台观四十余所于邺，又营洛阳、长安二宫，作者四十余万人；又欲自邺起阁道至襄国，敕河南四州治南伐之备，并、朔、秦、雍严西讨之资，青、冀、幽州为东征之计，皆三五发卒。诸州军造甲者五十余万人，船夫十七万人，为水所没，虎狼所食者三分居一"⑥。从上述地点来看，可知在今陕西、山西、河北、北京、河南一带，虎狼分布较多。在元兴三年，也就是公元404年，十一月，"燕王熙与苻后游畋，北登白鹿山，东逾青岭，

①《高僧传·梁上定林寺释慧弥》。

②《北史·高祖武帝纪》。

③《先秦汉魏晋南北朝诗·晋诗·陆机·苦寒行》。

④《太平广记·虎·牧牛儿》。

⑤《魏书·羯胡石勒传附从子虎传》。

⑥《资治通鉴·晋纪十九》。

南临沧海而还，士卒为虎狼所杀及冻死者五千余人"①。从慕容熙活动的范围来看，在今河北以北的地方，虎狼也极多。

魏晋南北朝时期，山西地区虎的分布也比较多。北魏定都平城之后，也设有虎圈，北魏太宗在"永兴四年春二月癸未，登虎圈射虎"②。除了在虎圈射虎之外，北魏皇帝还在皇家苑林之一的西苑射虎，"和平四年夏四月癸亥，上幸西苑，亲射虎三头"③。除此之外，在外出狩猎时，虎有时也是主要的收获物之一。北魏太宗"泰常六年，秋七月，西巡，猎于柞山，亲射虎，获之，遂至于河"④。显祖也在"皇兴二年春二月癸未，田于西山，亲射虎豹"⑤。在柞山和西山射杀的老虎是野生老虎，在虎圈、西苑的老虎主要是豢养的老虎，是地方官员捕获之后上贡的。由于捕获老虎的成本太高，北魏孝文帝曾下诏："虎狼猛暴，食肉残生，取捕之日，每多伤害。既无所益，损费良多，从今勿复捕贡。"⑥ 这些上贡的老虎来自何处呢？考虑到庄帝的诏书，这些老虎应该是平城周边地区所上贡的。生活在北秀容的尔朱荣，"性好猎，不舍寒暑，至于列围而进，必而齐一，虽遇阻险，不得回避，虎豹逸围者坐死"⑦。这说明，山西虎的分布还是比较广的。

东北地区老虎分布广，数量多。三国时期邴原在辽东为官时，"辽东多虎，原之邑落独无虎患"⑧。说明这里虎的分布也比较广泛。魏晋南北朝时期，除了在泰始二年，"白虎见辽东乐浪"⑨ 之外，《魏书·勿吉传》也记载："国南有徒太山……有虎豹黑狼不害人，人不得山上溲污，行迳山者，皆以物

①《资治通鉴·晋纪三十五》。

②《魏书·太宗明元帝纪》。

③《魏书·高宗文成帝纪》。

④《魏书·太宗明元帝纪》。

⑤《魏书·显祖献文帝纪》。

⑥《魏书·高祖纪上》。

⑦《魏书·尔朱荣传》。

⑧《三国志·魏书·邴原传》。

⑨《宋书·符瑞志中》。

盛."勿吉在今乌苏里江和吉林省东南部。总之，秦汉魏晋南北朝时期，在东北地区，虎的分布比较广泛。

南北朝时期的湖南地区，由于移民的涌入，人口增加，土地得到一定的开发，虎的记载资料增加。在湘州，史书记载："湘州旧多虎暴."① 在湘州的零陵地区，也有虎暴的出现，"天监六年，（孙谦）出为辅国将军、零陵太守，已衰老，犹强力为政，吏民安之。先是，郡多虎暴，谦至绝迹。及去官之夜，虎即害居民"②。梁朝时宗室萧业，"徙湘州，尤著善政。零陵旧有二猛兽为暴，无故相枕而死"③。《搜神记》卷一二记载长沙人变虎的事情，"江汉之域，有貙人。其先，禀君之苗裔也，能化为虎。长沙所属蛮县东高居民，曾作槛捕虎"。人变虎之说不可靠，但此地虎多应该是事实。在武陵地区，虎的数量众多。南朝宋刘敬叔在《异苑》记载这一地区有虎作怪，"武陵龙阳虞德流寓溢阳，止主人夏蛮舍中。忽见有白纸一幅，长尺余，标蛮女头，乃起扳取。俄顷有虎到户而退，寻见何老母，标如初。德又取之。如斯三返，乃具以语蛮，于是相与执杖伺候。须臾虎至，即格杀之"。梁朝鲍坚在《武陵记》说，武陵地区有虎齿山，"形如虎齿，民尝六月祭之。不然，辄有虎"④。

在湖北虎的分布是比较广的，基本上全省都有虎的分布。在襄樊一带，梁朝时期，"时虎甚暴，村门设槛"⑤。在荆州等地，虎的分布也比较广。西晋时期，桓石虔和其父在荆州狩猎，"石于猎围中见猛兽被数箭而伏，诸督将素知其勇，戏令拔箭。石虔因急往，拔得一箭，猛兽跳，石虔亦跳，高于兽身，猛兽伏，复拔一箭以归"⑥。在枝江也出现过白虎。⑦ 另一处虎较多的地方就是以武昌（今鄂州）为中心的区域。西晋时期，王述"历庾冰征虏长史。时庾翼

---

①《梁书·桂阳嗣王象传》。

②《梁书·良吏传·孙谦传》。

③《南史·长沙宣武王懿子业传》。

④《太平御览·地部·虎齿山》。

⑤《太平广记·虎·萧泰》。

⑥《晋书·桓彝传附豁子石虔传》。

⑦《宋书·符瑞志中》。

镇武昌，以累有妖怪，又猛兽入府，欲移镇避之"①。这里的猛兽应该是老虎。刘宋时期，"元嘉二十五年二月己亥，白虎见武昌，武昌太守蔡兴宗以闻"②。《高僧传》中也记载这一带老虎的活动，"释法悟，齐人。家以田桑为业，有男六人，普皆成长……时武昌太守陈留阮晦闻而奇之，因剪迳开山，造立房屋。悟不食粳米，常资麦饭，日一食而已……常六时行道，头陀山泽，不避虎兕"③。在今湖北的武汉地区，晋太元元年就有人化虎以及虎为害的传说。④ 沈攸之为郢州刺史，"为政刻暴，或鞭士大夫，上佐以下有忤意，辄面加詈辱。将吏一人亡叛，同籍符伍充代者十余人。而晓达吏事，自强不息，士民畏惮，人莫敢欺。闻有虎，辄自围捕，往无不得，一日或得两三。若逼暮不获禽，则宿昔围守，须晓自出"⑤。此外，梁朝时期，襄阳一带，也有虎灾的记载："梁衡山侯萧泰为雍州刺史，镇襄阳。时虎甚暴，村门设槛。机发，村人炬火烛之，见一老道士自陈云：'从村丐乞还，误落槛里。'共开之。出槛即成虎，奔驰而去。"⑥ 以上地区都是人口比较集中、土地开发比较早的地方，这些地区虎的活动比较频繁，在其他地区虎的分布就可想而知了。比如，"太康四年七月丙辰，白虎见建平北井"⑦。建平北井在现在的秭归附近⑧，除了出现白虎外，还有所谓的黑虎，"晋永嘉四年，建平秭归县槛得之。状如小虎而黑，毛深者为班"⑨。也就是地少人稀的地区，才有出现白虎的可能性。

　　历史上，生活在今湖南、湖北、河南等地的土著居民被称为"蛮人"，

---

①《晋书·王湛传附子述传》。

②《宋书·符瑞志中》。

③《高僧传·齐武昌樊山释法悟》。

④《太平广记·虎·师道宣》。

⑤《宋书·沈攸之传》。

⑥《太平广记·虎·梁泰》。

⑦《宋书·符瑞志中》。

⑧《宋书·地理志下》。

⑨（晋）郭璞注，（宋）邢昺疏：《尔雅注疏·释兽》，上海古籍出版社1990年版。

"蛮俗衣布徒跣，或椎髻，或剪发。兵器以金银为饰，虎皮衣"①。能以虎皮为衣服，说明在这一地区老虎的数量极多。

南北朝时期，安徽虎的记载也比较多。新阳县，"晋义熙中，新阳县虎灾，县有大社树，下筑神庙，左右居民以数百，遭虎死者夕有一两。安尝游其县，暮逗此村，民以畏虎，早闭闾。安径之树下，通夜坐禅。向晓闻虎负人而至，投之树被，见安如喜如惊……留安立寺，左右田园皆舍为众业"②。谯郡谯县在晋武帝时期，有妇人"便变形作虎"③。在昇明三年三月，"白虎见历阳龙亢县新昌村（今安徽蚌埠附近）"④。在宣城一带，早在汉朝时期，就有虎活动的记载，"汉宣城郡守封邵，一日忽化为虎"⑤。这个事情应该是以讹传讹，但虎的活动当是真实的。东晋南朝时期，这里虎活动频繁，并危害到老百姓的人身安全。承圣元年，"宣城郡猛兽暴食人"⑥。萧劢，"除淮南太守，以善政称。迁宣城内史，郡多猛兽，常为人患，及劢在任，兽暴为息"⑦。此外《梁书》卷四一《孝行传》中还记载："宣城宛陵有女子与母同床寝，母为猛虎所搏，女号叫拿虎，虎毛尽落，行十数里，虎乃弃之。"可见在南北朝时期，宣城一带虎的活动比较频繁，出现这种情况的原因或许与这里的开发有关，随着人口的增长，在宣城一带，土地有一定的开发。⑧人口的增长，土地的开垦，必然会挤占了老虎的生存空间，所以出现了虎患。

魏晋南北朝时期四川虎的分布也较广，除了有"太康十年十月丁酉，白虎见犍为……元嘉二十五年十一月丁丑，白虎见蜀郡二，赤虎导前，益州刺史

---

①《南齐书·蛮传》。

②《高僧传·晋新阳释法安》。

③《太平广记·虎·袁双》。

④《南齐书·符瑞志》。

⑤《太平广记·虎·封邵》。

⑥《南史·元帝纪》。

⑦《南史·吴平侯景传附子劢传》。

⑧万绳楠：《魏晋南北朝文化史》，黄山书社 1989 年版，第 225 页。

陆徽以闻"① 的记载之外，在人口稠密的成都的一些山区，也有老虎的分布，《高僧传》中记载："成都宋丰等，请为三贤寺主。常于山中诵经，有虎来蹲其前。"② 成都出现老虎的记载，足以反映出虎在四川还是比较常见的动物。在云南地区，"晋武帝太康元年八月，白虎见永昌南罕"③。《华阳国志·南广郡》记载该地区"多蛭、虎、狼"。南广郡在今云南境内。

魏晋南北朝时期，据记载，江西的老虎主要分布在庐陵、豫章等地，除了在东吴鄱阳地区有白虎"见"之外，在晋朝时，"咸安二年三月，白虎见豫章南昌县西乡石马山前……太元十四年十一月辛亥，白虎见豫章郡……元嘉十九年十月，白虎见弋阳、期思二县，南豫州刺史武陵王骏以闻……建三年三月壬子，白虎见临川西丰"④，此外，在南齐"建元四年三月，白虎见安蛮虔化县（今江西宁都）"⑤。在晋太元十九年，鄱阳就有人"忽变作虎"⑥，当然这只是传说，不过这一地区虎还是广泛存在的。在豫章，也发生了类似的事情。在庐陵，发生老虎"三食人"的事情。⑦《搜神记》卷二〇中记载："苏易者，庐陵妇人，善看产，夜忽为虎所取，行六七里，至大圹，厝易置地，蹲而守，见有牝虎当产，不得解，匍匐欲死，辄仰视。易怪之，乃为探出之，有三子。生毕，牝虎负易还，再三送野肉于门内。"此外，在今赣州附近，也有人化虎的传说："南野人伍寺之，见社树上有猴怀孕，便登树摆杀之。梦一人称神，责以杀猴之罪，当令重谪。寺之乃化为大虫，入山，不知所在。"⑧ 这些传说都表明，江西老虎分布较广，数量较多。魏晋南北朝时期，庐陵和豫章是南方移民比较集中的地区，这一地区得到一定的开发，所以有关虎的记载比较多。

据记载，浙江虎所在的地区主要集中在会稽。《搜神记》卷六记载："晋

---

①《宋书·符瑞志中》。

②《高僧传·晋蜀三贤寺释僧生传》。

③《宋书·符瑞志中》。

④《宋书·符瑞志中》。

⑤《南齐书·符瑞志》。

⑥《搜神记》卷八。

⑦《宋书·周朗传》。

⑧《太平广记·伍寺人》。

时会稽严猛妇出采薪，为虎所害。"《异苑》卷五记载，在元嘉四年五月三日，会稽余姚也有人"为虎所取"。此外在会稽山阴、剡县，也多有虎活动的记载，"释弘明，本姓赢，会稽山阴人。少出家，贞苦有戒节，止山阴云门寺……明尝于云门坐禅，虎来如明室"，法阑"性好山泉，多处岩壑。尝于冬月在山，冰雪甚厉，时有一虎来入阑房"，"（僧光）少习产业。晋永和初，游于江东，投剡之石城山。山民云：此山旧有猛兽之灾……行数里，忽有大风雨，群虎号鸣"。① 会稽永兴人夏方，"葬送得毕，因庐于墓侧，种植松柏，乌鸟猛兽驯扰其旁"②。此外，"咸和八年五月，白虎见新昌县"③。说明这一带也有老虎的活动。记载中浙江老虎主要分布在会稽一带，也是与这一地区在东晋后得到开发有关。此外，章安一带，即现在临海附近，也有老虎出没的记载："宋元嘉中，章安县人尝屠虎。至海口，见一蟹，匡大如笠，脚长三尺，取食甚美。其夜，梦一少妪语云：'汝啖我肉，我食汝心。'明日，其人为虎所食。"④ 从"屠虎"以及"为虎所食"来看，这一带老虎活动比较频繁。东阳郡在东晋时期，也有虎灾的记载："东晋义熙四年，东阳郡太末县吴道宗少失父，与母居，未娶妇。一日，道宗他适，邻人闻屋中窣磕之声，窥不见其母，但有乌斑虎在屋中。邻人恐虎食道宗母，遂鸣鼓会里人共救之……后一月，忽失母。县界内虎灾屡起，皆云乌斑虎。百姓患之。众共格之，伤数人。"⑤

　　魏晋南北朝时期，江苏多处有虎活动的记载。西晋初年，陆机被征调到洛阳为官，在途中，他看到："山泽纷纡余，林薄杳阡眠。虎啸深谷底，鸡鸣高树巅。"⑥ "元嘉二十六年四月戊戌，白虎见南琅邪半阳山，二虎随从，太守王

---

①《高僧传·齐永兴柏林寺释弘明》《高僧传·晋剡山于法阑传》《高僧传·晋剡隐岳山帛僧光传》。

②《晋书·孝友传·夏方传》。

③《宋书·符瑞志中》。

④《太平广记·章安人》。

⑤《太平广记·虎·吴道宗》。

⑥《先秦汉魏晋南北朝诗·晋诗·陆机·赴洛道中作诗二首》。

僧达以闻。"① 在安帝时期，"义熙中，左将军檀侯镇姑孰，好猎，以格虎为事"②。即使是在人口稠密的都城建康，刘宋元嘉二十八年秋，"猛兽入郭内为灾"③。这里的猛兽应该是周边自然生长的猛兽。南齐建武四年春，"当郊治圜丘，宿设已毕，夜虎攫伤人"④。此外，在建康附近的山林地区，也有老虎的活动，"山中多猛兽"⑤，"新林，连接山阜，旧多猛兽"⑥。晋陵郡的雀林村，"旧多猛兽为害"⑦。在溧阳，臧质的父亲臧熹狩猎时也射杀过老虎，"溧阳令阮崇与熹共猎，值虎突围，猎徒并奔散，熹直前射之，应弦而倒"⑧。此外，吴兴乌程，"（吴）逵夜行遇虎，虎辄下道避之"⑨。南齐时期，"竹塘人万副儿善射猎，能捕虎"⑩。《隋书·地理志下》记载："高邮，梁析置竹塘、三归二县。"可知在扬州一带，虎的分布比较广。吴兴武康以及临海郡的山区，"或始有白猿、白鹿、白蛇、白虎，游戏阶前"，"后移始丰赤城山石室坐禅。有猛虎数十，蹲在獸前"⑪。也说明这里有较多的老虎生存。在徐州，向玠"尝从司空侯安都于徐州出猎，遇猛兽，玠射之，载发皆中口入腹，俄而兽毙"⑫。这说明在徐州，老虎分布比较多。"彭城刘广雅，以太元元年，为京府佐。被使还，路经竹里亭。多虎。刘防卫甚至，牛马系于前，手载布于地。中

---

① 《宋书·符瑞志中》。

② 《搜神后记》卷九。

③ 《南史·文帝纪》。

④ 《南齐书·五行志》。

⑤ 《南史·鄱阳忠烈王恢传附谘弟修传》。

⑥ 《南史·孝义下传司马暠传》。

⑦ 《南史·始兴忠武王憺传附子晔传》。

⑧ 《宋书·臧质传》。

⑨ 《宋书·孝义传·吴逵传》。

⑩ 《南齐书·崔慧景传》。

⑪ 《高僧传·齐始丰赤城山释慧明传》《高僧传·晋始丰赤城山竺昙猷传》。

⑫ 《南史·褚裕之传附沄孙玠传》。

宵，与士庶同睡。虎乘间跳入，独取刘而去。"① 这条记载表明，在彭城至建康驿道上，虎的活动比较频繁。此外，《高僧传》记载："释昙称，河北人……宋初彭城驾山下虎灾，村人遇害日有一两。称乃谓村人曰：'虎若食我灾必当消。'村人苦谏不从。即于是夜独坐草中，咒愿曰：'以我此身充汝饥渴，令汝从今息怨害意，未来当得无上法食。'村人知其意正，各泣拜而还。至四更中闻虎取称，村人逐至南山，啖身都尽，唯有头在，因葬而起塔，尔后虎灾遂息。"表明随着山区的开发，虎与人开始争夺生存空间。在东阳郡的太末县，义熙间，"县界内虎灾屡起，皆云乌斑虎。百姓患之。众共格之。伤数人"②。在四明山附近，老虎的分布也比较多，"（刘）纲与夫人入四明山，路值虎，以面向地，不敢仰视。夫人以绳缚虎牵归"③。

广东是华南虎的主要栖息地之一，这一时期，有关虎，记载的区域主要是在当时的始兴和交州等地。刘宋时期，"檀和之先历始兴太守、交州刺史，所在有威名，盗贼屏迹。每出猎，猛兽伏不敢起"④。在元嘉末年，"（释昙超）南游始兴，遍观山水，独宿树下，虎兕不伤"⑤。在梁末，始兴地区，"有虎暴，百姓白日闭门"⑥。

魏晋南北朝时期，老虎活动的地方，不止上述各地。有的地方人烟稀少，史料记载较少，对老虎活动的记载更少。这一时期，老虎活动记载较多的地区都是人口稠密、人员往来频繁、经济比较发达的地区。这种记载表明，随着人口的增长与土地的开发，人虎之间争夺生存空间的矛盾加剧，老虎在这些地区的活动空间被压缩，生存环境受到破坏。老虎处于食物链的顶端，需要大面积的森林植被以及相当多的野生动物来满足其生存需要。因此，虽然魏晋南北朝时期，其生存空间受到一定的破坏，但当地仍然存在满足其生存的充足野生动物与广大的植被环境。

---

① 《太平广记·虎·刘广雅》。

② 《太平广记·虎·吴道宗》。

③ 《神仙传·樊夫人》。

④ 《南史·循吏传·杜慧度传附子弘文传》。

⑤ 《高僧传·齐钱塘灵隐山释昙超传》。

⑥ 《太平广记·虎·黄乾》。

魏晋南北朝时期，人类活动空间加大，与虎相遇的情况常见。《博物志·杂说》提道："妇人妊娠，不欲令见丑恶物、异类鸟兽。食当避其异常味，不欲令见熊罴虎豹。"可知老虎等猛兽时常与人类相见。同时，人类与老虎争夺生存空间，老虎伤人的事件时常发生。晋朝时期，政府奖励民间百姓捕杀老虎，《太平御览》卷八〇九引《晋令》记载："诸有虎，皆作槛阱篱栅，皆施饵。捕得大虎，赏绢三匹，虎子半之。"《尔雅·释兽注》郭璞引律记载：捕获成年老虎，可得三千钱；幼年的可得一千五百钱。晋朝先后以实物或者金钱奖赏百姓捕获老虎，可见当时虎患比较严重。

在民间，百姓也逐渐探索出避免被老虎抓伤的方法。葛洪在《抱朴子内篇·登阶》记载："古之人人山者，皆佩黄神越章之印。其广四寸，其字一百二十。以封泥著所住之四方各百步，则虎狼不敢近其内也。行见新虎迹，以印顺印之，虎即去；以印逆印之，虎即还。带此印以行山林，亦不畏虎狼也。不但只辟虎狼，若有山川社庙血食恶神能作祸福者，以印封泥，断其道路，则不复能神矣。"

此外，《赤松子章历》卷三也记载驱虎的巫术，"收除虎灾章，具法位，上言：谨按文书，某素以胎生，下官子孙，千载幸会，遭逢大化，被受厚恩，夙承师道，赐某天师符箓，以自营卫。宠光重杳，实为过泰。属以时遇凶灾，虎狼入境，餐食生人，伤害六畜，日月滋深，无由禁止。唯恐某家男女年命衰厄，罗网萦缠，触犯众禁，太岁将军，行年、本命，十二禁忌，斐尸故气，饮食之鬼，山精海灵，百二十精魅，及太古已来，颠倒将军，道上将军，各称官号，与五方神伤，当路神伤，并乞不为患害。某上请北玄君一人，官将百二十人，治黑治官。重请北平护都君，官将百二十人，治赤治官。一合来下，与禁断所居里域，真官注气，监察考召山川社稷土地之主，同心共意，禳却虎狼之害。重请伏行宫中百精君一人，官将百二十人，一合来下，主收众老百气之精，与人作祆害者。重请制地君一人，官将百二十人，天中督御、河伯水帝、十二书事，主收捕五方虎狼伤杀万物、百二十伤注腥血之鬼，断绝中外死亡伤注之气。重请九夷八蛮六戎五狄三秦君，各随方位，春夏秋冬，与某家宅三将军二十四吏兵士三十万人，勤加营护，一切众生，并令扫荡，愿州县某家男女大小、牛马六畜，行来出入，不逢虎狼众灾之难，毒害不过此境，并蒙全佑。将军吏兵效力之官，言功报劳，不负效信，恩惟太上分别。云云。谨为某驱逐凶兽，拜"。

《三天太上伏蛟龙虎豹山精文》也记载了驱除虎害的方法："名之曰八威策。道士入山，带此书于肘后，百禽精兽徒从人行在左右。执此书于手中，则百禽山精毒兽却走千里。"① 巫术在对付老虎中的运用，与魏晋南北朝时期平原的荒芜和对丘陵的开发有关。丘陵的开发，使人虎之间距离缩小；平原的荒芜，给老虎提供的掠食空间增大。其使得人虎相遇的机会增多。

《肘后备急方》卷七《治为熊虎爪牙所伤毒痛方》记载了治疗虎伤人的方子："葛氏方，烧青布以熏疮口，毒即出。仍煮葛根令浓，以洗疮。捣干葛根，末，以煮葛根，汁。服方寸匕，日五，夜一。则佳。"除了依靠医术治疗外，还可以通过巫术来防止老虎伤人："凡猛兽毒虫皆受人禁气，将入山草，宜先禁之，其经术云，'到山下先闭气三十五息，存神仙将虎来到吾前。乃存吾肺中有白帝出，把虎两目塞。吾下部又乃吐肺气，白通冠一山林之上。于是良久，又闭气三十五息。两手捻都监目作三步，步皆以右足在前，乃止祝曰。李耳，李耳，图汝非李耳耶，汝盗黄帝之犬。黄帝教我问汝，汝答之。云何，毕便行，一山之虎不可得见。若逢之者。目向立，大张左手，五指侧之，极势跳。手上下三度，于跳中大唤，咄虎，北斗君汝去，虎即走'。"医术与巫术并用，反映出这一时期人们对老虎认识的复杂态度。《小品方》也记载："治熊虎爪牙所伤毒痛方：烧青布以熏疮口，毒即出，仍煮葛根汁令浓，以洗疮，日十度。并捣葛根为散，煮葛汁以服方寸匕，日五，甚者夜二。治虎毒方：烧妇人月水污衣，末敷疮中。又方：嚼栗涂，神良。"② 表明当时人们对虎伤的治疗还处于医术与巫术并用阶段。

①《太上洞玄灵宝五符》卷下。

②《小品方·疗虫兽伤方》。

第二节　鹿科动物的分布

东汉末年到三国时期，由于东汉末年农民起义，人口减少，不少耕地荒芜，给食草动物提供了广阔的活动场所和食物来源，这一时期鹿的分布也比较常见。

"魏文帝黄初元年，郡国十九言白鹿及白麋见。"① 曹魏的统治者常常外出狩猎，鹿是其主要的收获物之一。"太祖见（成公）英甚喜，以为军师，封列侯。从行出猎，有三鹿走过前，公命英射之，三发三中，皆应弦而倒。"② "后（苏）则从行猎，槎桎拔，失鹿，帝大怒，踞胡床拔刀，悉收督吏，将斩之。"③ 魏文帝曹丕外出狩猎时"藉麇鹿"④，他本人"猎于邺西终日，手获獐鹿九，雉兔三十"⑤。曹魏皇帝的狩猎"禁地"，范围大，麋鹿极多，仅被肉食动物捕猎的鹿，一年不下十二万头。"群鹿犯暴，残食生苗，处处为害，所伤不赀。民虽障防，力不能御。至如荥阳左右，周数百里，岁略不收，元元之命，实可矜伤。"⑥ 在当时的江南地区，鹿分布也多，孙策就好射鹿，史书记载："策驱驰逐鹿，所乘马精骏，从骑绝不能及。"⑦ 东吴的何定，"发江边戍兵以驱麋鹿，结陵，芟夷林莽，殚其九野之兽，聚于重围之内，上无益时之

---

① 《宋书·符瑞志中》。

② 《三国志·魏书·张既传》引《魏略》。

③ 《三国志·魏书·苏则传》。

④ 《全三国文·文帝·校猎赋》。

⑤ 《全三国文·文帝·自叙》。

⑥ 《三国志·魏书·高柔传》。

⑦ 《三国志·吴书·孙策传》。

分，下有损耗之费"①。这也反映出三国时期江南地区麋鹿之多。

魏晋南北朝时期，政权对立，南方史书称呼北方为"索虏"，北方史书则称南方为"岛夷"。在某种程度上南北双方都在争正统，为了表现自己为正统，这一时期南北双方的史书之中都记载了大量的祥瑞之物。其中，白鹿作为一种主要的祥瑞之物记载比较多。白鹿作为基因变异的产物，只有在种群较大的情况下才有较高的机遇出现。因此，通过白鹿的地域分布，可以大致推断出这一时期鹿分布的情况。

关于这一时期白鹿的记载，主要是在《魏书·灵征志》和《宋书·符瑞志》之中。《魏书·灵征志》中记载："蚍蜉、白鹿尽渡河北。"虽然这是为北魏勃兴制造舆论准备，但或多或少可以反映出在黄河以南地域有较大规模的鹿群。作为"王者惠及下则至"的白鹿出现的区域，根据《魏书·灵征志》的记载，在北方，捕获白鹿的地区有魏郡斥丘县、建兴郡、定州、相州、洛州青州、司州（4次）、荆州（北魏荆州统治区域在今河南北部一带）、平州、齐州、济州、徐州和兖州。"见"的地区有乐陵、代郡倒刺山、京师平城的西苑。而秦州是一次捕获、一次"见"。此外在孝静元象元年六月，高欢还"获白鹿以献"。《周书》和《北齐书》也有一些关于白鹿的记载，在北周，湖州（今河南南阳一带）就有报告说这一带出现两只白鹿，皇太子在岐州也捕获了两只白鹿；② 此外北雍州也向朝廷献上了白鹿。③

《宋书·符瑞志》主要涉及晋朝和刘宋时期白鹿的分布，其重点记载南方，当然在东晋的有关记载中也涉及了北方。在这些关于白鹿的记载之中，以"见"形式出现的地区有宣城、梁州、郁洲、临川西丰县、广陵新市、东莞莒县峚峨山、徐州济阴、扬州建康县、交趾武宁等地；而明确记载捕获白鹿的地区有巴陵清水山、南东海丹徒、雍州武建郡、南琅邪、鄱阳、彭城彭城县、交州、南康灨县、谯郡蕲县、南汝阴宋县、南谯谯县、天水西县、湘州（2次）。还有些地区既有"见"也有捕获的记载，比如在长沙郡以"见"的形式出现是 4 次，捕获的记载是 2 次；豫章则是"见"2 次，捕获 2 次；江乘县是 2 次

---

①《三国志·吴书·贺邵传》。

②《周书·武帝纪上》。

③《周书·柳庆传》。

捕获、1次"见"。《南齐书》卷一八《符瑞志》中也有关于白鹿的记载，不过只有两条，即在望蔡县和临湘各捕获白鹿一头。《南齐书》卷一四《州郡》明确记载青州的郁州"岛出白鹿"。在梁朝白鹿也作为祥瑞之物，地方发现后也要上报中央。在《梁书》卷三《武帝纪》中记载邵陵县捕获一头白鹿，秦郡和平阳县献上一头白鹿。《陈书》之中，既没有《符瑞志》之类的章节，也没有白鹿的记载。不过，南齐、梁、陈在长江流域统治区域与刘宋相当，人口也相差不大，其鹿资源的分布也应该差不多。

除了白鹿的记载之外，在南北朝时期，有关鹿和猎鹿的记载很多。在北方的青州，元嘉初，就有猎鹿的记载。[1] 在天兴五年，北方地区发生了疫病，"是岁，天下之牛死者十七八，麋鹿亦多死"[2]。这次疫病不仅发生在当时北魏统治区域内，在整个北方也应该大规模流行。"麋鹿亦多死"，反映了当时鹿群分布较广。

北魏世祖"车驾畋于山北，大获麋鹿数千头，诏尚书发车牛五百乘以运之"。对于皇帝的这次狩猎活动，朝中大臣古弼提出了批判，指出："今秋谷悬黄，麻菽布野，猪鹿窃食，鸟雁侵费，风波所耗，朝夕参倍。乞赐矜缓，使得收载。"[3] 世祖一次狩猎获得的麋鹿这么多，有其历史原因。在北魏天兴二年二月，"驾幸漠南，高车莫弗库若干率骑数万余，驱鹿百余万，诣行在所"[4]。高车的活动中心在车师前部，也就是现在的新疆吐鲁番交河故城一带。高车的这次活动除了表明从现在新疆一带至山西大同一带鹿资源丰富之外，还表明这些区域草原和森林资源也丰富。世祖将这批鹿做了有效的处理，"因高车众起鹿苑，南因台阴，北距长城，东包白登，属之西山，广轮数十里。凿渠引武川水注之苑中，疏为三沟，分流宫城内外。又穿鸿雁池"[5]。世祖"车驾畋于山北"的狩猎活动可能是在鹿苑，不过古弼所说的"猪鹿窃食"应该是当时平城一带农村的事情，这充分反映出在平城附近野鹿和野猪很多。平城周

---

① 《异苑》卷三。

② 《魏书·术艺传·晁崇传》。

③ 《魏书·古弼传》。

④ 《魏书·邓渊传附子颖传》。

⑤ 《魏书·太祖道武帝纪》。

边地区人口较多，其周边地区鹿分布也多，可推测其他人口较少的地区应该更多。

除了鹿苑之外，在北魏的河西丰苑，"此苑麋鹿所聚"①。司马跃建议将河西丰苑交给平民开垦，可知这一处苑林的面积还是比较大的。在秀荣（今山西朔州一带），尔朱荣狩猎时，其主要猎物就是鹿。② 在并州的常山界还有死鹿的记载。③ 此外，"世宗景明元年六月，雍、青二州大雨雹，杀獐鹿"④。可见这一带麋鹿众多，只有麋鹿多，被雨雹砸中的可能性才高。北周的宇文贵在 11 岁时，跟随父亲宇文宪在盐州打猎，"一围之中，手射野马及鹿十有五头"⑤。尉迟纲"又常从太祖北狩云阳，值五鹿俱起，纲获其三"⑥。贺若敦"从太祖校猎于甘泉宫，时围人不齐，兽多逃逸，太祖大怒，人皆股战。围内唯有一鹿，俄亦突围而走"⑦。郑伟在"少时尝逐鹿于野"⑧。这些记载都表明，在当时的北方，鹿资源的分布还是比较广阔的，鹿是人们的主要狩猎对象。

在南方，这一时期有关鹿的区域记载也很多。刘宋时期，吴兴余杭人释净度少年时在当地"游猎，尝射孕鹿"；临海人释法宗"少好游猎。尝于剡遇射孕鹿母堕胎"⑨。"建武中，有鹿入景皇寝庙。"⑩ 景皇的寝庙应该在建康附近，这表明这一带山林还有一定数量的鹿存在。建康附近的钟山，在梁朝时鹿也偶

①《北史·司马楚之传附金龙弟跃传》。

②《魏书·尔朱兆传》。

③《魏书·李孝伯传》。

④《魏书·灵征志上》。

⑤《周书·齐炀王宪传附子贵传》。

⑥《周书·尉迟纲传》。

⑦《周书·贺若敦传》。

⑧《周书·郑伟传》。

⑨《高僧传·宋余杭释净度传》《高僧传·宋剡法华台释法宗传》。

⑩《南齐书·五行志》。

尔出现①；庐陵西昌三顾山一带也有鹿存在②。

梁朝时，佛教盛行，但好猎的人也很多。南阳新野人曹景宗，"幼善骑射，好畋猎。常与少年数十人泽中逐獐鹿，每众骑赴鹿，鹿马相乱，景宗于众中射之"③。典型的是鱼弘，他当过南谯、盱眙、竟陵太守，好猎，常语人曰："我为郡，所谓四尽：水中鱼鳖尽，山中獐鹿尽，田中米谷尽，村里民庶尽。丈夫生世，如轻尘栖弱草，白驹之过隙。人生欢乐富贵几何时！"④ 所谓"四尽"中存在的"山中獐鹿尽"，表明当时山中鹿分布面积广，数量也很多。与鱼弘相似的是新安王（刘）伯固，"在州不知政事，日出田猎，或乘眠舆至于草间，辄呼民下从游，动至旬日，所捕獐鹿，多使生致"⑤。

麋也是鹿科动物。魏晋南北朝时期，麋的分布也比较广。麋俗称"四不像"，因其尾似驴非驴，蹄似牛非牛，面似马非马，角似鹿非鹿而有这个称谓。麋以青草、树叶和水生植物为食物，麋主要生活在温暖湿润的沼泽水域，甚至可以接触海水，衔食海藻。在历史上麋的分布范围很广，故也是古代人狩猎的主要目标。由于麋和鹿的生活习性相似，所以文献多以麋鹿并提。

曹魏狩猎"禁地"，也有大量的麋。在吴国，何定"发江边戍兵以驱麋鹿"，说明这里有大量的麋存在。西晋张华在《博物志》中写道："海陵县多麋，千万为群，掘食草根。"海陵在汉朝时设置，位于今日江苏泰州境内，包括海安、如皋一带。这说明这一带麋分布极广。北朝时期，麋在北方分布极广，前面提到，北魏世祖"后车驾畋于山北，大获麋鹿数千头"。这些麋鹿应该是在鹿苑狩猎所得，而麋鹿又是高车人从漠南驱逐到京师附近的，这表明当时北方麋分布极为广泛。北魏天兴五年（公元402年），"是岁，天下之牛死者十七八，麋鹿亦多死"⑥。这表明当时北方麋鹿较多，其非正常死亡引起了人们的关注。北魏李绘为高阳太守时，"河间守崔谋恃其弟暹势，从绘乞麋角

①《梁书·处士传·阮孝绪传》。

②《南史·隐逸传上·顾欢传附卢度传》。

③《梁书·曹景宗传》。

④《梁书·夏侯亶传附鱼弘传》。

⑤《陈书·新安王伯固传》。

⑥《魏书·术艺传·晁崇传》。

鸽羽。绘答书曰：'鸽有六翮，飞则冲天，麋有四足，走便入海。'"① 在今陕西榆林一带，隋炀帝"于汾阳宫大猎"②，所获猎物还有为数不少的麋。扬雄和左思的《蜀都赋》都反映出四川一带多麋。南朝时期，南方有关麋的记载较少，只有郭文被王导"置之西园，园中果木成林，又有鸟兽麋鹿"一条③。

麋鹿生活的区域主要是湿地。湿地同森林、草原、荒漠、海洋一样，是地球生态环境的一个重要组成部分，同时，湿地又是一种独特的生态系统。湿地面积与森林、草地面积相比较小，但生态功能巨大。湿地与人类的生存发展息息相关，因而又常常是土地开发的对象。在先秦时期，麋鹿分布较广，到了南北朝时期，南方麋鹿分布范围缩小，这或许与南方人口增加，开发湿地有关。

獐，是一种小型鹿科动物。獐生活于山地灌丛、草坡中，喜欢在河岸、湖边等潮湿地或沼泽地的芦苇中生活。獐的分布区域也相当广泛。獐在基因变异之后也会出现白獐，其在古代也被视作祥瑞之兆，即所谓的"白獐，王者刑罚理则至"④。在《魏书·灵征志》和《宋书·符瑞志》中有很多关于白獐的记载。《魏书·灵征志》记载白獐主要出现在章安、怀州、豫州、华州、徐州（2次）和瀛州。在《宋书·符瑞志》中有关白獐的记载就很多，有琅邪、魏郡、义阳、汲郡、梁郡、汝阳武津、东莱黄县、豫州的马头、济阴、东莱曲城县、济北、北海都昌、汝阴楼烦、吴国吴县（2次）、丹阳永世、荆州、义兴阳羡、南郡江阳、南阳（2次）、南东海丹徒、北海都昌、义兴国山、海陵宁海、武陵临沅、广陵高邮、南兖州广陵、山阳（2次）、湘州营阳、晋陵暨阳、淮南南琅邪等地，刘宋的皇家苑林也诞生过三头白獐。此外在肥如县捕获过黑獐，在秣陵还捕获过青獐，这些都被认为是祥瑞的征兆。獐在当时也是重要的捕猎对象，号称"四尽"的鱼弘，獐也是其要求赶尽杀绝的对象之一。前文所讲的曹景宗和刘伯固也捕获过獐。范阳人卢充也狩猎过獐，⑤ 桓温外出打猎

---

①《北齐书·李浑传附弟绘传》。

②《北史·齐王日𬭼传》。

③《晋书·隐逸传·郭文传》。

④《宋书·符瑞志中》。

⑤《搜神记》卷一六。

时，也是"麋兔腾逸"①。獐在这一时期分布较广，这或许与獐的生活习性有关。

麈，也是鹿科的一种。《梦溪笔谈》卷二六《药议》记载："北方戎狄中有麋、麈、麈、驼。麈极大而色苍，尻黄而无斑，亦鹿之类。角大而有文，莹莹如玉，其茸亦可用。"麈的尾巴可做拂尘。麈也是当时的狩猎对象之一。左思在《蜀都赋》写到"翦旄麈"。《搜神记》中记载："冯乘虞荡夜猎，见一大麈，射之。"②麈之原意为"鹿之大者"，据说为群鹿首领，麈尾之所指，即群鹿之所至。（从字形可会其意）故"麈谈"原有"点拨""指迷"之意。魏晋时清谈者往往手执麈尾而谈，王衍"善玄言，唯谈《老》《庄》为事。每捉玉柄麈尾，与手同色"③。东晋时，"殷浩擅名一时，与抗论者，惟盛而已。盛尝诣浩谈论，对食，奋掷麈尾，毛悉落饭中，食冷而复暖者数四，至暮忘餐，理竟不定"④。由于麈尾是清谈人的常用装饰，所以很多人是麈尾不离手。王导担心爱妾受到正妻的欺负，"遽令命驾，犹恐迟之，以所执麈尾柄驱牛而进"⑤。"及（王）濛病，（简文帝）乃恨不用之。濛闻之曰：'人言会稽王痴，竟痴也！'疾渐笃，于灯下转麈尾视之，叹曰：'如此人曾不得四十也！'年三十九卒。临殡，刘惔以犀杷麈尾置棺中，因恸绝久之。"⑥看来麈尾也是当时士族的随葬品之一。到了南朝时期，麈尾演变成为一种装饰品。手执麈尾虽然未必精通玄理，但成为身份的象征。南齐王僧虔告诫子孙："见诸玄，志为之逸，肠为之抽，专一书，转诵数十家注，自少至老，手不释卷，尚未敢轻言。汝开《老子》卷头五尺许，未知辅嗣何所道，平叔何所说，马、郑何所异，《指例》何所明，而便盛于麈尾，自呼谈士，此最险事。"⑦梁朝谢举"少博涉

---

① 《世说新语·规箴》。

② 《搜神记》卷一六。

③ 《晋书·王戎传附从弟衍传》。

④ 《晋书·孙盛传》。

⑤ 《晋书·王导传》。

⑥ 《晋书·外戚传·王濛传》。

⑦ 《南齐书·王僧虔》。

多通，尤长玄理及释氏义"，卢广佩服其学问，"仍以所执麈尾荐之，以况重席焉"。① 到了后来，道教人士也好执麈尾。"（张）融年弱冠，道士同郡陆修静以白鹭羽麈尾扇遗融。""西凉州智林道人遗（周）颙书曰：'贫道捉麈尾来四十余年，东西讲说，谬重一时。'"② 虽然智林道人所说的"捉麈尾"可能只是一种象征的说法，但这也表明手执麈尾也影响到道教中的人士。此外，佛教徒也逐渐用麈尾，陈后主在"玉柄麈尾新成"后送给张讥，后来，"后主尝幸钟山开善寺，召从臣坐于寺西南松林下，敕召讥竖义。时索麈尾未至，后主敕取松枝，手以属讥，曰'可代麈尾'"③。可见佛家之中也有麈尾的使用。

手持麈尾的做法由象征清谈逐渐成为一种风尚的象征，这种风气不仅在汉族之中流行，也影响到周边少数民族。比如"（王）浚遗勒麈尾，勒伪不敢执，悬之于壁，朝夕拜之"④。后来，石勒"复遗（过）诵麈尾马鞭，以示殷勤，诵不答"⑤。云南昭通后海子东晋霍承嗣墓中，就有手执麈尾的壁画；⑥ 朝鲜安岳发现的冬寿墓中，也有手执麈尾的壁画。⑦

由于手执麈尾之风盛行，社会上对麈尾的需求增多，因此对麈猎杀的行为也逐渐增多，进而导致自然界中麈的数量减少，麈尾的价格上升，普通士人购买不起麈尾。南齐时的隐士顾欢，在被朝廷召见后，"欢东归，上赐麈尾、素琴"⑧。同样作为隐士的吴苞，在宋泰始中，"过江聚徒教学。冠黄葛巾，竹麈尾，蔬食二十余年"⑨。吴苞家庭比较贫苦，买不起真的麈尾，只好用竹制的

---

① 《梁书·谢举传》。

② 《梁书·张融传》《梁书·周颙传》。

③ 《陈书·儒林传·张讥传》。

④ 《晋书·石勒载记上》。

⑤ 《晋书·李矩传》。

⑥ 云南省文物工作队：《云南省昭通后海子东晋壁画墓清理简报》，《文物》1963年第 12 期。

⑦ 宿白：《朝鲜安岳所发现的冬寿墓》，《文物参考资料》1952 年第 1 期。

⑧ 《南齐书·高逸传·顾欢传》。

⑨ 《南齐书·高逸传·吴苞传》。

麈尾来表示风雅。同样的情况也发生在梁朝时期的张孝秀身上，张孝秀"有田数十顷，部曲数百人，率以力田，尽供山众……孝秀性通率，不好浮华，常冠谷皮巾，蹑蒲履，手执并桐皮麈尾"①。由于社会上麈尾的需求很大，麈的数量逐渐减少。南北朝时期，在南方还可以见麈。《华阳国志·蜀志》记载："宜君山出麈尾，特好，入贡。"隋唐时期，自然界中能制造麈尾的原料逐渐减少；② 到北宋中期，麈的分布主要转移到北方，这估计与南方过度猎杀有关。

麝，是鹿类动物之中具有胆囊的物种。雄麝的肚脐和生殖器之间的腺体能分泌麝香。麝香有特殊香气，可制香料，也可入药。在中药材中，麝香是一种重要的药材。现代药学研究表明，麝香对人的中枢神经有兴奋作用，能刺激呼吸中枢和血管舒缩中枢，中医用于治疗急热性病人的虚脱、中风昏迷和小儿惊厥等症，疗效显著。麝的种类很多，我国现有林麝、马麝、原麝、黑麝和喜马拉雅麝等5种。麝香的药理发现较晚，直到唐代才被大规模应用到中医之中。在此之前鹿科动物都是麋鹿并提，很少提及麝。《新唐书·地理志》中有大量的关于上贡"麝"地域的记载，从中我们可以看到，麝在中国分布极广，唐代在燕山—太行山一线以西以北、青藏高原以东的许多州郡上贡麝香或者麝，甚至距长安不远的同州也上贡麝香，说明这些地区均有麝活动栖息。在东部和南方上贡麝的地点也很多。③

和关于虎的记载一样，这一时期关于鹿科动物的记载表明，其也多分布在人口稠密的地域，在人烟稀少的地区，也应有大量鹿科动物的存在。这种记载也表明，即使在人口比较稠密的地区，也有鹿科动物生存的植被环境。

由于野生鹿资源丰富，鹿也是危害农作物的一种动物。在魏晋南北朝时期，老百姓除了对鹿猎杀之外，还用巫术手段驱除之，减轻它们对农作物的破坏。《赤松子章经》卷三《却虫蝗鼠灾食苗章》记载："……谨按文书，某日载幸遇，得奉清化，某以多招灾咎，比年田种，每不如意。今年于某处，野穗

---

① 《梁书·处士传·张孝秀传》。

② 张承宗、魏向东：《中国风俗通史》（魏晋南北朝卷），上海文艺出版社2001年版，第653页。

③ 王利华：《中古华北的鹿类动物与生态环境》，《中国社会科学》2002年第3期。

种植，灾蝗所食，不可禁止，向臣求乞禳辟。谨为伏地拜章上闻，愿请北门官中天田君一人，官将百二十人，主为某家辟除灾蝗虫鼠伤犯苗稼者，一切虫鼠为害，皆令消灭。重请地尽宫中天野君，官将百二十人，下利田作，令獐鹿百鸟虫鼠不得伤害。重请三气阳元君，官将百二十人，治黄云官中，主收乌兽伤暴谷稼之精，不得为害。"《正一法文经章官品》中也记载："白蚕君，主保五谷，苗茎滋好，结子成实，收入万倍。九野君官将一百二十人，治地尽宫，主万民田作求利，虫儿不害，鹿走得百倍……五谷君官将一百二十人，治大水室，主令田五色禾苗秀好，令少草，一亩得百斛，辟虫鼠熊兔猜鹿，令不犯害水旱和适主之。"可见，魏晋南北朝时期，野生鹿是比较多的，对老百姓的庄稼是一个较大的威胁。

魏晋南北朝时期的《齐民要术》卷一《收种》之中就记载了以鹿骨造肥的办法，鹿肉也是魏晋南北朝时期普通人家常见的肉食来源之一。这些说明了野生鹿资源在魏晋南北朝时期比较丰富，很容易获得。

在普通人眼中，鹿肉并不是什么美味佳肴。三国时期，赵达"尝过知故，知故为之具食。食毕，谓曰：'仓卒乏酒，又无嘉肴，无以叙意，如何？'达因取盘中只箸，再三从横之，乃言：'卿东壁下有美酒一斛，又有鹿肉三斤，何以辞无？'时坐有他宾，内得主人情，主人惭曰：'以卿善射有无，欲相试耳，竟效如此。'遂出酒酣饮"[1]。由此可见，赵达的朋友并没有把鹿肉列为佳肴的范畴。

桓温为陆纳送行，"时王坦之、刁彝在坐。及受礼，唯酒一斗，鹿肉一拌，坐客愕然。纳徐曰：'明公近云饮酒三升，纳止可二升，今有一斗，以备杯杓余沥。'温及宾客并叹其率素，更敕中厨设精馔，酣饮极叹而罢"[2]。桓温最初以鹿肉来招待陆纳，后来"更敕中厨设精馔"，可见鹿肉是非常常见的肉食资源。

北齐时"有一人从幽州来，驴驮鹿脯。至沧州界，脚痛行迟，偶会一人为伴，遂盗驴及脯去。明旦，告州。淑乃令左右及府僚吏分市鹿脯，不限其

---

[1]《三国志·吴书·赵达传》。

[2]《晋书·陆晔传附玩子纳传》。

价。其主见脯识之，推获盗者"①。"左右及府僚吏分市鹿脯"，可见当时市场上鹿脯还是比较多的。

典型的是在《颜氏家训·治家》中有记载："南阳有人，为生奥博，性殊俭吝。冬至后，女婿谒之，乃设一铜瓯酒，数脔獐肉。婿恨其单率，一举尽之。"女婿对岳父的招待非常愤恨以至举止失态，这说明獐肉在当时并不算是珍贵难得的食物。《太极真人敷灵宝斋戒威仪诸经要诀》中记载："建斋极，可食干枣、鹿脯腊，是生鲜之物，一不得享也。"可见鹿脯腊比较常见，获得比较容易，从中也可看出鹿肉是一种魏晋南北朝时期常见的肉食。

《本草经集注·鹿茸》记载："野肉之中，唯獐鹿可食，生则不膻腥，又非辰属，八卦无主而兼能温补于人，则生死无尤，故道家许听为脯过。其余肉，虽牛、羊、鸡、犬补益充肌肤，于亡魂皆为愆责，并不足啖。凡肉脯炙之不动，及见水而动，及曝之不燥，并杀人。又茅屋漏脯，即名漏脯，藏脯密器中名郁脯，并不可食之。"可见当时鹿科动物获取比较容易。

在北魏时期，皇帝常常将狩猎时获得的鹿赏赐给大臣，"大阅于鹿苑，飧赐各有差"②。太宗时"幸西宫，临板殿，大飨群臣将吏，以田猎所获赐之，命民大酺三日"③。世祖也曾经赐给古弼"衣一袭、马二匹、鹿十头"④。其中的十头鹿大概是给古弼作为食物的。东魏贾思勰在《齐民要术》卷八、卷九中记载有多种鹿肉加工方法，如以獐、鹿肉加工"五味脯""度夏白脯""甜脆脯"和"苞（以鹿头为原料）"等。此外，在当时，獐、鹿肉还可以加工酿制成肉酱。该书卷八对采用獐、鹿肉加工"肉酱"和"卒成肉酱"的方法进行了专门讨论。在《齐民要术》有关加工烹饪方法的记载中，獐、鹿肉出现的次数远超过除鱼之外的所有其他野生动物，如兔、野猪、熊、雁、凫、雉、鹌鹑等，这说明在各种野味肉食中，贾思勰显然最为重视獐肉和鹿肉，也说明獐、鹿肉在当时是比较常见而易得的野味食料。⑤

---

① 《北齐书·彭城王浟传》。

② 《魏书·太祖纪》。

③ 《魏书·太宗纪》。

④ 《魏书·古弼传》。

⑤ 王利华：《中古华北的鹿类资源与生态环境》，《中国社会科学》2002 年第 3 期。

　　此外，鹿皮柔韧致密，是制革的优质原料。古人很早就用鹿皮来制作衣服，"古人鹿皮为衣"①，说的就是这种情况。古代也常用鹿皮作为聘礼，"礼纳征，俪皮为庭实，鹿皮也"②。由于这一时期鹿资源丰富，比起布帛丝绸之类的衣物来说，用鹿皮制作的衣服价格相对便宜，因此，穿鹿皮衣服也被看作是社会下层或者是贫穷的标志。谯秀"常冠皮弁，弊衣，躬耕山薮"③。皮弁也是用鹿皮制作的服装。萧道成称帝之前，与刘悛关系很好，称帝之后，为了表示不忘旧友，"著鹿皮冠，被悛莞皮衾，于巂中宴乐，以冠赐悛，至夜乃去。后悛从驾登蒋山，上数叹曰：'贫贱之交不可忘，糟糠之妻不下堂。'顾谓悛曰：'此况卿也。世言富贵好改其素情，吾虽有四海，今日与卿尽布衣之适。'"④ 正是因为鹿皮在这一时期比较容易获得，所以在三国时期，"魏武帝以天下凶荒，资财乏匮，始拟古皮弁，裁缣帛为白帢，以易旧服"⑤。在南方的孙吴统治地区，也向民间征收大量鹿皮。⑥

---

① 《北齐书·文宣纪》。

② 《南齐书·良政传·裴昭明传》。

③ 《晋书·隐逸传·谯秀传》。

④ 《南齐书·刘悛传》。

⑤ 《晋书·五行志上》。

⑥ 王素等：《长沙走马楼简牍整理的新收获》，《文物》1999 年第 5 期；中村威也：《从兽皮纳入简看古代长沙地区之环境》，长沙吴简博物馆等编：《吴简研究》（第二辑），崇文书局 2006 年版，第 245—257 页。

第三节　犀牛、大象等的分布

魏晋南北朝时期，野生犀牛主要分布在西南及南方。诸葛亮定孟获之乱后，李恢"徙其豪帅于成都，赋出叟、濮耕牛战马金银犀革，充继军资，于时费用不乏"①。《华阳国志·巴志》记载："（巴）其地，东至鱼复，西至僰道，北接汉中，南极黔涪。土植五谷。牲具六畜。桑、蚕、麻、苎、鱼、盐、铜、铁、丹、漆、茶、蜜、灵龟、巨犀、山鸡、白雉、黄润、鲜粉，皆纳贡之。"《华阳国志·蜀志》记载："会为县……土地时产犀牛。"《华阳国志·南中志》则说"永昌郡……土地沃腴"，出产"黄金、光珠、虎魄、翡翠、孔雀、犀、象"。

此外，今常德以南的南方，东晋时期，犀牛大量分布。《吴录·地理志》云："武陵阮南县以南皆有犀。"②

在南朝刘宋时期，"九年，仇池大饥，益、梁州丰稔，梁州刺史甄法护在任失和，氐帅杨难当因此寇汉中……贼悉衣犀革，戈矛所不能加"③。此外，"龙骧将军阮佃夫募得蜀人数百，多壮勇便战，皆著犀皮铠，执短兵"④。南齐时，为了应对北魏的军事威胁，孔稚珪建议："今宜早发大军，广张兵势，征犀甲于岷峨，命楼船于浦海。使自青徂豫，候骑星罗，沿江入汉，云阵万里。据险要以夺其魂，断粮道以折其胆。"⑤ 直到隋朝时还记载："益宁出盐井、犀

①《三国志·蜀书·李恢传》。

②（晋）郭璞注，（宋）邢昺疏：《尔雅注疏·释兽》，上海古籍出版社1990年版。

③《宋书·萧思话传》。

④《宋书·孔觊传附孔璪传》。

⑤《南齐书·孔稚珪传》。

角。"① 这些都说明，在南朝时期，南方和西南地区是野生犀牛的主要产区。从仇池"悉衣犀革"来看，其统治区域内野生犀牛众多，而此时的仇池主要统治区域为陇右地区，也就是在今天水汉中一带，其势力范围在今陇南、陕西南、川北。这些犀甲的来源应该在附近，如果是来自外地，则需要大量的金钱去购买，不符合仇池的财力。这似表明，一直到刘宋末年，在今川北一带都还有大量的野生犀牛存在。

《本草经集注·犀角》记载："（犀角）……今出武陵、交州、宁州诸远山。"可见今湖南中南部、广西一带、云贵地区为犀牛主要分布区。在南北朝时期，犀牛分布地区萎缩，即使是南方人，也把犀牛皮制成的铠甲当成稀罕之物，"邓百山昔送此犀皮两当铠一领，虽不能精好，谓是异物，故复致之"②。

魏晋南北朝时期，在江淮地区，也有为数众多的野生大象分布。在刘宋时，"有象三头至江陵城北数里，攸之自出格杀之"③。在梁朝末年，北周杨忠攻打江陵时，"梁人束刃于象鼻以战，忠射之，二象反走"④。可见在江陵周边地区存在不少野象，梁人驯服之后用于战争。在武昌，南齐时也有野象出没，永明十一年，"白象九头见武昌"⑤。在天监六年三月，"有三象入京师"⑥。承圣元年，"淮南有野象数百，坏人室庐"⑦。《魏书·灵征志》记载："天平四年八月，有巨象至于南兖州，砀郡民陈天爱以告，送京师，大赦改年。"不过《魏书·孝静纪》记载则是"元象元年春正月，有巨象自至砀郡陂中，南兖州获送于邺"。当时的砀郡一带还可以见到野象的活动，不过这种活动并不频繁，否则，当时的北魏统治者不会将之作为祥瑞的出现而改年号。由此可知，在魏晋南北朝时期，淮河一线，是野生大象分布的北界。

———————————

① 《隋书·李穆传附崇子敏传》。

② 《全晋文·庾翼·与燕王慕容皝书》。

③ 《宋书·沈攸之传》。

④ 《周书·杨忠传》。

⑤ 《南齐书·符瑞志》。

⑥ 《梁书·武帝纪中》。

⑦ 《南史·元帝纪》。

第四节 狩猎活动所反映的动物分布状况

三国时期，曹魏建都许昌，在周围并没有建立苑林，但也有类似的皇家狩猎区域，也就是所谓的"禁地"。"荥阳左右，周数百里"，"今禁地广轮且千余里"。"禁地"内大型动物很多，有虎、狼、狐、鹿等。当时禁地的猎法严酷，"时猎法甚峻。宜阳典农刘龟窃于禁内射兔，其功曹张京诣校事言之。帝匿京名，收龟付狱。柔表请告者名，帝大怒曰：'刘龟当死，乃敢猎吾禁地。'是时，杀禁地鹿者身死，财产没官，有能觉告者厚加赏赐"①。孙权在江南也建立了苑林，史书记载："权数出苑中，与公卿诸将射。"② 孙皓刚继位时，"发优诏，恤士民，开仓廪，振贫乏，科出宫女以配无妻，禽兽扰于苑者皆放之"③。

十六国时期的石虎也建立专门的狩猎场所，"自灵昌津南至荥阳，东极阳都，使御史监察，其中禽兽有犯者罪至大辟"④。

南北朝时期，北魏政权也建立专门狩猎场所，比较有名的是鹿苑和西苑。北魏太祖时期，"以所获高车众起鹿苑，南因台阴，北距长城，东包白登，属之西山，广轮数十里。凿渠引武川水注之苑中，疏为三沟，分流宫城内外。发京师六千人筑苑，起自旧苑，东包白登，周回三十余里"⑤。西苑建立的时间比较早，但具体时间不得而知，在泰常三年冬十月戊辰，"筑宫于西苑"⑥。和

---

①《三国志·魏书·高柔传》。

②《三国志·吴书·吴主传》引《吴历》。

③《三国志·吴书·三嗣主传·孙皓传》引《江表传》。

④《晋书·石季龙载记上》。

⑤《魏书·太祖道武帝纪》。

⑥《魏书·太宗明元帝纪》。

平四年，"夏四月癸亥，上幸西苑，亲射虎三头"①。可见西苑的猛兽很多，是皇家狩猎场所之一。北魏定都平城后，太祖通过征讨高车和到各地校猎活动，把大量的牛、马、羊等家畜以及鹿类带回平城周边地区，②故在平城周边地区苑囿比较多，以致"上谷民上书，言苑囿过度，民无田业，乞减太半，以赐贫人"③。此外，"（司马）跃表罢河西苑封，与民垦殖。有司执奏：'此麋鹿所聚，太官取给，今若与民，至于奉献时禽，惧有所阙。'诏曰：'此地若任稼穑，虽有兽利，事须废封。若是山涧，虞禁何损？寻先朝置此，岂苟藉斯禽，亮亦以俟军行薪蒸之用。其更论之。'跃固请宜以与民，高祖从之"④。可见在河西地区也就是今河西走廊一带有诸多苑囿。北魏迁都洛阳之后，在洛阳附近迅速建立了为数不少的皇家苑囿。延昌二年，"闰二月辛丑，以苑牧之地赐代迁民无田者"⑤。

南朝水网密布，加上这一时期北方移民较多，三吴地区人口众多，无法建立大规模的狩猎场所。《宋书·百官志上》记载："上林令，一人。丞一人。汉西京上林中有八丞、十二尉、十池监。丞、尉属水衡都尉。池监隶少府。汉东京曰上林苑令及丞各一人，隶少府。晋江左阙。宋世祖大明三年复置，隶尚书殿中曹及少府。"这也说明，在东晋时候并没有皇家苑囿，直到刘宋时期才逐渐恢复。不过，在南方，统治者也因陋就简，在一些地方设置了专门的射雉场所。《南齐书》卷七《东昏侯本纪》记载："置射雉场二百九十六处，翳中帷帐及步鄣，皆夹以绿红锦，金银镂弩牙，瑇瑁帖箭。郊郭四民皆废业，樵苏路断，吉凶失时。"射雉作为一种游猎习惯，秦汉时期在北方颇为流行。刘歆《西京杂记》载："茂陵文固阳，本琅琊人，善驯野雉为媒，用以射雉，每以三春制约，以茅障以自。"曹操曾一日射雉获六十三头。⑥"（辛毗）尝从帝射

---

①《魏书·高宗文成帝纪》。

②［日］前田正名著，李凭等译：《平城历史地理学研究》，书目文献出版社1994年版，第252页。

③《魏书·古弼传》。

④《魏书·司马楚之附金龙弟跃传》。

⑤《魏书·世宗宣武帝纪》。

⑥《三国志·魏书·武帝纪》引《魏书》。

雉，帝曰：'射雉乐哉！'毗曰：'于陛下甚乐，而于群下甚苦。'帝默然，后遂为之稀出。"① 曹植在《射雉赋》写道："暮春之月，宿麦盈野，野雉群雊。"在《求出猎表》中也写道："于七月伏鹿鸣尘，四月五月射雉之际，此正猎乐之时。"② 可见当时射雉风俗在北方很流行。孙休亦好射雉，《世说新语·规箴》载："孙休好射雉，至其时，则晨去夕反。"晋武帝也好射雉，"帝将射雉，虑损麦苗而止"③。"太康末，武帝尝出射雉，道暗乃还。"④ 周访在与敌人交战时，为了给士兵以自信心，"访于阵后射雉，以安众心"⑤。《文选》收录潘岳《射雉赋》，徐爰注云："晋邦过江，斯艺乃废。历代迄今，寡能厥事。尝览兹赋，味而莫晓。"不过，周一良先生认为："或谓南渡以后地势狭窄，不便田猎，乃流行射雉，实则曹魏西晋时早已流行。而晋邦过江射雉乃废之说更不足信。刘敬叔《异苑》三记载：'司马轨之字道援，善射雉。'可见东晋太元中有射雉之风。至陈时射雉之风犹存。"⑥

除了有皇家狩猎场所之外，帝王还经常在苑林之外的地方狩猎。三国时期的魏文帝也好猎，"帝颇出游猎，或昏夜还宫"⑦。十六国至北魏时期，当时的北方统治者是游猎民族，所以他们也大多好猎。"聪游猎无度，常晨出暮归，观渔于汾水，以烛继昼。"石季龙（石虎），"性残忍，好驰猎"。慕容皝，"尝畋于西鄙，将济河，见一父老，服朱衣，乘白马，举手麾皝曰：'此非猎所，王其还也。'秘之不言，遂济河，连日大获"。苻坚，"尝如郿，狩于西山，旬余，乐而忘返"。赫连勃勃，"时河西鲜卑杜崘献马八千匹于姚兴，济河，至大城，勃勃留之，召其众三万余人伪猎高平川，袭杀没奕于而并其众，众至数

---

①《三国志·魏书·辛毗传》。

②《三国文·陈王植·射雉赋》《三国文·陈王植·求出猎表》。

③《晋书·世祖武帝纪》。

④《晋书·职官志》。

⑤《晋书·周访传》。

⑥ 周一良：《魏晋南北朝札记》，中华书局 1985 年版，第 221 页。

⑦《三国志·魏书·王朗传》。

万"①。北魏统治者也好射猎，北魏官职之中，设有"猎郎"一职，长孙翰、古弼、叔孙俊、安屈、周几等人都因为善射被任命为"猎郎"。②"猎郎"的职责之一就是负责皇帝出猎时候的安全。北魏前五帝时期，可统计的狩猎次数就有91次，平均一年多就有一次，狩猎的地点主要是在阴山附近，据初步统计，北魏前期皇帝前往阴山狩猎达23次之多。为了方便狩猎，北魏高宗曾经"发并、肆州五千人治河西猎道"③，可见当时统治者狩猎活动非常频繁。孝文帝迁都之后，距离北方传统狩猎场所较远，加之洛阳将皇家苑牧赐给"代迁之户"，所以皇帝狩猎的次数减少，其狩猎场所主要在邺附近。

北齐的统治者也好狩猎，"阿至罗别部遣使请降。神武帅众迎之，出武州塞，不见，大猎而还"。天保四年春正月，"丙子，山胡围离石。戊寅，帝讨之，未至，胡已逃窜，因巡三堆戍，大狩而归……五月庚午，帝校猎于林虑山"。"（昭帝）帝时以尊亲而见猜斥，乃与长广王期猎，谋之于野。"到北周攻打北齐之际，北齐幼主还在天池狩猎，最终亡国。④ 北周统治者也喜欢狩猎，北周武帝宇文邕在建德五年，"春正月癸未，行幸同州。辛卯，行幸河东涑川，集关中、河东诸军校猎。后从猎陇上"。此外，甘泉宫和渭北也是狩猎地区。⑤

南朝统治者虽然没有固定的皇家狩猎场所，但还是有很多皇帝好猎。比如刘义隆在元嘉二十五年，"三月庚辰，校猎"。后来又"讲武校猎"，"校猎乌江"，"校猎于姑孰"。南齐废帝，"喜游猎，不避危险"。陈后主也曾经"幸莫府山，大校猎"。⑥

在北魏立国初期，农业经济尚不发达，加之北朝时期，"风、虫、水、

---

① 《晋书·赫连勃勃载记》。

② 《魏书·长孙肥传附子翰传》《魏书·古弼传》《魏书·叔孙建传附子叔孙俊传》《魏书·安同传附子屈传》《魏书·周几传》。

③ 《魏书·高宗文成帝纪》。

④ 《北齐书·神武纪下》《北齐书·文宣纪》《北齐书·孝昭纪》《北齐书·幼主纪》。

⑤ 《周书·武帝纪下》《周书·贺若敦传》《周书·窦炽传》。

⑥ 《南史·宋本纪·文帝纪》《南史·齐纪下·废帝纪》《南史·陈本纪下·宣帝纪》。

旱，饥馑荐臻，十年之内，俭居四五"①。在这种情况之下，狩猎成为国家经济重要的补充形式，狩猎不仅可以获得食物资源，还可以获得皮毛以及用以制作弓箭的角筋。北魏前期，统治者常常外出狩猎，收获颇丰。在公元 431 年，"十一月丙辰，北部敕勒莫弗库若干，率其部数万骑，驱鹿数百万，诣行在所，帝因而大狩以赐从者，勒石漠南，以记功德"②。北魏太宗皇帝"西幸五原，校猎于骨罗山，获兽十万"③。世祖"车驾畋于山北，大获麋鹿数千头，诏尚书发车牛五百乘以运之"④。穆帝"大猎于寿阳山，陈阅皮肉，山为变赤"⑤。表明在大同以北以及西北地区有丰富的野生动物。大规模狩猎活动，虽然耗费了一定的国力与兵力，但对当时的国家经济起着不可替代的补充与支持作用。这一点，北魏大臣十分清楚，世祖即位以后，"诏问公卿：赫连、蠕蠕征讨何先？嵩与平阳王长孙翰、司空奚斤等曰：'赫连居土，未能为患，蠕蠕世为边害，宜先讨大檀。及则收其畜产，足以富国；不及则校猎阴山，多杀禽兽皮肉筋角，以充军实，亦愈于破一小国。'……帝默然，遂西巡狩"⑥。可见，在北魏大臣心目中，狩猎占据的地位何等重要。除了北魏之外，北方的许多少数民族也将狩猎活动作为部落或者是国家的重要经济活动之一。比如，为了对付经常扰边的蠕蠕，袁翻就建议"愚见如允，乞遣大使往凉州、敦煌及于西海，躬行山谷要害之所，亲阅亭障远近之宜，商量士马，校练粮仗，部分见定，处置得所。入春，西海之间即令播种，至秋，收一年之食，使不复劳转输之功也"。原因就是"且西海北垂，即是大碛，野兽所聚，千百为群，正是蠕蠕射猎之处。殖田以自供，籍兽以自给，彼此相资，足以自固"。⑦ 由此可见，作为游牧部落的蠕蠕，虽然发展了农业，还需以狩猎作为自己重要的经济补充形式。

---

① 《齐民要术·杂说》。

② 《魏书·世祖太武帝纪》。

③ 《魏书·太宗明元帝纪》。

④ 《魏书·古弼传》。

⑤ 《魏书·元六修传》。

⑥ 《魏书·长孙嵩传》。

⑦ 《魏书·袁翻传》。

由于狩猎经济在北魏经济结构中占据重要地位，北魏时期，中央机构设有"游猎曹"一职，韩茂的儿子韩备，"迁宁西将军，典游猎曹，加散骑常侍"①。穆崇的孙子穆泰，"以功臣子孙，尚章武长公主，拜驸马都尉，典羽猎四曹事"②。此外，在中央官职中，据《魏书·官氏志》记载，还设有"猎郎"一职。长孙肥儿子长孙翰"少有父风。太祖时，以善骑射，为猎郎"③。古弼"……少忠谨，好读书，又善骑射。初为猎郎，使长安，称旨，转门下奏事，以敏正著称"④。叔孙建的儿子叔孙俊"年十五，内侍左右，性谨密，初无过行。以便弓马，转为猎郎"⑤。安同的儿子安屈，"明元时，为猎郎，出监云中军事"⑥。"周几，代人也。少以善射为猎郎"⑦。此外，还有"鹰师曹"⑧，负责训练、喂养猎鹰，以供打猎之用。延兴三年十二月，"显祖因田鹰获鸳鸯一，其偶悲鸣，上下不去……于是下诏，禁断鸷鸟，不得畜焉"⑨。以上这些担任职务"猎郎"或者主管"游猎曹"的人都生活在北魏中前期，可知这一时期狩猎经济在北魏国家经济中的地位。

神瑞二年（公元415年），北魏发生饥荒，"于是分简尤贫者就食山东。敕有司劝课留农者曰：'前志有之，人生在勤，勤则不匮……教行三农，生殖九谷；教行园圃，毓长草木；教行虞衡，山泽作材；教行薮牧，养蕃鸟兽；教行百工，饬成器用；教行商贾，阜通货贿；教行嫔妇，化治丝枲；教行臣妾，事勤力役。'"⑩ 可知当时北魏政权把狩猎作为度过饥荒的手段之一。

---

① 《魏书·韩茂传》。

② 《北史·穆崇传附真子泰传》。

③ 《魏书·长孙肥传附子翰传》。

④ 《魏书·古弼传》。

⑤ 《北史·叔孙建传附子俊传》。

⑥ 《北史·安同传附子屈传》。

⑦ 《北史·周几传》。

⑧ 《魏书·文成文明皇后冯氏传》。

⑨ 《魏书·释老志》。

⑩ 《魏书·食货志》。

　　此外，北魏时期，很多人认识到了射猎与军事之间的关系，杨椿的儿子杨昱，"字元晷。起家广平王怀左常侍，怀好武事，数出游猎，昱每规谏"①。"好武事"和"游猎"之间存在的关系在这里不言而喻。一个典型的例子就是尔朱荣，史书记载：

　　荣好猎，不舍寒暑，列围而进，令士卒必齐壹，虽遇险阻，不得违避，一鹿逸出，必数人坐死。有一卒见虎而走，荣谓曰："汝畏死邪！"即斩之。自是每猎，士卒如登战场。尝见虎在穷谷中，荣令十余人空手搏之，毋得损伤。死者数人，卒擒得之，以此为乐，其下甚苦之。太宰天穆从容谓荣曰："大王勋业已盛，四方无事，唯宜修政养民，顺时搜狩，何必盛夏驰逐，感伤和气？"荣攘袂曰："灵后女主，不能自正，推奉天子，乃人臣常节。葛荣之徒，本皆奴才，乘时作乱，譬如奴走，擒获即已。顷来受国大恩，未能混壹海内，何得遽言勋业！如闻朝士犹自宽纵，今秋欲与兄戒勒士马，校猎嵩高，令贪污朝贵，入围搏虎。仍出鲁阳，历三荆，悉拥生蛮，北填六镇，回军之际，扫平汾胡。明年，简练精骑，分出江、淮，萧衍若降，乞万户侯；如其不降，以数千骑径度缚取。然后与兄奉天子，巡四方，乃可称勋耳。今不频猎，兵士懈怠，安可复用也！"②

　　在尔朱荣看来，不频频打猎，士兵就会懈怠，没有战斗力。所以，在北朝时期，军民田猎是日常生活中的一项重要的内容。由于频繁的田猎，引起人马疲倦，故北齐时唐邕建议："（唐）邕以军民教习田猎，依令十二月，月别三围，以为人马疲敝，奏请每月两围。世祖从之。"③可见，在北齐时期，军民田猎是一种日常的活动，这种活动的目的在于操练军队，使军队保持战斗力。当然，北周也保留了这种传统，"后周仲春教振旅，大司马建大麾于莱田之所……田之日，于所莱之北，建旗为和门。诸将帅徒骑序入其门。有司居门，以平其人。既入而分其地，险野则徒前而骑后，易野则骑前而徒后……仲夏教茇舍，如振旅之阵，遂以苗田如蒐法，致禽以享礿。仲秋教练兵，如振旅之阵

---

①《魏书·杨播传附椿子昱传》。

②《资治通鉴·梁纪十》。

③《北齐书·唐邕传》。

……仲冬教大阅，如振旅之阵，遂以狩田如蒐法"①。这种做法在南朝也一度流行，刘义隆的儿子刘宏曾经建议："令抚养士卒，使恩信先加，农隙校猎，以习其事，三令五申，以齐其心，使动止应规，进退中律，然后畜锐观衅，因时而动，摧敌陷坚，折冲于外。"②

刘义隆曾经颁发诏书说："安不忘虞，经世之所同；治兵教战，有国之恒典。故服训明耻，然后少长知禁，顷戎政虽修，而号令未审。今宣武场始成，便可克日大习众军。当因校猎，肄武讲事。""闰月己酉，大搜于宣武场。三月庚辰，车驾校猎。"③

刘义隆在这里说得很明白，校猎等活动主要目的是要"肄武讲事"。这次校猎活动，史书记载比较详细：

元嘉二十五年闰二月，大搜于宣武场，主胄奉诏列奏申摄，克日校猎，百官备办。设行宫殿便坐武帐于幕府山南冈，设王公百官便坐幔省如常仪，设南北左右四行旌门；建获旗以表获车。殿中郎一人典获车，主者二人收禽，吏二十四人配获车。备获车十二两。校猎之官著眃有带武冠者，脱冠者上缨。二品以上拥刀，备槊、麾幡，三品以下带刀。皆骑乘。将领部曲先猎一日，遣屯布围。领军将军一人督右甄；护军一人督左甄；大司马一人居中，董正诸军，悉受节度。殿中郎率获车部曲，在司马之后。尚书仆射、都官尚书、五兵尚书、左右丞、都官诸曹郎、都令史、都官诸曹令史干、兰台治书侍御史令史、诸曹令史干，督摄纠司，校猎非违。至日，会于宣武场，列为重围……④

可见，校猎活动不是简单的打猎，而是组织严密的军事行动。陈朝时期的张正见在《和诸葛览从军游猎诗》中写道："治兵耀武节，纵猎骇畿封。迅骑驰千里，高罝起百重……云根飞烧火，鸟道绝禽踪。方罗四海俊，聊以习军戎。"⑤ 也可见狩猎的目的之一是"聊以习军戎"。所以，平常组织校猎活动，可以训练军队的作战能力，提高战斗力，培养统帅的领导与组织才能，这就是

①《隋书·礼仪志三》。

②《宋书·建平宣简王宏传》。

③《宋书·文帝纪》。

④《宋书·礼志一》。

⑤《先秦汉魏晋南北朝诗·陈诗·张正见·和诸葛览从军游猎诗》。

历代皇帝经常组织校猎活动的深层次原因。

西晋时期，官员狩猎的记载并不多见。羊祜，"每会众江沔游猎，常止晋地。若禽兽先为吴人所伤而为晋兵所得者，皆封还之"①。羊祜是边境官员，其狩猎活动在官员之中并不具有代表性。在西晋时期司马文思和周处也好猎，不过他们的狩猎活动受到老百姓的反对，史书记载："文思……好田猎，烧人坟墓，数为有司所纠，遂与群小谋逆。"②"周处，好驰骋田猎，不修细行，纵情肆欲，州曲患之。"③ 周处在这一时期并未当官，但作为官员的子孙，他的行为还是受到当地人的谴责。

到了北朝时期，北朝统治者虽然逐渐改变了"畜牧迁徙，射猎为业"④ 的生活习惯，但是仍然保留着部分"射猎"的习俗，无论是最高统治者还是普通官员，都好射猎。这一时期，朝中大臣很多人也从小就好猎，比如房法寿"少好射猎"⑤，毕众敬也是"少好弓马射猎"⑥；侯莫陈悦因为"长于西"，所以"好田猎，便骑射"⑦。许多地方官员也好猎，尔朱荣的父亲尔朱新兴，以及崔暹、尉多侯、杨大眼、独孤信、李远等人在为地方官员时，常常外出狩猎。⑧ 代表性的人物是李琰之，他虽然出身儒生，"早有盛名，时人号曰神童"，但他"及至州后，大好射猎，以示威武"。⑨ 更有甚者是北齐时期的元坦，"性好畋渔，无日不出，秋冬猎雉兔，春夏捕鱼蟹，鹰犬常数百头。自言

①《晋书·羊祜传》。

②《晋书·谯刚王逊传附恬子忠王尚之传》。

③《晋书·周处传》。

④《魏书·序纪》。

⑤《魏书·房法寿传》。

⑥《魏书·毕众敬传》。

⑦《周书·贺拔胜传附侯莫陈悦》。

⑧《魏书·尔朱荣传》《魏书·崔暹传》《魏书·尉古景传》《魏书·杨大眼传》《周书·独孤信传》《周书·李远传》。

⑨《魏书·李琰之传》。

宁三日不食，不能一日不猎"①。尉景为冀州刺史时，"大纳贿，发夫猎，死者三百人"。导致厍狄干对他很不满，"厍狄干与景在神武坐，请作御史中尉。神武曰：'何意下求卑官？'干曰：'欲捉尉景。'"② 厍狄干对尉景不满，尉景好狩猎可能是原因之一。

在北朝，许多官员赋闲在家，多以射猎自娱。"（刘）世明既还，奉送所持节，身归乡里。自是不复入朝，常以射猎为适。"③ 高乾赋闲在家时也常组织狩猎活动，"尔朱荣以乾前罪，不应复居近要，庄帝听乾解官归乡里。于是招纳骁勇，以射猎自娱"④。

在南方，这一时期的一些官员也常出去狩猎。东晋时期的庾亮、桓豁等人在荆州为官时好猎。桓玄篡位后也"田猎无度，饮食奢恣，土木妨农"⑤。臧熹"尝至溧阳，溧阳令阮崇与熹共猎"⑥；王僧达为宣城太守时，"性好游猎，而山郡无事，僧达肆意驰骋，或三五日不归，受辞讼多在猎所"⑦。周朗出为庐陵内史"郡后荒芜，频有野兽，母薛氏欲见猎，朗乃合围纵火，令母观之"⑧。刘宋时期，由于社会上游猎之风盛行，故刘义恭镇历阳，文帝诫之，"蒱酒渔猎，一切勿为"⑨。这种集体狩猎陈代犹存，张正见在《和诸葛览从军游猎诗》中写道："治兵耀武节，纵猎骇畿封……云根飞烧火，鸟道绝禽踪。"⑩ 诗虽夸张，但仍反映出陈代游猎之宏大场面。

此外，狩猎也是普通民众一项重要经济来源。历史上，除了游牧民族将狩

---

①《北齐书·元坦传》。

②《北齐书·尉景传》。

③《魏书·刘芳传附僧利子世明传》。

④《北齐书·高乾传》。

⑤《晋书·五行志上》。

⑥《宋书·臧质传附父熹传》。

⑦《宋书·王僧达传》。

⑧《宋书·周朗传》。

⑨《宋书·江夏文献王义恭传》。

⑩《先秦汉魏晋南北朝诗·陈诗·张正见·和诸葛览从军游猎诗》。

猎活动当作一种获取食物的补充方式之外，汉族等民族在一定时期也将狩猎中所获猎物作为一种重要的食物来源。西晋时期，狩猎经济也是老百姓日常生活中重要的经济补充手段之一。陆云在《答车茂安书》中写道："为君甚简，为民亦易，季冬之月，牧既毕，严霜陨而兼葭萎，林鸟祭而羂罗设，因民所欲，顺时游猎，结罝绕埋，密网弥山。放鹰走犬，弓弩乱发。鸟不得飞，兽不得逸。"① 可知在西晋南方地区，集体狩猎活动比较频繁。《宣验记》记载："吴唐，庐陵人也。少好驱媒猎射，发无不中。家以致富。"

　　南北朝时期，由于气候变冷，饥荒发生频率很高，射猎活动更是人们的重要食物来源途径，《魏书》卷一一二《灵征志》记载各地所猎获的动物，除了一小部分是皇帝或者官员捕获之外，大多数应该是普通百姓捕获的，这说明狩猎在北方很平常，所以获得珍稀动物的概率比较高，从另外一个侧面反映出此时的狩猎经济在人们日常生活中占据重要地位。北魏前期，各州都有禽兽之诏罢诸州禽兽之贡，直到孝文帝太和二年，"八月丙戌，诏罢诸州禽兽之贡"②。《魏书·食货志》记载："世祖即位，开拓四海，以五方之民各有其性，故修其教不改其俗，齐其政不易其宜，纳其方贡以充仓廪，收其货物以实库藏，又于岁时取鸟兽之登于俎用者以饬膳府。"北魏前期把"鸟兽之登"与"货物""方贡"并列，可知国家和老百姓都比较依赖狩猎经济。当时也有不少百姓，"或亡命山薮，渔猎为命"③。这部分人的主要生计方式就是渔业或者狩猎业。此外，不少地方还有"猎师"，《古清凉传》记载："后魏永安二年，恒州刺史呼延庆，猎于此山。有猎师四人，见一山猪甚大，异于常猪，射之饮羽逐之。垂及午时，初雪，血迹皎然，东南至一平原之内，有水南流，东有人居，屋宇连接，猪入其门里。门外有二长者，须鬓皓白拄杖，问：'卿等何人？'乃以实对。长者曰：'此是吾猪，而卿妄射当合罪，卿今相舍，也不得入门里来。'猎人对曰：'以肉为粮，逐来三日，猪既不得，请乞食而去。'曰：'可至村东，取枣为粮。'而枣方孰，林果甚茂，猎师食讫，皆以皮袋盛之。"

　　这一时期史书也记载很多地方狩猎盛行，北周时期的郭彦，"出为澧州刺

---

①《全晋文·陆云·答车茂安书》。

②《魏书·高祖孝文帝纪》。

③《魏书·孙绍传》。

史。蛮左生梗，未遵朝宪。至于赋税，违命者多。聚散无恒，不营农业。彦劝以耕稼，禁共游猎，民皆务本，家有余粮。亡命之徒，咸从赋役。先是以澧州粮储乏少，每令荆州递送。自彦莅职，仓庾充实，无复转输之劳"①。在两湖地区，直到六朝时期，经济还比较落后。②在这种情况下，狩猎经济在人们的日常生产之中还占据一定的地位。不过，即使是在当时北方经济比较发达的地区，普通百姓的狩猎活动仍然很普遍。裴侠，"除河北郡守。侠躬履俭素，爱民如子，所食唯菽麦盐菜而已。吏民莫不怀之。此郡旧制，有渔猎夫三十人以供郡守"③。有"渔猎夫三十人"，虽然反映出郡守生活奢侈，但也可以看出这一地方猎物较多，普通人中应该有很多从事狩猎活动。

在南朝，狩猎在普通人的生活之中也占据很重要的位置，《宋书·符瑞志》和《南齐书·符瑞志》记载了各地献上的祥瑞动物，从侧面也反映出这一时期狩猎经济比较发达。东晋翟汤的儿子翟庄"惟以弋钓为事。及长，不复猎"④。"鄱阳乐安彭世，咸康中，以捕射为业。"⑤"吴聂友，字文悌，豫章新淦人。少时贫贱，常好射猎。"⑥

虽然当时狩猎在普通人生活之中占据很重要的位置，但在佛教盛行的梁朝，狩猎被认为是残忍的事情，因此梁朝时就有佛教徒提出："圣人之道，以百姓为心，仁者之化，以躬行被物。皇德好生，协于上下，日就月将，自然改俗，一朝抑绝，容恐愚民。且猎山之人，例堪跋涉，捕水之客，不惮风波，江宁有禁，即达牛渚，延陵不许，便往阳羡，取生之地虽异，杀生之数是同，空有防育之制，无益全生之术。"⑦这些猎山捕水的人显然以渔猎为主要食物来源途径，当然，也有一部分用作交换，所以一有禁令就会转投他处。不过，当时各地猎物丰富，禁令也没有多大效果。丹阳、琅邪是南朝经济发达的地区，

①《周书·郭彦传》。
②梅莉、晏长贵：《两湖平原开发探源》，江西教育出版社1995年版，第42页。
③《北史·裴侠传》。
④《晋书·隐逸传·翟汤传附子庄传》。
⑤《异苑》卷八。
⑥《搜神后记》卷八。
⑦《全梁文·江祝·丹阳、琅邪二郡断搜捕议》。

在这些地区都还有大量的"猎山之人的存在",在其他地方便可想而知了。故智顗指出:"北方人士,寿长有福,岂非慈心少害,感此妙龄,东海民庶多夭殇,渔猎所以短命?"[①] 不过这种看法并不符合实际情况,东海民寿命较短,可能与生活习惯以及传染病有关,但智顗是从因果报应的角度来说的,由此则可看出在南方的一些地区,渔猎经济发达,这充分说明了狩猎经济在南方普通民众的经济生活之中所占的比重较高。

从这一时期帝王频繁出猎以及狩猎经济在普通人们生活中的比重来看,魏晋南北朝时期,南北地区动物分布广,有较多的野生动物可供人们狩猎。

---

① 《全隋文·智顗·遗书临海镇将解拔国述放生池》。

第五章

魏晋南北朝时期的矿产分布与利用

在矿产的开采和冶炼过程中，需要消耗大量的林木资源，研究矿产的分布，也能了解一个地区的环境状况。

第一节　铜矿的开采与利用

魏晋南北朝时，记载铜矿开采的文献资料比较匮乏。在东吴统治时期，其境内有较多铜矿开采，"铸山为铜，煮海为盐，境内富饶"[1]。吴黄武五年，孙权，"采武昌山铜铁作千口剑、万口刀"[2]。南朝时，扬州有诸多铜矿，刘宋就在扬州设有铜官。"欲留铜官大冶及都邑小冶各一所，重其功课，一准扬州。"[3] 在今江苏境内有不少南朝时期的冶铜铸所遗址，"小铜山县西北二十五里。《寰宇记》谓之大铜山，又有小铜山在其东麓。宋时淮南鼓铸，莫盛于真州。城内旧有广陵、丹阳二监，盖以大小铜山产铜也。又旧有冶官，置于小铜山西北五里。光福山……与铜坑、玄墓诸山相连。铜坑者，一名铜井，晋宋间，凿坑取沙土煎之，皆成铜，有泉亦以铜名"[4]。在今江苏溧水境内，《大清一统志》卷七三记载："庐塘山……梁大同二年尝采铜、锡于此。"此外，在南广郡蒙山，"有城名蒙城，可二顷地，有烧炉四所，高一丈，广一丈五尺。从蒙城渡水南百许步，平地掘土深二尺，得铜。又有古掘铜坑，深二丈，并居宅处犹存"。后来南齐在此铸钱，"得千余万"，不过由于成本高，不久就停止了铸钱。[5] 在今四川，"灵道县一名灵关道……县有铜山"[6]。"武昌郡白雉

---

①《三国志·吴书·周瑜传》。

②《太平御览·兵部·剑》引陶弘景《刀剑录》。

③《宋书·王弘传》。

④《读史方舆纪要·南直六》。

⑤《南齐书·刘悛传》。

⑥《水经注·沫水》。

山……西南出铜矿。自晋宋梁陈已来，置炉烹炼。"① 此外，在鄱阳郡玉山也产铜。②

《本草经集注·空青》记载："（空青）……生益州山谷及越西山有铜处。铜精熏则生空青，其腹中空。三月中旬采，亦无时。越西属益州。今出铜官者，色最鲜深，出始兴者弗如，益州诸郡无复有，恐久不采之故也。凉州西平郡有空青山，亦甚多。"《本草经集注·曾青》记载："（曾青）……生蜀中山谷及越西，采无时。"《本草经集注·白青》记载："（白青）……生豫章山谷。采无时。"《本草经集注·扁青》记载："（扁青）……生朱崖山谷武都、朱提，采无时。《仙经》世方都无用者。朱崖郡先属交州，在南海中，晋代省之，朱提郡今属宁州。"《本草经集注·肤青》记载："（肤青）……生汉中山谷及卢山，采无时……汉中属梁州，卢山属青州。今出宁州。"《本草经集注·石胆》记载："能化铁为铜，成金银。一名毕石，一名黑石，一名棋石，一名铜勒。生羌道山谷羌里句青山。二月庚子、辛丑日采……梁州、信都无复有，世用乃以青色矾石当之，殊无仿佛。"中药材中，诸青都是铜矿的伴生物，石胆成分主要是硫酸铜。因此可知在今巴蜀、广东、海南、云贵、江西、山东等地，都有铜矿的开采。

南朝时期，湘州应该是一个重要的铜生产地区，《陈书·华皎传》记载："皎起自下吏，善营产业，湘川地多所出，所得并入朝廷，粮运竹木，委输甚众；至于油蜜脯菜之属，莫不营办。又征伐川洞，多致铜鼓、生口，并送于京师。"《高僧传·释僧亮传》记载："欲造丈六金像，用铜不少，非细乞能办。闻湘州界铜溪伍子胥庙多有铜器，而庙甚威严，无人敢近。亮闻而造焉。告刺史张邵借健人百头大船十艘……庙铜既多，十不取一，而舫已满。唯神床头有一唾壶，中有一螭蜓，长二尺许，乍出乍入。议者咸云神最爱此物，亮遂不取。于是而去，遇风水甚利。比群蛮相报追逐，不复能及。"伍子胥庙有如此多的铜，其铜的来源应该是本地。

北朝的铜矿产地也比较多。《魏书·食货志》记载："恒农郡铜青谷有铜矿，计一斗得铜五两四铢；苇池谷矿，计一斗，得铜五两；鸾帐山矿，计一斗

---

① 《太平御览·白雉山》。

② 《太平御览·玉山》。

得铜四两；河内郡王屋山矿，计一斗得铜八两；南青州苑烛山、齐州商山并是往昔铜官，旧迹见在。"这些地区基本上是北朝铜矿的主要分布地区。此外，北魏时期的东徐州也应该有铜矿开采，崔鉴在此为官时"于州内冶铜以为农具，兵民获利"①。在北魏统治的青州东阳，也应该有铜矿的开采与冶炼，慕容白曜攻克东阳后，所获战利品就有"凡获仓粟八十五万斛，米三千斛，弓九千张，箭十八万八千，刀二万二千四百，甲胄各三千三百，铜五千斤，钱十五万"②，这些铜应该是当地开采与冶炼的产物。同样，在凉州附近也应该有大规模的铜矿开采，"安以白马寺狭，乃更立寺……大富长者，并加赞助，建塔五层，起房四百。凉州刺史杨弘忠送铜万斤"③。这些铜不可能是交易所得，否则成本太高。此外，在今青海南部的白兰，《宋书·吐谷浑传》记载："土出黄金、铜、铁。"《魏书·西域传》记载在今新疆的疏勒一带也产铜。此外，在今西藏地区，也记载有铜矿的开采，"山出金、银、铜"④。

秦汉时期，铜除了用作制造农具及装饰品之外，其主要用途就是铸钱。魏晋南北朝时期，长期战乱，商品经济逐渐萎缩，自然经济发达，史书记载："今伪弊相承，仍崇关郻之税；大魏恢博，唯受谷帛之输。"⑤ 也就是说，国家征收赋税时，不再收取铜钱。然而，自东汉末年佛教传入中国后，铸造佛像需要消耗大量铜资源，这样，社会上对铜的需求不降反升，使得铜资源在社会上比较紧张。尤其是南方，商品经济比北方发达，除了铸造铜像之外，还需要铸造铜钱，故社会供不应求，宋武帝曾经下令"禁丧事用铜钉"⑥；萧道成也下令，"不得辄铸金铜为像"，"后宫器物栏槛以铜为饰者，皆改用铁"⑦。

①《魏书·崔鉴传》。

②《魏书·慕容白曜传》。

③《高僧传·晋长安五级寺释道安》。

④《北史·附国传》。

⑤《魏书·甄琛传》。

⑥《宋书·武帝纪下》。

⑦《南齐书·高帝纪上》《南齐书·高帝纪下》。

第二节　铁矿的开采与利用

魏晋南北朝时期，国家分裂，南北对峙，但是由于军事和生产上的需求，南北双方都注意恢复和加强冶铁业。在南方，孙吴政权设置了专门的机构来管理冶铁业，"江南诸郡县有铁者或署冶令，或署丞，多是吴所置"[①]。南朝官府的兵器制造由尚方令管理，"左尚方令、丞各一人。右尚方令、丞各一人。并掌造军器。秦官也，汉因之"。此外还有"东冶令，一人。丞一人。南冶令，一人。丞一人。汉有铁官，晋署令，掌工徒鼓铸，隶卫尉。江左以来，省卫尉，度隶少府。宋世虽置卫尉，冶隶少府如故"[②]。铁矿的开采与冶炼需要大量劳动力，为了保证劳动力的来源，南方各政权将犯法之人发配到官冶铸所。刘宋时期就规定："反叛淫盗三犯补冶士。"在此之前还规定"又制有无故自残伤者补冶士"，不过由于操作难度大而被废除。[③] 梁朝也有类似的规定，比如高爽，"出为晋陵令，坐事系冶"[④]。

魏晋南北朝时期，南方的冶铁中心有丹阳。据《三国志·吴书·诸葛恪传》记载，丹阳"山出铜铁，自铸甲兵"。此外，如前所述，当时的武昌也有铁矿的开采与冶炼。东晋时期，广州有不少铁矿开采与冶炼的地区，"时东土多赋役，百姓乃从海道入广州，刺史邓岳大开鼓铸，诸夷因此知造兵器"[⑤]。祖逖也"屯于江阴，起冶铸兵器"[⑥]。东晋时期"江南唯有梅根及冶塘二冶，

①《宋书·百官志上》。

②《宋书·百官志上》。

③《宋书·武帝纪下》。

④《梁书·文学传上·吴均传》。

⑤《晋书·庾亮传附弟翼传》。

⑥《晋书·祖逖传》。

皆属扬州"①。在丹阳县"南百余里铁岘山，广轮二百许里，山出铁，扬州今鼓铸之"。浙江"剡县有三白山，出铁，常供戎器"②。在长江中游的江夏县（今属武汉）有"冶唐山，在县东南二十六里。旧记云：先是晋、宋之时，依山置冶，故以为名"③。此外，据《华阳国志》记载：西南除了有宕渠、沔阳、临邛三处铁官之外，贲古县也产铁。虽然在这一时期南方铁矿开采地区有限，但铁矿石的开采量还是比较大的，梁武帝时期，为了用水攻北魏的寿春城，"于钟离南起浮山，北抵巉石，依岸以筑土，合脊于中流。十四年，堰将合，淮水漂疾，辄复决溃，众患之。或谓江、淮多有蛟，能乘风雨决坏崖岸，其性恶铁，因是引东西二冶铁器，大则釜鬵，小则鋘锄，数千万斤，沉于堰所"④。东西二冶能一次性拿出千万斤铁器，这说明梁朝地方铁矿的开采量很大，只有产量大，朝廷才有可能收集这么多的铁来铸造铁器。

在北方，曹魏时期设置"司金中郎将"来管理铁器的生产。西晋时期"晋江右掌冶铸，领冶令三十九，户五千三百五十。冶皆在江北，而江南唯有梅根及冶塘二冶，皆属扬州"⑤。这说明西晋时期在北方有诸多冶铁之所。十六国时期，出于军事上的需要，不少政权很注意恢复和发展冶铁业。后赵石虎统治时期，在丰国、渑池就恢复冶铁，一度"徙刑徒配"来作为劳动力。⑥ 慕容德统治时期，也"冶于商山，置盐官于乌常泽"⑦。到了北魏时期，随着经济的恢复和军事的需要，铁矿的开采与冶炼也有一定的恢复与发展。天赐元年，"五月，置山东诸冶，发州郡徒谪造兵甲"⑧。山东诸冶主要是用以制造兵器。除了山东地区之外，《魏书·食货志》记载："相州牵口冶为工，故常炼锻为刀，送于武库。"民间所需农器多，利润丰厚，有很多人经营。比如咸阳

---

① 《宋书·百官志上》。

② 《太平御览·山部一》引山谦之《丹阳记》《南徐州记》。

③ 《太平寰宇记·鄂州》。

④ 《梁书·康绚传》。

⑤ 《宋书·百官志上》。

⑥ 《晋书·石季龙载记上》。

⑦ 《晋书·慕容德载记》。

⑧ 《魏书·太祖道武帝纪》。

王"由是昧求货贿，奴婢千数，田业盐铁遍于远近，臣吏僮隶，相继经营"①。在长白山地区，就有不少人私自开采铁矿，"长白山连接三齐，瑕丘数州之界，多有盗贼。子馥受使检覆，因辨出谷要害，宜立镇戍之所。又诸州豪右，在山鼓铸，奸党多依，又得密造兵仗，亦请破罢诸冶"②。除此之外，在光州也有铁矿的开采，"州（光州）内少铁，器用皆求之他境，挺表复铁官，公私有赖"③。据《魏书·地形志》记载，东魏有"嶂山，出铁"。由于除了铸造兵器之外，还铸造农具。北魏时期，"其铸铁为农器、兵刃，在所有之"④。在北周时期，薛善"于夏阳诸山置铁冶，复令善为冶监，每月役八千人，营造军器"⑤。

南北朝时期，据《魏书·西域传》记载，在今新疆龟兹国和疏勒国也"多铁"，反映出这一带铁矿开采比较多。关于龟兹国产铁的情况，《水经注》中也有记载："屈茨北二百里有山，夜则火光，昼日但烟，人取此山石炭，冶此山铁，恒充三十六国用。"⑥ 这一时期，台湾地区也出产少量的铁，"其处少铁，刃皆薄小，多以骨角辅助之"⑦。

此外，《本草经集注·代赭》记载："（代赭）……一名须丸（出姑幕者名须丸，出代郡者名代赭。）一名血师。生齐国。旧说云是代郡城门下土。江东久绝，顷魏国所献，犹是彼间赤土耳，非复真物，此于世用乃疏，而为丹方之要，并与戎盐、卤咸皆是急须。"代赭即为赤铁矿石，可见今山东地区有赤铁矿的开采。

---

① 《魏书·咸阳王禧传》。

② 《魏书·辛绍先传附穆子子敬传》。

③ 《魏书·崔挺传》。

④ 《魏书·食货志》。

⑤ 《周书·薛善传》。

⑥ 《水经注·河水一》。

⑦ 《隋书·东夷传·流求国传》。

第三节　金银矿的开采与利用

魏晋南北朝时期，黄金的开采还有相当的规模。在北方，"（金乡）县多山，所治名金山。山北有凿石为頙，深十余丈，隧长三十丈，傍溠入为堂三方，云得白兔不葬，更葬南山，凿而得金，故曰金山。故頙今在。或云汉昌邑所作，或云秦时"[1]。汉水流域的汉中地区，在北魏时期也产金，《魏书·食货志》记载："又汉中旧有金户千余家，常于汉水沙淘金，年终总输。"有千余家淘金，可见当地的产量不低。

在西南的四川、云南等地也生产黄金。《水经注》卷三六《若水》记载："兰仓水，出金沙，越人收以为黄金。"兰仓水在今云南永平。《水经注》卷三二《江水》说："潺水，出潺山。水源有金银矿，洗取火合之，以成金银。"潺山在今四川绵阳。此外在今四川雅安市，也盛产金，史称"汉嘉金"[2]。梁李膺《益州记》记载："金山（四川广元）长七八里，每夏淹雨有崩处，即金粟散出。"[3]《华阳国志·巴志》记载："梓潼郡……土地出金、银、丹、漆、药、蜜也……晋寿县本葭萌城，刘氏更曰汉寿。水通于巴西，又入汉川。有金银矿，民今岁岁取洗之……刚氏县涪水所出，有金银矿。"《华阳国志·南中志》记载："（南中）……出其金、银、丹、漆，耕牛、战马给军国之用……晋宁郡……皋有鹦鹉、孔雀，盐池田渔之饶，金银畜产之富。"《南中八郡志》记载："云南旧有银窟数十。刘禅时，岁常纳贡。亡破以来，时往采取，银化为铜，不复中用。"[4]

---

[1]《续后汉书·郡国三》引《地道记》。

[2]《全三国文·诸葛亮·书》。

[3]《太平御览·地部九》。

[4]《太平御览·珍宝部·铜》。

此外，"鄱阳乐安出黄金，凿土十余丈，披沙之中。所得者大如豆，小如粟米"。"天平山，以为郡之镇山也。其旁群山连接，支陇曰金山，西去天平里许，初名茶坞山。晋宋间，凿石得金，因易今名。"① 天平山在今江苏境内。在会稽境内有金泉山，《建安记》记载："金泉山，南枕溪，有细泉出沙，彼人以夏中水小披沙淘之得金。山之西有金泉祠。"② 在湖北江夏的白雉山，"西出金……自晋、宋、梁、陈以来，常置立炉冶烹炼"③。

陶弘景在《本草经集注·金屑》中指出："金之所生，处处皆有，梁、益、宁三州及建晋多有，出水沙中，作屑，谓之生金。辟恶而有毒，不炼服之杀人。建、晋亦有金沙，出石中，烧熔鼓铸为，虽被火亦未熟，犹须更炼。"可见当时的巴蜀、云贵等地出产黄金的地区比较多。

魏晋南北朝时期，当时的银矿主要分布在西南地区，据《华阳国志》记载，在今四川和云南的梓潼郡、涪县、晋寿县、刚氐县、其宾、晋宁郡、堂螂县、贲古县等地都有银矿的开采。在三国时期的云南郡（今云南祥云县）有"银窟数十"，刘禅在位时常常上贡白银。④

南北朝时期，南方的主要银矿开采地点有始兴地区，"郡领银民三百余户，凿坑采砂，皆二三丈。功役既苦，不顾崩压，一岁之中，每有死者"⑤。《太平御览》卷八一三《珍宝部·银》引《湘州记》记载："曲江县有银山。"《桂阳记》记载："临贺山有黑银。"《艺文类聚》卷八三《宝玉部上》引《南越记》记载："遂成县任山有银，大银山。"《初学记》卷二七《宝器部·银》引《广州记》记载："广州市司用银米，遂成县任山有银穴，有银沙。"清汪士铎《南北朝补志·食货·矿冶》记载："魏天赐元年，罢山东诸冶。时银出始兴、阳山，及桂阳、阳安县。"《初学记》卷二七《宝器部·银》中也说："王韶之《始兴记》曰：小首山，宋元嘉元年夏，霖雨山崩，自颠及麓，崩处有光耀，望若辰砂。居人往观，皆是银砾，铸得银也。"在南朝时期，在交

①《读史方舆纪要·南直六》。

②《太平御览·地部》。

③《太平御览·地部》。

④《太平御览·南户八郡志》。

⑤《宋书·良吏传·徐豁传》。

州、广州一带以金银作为一般等价物，"交、广用金银"①，可知这一带应该有大量的金矿和银矿的开采。

北方产银地区，《魏书·食货志》记载："世宗延昌三年春，有司奏长安骊山有银矿，二石得银七两，其年秋，恒州又上言，白登山有银矿，八石得银七两，锡三百余斤，其色洁白，有逾上品。诏并置银官，常令采铸。"恒州地方应该有很多银矿，并不止白登山一处。肃宗时期就"开恒州银山之禁，与民共之"②。恒州大概是北魏时期的产银中心，恒州刺史杨钧"造银食器十具，并饷领军元乂"③。在邺下附近，也有银矿的开采，唐朝唐临《冥报记》卷上记载："东魏末，邺下人，共入西山采银钞，出穴未毕，而穴崩。有一人在后，为石塞门不得出，而无伤损。其穴崩。有小穴不合，微见日光，此人自念终无理，乃一心念佛。"此外，在河东地区，也应该有不少银矿开采，在隋朝时期"时工部尚书宇文恺、右翊卫大将军于仲文竞河东银窟"④。"河东银窟"至少在北朝后期就有开采，如果是新开采的话，国家有可能掌握而无法购买。此外，如前面所述，西藏在这一时期也开采不少金银矿。

《本草经集注·银屑》中记载："（银屑）……生永昌。采无时。银所出处，亦与金同，但皆是生石中耳……永昌本属益州。今属宁州，绝远不复宾附。"当时的巴蜀、云贵、福建等也是产银的主要区域。

①《资治通鉴·梁纪五》。

②《魏书·肃宗孝明帝纪》。

③《魏书·杨播传附椿子昱传》。

④《隋书·郎茂传》。

第四节　锡、铅、丹砂等矿产的开采与利用

秦汉以后，锡开采的资料记载比较少，《华阳国志》中记载西南的来宾出产锡，永昌郡以及律高也出产锡。据《隋书·地理志》记载，在光州的乐安有锡山，在长沙也有锡山。可知在魏晋南北朝时期还有不少地方也产锡。《本草经集注·锡铜镜鼻》记载："铅与锡，《本经》云生桂阳。今乃出临贺，临贺犹是分桂阳所置。铅与锡虽相似，而入用大异。"可见今广西一带，出产锡和铅。

魏晋南北朝时期，有关铅产地的资料很少，只有《华阳国志》记载来宾、堂螂县和贲古县等西南地区出产铅。此外，《本草经集注·铅丹》记载："生蜀郡平泽。一名铅华，生于铅。"平泽，在今成都附近。不过，当时社会上对铅的需求还是比较大的，"锡炭、铅沙"是铸造铜钱的主要原料之一。[①]北朝虽然货币铸造比较少，但从北朝末年开始逐渐铸造货币，所以对铅的需求也增加。

魏晋南北朝时期，由于道教的兴起，对丹砂的需求进一步增加。当时炼丹术盛行，炼制丹药的主要原料之一就是丹砂，《抱朴子》卷四《金丹》之中，介绍多种丹药的炼制原料，其中丹砂必不可少。比如，"有五灵丹经一卷，有五法也。用丹砂、雄黄、雌黄、石硫黄、曾青、矾石、慈石、戎盐、太乙余粮，亦用六一泥，及神室祭醮合之，三十六日成"，"务成子丹法，用巴沙汞置八寸铜盘中以土炉盛炭"，"岷山丹法……其法鼓冶黄铜，以作方诸，以承取月中水，以水银覆之，致日精火其中，长服之不死"。考古也发现，炼制丹药之中，多含汞。在四川绵阳双包山 2 号西汉墓出土一块银白色膏状金属，据

---

① 《魏书·高崇传附子道穆传》。

检测，它主要由液态汞和金汞合金颗粒组成，即所谓的金汞齐。[①] 南京象山东晋王丹虎墓出土一盒丹药，计有 200 余粒，经化学分析，硫及汞的含量分别为 13%、60.9%。[②]

丹砂需求量的增长，导致开采的地区也增加。据《华阳国志》记载，在西南地区的巴就产丹砂；涪陵郡、丹兴县、梓潼郡、涪县、晋寿县等地出产丹砂。岭南也有丹砂的开采，《晋书》记载："（葛洪）以年老，欲练丹以祈遐寿，闻交阯出丹，求为句漏令。帝以洪资高，不许。洪曰：'非欲为荣，以有丹耳。'帝从之。洪遂将子侄俱行。至广州，刺史邓岳留不听去，洪乃止罗浮山炼丹。"[③] 句漏在今广西北流，葛洪求为句漏令，这说明这一地区产丹砂，虽然没有成行，但去了另外一处产丹砂的地点罗浮山。北魏时期，崔赜"后与方士韦文秀诣王屋山造金丹，不就"[④]。

据《神农本草经》卷一《上经·丹砂》记载，在武陵、符陵山谷都有丹砂。葛洪在《抱朴子》卷四《金丹》中说："余周旋徐、豫、荆、襄、江、广数州之间……合此金液九丹，既当用钱，又宜入名山，绝人事，故能为之者少，且亦千万人中，时当有一人得其经者……是以古之道士，合作神药，必入名山，不止凡山之中，正为此也。又按仙经，可以精思合作仙药者，有华山、泰山、霍山、恒山、嵩山、少室山、长山、太白山、终南山、女几山、地肺山、王屋山、抱犊山、安丘山、潜山、青城山、娥眉山、绥山、云台山、罗浮山、阳驾山、黄金山、鳖祖山、大小天台山、四望山、盖竹山、括苍山，此皆是正神在其山中，其中或有地仙之人。上皆生芝草，可以避大兵大难，不但于中以合药也。若有道者登之，则此山神必助之为福，药必成。若不得登此诸山者，海中大岛屿，亦可合药。若会稽之东翁洲、亶屿，及徐州之莘莒洲，泰光洲郁洲，皆其次也。今中国名山不可得至，江东名山之可得住者，有霍山，在

---

① 何志国等：《我国最早的道教炼丹实物——绵阳双包山汉墓出土金汞合金的初步研究》，《自然科学史研究》2007 年第 1 期。

② 南京市文物保管委员会：《南京象山东晋王丹虎墓和二、四号墓发掘简报》，《文物》1965 年第 10 期。

③《晋书·葛洪传》。

④《魏书·崔逞传附子赜传》。

晋安；长山太白，在东阳；四望山、大小天台山、盖竹山、括苍山，并在会稽。"这些地点都比较适合炼制丹药，而炼制丹药的主要原料之一就是丹砂，把葛洪提及的这些名山和一些有炼丹活动的地点结合起来，可以发现，葛洪所提及的名山大部分都有丹砂的出产。

《本草经集注·丹砂》记载："世医皆别取武都仇池雄黄夹雌黄者，名为丹砂。方家亦往往俱用，此为谬矣。涪陵是涪州，接巴郡南，今无复采者。乃出武陵，西川诸蛮夷中，皆通属巴地，故谓之巴沙。《仙经》亦用越沙，即出广州临漳者，此二处并好，惟须光明莹澈为佳。"可见在南朝齐梁时期，涪陵一带的丹砂已经不再开采，武陵地区开采较多；而南方广州临漳（治所在今合浦附近）一带出产的丹砂质量较好。

第五节　盐业的分布

三国时期，食盐产地的记载资料比较少，《三国志》卷二七《魏志·徐邈传》记载："河右少雨，常苦乏谷，邈上修武威、酒泉盐池以收虏谷，又广开水田，募贫民佃之，家家丰足，仓库盈溢。"当时武威、酒泉是西北的产盐地，至于中原地区的产盐情况则不清楚。在西南地区，蜀国统治的地区有诸多盐井开采，《三国志》卷三九《蜀志·吕乂》记载："初，先主定益州，置盐府校尉，较盐铁之利。"由于蜀国盐业资源丰富，所以当邓艾攻占成都之后就建议："留陇右兵二万人，蜀兵二万人，煮盐兴冶，为军农要用，并作舟船。"[1] 蜀国产盐地点有明确记载的是定笮、台登、卑水等三县，史书记载这三县"旧出盐铁及漆"[2]。吴国产盐比较多，周瑜就认为吴国"兼六郡之众，兵精粮多，将士用命，铸山为铜，煮海为盐"[3]。吴国时期，朱桓"家无余财，权赐盐五千斛以周丧事"[4]。不过吴国食盐产地，史书明确记载只有一处，"（永安七年）秋七月，海贼破海盐，杀司盐校尉骆秀"[5]。《太平寰宇记》卷一五七《郡国志》载吴甘露元年于东官设司盐都尉，东官在今广州。

在晋朝时期关于产盐地点的记载比较多，《华阳国志》记载西南产盐之地有：临江、朐忍、汉发、南充国（今四川南部县一带）、新乐、定笮、坟山、连然、南广、蜻岭、晋宁、临邓、广都、什郁、都县、牛稗、江阳共计 17 处。据《晋书》

---

① 《三国志·魏志·邓艾传》。

② 《三国志·蜀志·张嶷传》。

③ 《三国志·吴志·周瑜传》。

④ 《三国志·吴志·朱桓传》。

⑤ 《三国志·吴书·三嗣主传·孙休传》。

记载，在晋朝时期产盐之地还有解，"有盐池"；① 京兆、天水、南安盐池；② "毗陵雷电，南沙司盐都尉戴亮以闻"，可见当时的毗陵为南沙司盐都尉管辖，是产盐地区。③

南北朝时期，有关产盐的记载资料颇多。在南方王允之曾任"钱唐令，领司盐都尉"④，可知钱唐产盐，当属于海盐产区。《宋书》卷三五《州郡一》记载："南沙令，本吴县司盐都尉署……晋成帝咸康七年，罢盐署，立以为南沙县。"可知南沙县在西晋的一段时间内也产盐。东官在西晋时也产盐，"东官太守，何志故司盐都尉，晋成帝立为郡"⑤。扬州在西晋时期也是产盐之地，"荆城跨南楚之富，扬部有全吴之沃，鱼盐杞梓之利"⑥。此外交州也是产盐之地。⑦ 不过，《陈书》卷三《世祖纪》记载："太子中庶子虞荔、御史中丞孔奂以国用不足，奏立煮海盐赋及榷酤之科，诏并施行。"可知南朝时期产海盐之地很多，上述地区只能是其中的代表而已。此外，今台湾地区也产海盐，"以木槽中暴海水为盐，木汁为酢，米面为酒，其味甚薄"⑧。

在北方地区，早在十六国时期，慕容德就"置盐官于乌常泽"⑨，以便生产食盐，乌常泽在今山东寿光。在北魏时期，《魏书·食货志》记载："河东郡有盐池……自迁邺后，于沧、瀛、幽、青四州之境，傍海煮盐。沧州置灶一千四百八十四，瀛州置灶四百五十二，幽州置灶一百八十，青州置灶五百四十六，又于邯郸置灶四，计终岁合收盐二十万九千七百二斛四升。军国所资，得以周赡矣。"在东魏时期，这些地方继续生产食盐，《隋书·食货志》记载：

---

① 《晋书·地理志上》。

② 《晋书·食货志》。

③ 《晋书·五行志下》。

④ 《晋书·王舒传附子允之传》。

⑤ 《宋书·州郡志四》。

⑥ 《宋书·沈昙庆传》。

⑦ 《南齐书·张融传》。

⑧ 《北史·流求传》。

⑨ 《晋书·慕容德载记》。

"于沧、瀛、幽、青四州之境，傍海置盐官，以煮盐，每岁收钱，军国之资，得以周赡。"河东郡在平城时代是北魏的主要产盐地区，史书记载："熙平末，转河东太守。郡有盐户，常供州郡为兵，子孙见丁从役，游矜其劳苦，乃表闻请听更代，郡内感之。"①

北朝时期，产盐的品种有九种，"世祖又遣赐义恭、骏等毡各一领，盐各九种，并胡豉……凡此诸盐，各有所宜。白盐食盐，主上自食；黑盐治腹胀气满，末之六铢，以酒而服；胡盐治目痛；戎盐治诸疮；赤盐、驳盐、臭盐、马齿盐四种，并非食盐"②。可见北朝时期，产盐的地区分布也比较广。除了河东郡以及沧、瀛、幽、青四州之外，北朝时期生产食盐的地区还有木根山附近的黑盐池，《魏书》卷二《太祖纪》记载："（登国）七年春正月，幸木根山，遂次黑盐池。"木根山在今内蒙古河套的鄂尔多斯附近。"（天赐三年）九月甲戌朔，幸漠南盐池。壬午，至漠中，观天盐池；度漠，北之吐盐池。癸巳，南还长川。"可见在北方漠南盐池、天盐池、北之吐盐池等三个地区产盐。在河西也有盐池，"徙三万余落于河西，西至白盐池"③。在今东北的勿吉国也有盐池，"勿吉国，在高句丽北，旧肃慎国也……有粟及麦穄，菜则有葵。水气酰凝，盐生树上，亦有盐池。多猪无羊"④。勿吉国统治区域在今黑龙江依兰附近。此外，在西北地区氏族居住的地区也出产盐。氏族，"秦汉以来，世居岐陇以南，汉川以西……煮土成盐"⑤。在今新疆的高昌，《魏书》卷一〇一《高昌传》记载："出赤盐，其味甚美。复有白盐，其形如玉，高昌人取以为枕，贡之中国。"焉耆国"南去海十余里，有鱼盐蒲苇之饶"⑥。这里的"海"指的是今新疆的博斯腾湖。据《隋书·地理志》记载，在张掖也有盐池。在《水经注》中，也记载了不少食盐产地：蒲昌海、三水、朔方、沃阳、安邑、岩备戍、高城、平度、盐官、临邓、安汉、临江、涪陵、广城、胸忍、北井、巫县、狼山等地。

---

① 《魏书·崔挺传附纂从祖弟游传》。

② 《魏书·李孝伯传》。

③ 《魏书·刘洁传》。

④ 《魏书·勿吉传》。

⑤ 《魏书·氏传》。

⑥ 《魏书·西域传·焉耆传》。

第六节　陶瓷的分布

陶瓷的发明与生产是人类社会发展到一定阶段的标志，是人类文明史上的重要成果之一，陶瓷的发明对人类的生产与生活起到十分重要的促进作用。陶瓷发明之后，可以用以贮备水和粮食，人们可以逐步远离河滩而在较高的地方过着定居生活，提高了生活的质量。

魏晋南北朝时期，北方长期处于战争状态，陶瓷生产受到严重的影响。考古表明，在北朝时期，"发现的砖棺葬，实际上是以砖来代替木棺。此外在土圹墓中也仅有 4 座墓出现少数棺钉，仅占总数的 1/20。可见当时一般群众能备木棺葬具的极少……仅仅能以生产工具镰刀和简单的发饰充当随葬，至于其中随葬陶器，百分之九十五以上是烧制半熟、制作粗劣，同样可看作当时农村经济凋敝的反映"[1]。可知当时农村经济萧条，北方大部分地区陶瓷生产萎缩。

不过在南方，陶瓷业获得长足的发展，制瓷水平有了相当大的提高。当时，江浙是主要的制瓷中心。余杭和富阳有东晋青瓷窑，六朝时期上虞窑址有几十处，宁波发现的窑址中东汉晚期的有 15 处、三国两晋南朝的有 13 处，其中以慈溪上林湖和东钱湖四周最为著名。金华地区有汉至三国时期的窑址，台州有三国铁场窑、西晋娘鱼坑窑、东晋至南朝西岙窑窑址，温州永嘉有汉、东晋窑址。[2] 此外，据中华人民共和国成立初期的调查，江苏宜兴均山窑址，时间大约为魏晋时期；在四川地区，成都市青羊宫窑可以上溯至南朝，邛崃窑的烧制时间为魏晋之间。[3] 在浙江的上虞也发现了大量东汉至宋代的窑址，有四

---

① 蒋若是：《一九五五年洛阳涧西区北朝及隋唐墓葬发掘报告》，《考古学报》1959
　年第 2 期。

② 阮平尔：《浙江古陶瓷的发现与探索》，《东南文化》1989 年第 6 期。

③ 陈万里：《建国以来对于古代窑址的调查》，《文物》1959 年第 10 期。

百多处，其中凤凰山窑群的年代为三国与西晋之间，皂李湖古窑址年代也在东汉与西晋之间，小仙坛古窑址年代为东汉时期。[①] 在江西也发现了烧制于东晋时期的丰城窑。[②] 江苏宜兴有石汉码头汉窑，为东汉后期至三国前，[③] 宜兴的丁蜀镇也发现汉窑3处、六朝窑3处。[④] 在徐州户部山发现烧造于北朝末年的青瓷遗址。[⑤]

在北方，虽然民用陶瓷生产出现萎缩，但是官窑在北朝时期也有一定的发展，逐渐出现了白瓷。这一时期比较有名的窑口有南巩县铁匠炉瓷窑，烧造年代为北朝晚期到隋。该窑址内依嵩山北麓，面对洛水、黄河，在这南北长约4千米、东西宽约0.5千米的区域内，分布着大量窑址。其安阳相州窑是北方早期的一处重要窑址。其位于洹河之滨，窑址南北长约350米，东西宽约260米。[⑥] 此外，在山东淄博的寨里窑、枣庄的中陈郝北窑和临沂朱陈窑，为东魏北齐时期的窑址。[⑦] 中华人民共和国成立初期，在河北地区发现的北朝窑址主要有磁县贾壁村窑、峰峰的临水窑、邢台的西坚固窑、曲阳红土捻窑内丘和临城的邢窑遗址。[⑧] 近些年在河北内丘，也发现北朝末年的窑址。[⑨]

陶瓷的烧制也要消耗大量的森林资源。今人的实验也可反映出古代陶瓷生产中对林木的消耗，汝州在仿烧宋汝瓷的过程中，试烧用时七天七夜，共耗用

---

① 章金焕：《浙江上虞凤凰山青瓷窑群调查》，《南方文物》2006年第3期；《浙江上虞皂李湖古窑址调查》，《南方文物》2002年第1期；喻芝琴：《浙江上虞小仙坛古窑址》，《南方文物》1995年第3期。

② 冯先铭：《三十年来我国陶瓷考古的收获》，《故宫博物院院刊》1980年第1期。

③ 宜兴陶瓷公司：《石码头汉窑调查简报》，《江苏陶瓷》1977年第1期。

④ 崔忠志：《宜兴唐代古龙窑》，《文史知识》1996年第4期。

⑤ 刘尊志：《江苏徐州市户部山青瓷窑址调查简报》，《华夏考古》2003年第3期。

⑥ 张增午等：《河南北朝瓷器刍议》，《中原文物》2003年第2期。

⑦ 宋百川等：《山东地区北朝晚期和隋唐时期瓷窑遗址的分布与分期》，《考古》1986年第12期。

⑧ 冯先铭：《新中国陶瓷考古的主要收获》，《考古》1965年第9期。

⑨ 程在廉：《邢窑中心在内邱》，《河北陶瓷》1986年第1期。

劈柴 2.8 吨、原煤 2.6 吨，但 23 件作品中，只有两件成功。[1] 可见，烧制瓷器所消耗的木材比较多。虽然现今发现了不少以煤炭作为主要燃料的古陶瓷窑址，但是这些窑址主要在北宋之后。其实，即使是在北宋之后，在煤炭资源比较缺乏的地方，很多瓷窑仍然用木炭来作为燃料，故很多窑址都分布在燃料资源丰富的地区。据宋百川等人调查，在山东北朝晚期和隋唐时期瓷窑遗址的分布区域之中，瓷窑多分布在丘陵地区河流的两岸或靠水源的地方，而且分布在煤矿区或距煤矿区很近的地方。[2] 因此，不少窑址荒废的主要原因之一是周边森林资源被消耗殆尽而导致燃料缺乏。[3]

---

[1] 马禄祯等：《汝州仿宋汝瓷柴烧窑试烧成功》，《河南日报》2010 年 9 月 12 日。

[2] 宋百川等：《山东地区北朝晚期和隋唐时期瓷窑遗址的分布与分期》，《考古》1986 年第 12 期。

[3] 董亮等：《中国历代瓷窑兴衰原因探析》，《中国陶瓷》2006 年第 7 期。

第六章

魏晋南北朝时期的自然灾害类型与分布

第一节　魏晋南北朝时期的旱灾

魏晋南北朝时期的旱灾，史书记载颇为丰富：

吴黄武二年（公元 223 年），闻吴国比年灾旱，人物凋损，以大夫之明，观之何如。（《三国志·吴书·吴主传》）

魏明帝太和二年（公元 228 年），五月，大旱。（《三国志·魏书·明帝纪》）

魏明帝太和五年（公元 231 年），四月，"自去冬十月至此月不雨。辛巳，大雩"。（《三国志·魏书·明帝纪》）

吴嘉禾五年（公元 236 年），自十月不雨，至于夏。（《三国志·吴书·吴主传》）

魏齐王正始元年（公元 240 年），二月，自去冬十二月至此月不雨。（《三国志·魏书·齐王纪》）

吴五凤二年（公元 255 年），是岁大旱。（《三国志·吴书·三嗣主传》）

魏高贵乡公甘露二年秋至甘露三年（公元 257 年—258 年），正月，自去秋至此月旱。（《晋书·五行志》）

吴宝鼎元年（公元 266 年），春夏旱。（《晋书·五行志中》）

武帝泰始七年（公元 271 年），五月闰月旱，大雩。（《晋书·五行志中》）

武帝泰始八年（公元 272 年），五月，旱。（《晋书·五行志中》）

武帝泰始九年（公元 273 年），自正月旱，至于六月，祈宗庙社稷山川。癸未，雨。（《晋书·五行志中》）

武帝泰始十年（公元 274 年），四月，旱。（《晋书·五行志中》）

武帝咸宁二年（公元 276 年），五月庚午，大雩。自春旱，至于是月始雨。（《晋书·武帝纪》）

武帝太康元年（公元 280 年）冬至太康二年（公元 281 年）春，旱，自

去冬旱至此春。(《晋书·五行志中》)

　　武帝太康三年（公元 282 年），四月旱。(《晋书·五行志中》)

　　武帝太康五年（公元 284 年），六月，旱。(《晋书·五行志中》)

　　武帝太康六年（公元 285 年），三月，青、梁、幽、冀郡国旱。六月，济阴、武陵旱。(《晋书·五行志中》)

　　武帝太康七年（公元 286 年），夏，郡国十三大旱。(《晋书·五行志中》)

　　武帝太康八年（公元 287 年），四月，冀州旱。(《晋书·五行志中》)

　　武帝太康九年（公元 288 年），夏，郡国三十三旱，扶风、始平、京兆、安定旱。(《晋书·五行志中》)

　　武帝太康十年（公元 289 年），二月，旱。(《晋书·五行志中》)

　　武帝太熙元年（公元 290 年），二月，旱。自太康以后，无年不旱。(《晋书·五行志中》)

　　惠帝元康元年（公元 291 年），雍州大旱。(《宋书·五行志中》)

　　惠帝元康七年（公元 297 年），七月，秦、雍二州大旱。(《晋书·五行志中》)

　　惠帝永宁元年（公元 301 年），自夏及秋，青、徐、幽、并四州旱。十二月，又郡国十二旱。(《晋书·五行志中》)

　　怀帝永嘉三年（公元 309 年），五月，大旱，襄平县梁水淡池竭，河、洛、江、汉皆可涉。(《晋书·五行志中》)

　　怀帝永嘉四年（公元 310 年）冬至永嘉五年（公元 311 年）春，自去冬旱至此春。(《晋书·五行志中》)

　　元帝建武元年（公元 317 年），六月，扬州大旱。去年十二月，淳于伯冤死，遂频旱三年。(《搜神记》卷七)《十六国春秋·后赵录》曰：建武元年十一月，不雨雪。至二年八月，谷价涌贵，金一斤直米二升。(《太平御览·珍宝部》)

　　元帝大兴元年（公元 318 年），六月，旱，帝亲雩。(《晋书·元帝纪》)

　　元帝大兴四年（公元 321 年），五月，旱。(《晋书·五行志中》)

　　元帝永昌元年（公元 322 年），夏，大旱。其闰十一月，京都大旱，川谷并竭。(《晋书·五行志中》)

　　明帝太宁三年（公元 325 年），自春不雨，至于六月。(《晋书·五行志

中》)

成帝咸和元年（公元 326 年），九月，旱。十一月，时大旱，自六月不雨，至于是月。（《晋书·成帝纪》）

成帝咸和二年（公元 327 年），四月，旱。（《晋书·成帝纪》）

成帝咸和五年（公元 330 年），五月，大旱。（《晋书·五行志中》）

成帝咸和六年（公元 331 年），四月，大旱。（《晋书·五行志中》）

成帝咸和八年（公元 333 年），秋七月，旱。（《晋书·五行志中》）

成帝咸和九年（公元 334 年），自四月不雨，至于八月。（《晋书·五行志中》）大旱，诏太官撤膳；省刑，恤孤寡，贬费节用。秋八月，大雩。自五月不雨，至于是月。（《晋书·成帝纪》）

成帝咸康元年（公元 335 年），六月，旱。时天下普旱，会稽、余姚特甚，米斗直五百，人有相鬻者。（《晋书·五行志中》）

成帝咸康二年（公元 336 年），三月，旱，诏太官减膳，免所旱郡县繇役。戊寅，大雩。（《晋书·成帝纪》）

成帝咸康三年（公元 337 年），六月，旱。遂盗贼公行，频五年亢旱。（《晋书·五行志中》）

康帝建元元年（公元 343 年），五月，旱。（《晋书·五行志中》）

穆帝永和元年（公元 345 年），五月，旱。（《晋书·五行志中》）五月戊寅，大雩。（《晋书·穆帝纪》）

穆帝永和五年（公元 349 年），七月不雨，至于十月。（《晋书·五行志中》）

穆帝永和六年（公元 350 年），夏，旱。（《晋书·五行志中》）

穆帝永和八年（公元 352 年），夏，旱。（《晋书·五行志中》）

穆帝永和九年（公元 353 年），春，旱。（《晋书·五行志中》）

穆帝升平三年（公元 359 年），冬，大旱。（《晋书·五行志中》）

穆帝升平四年（公元 360 年），冬，大旱。（《晋书·五行志中》）

哀帝隆和元年（公元 362 年），夏，旱。（《晋书·五行志中》）

海西公太和元年（公元 366 年），夏，旱。（《晋书·五行志中》）

海西公太和四年（公元 369 年），冬，旱。凉州春旱至夏。（《晋书·五行志中》）

简文帝咸安二年（公元 372 年），十月，大旱，饥。（《晋书·五行志》）

是岁，三吴大旱，人多饿死，诏所在振给。(《晋书·简文帝纪》)

孝武帝宁康元年（公元373年），三月，旱。(《晋书·五行志中》) 五月，旱。(《晋书·孝武帝纪》)

孝武帝宁康二年（公元374年），夏四月壬戌，皇太后诏曰："又三吴奥壤，股肱望郡，而水旱并臻，百姓失业，夙夜惟忧，不能忘怀，宜时拯恤，救其雕困。"(《晋书·孝武帝纪》)

孝武帝宁康三年（公元375年），冬，旱。(《晋书·五行志中》)

孝武帝太元四年（公元379年），夏，大旱。(《晋书·五行志中》)

孝武帝太元五年（公元380年），四月，大旱。(《晋书·孝武帝纪》)

孝武帝太元八年（公元383年），六月，旱。(《晋书·五行志中》)

孝武帝太元十年（公元385年），七月，旱，饥。(《晋书·五行志》) 秋，七月，旱，饥，井皆竭。(《资治通鉴·晋纪二十八》)

孝武帝太元十一年（公元386年），(前秦) 岁旱众饥，道馑相望。(《晋书·符登载记》)

孝武帝太元十五年（公元390年），七月，旱。(《晋书·五行志中》)

孝武帝太元十七年（公元392年），是岁，自秋不雨，至于冬。(《晋书·孝武帝纪》)

孝武帝太元十八年（公元393年），秋七月，旱。(《晋书·孝武帝纪》)

孝武帝太元二十年（公元395年）冬，无雪。(《太平御览·咎徵部·旱》)

孝武帝太元二十一年（公元396年），连岁水旱，三方动。众人饥。(《晋书·天文志》)

安帝隆安元年（公元397年），是后，连岁水旱。(《晋书·天文志》)

安帝隆安二年（公元398年），冬，旱，寒甚。(《晋书·五行志中》) (后燕) 龙城自夏不雨至十秋七月。(《资治通鉴·晋纪三十二》)

安帝隆安四年（公元400年），五月，旱。(《晋书·五行志》) 六月，旱。(《晋书·安帝纪》)

安帝隆安五年（公元401年），夏秋大旱。十二月，不雨。(《晋书·五行志中》)

安帝元兴元年（公元402年），九月、十月不雨，泉水涸。(《晋书·五行志中》)

安帝元兴二年（公元 403 年），六月，不雨。冬，又旱。（《晋书·五行志中》）

安帝元兴三年（公元 404 年），八月，不雨。（《晋书·五行志中》）

安帝义熙元年（公元 405 年），（九月）（南燕）女水竭。（《晋书·慕容德载记》）

安帝义熙四年（公元 408 年），冬，不雨。（《晋书·五行志中》）（十一月）（南燕）女水竭。（《晋书·慕容超载记》）

太宗永兴年间（公元 409 年—413 年），频有水旱。（《魏书·食货志》）

安帝义熙六年（公元 410 年），九月，不雨。（《晋书·五行志中》）

安帝义熙八年（公元 412 年），十月，不雨。（《晋书·五行志中》）

安帝义熙九年（公元 413 年），秋冬不雨。（《晋书·五行志中》）

安帝义熙十年（公元 414 年），九月，旱。十二月又旱，井渎多竭。（《晋书·五行志中》）

太宗神瑞二年（公元 415 年），顷者以来，频遇霜旱，年谷不登，百姓饥寒不能自存者甚众，其出布帛仓谷以赈贫穷。（《魏书·太宗纪》）（后秦）大旱，昆明池竭。（《资治通鉴·晋纪三十九》）

安帝义熙十二年（公元 416 年），（北燕）二月不雨，至于夏五月。（《晋书·冯跋载记》）

安帝义熙十三年（公元 417 年），（北凉）春炎旱。（《晋书·沮渠蒙逊载记》）

安帝义熙十四年（公元 418 年），时刘裕擅命，军旅数兴，饥旱相属，其后卒移晋室。（《晋书·天文志三》）

少帝景平元年（公元 423 年），七月，丁丑，以旱，诏赦五岁刑以下罪人。（《宋书·少帝纪》）

文帝元嘉二年（公元 425 年），夏，旱。（《宋书·五行志二》）

文帝元嘉三年（公元 426 年），秋，旱蝗。（《宋书·范泰传》）大旱，蝗。（《资治通鉴·宋纪二》）

文帝元嘉四年（公元 427 年），秋，京都旱。（《宋书·五行志二》）

文帝元嘉七年（公元 430 年），（西秦）正月不雨，至于九月。（《资治通鉴·宋纪三》）

文帝元嘉八年（公元 431 年），五月，扬州诸郡旱。（《宋书·五行志

二》）三月，大雩；夏六月乙丑，大赦，旱故。又大雩。（《南史·宋本纪中》）

世祖延和二年（公元433年），春小旱，东作不茂。（《魏书·世祖纪》）

世祖太延元年（公元435年），自二月不雨至六月。（《魏书·世祖纪》）

世祖太延四年（公元438年），漠北大旱，无水草，人马多死。（《资治通鉴·宋纪五》）

世祖太平真君元年（公元440年），（杨氏仇池）其国大旱，多灾异。（《宋书·氐胡传》）

文帝元嘉十九年（公元442年），南兖、豫州旱。（《宋书·五行志二》）

文帝元嘉二十年（公元443年），南兖、豫州旱。（《宋书·五行志二》）

文帝元嘉二十一年（公元444年），南梁郡旱。（《宋书·刘遵考传》）徐耕，晋陵延陵人也。元嘉二十一年，大旱人饥。（《南史·徐耕传》）

文帝元嘉二十七年（公元450年）八月至二十八年（公元451年）三月，不雨。（《宋书·五行志二》）

孝武帝大明元年（公元457年），时天旱，水泉多竭，人马疲困，不能远追。（《宋书·薛安都传》）

高宗太安五年（公元459年），冬十二月，诏曰"六镇、云中、高平、二雍、秦州，偏遇灾旱，年谷不收"。（《魏书·高宗纪》）

高宗和平二年（公元461年），三月，荧惑入鬼。是谓稼穑不成。且曰万人相食。其后定相阻饥，宥其田租。时三吴亦仍岁凶旱，死者十二三。（《魏书·天象志三》）魏大旱，诏："州郡境内，神无大小，悉洒扫致祷；俟丰登，各以其秩祭之。"于是群祀之废者皆复其旧。（《资治通鉴·宋纪十一》）

孝武帝大明七年（公元463年），东诸郡大旱，民饥，死者十六七。（《宋书·五行志二》）大明七年大旱，瓜渎不复通船。（《南史·朱百年传》）

高宗和平五年（公元464年），夏四月，帝以旱故，减膳责躬。（《魏书·高宗纪》）孝武帝大明八年（公元464年），东诸郡大旱，民饥，死者十六七。（《宋书·五行志二》）

显祖天安元年（公元466年），九月，州镇十一旱。（《魏书·显祖纪》）

显祖皇兴年间（公元467年—471年），岁频大旱，绢匹千钱。（《魏书·食货志》）魏自天安以来，比岁旱饥。（《资治通鉴·宋纪十四》）

显祖皇兴二年（公元468年），十一月，州镇二十七水旱，开仓赈恤。

（《魏书·显祖纪》）

高祖延兴二年（公元 472 年），是岁，州镇十一水旱，丐民田租，开仓赈恤。（《魏书·高祖纪上》）

后废帝元徽元年（公元 473 年），八月，京都旱。（《宋书·五行志二》）

高祖延兴四年（公元 474 年），比岁蝗旱。（《魏书·天象志三》）是岁，州镇十三大饥，丐民田租，开仓赈之。（《魏书·高祖纪上》）

后废帝元徽四年（公元 476 年）前，世祖（萧赜）为广兴相，岭下积旱，水涸，不通船，上部伍至，水忽暴长。（《南齐书·符瑞志》）（案：《南齐书·武帝纪》记载，萧赜为广兴相时间不明，但在元徽四年前。）

高祖太和元年（公元 477 年），十二月，丁未，诏以州郡八水旱蝗，民饥，开仓赈恤。（《魏书·高祖纪上》）高祖太和二年（公元 478 年），四月，京师旱；是岁，州镇二十余水旱，民饥，开仓赈恤。（《魏书·高祖纪上》）

高祖太和三年（公元 479 年），五月丁巳，帝祈雨于北苑。（《魏书·高祖纪上》）高帝建元元年（公元 479 年），六月，癸未，诏：昔岁水旱，曲赦丹阳、二吴、义兴四郡遭水尤剧之县，元年以前，三调未充，虚列已毕，官长局吏应共偿备外，详所除宥。（《南齐书·高帝纪下》）

高祖太和四年（公元 480 年），是岁，诏以州镇十八水旱，民饥，开仓赈恤。（《魏书·高祖纪上》）

高祖太和五年（公元 481 年），四月，甲寅，诏曰："时雨不沾，春苗萎悴。诸有骸骨之处，皆敕埋藏，勿令露见。有神祇之所，悉可祷祈。"（《魏书·高祖纪上》）高帝建元三年（481 年），大旱。（《南齐书·五行志》）

武帝永明元年（公元 483 年）前后，是时上（世祖）新亲政，水旱不时。子良密启曰："臣思水潦成患，良田沃壤变为污泽。农政告祥，因高肆务，播植既周，继以旱虐。黔庶呼嗟，相视褫气。"（《南齐书·萧子良传》）

高祖太和八年（公元 484 年），十有二月，诏以州镇十五水旱，民饥，遣使者循行，问所疾苦，开仓赈恤。（《魏书·高祖纪上》）

高祖太和九年（公元 485 年），是年，京师及州镇十三水旱伤稼。（《魏书·高祖纪上》）武帝永明三年（公元 485 年），是夏，琅邪郡旱。百姓芟除枯苗，至秋擢颖大熟。（《南齐书·武帝纪》）大旱。（《南齐书·五行志》）

高祖太和十年（公元 486 年），九月庚戌，诏曰："去夏以岁旱民饥，须遣就食，旧籍杂乱，难可分简，故依局割民，阅户造籍，欲令去留得实，赈贷

平均。"（《魏书·高祖纪下》）

高祖太和十一年（公元487年），六月，癸未，诏曰："春旱至今，野无青草。上天致谴，实由匪德。百姓无辜，将罹饥馑。瘝瘵思求，罔知所益。公卿内外股肱之臣，谋猷所寄，其极言无隐，以救民瘼。"（《魏书·高祖纪下》）大旱，京都民饥。（《魏书·食货志》）其后（太和十一年）连年亢阳，而吴中比岁霖雨伤稼也。（《魏书·天象志三》）太和十一年，春夏大旱。

高祖太和十二年（公元488年），是岁，两雍及豫州旱饥。（《魏书·天象志三》）

武帝永明七年（公元489年），雍州频岁戎役，兼水旱为弊，原四年以前逋租。（《南齐书·武帝纪》）

高祖太和十四年（公元490年），（京师）春夏少雨。（《魏书·高闾传》）

高祖太和十五年（公元491年），自正月不雨，至于（四月）癸酉，有司奏祈百神。（《魏书·高祖纪下》）

高祖太和十七年（公元493年），五月，丁丑，以旱撤膳。（《魏书·高祖纪下》）武帝永明十一年（公元493年），五月，戊辰，诏曰："水旱成灾，谷稼伤弊，凡三调众逋，可同申至秋登。京师二县、朱方、姑熟，可权断酒。"七月，又诏曰："水旱为灾，实伤农稼。江淮之间，仓廪既虚，遂草窃充斥，互相侵夺，依阻山湖，成此逋逃。曲赦南兖、兖、豫、司、徐五州，南豫州之历阳、谯、临江、庐江四郡，三调众逋宿债，并同原除。其缘淮及青、冀新附侨民，复除已讫，更申五年。"（《南齐书·武帝纪》）

明帝建武二年（公元495年），大旱。（《南齐书·五行志》）

高祖太和二十年（公元496年），七月，戊寅，帝以久旱，咸秩群神；自癸未不食至于乙酉，是夜澍雨大洽。十有二月甲子，以西北州郡旱俭，遣侍臣循察，开仓赈恤。（《魏书·高祖纪下》）

世宗景明元年（公元500年），北蕃连年灾旱。（《魏书·源怀传》）

世宗景明三年（公元502年），春二月戊寅，诏曰："自比阳旱积时，农民废殖；瘝言增愧，在予良多。申下州郡，有骸骨暴露者，悉可埋瘗。"（《魏书·世宗纪》）武帝天监元年（公元502年），是岁大旱，米斗五千，人多饿死。（《梁书·武帝纪中》）

世宗景明四年（公元503年），四月，戊戌，诏曰："酷吏为祸，绵古同患；孝妇淫刑，东海焦壤。今不雨十旬，意者其有冤狱乎？尚书鞫京师见囚，务尽听察之理。"己亥，帝以旱减膳彻悬。（《魏书·世宗纪》）

世宗正始元年（公元504年），六月，以旱彻乐减膳。癸巳，诏曰："朕以匪德，政刑多舛，阳旱历旬，京甸枯瘁，在予之责，夙宵疚怀。有司可循案旧典，祗行六事。"甲午，帝以旱亲荐享于太庙。戊戌，诏立周旦、夷、齐庙于首阳山。庚子，以旱见公卿已下，引咎责躬。又录京师见囚，殊死已下皆减一等，鞭杖之坐悉皆原之。（《魏书·世宗纪》）

世宗正始二年（公元505年），八月，郊甸之内，大旱跨时。（《魏书·崔光传》）武帝天监四年（公元505年），荆州旱。（《南史·始兴忠武王憺传》）八月，郊甸之内，大旱逾时。（《资治通鉴·梁纪二》）

世宗正始三年（公元506年），五月，丙寅，诏曰："掩骼埋胔，古之令典；顺辰修令，朝之恒式。今时泽未降，春稼已旱。或有孤老馁疾，无人赡救，因以致死，暴露沟堑者，洛阳部尉依法棺埋。"（《魏书·世宗纪》）天监五年（公元506年）冬旱，雩祭备至，而未降雨。（《高僧传·释宝常》）

世宗正始四年（公元507年），丙午，以去年旱俭，遣使者所在则恤。（《魏书·世宗纪》）武帝天监六年（公元507年），先是旱甚，诏祈蒋帝神求雨，十旬不降。（《南史·曹景宗传》）

世宗永平元年（公元508年），五月，辛卯，帝以旱故，减膳撤悬。（《魏书·世宗纪》）武帝天监七年（公元508年），荆州尝苦旱，咸欲徒市开渠，秀乃责躬，亲祈楚望。（《南史·安成康王秀传》）

世宗永平二年（公元509年），五月，辛丑，帝以旱故，减膳彻悬，禁断屠杀。（《魏书·世宗纪》）

世宗永平三年（公元510年），五月丁亥，诏以冀定二州旱俭，开仓赈恤。（《魏书·世宗纪》）秋，冀定旱饥。（《魏书·天象志四》）武帝天监九年（公元510年），有事雩坛。（《隋书·礼仪志二》）

世宗永平四年（公元511年），春正月乙巳，以频水旱，百姓饥弊，分遣使者开仓赈恤。（《魏书·世宗纪》）

世宗延昌元年（公元512年），夏四月，诏以旱故，食粟之畜皆断之。戊辰，以旱，诏尚书与群司鞫理狱讼，诏河北民就谷燕恒二州。辛未，诏饥民就谷六镇。丁丑，帝以旱故，减膳撤悬。自二月不雨至于是（五月）晦。（《魏书·世宗纪》）武帝天监十一年（公元512年），三月，旱。（《南史·梁本纪

上》）

世宗延昌三年（公元 514 年），雍以旱故，再表逊位。（《魏书·元雍传》）

肃宗熙平元年（公元 516 年），五月丁卯朔，诏曰："炎旱积辰，苗稼萎悴，比虽微澍，犹未沾洽。晚种不纳，望忧劳，在予之责，思自兢厉。"（《魏书·肃宗纪》）武帝天监十五年（公元 516 年），是岁荆州大旱。（《隋书·五行志上》）

肃宗神龟元年（公元 518 年），自正月不雨至于六月辛卯。（《魏书·肃宗纪》）

肃宗神龟二年（公元 519 年），二月，壬寅，诏曰："农要之月，时泽弗应，嘉谷未纳，二麦枯悴。德之无感，叹惧兼怀。可敕内外，依旧雩祈，率从祀典。察狱理冤，掩骼埋胔。冀瀛之境，往经寇暴，死者既多，白骨横道，可遣专令收葬。赈穷恤寡，救疾存老，准访前式，务令周备。"（《魏书·肃宗纪》）秋末久旱。（《魏书·崔光传》）

肃宗正光元年（公元 520 年），五月辛巳，诏曰："朕以寡薄，运膺宝图，虽未明求衣，惕惧终日，而暗昧多阙，炎旱为灾，在予之愧，无忘寝食。今刑狱繁多，图圄尚积，宜敷仁惠，以济斯民。八座可推鞠见囚，务申枉滥。"（《魏书·肃宗纪》）今春夏阳旱，谷籴稍贵，穷窘之家，时有菜色。（《北史·崔光传》）

肃宗正光三年（公元 522 年），六月己巳，诏曰："朕以冲昧，凤纂宝历，不能祇奉上灵，感延和气，致令炎旱频岁，嘉雨弗洽，百稼焦萎，晚种未下，将成灾年，秋稔莫觊。在予之责，忧惧震怀。今可依旧分遣有司，驰祈岳渎及诸山川百神能兴云雨者，尽其虔肃，必令感降，玉帛牲牢，随应荐享。上下群官，侧躬自厉，理冤狱，止土功，减膳撤悬，禁止屠杀。"（《魏书·肃宗纪》）

肃宗正光四年（公元 523 年），八月，戊寅，诏曰："朕以眇暗，忝承鸿绪，因祖宗之基，托王公之上，每鉴寐属虑，思康亿兆。比雨旱愆时，星运舛错。"（《魏书·肃宗纪》）

武帝普通六年（公元 525 年），明彻幼孤，性至孝，年十四，感坟茔未备，家贫无以取给，乃勤力耕种。时天下亢旱，苗稼焦枯，明彻哀愤，每之田中，号泣，仰天自诉。（《陈书·吴明彻传》）［案：吴明彻死于太建十年（《资治通鉴·陈纪七》），即公元 578 年，"年六十七"。故年十四岁当为公元

525 年。]

孝庄帝永安二年（公元 529 年），殷州，属岁旱俭。（《魏书·樊子鹄传》）

孝庄帝永安三年（公元 530 年），六月，时高平大旱。（《魏书·尔朱天光传》）并、肆频岁霜旱，降户掘田鼠而食之，面无谷色，徒污人境内，请令就食山东，待温饱更受处分。（《资治通鉴·梁纪十》）

前废帝普泰元年（公元 531 年），秋七月，司徒公尔朱彦伯以旱逊位。（《魏书·前废帝纪》）

出帝太昌元年（公元 532 年），胶州属时亢旱。（《魏书·裴粲传》）

孝静帝天平二年（公元 535 年），三月，以旱故，诏京邑及诸州郡县收瘗骸骨。五月，大旱，勒城门、殿门及省、府、寺、署、坊门浇人，不简王公，无限日，得雨乃止。（《魏书·静帝纪》）武帝大同元年（公元 535 年），都下旱蝗。（《南史·裴之礼传》）

孝静帝天平三年（公元 536 年），秋，并、肆、汾、建、晋、泰、陕、东雍、南汾九州霜旱。（《魏书·食货志》）

孝静帝天平四年（公元 537 年），二月乙酉，神武以并、肆、汾、建、晋、东雍、南汾、泰、陕九州霜旱，人饥流散，请所在开仓赈给。（《北齐书·神武帝纪下》）东魏天平四年（公元 537 年），并、肆、汾、建、晋、绛、秦、陕等诸州大旱，人多流散。（《隋书·五行志上》）

孝静帝武定元年（公元 543 年）冬至武定二年（公元 544 年）春，三月癸巳，神武巡行冀、定二州，因朝京师。以冬春亢旱，请蠲悬责，赈穷乏，宥死罪以下。又请授老人板职各有差。（《北齐书·神武帝纪下》）

孝静帝武定五年（公元 547 年）冬至武定六年（公元 548 年）三月，辛亥，以冬春亢旱，赦罪人各有差。（《魏书·静帝纪》）

简文帝大宝元年（公元 550 年），时江南大饥，江、扬弥甚，旱蝗相系，年谷不登，百姓流亡，死者涂地。（《南史·侯景传》）晔初至郡，属旱，躬自祈祷，果获甘润。（《南史·萧晔传》）

西魏恭帝二年（公元 555 年），灾厉所兴，水旱之处：并宜具闻。（《周书·孝悯纪》）

北周明帝元年（公元 557 年）冬至二年（公元 558 年）二月，自冬不雨，至于是（二月）月方大雪。（《周书·明帝纪》）

北齐文宣帝天保九年（公元558年），是夏，大旱。帝以祈雨不应，毁西门豹祠，掘其冢。（《北齐书·文宣帝纪》）武帝永定二年（公元558年），吴州、缙州，蝗旱。（《陈书·高祖纪下》）

武帝永定三年（公元559年），是时久不雨，丙午，舆驾幸钟山祠蒋帝庙，是日降雨，迄于月晦。（《陈书·高祖纪下》）

北齐废帝乾明元年（公元560年），春，旱。（《隋书·五行志上》）

北周武帝保定元年（公元561年），秋七月戊申，诏曰："亢旱历时，嘉苗殄悴。岂狱犴失理，刑罚乖衷欤？其所在见囚：死以下，一岁刑以上，各降本罪一等；百鞭以下，悉原免之。"（《周书·武帝纪》）

北周武帝保定二年（公元562年），二月癸丑，以久不雨，降宥罪人，京城三十里内禁酒。梁夏四月甲辰，禁屠宰，旱故也。（《周书·武帝纪》）

北齐武成帝河清二年（公元563年），夏四月，并、汾、晋、东雍、南汾五州虫旱伤稼，遣使赈恤。（《北齐书·武成帝纪》）四月，并、晋已西五州旱。（《隋书·五行志上》）北周武帝保定三年（公元563年），四月，癸卯，大雪。五月甲子朔，避正寝不受朝，旱故也。（《周书·武帝纪》）保定三年，盛营宫室。春夏大旱。（《周书·艺术传·黎景熙》）

北齐后主天统二年（公元566年），三月，以旱故，降禁囚。（《北齐书·后主纪》）北周武帝天和元年（公元566年），四月辛亥，雩。（《周书·武帝纪》）文帝天康元年（公元566年），惠泽未流，愆阳累月。（《陈书·世祖纪》）

北齐后主天统四年（公元568年），自正月不雨至于是月。（《北齐书·后主纪》）

北齐后主天统五年（公元569年），秋七月，戊申，诏使巡省河北诸州无雨处，境内偏旱者优免租调。（《北齐书·后主纪》）

北周武帝建德元年（公元572年），壬戌，帝以大旱，集百官于庭，诏之曰："盛农之节，亢阳不雨，气序愆度，盖不徒然。岂朕德薄，刑赏乖中欤？将公卿大臣或非其人欤？宜尽直言，无得有隐。"公卿各引咎自责。（《周书·武帝纪》）

北周武帝建德二年（公元573年），七月，自春末不雨，至于是（七）月。壬申，集百寮于大德殿，帝责躬罪己，问以治政得失。（《周书·武帝纪》）

北齐后主武平五年（公元574年），夏五月，大旱。（《北齐书·后主纪》）

北周武帝建德五年（公元576年），秋七月乙未，京师旱。（《周书·武帝纪》）

北齐幼主承光元年（公元577年），每灾异寇盗水旱，亦不贬损，唯诸处设斋，以此为修德。雅信巫觋，解祷无方。（《北齐书·幼主纪》）

北周大象二年（公元580年），自春涉夏，甘泽未丰。（《周书·宣帝纪》）宣帝太建十二年（公元580年），四月，己卯，大雩。夏中亢旱伤农，畿内为甚。（《陈书·宣帝纪》）

魏晋南北朝时期的旱灾，可分为几个阶段：公元220年至公元270年，51年间，史书记载的旱灾有9次。平均5.7年发生一次旱灾，是旱灾发生比较少的时段。这其中南方有旱灾4次，北方有旱灾5次。基本上没有发生连年干旱的情况。这一时期蜀国虽然没有旱灾的记载，但据《三国志·蜀书·简雍传》"时天旱禁酒，酿者有刑"的记载，可见，在蜀国还是有不少年份发生旱灾的。

公元271年至公元291年，21年间有15次旱灾，平均1.4年发生一次旱灾，是旱灾发生频繁的时期。这一阶段连年旱灾比较严重，其中公元271年至公元274年这4年间是连年旱灾，公元282年至公元291年这10年间连续旱灾。这一阶段旱情也比较严重，公元271年和公元276年都举行"大雩"以求雨，公元273年还"祈宗庙社稷山川"，这些都是持续几个月干旱的结果。

公元292年至公元320年，29年间，发生旱灾7次，平均4.2年发生一次旱灾，是旱灾发生较少的时段。其中，公元292年至公元296年五年间没有旱灾记录，公元302年至公元308年这7年间也没有旱灾的记载，公元312年至公元316年这5年间也没有旱灾的记载。不过这一时期也发生了几次严重的旱灾，公元301年，"自夏及秋，青、徐、幽、并四州旱。十二月，又郡国十二旱"。公元309年，"五月，大旱，襄平县梁水淡池竭，河、洛、江、汉皆可涉"。可知当年干旱极其严重，黄河、长江以及汉水水位都非常低。公元318年，"六月，旱，帝亲雩"，也可见当年旱灾的严重。

公元321年至公元337年，17年间发生14次旱灾，平均1.2年发生一次旱灾，是旱灾比较严重的阶段。14次旱灾中，其中有9次是属于比较严重的"大旱"。而其中公元322年、公元326年、公元334年至公元337年，旱灾比较严重。

公元 338 年至公元 369 年，32 年间发生旱灾 10 次，平均每 3.2 年发生一次旱灾，是旱灾比较少的阶段。这一时期旱情不太严重，只有公元 345 年和公元 349 年灾情较重。

公元 370 年至公元 444 年，75 年间发生旱灾 53 次，平均 1.4 年发生一次旱灾，是旱灾较严重的时段。其中公元 372 年旱灾严重，三吴地区有饿死人的记载，是旱灾导致农业产量严重下降的结果。公元 374 年旱灾也比较严重，农作物严重歉收，农民流离失所。公元 385 年和公元 386 年旱情也比较严重，地下水位下降，北方也有饿死人的记载。公元 402 年和公元 405 年、公元 408 年、公元 415 年，旱灾严重，河流湖泊水位下降。公元 431 年旱情较重，举行两次"大雩"以求雨，足见当年旱情持续时间较长，旱灾较为严重。

公元 445 年至公元 472 年，28 年间，发生 10 次旱灾，平均 2.8 年发生一次旱灾，是旱灾较轻的阶段。这一时期旱灾发生频率虽然较低，但灾害比较严重。公元 462 年，南北方都发生严重的旱灾，导致农作物严重歉收，北方出现人吃人的现象，南方也有"死者十二三"的记载。公元 463 年和公元 464 年，南方旱情严重，"死者十六七"，虽有夸大之处，但死亡人数应该较多。

公元 473 年至公元 525 年，53 年间发生旱灾 43 次，平均 1.23 年发生一次旱灾。这一时期旱灾发生频率较高，旱情很严重。公元 477 年至公元 481 年、公元 484 年、公元 487 年、公元 489 年至公元 491 年、公元 493 年、公元 494 年、公元 496 年、公元 502 年至公元 512 年、公元 516 年、公元 518 年至公元 525 年是干旱集中期。公元 473 年至 479 年这 7 年间更是有 6 年发生旱灾；公元 480 年至 489 年 10 年中有 5 年发生旱灾；公元 490 年至 499 年 10 年中有 5 年发生旱灾，而且主要集中在前 6 年；公元 500 年至 525 年这 26 年间有 20 年发生旱灾，其中还有 2 年发生多次旱灾，可见旱灾发生频率之高。公元 479 年，"帝祈雨于北苑"。公元 481 年，"诸有骸骨之处，皆敕埋藏，勿令露见。有神祇之所，悉可祷祈"。公元 487 年，因旱灾比较严重，还出现下诏求直言的情况，"公卿内外股肱之臣，谋猷所寄，其极言无隐，以救民瘼"。公元 491 年，因为干旱"有司奏祈百神"。公元 493 年，"以旱撤膳"。公元 496 年，"帝以久旱，咸秩群神；自癸未不食至于乙酉"。公元 502 年至公元 512 年是干旱严重时期，除了连年的干旱之外，干旱时间也长，"大旱逾时""十旬不降"等记载不时出现；也出现物价上涨的现象，饿死人的事件也时常发生。南北方都采取各种措施以求雨，是采取宗教措施求雨最频繁的阶段，反映了旱情很重。公元519年至公元523年间的旱情也比较严重，基本上每年都要采取多种措施求雨，也可见旱情较重。

公元526年至公元580年，55年间发生旱灾26次，平均2.12年发生一次旱灾，是旱灾频率相对较低的时期。这一时期旱情也比较重，公元535年发生两次旱灾，采取了多种措施以求雨。公元538年、公元543年、公元548年、公元550年、公元558年、公元559年，旱灾都比较严重。公元561年至公元563年，旱灾较重，采取了"禁酒""禁屠""大雩""避正寝不受朝"等多种手段求雨。其中"禁屠"措施是历史时期比较早的一种巫术求雨手段。虽然董仲舒的《春秋繁露》中有不少祈雨手段，但无"禁屠"措施。《隋书·礼仪志二》出现了比较系统的"禁屠"思想："秋分已后不雩，但祷而已，皆用酒脯，初请后二旬不雨者，即徙市禁屠。"但历史上最早的"禁屠"措施应该是在北朝时期实行的。此外，公元566年、公元572年和公元573年，都是旱情比较严重的时段。

第二节　魏晋南北朝时期的水灾

魏晋南北朝时期的水灾，史书记载如下：

魏文帝黄初四年（公元 223 年），六月，大雨霖，伊洛溢，至津阳城门，漂数千家，杀人。（《晋书·五行志》）六月，大水。（《资治通鉴·魏纪二》）

魏文帝黄初五年（公元 224 年），帝东征，后留许昌永始台。时霖雨百余日，城楼多坏，有司奏请移止。（《三国志·魏书·文德郭皇后传》）

魏明帝太和元年（公元 227 年），秋，数大雨，多暴雷电，非常，至杀鸟雀。（《晋书·五行志》）

魏明帝太和四年（公元 230 年），八月，大雨霖三十余日，伊、洛、河、汉皆溢，岁以凶饥。（《宋书·五行志》）召李严使将二万人赴汉中，表严子丰为江州都督，督军典严后事。会天大雨三十余日，栈道断绝。（《资治通鉴·魏纪三》）

魏明帝景初元年（公元 237 年），夏，大水，伤五谷。九月，淫雨，冀、兖、徐、豫四州水出，没溺杀人，漂失财产。（《晋书·五行志上》）

魏明帝景初二年（公元 238 年），秋，七月，大霖雨，辽水暴涨，运船自辽口径至城下。雨月余不止，平地水数尺。（《资治通鉴·魏纪六》）

吴孙权赤乌八年（公元 245 年），夏，茶陵县鸿水溢出，漂二百余家。（《晋书·五行志上》）

吴孙权赤乌十三年（公元 250 年），秋，丹阳、故鄣等县又鸿水溢出。（《晋书·五行志上》）

孙休永安四年（公元 261 年），五月，大雨，水泉涌溢。（《晋书·五行志》）

孙休永安五年（公元 262 年），八月壬午，大雨震电，水泉涌溢。（《晋书·五行志》）

武帝泰始四年（公元 268 年），九月，青、徐、兖、豫四州大水。（《晋书·五行志上》）

武帝泰始七年（公元 271 年），六月，大雨霖，河、洛、伊、沁皆溢，杀二百余人。（《晋书·五行志上》）

武帝咸宁元年（公元 275 年），九月，徐州大水。（《晋书·五行志上》）

武帝咸宁二年（公元 276 年），七月癸亥，河南、魏郡暴水，杀百余人。闰月，荆州郡国五大水，流四千余家。（《晋书·五行志上》）

武帝咸宁三年（公元 277 年），六月，益、梁二州郡国八暴水，杀三百余人。七月，荆州大水。九月，始平郡大水。十月，青、徐、兖、豫、荆、益、梁七州又大水。（《晋书·五行志上》）

武帝咸宁四年（公元 278 年），七月，司、冀、兖、豫、荆、扬郡国二十大水，伤秋稼，坏屋室，有死者。（《晋书·五行志上》）

武帝太康二年（公元 281 年），六月，泰山、江夏大水，泰山流三百家，杀六十余人，江夏亦杀人。（《晋书·五行志上》）

武帝太康四年（公元 283 年），七月，兖州大水。十二月，河南及荆、扬六州大水。（《晋书·五行志上》）

武帝太康五年（公元 284 年），九月，郡国四大水，又陨霜。是月，南安等五郡大水。（《晋书·五行志上》）

武帝太康六年（公元 285 年），四月，郡国十大水，坏庐舍。（《晋书·五行志上》）

武帝太康七年（公元 286 年），九月，郡国八大水。（《晋书·五行志上》）

武帝太康八年（公元 287 年），六月，郡国八大水。（《晋书·五行志上》）《晋朝杂事》曰：太康八年七月，大雨，殿前地陷，方五尺，深数丈，中有破船。（《太平御览·舟部二》）

惠帝元康二年（公元 292 年），有水灾。（《晋书·五行志上》）

惠帝元康五年（公元 295 年），五月，颍川、淮南大水。六月，城阳、东莞大水，杀人，荆、扬、徐、兖、豫五州又水。（《晋书·五行志上》）

惠帝元康六年（公元 296 年），五月，荆、扬二州大水。（《晋书·五行志上》）

惠帝元康八年（公元 298 年），九月，荆、扬、徐、冀、豫五州大水。

（《晋书·五行志上》）

惠帝永宁元年（公元301年），七月，南阳、东海大水。（《晋书·五行志上》）

惠帝太安元年（公元302年），七月，兖、豫、徐、冀四州水。（《晋书·五行志上》）

怀帝永嘉四年（公元310年），四月，江东大水。（《晋书·五行志上》）

怀帝永嘉六年（公元312年），勒于葛陂缮室宇，课农造舟，将寇建邺。会霖雨历三月不止，元帝使诸将率江南之众大集寿春，勒军中饥疫死者太半。（《晋书·石勒载记》）

元帝大兴三年（公元320年），六月，大水。（《晋书·五行志上》）

元帝大兴四年（公元321年），七月，又大水。（《晋书·五行志上》）

元帝永昌二年（公元323年），五月，荆州及丹阳、宣城、吴兴、寿春大水。（《晋书·五行志上》）

成帝咸和元年（公元326年），五月，大水。（《晋书·五行志上》）

成帝咸和二年（公元327年），五月戊子，京都大水。（《晋书·五行志上》）

成帝咸和四年（公元329年），春雨五十余日，恒雷电。七月，丹阳、宣城、吴兴、会稽大水。（《晋书·五行志上》）自正月雨至二月，五十日，及灭苏峻党后，淫雨乃霁。（《建康实录·显宗成皇帝》）

成帝咸和七年（公元332年），五月，大水。（《晋书·五行志上》）

成帝咸康元年（公元335年），八月，长沙、武陵大水。（《晋书·五行志上》）

成帝咸康四年（公元338年），八月，蜀中久雨，百姓饥疫。（《资治通鉴·晋纪十八》）

成帝咸康八年（公元342年），京都大雨，郡国以闻。（《晋书·五行志上》）

穆帝永和四年（公元348年），五月，大水。（《晋书·五行志上》）

穆帝永和五年（公元349年），五月，大水。（《晋书·五行志上》）

穆帝永和六年（公元350年），五月，又大水。（《晋书·五行志上》）

穆帝升平二年（公元358年），五月，大水。（《晋书·五行志上》）

穆帝升平四年（公元360年），五月，天下大水。（《晋书·五行志上》）

穆帝升平五年（公元 361 年），四月，又大水。（《晋书·五行志上》）

海西公太和六年（公元 371 年），六月，京师大水，平地数尺，浸及太庙。朱雀大航缆断，三艘流入大江。丹阳、晋陵、吴郡、吴兴、临海五郡又大水，稻稼荡没，黎庶饥馑。（《晋书·五行志上》）

孝武帝宁康二年（公元 374 年），夏四月壬戌，皇太后诏曰："顷玄象愆慝，上天表异，仰观斯变，震惧于怀。夫因变致休，自古之道，朕敢不克意复心，以思厥中？又三吴奥壤，股肱望郡，而水旱并臻，百姓失业，夙夜惟忧，不能忘怀，宜时拯恤，救其雕困。三吴义兴、晋陵及会稽遭水之县尤甚者，全除一年租布，其次听除半年，受振贷者即以赐之。"（《晋书·孝武帝纪》）

孝武帝太元三年（公元 378 年），六月，大水。（《晋书·五行志上》）

孝武帝太元五年（公元 380 年），五月，大水。（《晋书·五行志上》）

孝武帝太元六年（公元 381 年），六月，扬、荆、江三州大水。（《晋书·五行志上》）

孝武帝太元八年（公元 383 年），三月，始兴、南康、庐陵大水，平地五丈。（《晋书·五行志上》）

孝武帝太元十年（公元 385 年），五月，大水。（《晋书·五行志上》）

孝武帝太元十五年（公元 390 年），七月，沔中诸郡及兖州大水。（《晋书·五行志上》）

孝武帝太元十八年（公元 393 年），六月己亥，始兴、南康、庐陵大水，深五丈。（《晋书·五行志上》）

孝武帝太元十九年（公元 394 年），七月，荆徐大水，伤秋稼。（《晋书·五行志上》）

孝武帝太元二十年（公元 395 年），六月，荆徐又大水。（《晋书·五行志上》）

孝武帝太元二十一年（公元 396 年），五月癸卯，大水。（《晋书·五行志上》）

安帝隆安三年（公元 399 年），五月，荆州大水，平地三丈。（《晋书·五行志上》）

安帝隆安五年（公元 401 年），五月，大水。（《晋书·五行志上》）

太祖天赐三年（公元 406 年），八月，霖雨，大震，山谷水溢。（《魏书·灵征志上》）

安帝义熙三年（公元 407 年），五月丙午，大水。（《晋书·五行志上》）

太宗永兴中（公元 409 年—413 年），频有水旱。（《魏书·食货志》）安帝义熙六年（公元 410 年），五月丁巳，大水。（《晋书·五行志上》）

安帝义熙八年（公元 412 年），六月，大水。（《晋书·五行志上》）

安帝义熙九年（公元 413 年），五月辛巳，大水。（《晋书·五行志上》）

安帝义熙十年（公元 414 年），五月丁丑，大水。七月乙丑，淮北风灾，大水杀人。（《晋书·五行志上》）

安帝义熙十一年（公元 415 年），七月丙戌，大水，淹渍太庙，百官赴救。（《晋书·五行志上》）

太宗泰常二年（公元 417 年），以范阳去年水，复其租税。（《魏书·太宗纪》）

太宗泰常三年（公元 418 年），八月，河内大水。（《魏书·灵征志上》）

文帝元嘉五年（公元 428 年），六月，京邑大水。（《宋书·文帝纪》）

文帝元嘉七年（公元 430 年），十二月，吴兴、晋陵、义兴大水。（《南史·宋本纪中》）

世祖神麚四年（公元 431 年），时南州大水，百姓阻饥。（《魏书·刘洁传》）

世祖延和元年（公元 432 年），六月甲戌，京师水溢，坏民庐舍数百家。（《魏书·灵征志上》）

文帝元嘉十一年（公元 434 年），五月，京邑大水。（《宋书·文帝纪》）

文帝元嘉十二年（公元 435 年），六月，丹阳、淮南、吴、吴兴、义兴五郡大水，京邑乘船。（《宋书·文帝纪》）元嘉十二年，荆扬大水，惠庆将入庐山。船至江而暴风忽起，同旅已得依浦，唯惠庆舫漂扬中江。（《法苑珠林》卷六四）

文帝元嘉十三年（公元 436 年），（钱塘）灾水之初，余杭高堤崩溃，洪流迅激，势不可量。（《宋书·刘真道传》）

文帝元嘉十七年（公元 440 年），八月，徐、兖、青、冀四州大水。己未，遣使检行赈恤。（《宋书·文帝纪》）

文帝元嘉十八年（公元 441 年），五月，沔水泛溢。（《宋书·文帝纪》）江水泛溢，没居民，害苗稼。（《宋书·五行志四》）

文帝元嘉十九年（公元 442 年），东诸郡大水。（《宋书·五行志四》）闰

（五）月，京邑雨水；丁巳，遣使巡行赈恤。（《宋书·文帝纪》）

文帝元嘉二十年（公元443年），东诸郡大水。（《宋书·五行志四》）

文帝元嘉二十一年（公元444年），六月，京邑连雨百余日，大水。（《宋书·五行志一》）

文帝元嘉二十四年（公元447年），是岁，徐、兖、青、冀四州大水。（《南史·宋本纪中》）世祖太平真君八年（公元447年），七月，平州大水。（《魏书·灵征志上》）

文帝元嘉二十九年（公元452年），五月，京邑大水。（《宋书·五行志四》）春正月甲午，诏经寇六州，仍逢灾涝，可量加救赡。（《南史·宋本纪中》）（案：六州指二兖、徐、豫、青、冀六州。）

孝武帝孝建元年（公元454年），八月，会稽大水，平地八尺。（《宋书·五行志四》）

孝武帝大明元年（公元457年），正月，京邑雨水，辛未，遣使检行，赐以樵米。（《宋书·孝武帝纪》）五月，吴兴、义兴大水。（《宋书·五行志一》）

孝武帝大明三年（公元459年），上命沈庆之为三烽于桑里……值久雨，不得攻城……自四月至于秋七月，雨止，城犹未拔。（《资治通鉴·宋纪十一》）

孝武帝大明四年（公元460年），八月，雍州大水。南徐、南兖州大水。（《宋书·五行志四》）

孝武帝大明五年（公元461年），七月，京邑雨水。（《宋书·五行志一》）

高宗和平五年（公元464年），二月，诏以州镇十四去岁虫、水，开仓赈恤。（《魏书·高宗纪》）

孝武帝大明八年（公元464年），八月，京师雨水。庚子，遣御史与官长随宜赈恤。（《宋书·前废帝纪》）

明帝泰始二年（公元466年），六月，京邑雨水。（《宋书·五行志一》）

显祖皇兴二年（公元468年），十有一月，以州镇二十七水旱，开仓赈恤。（《魏书·显祖纪》）

明帝泰豫元年（公元472年），六月，京师雨水，丁卯，遣殿中将军检行赐恤。（《宋书·后废帝纪》）高祖延兴二年（公元472年），九月，己酉，诏

以州镇十一水，丐民田租，开仓赈恤。又诏流迸之民，皆令还本，违者配徙边镇。(《魏书·高祖纪上》)

后废帝元徽元年 (公元 473 年)，六月，寿阳大水，已未，遣殿中将军赈恤慰劳。(《宋书·后废帝纪》) 高祖延兴三年 (公元 473 年) 是岁，州镇十一水旱，丐民田租，开仓赈恤。相州民饿死者二千八百四十五人。(《魏书·高祖纪上》)

后废帝元徽三年 (公元 475 年)，三月，京师大水，遣尚书郎官长检行赈赐。(《宋书·后废帝纪》)

顺帝昇明元年 (公元 477 年)，七月，雍州大水，甚于关羽樊城时。(《宋书·五行志四》) 高祖太和元年 (477 年)，十二月，丁未，诏以州郡八水旱蝗，民饥，开仓赈恤。(《魏书·高祖纪上》)

顺帝昇明二年 (公元 478 年)，二月，于潜翼异山一夕五十二处水出，流漂居民。(《宋书·五行志四》) 高祖太和二年 (公元 478 年)，夏四月，南豫、徐、兖州大霖雨。(《魏书·灵征志上》) 是岁，州镇二十余水旱，民饥，开仓赈恤。(《魏书·高祖纪上》)

顺帝昇明三年 (公元 479 年)，四月乙亥，吴郡桐庐县暴风雷电，扬砂折木，水平地二丈，流漂居民。(《宋书·五行志一》) 九月，二吴、义兴三郡遭水。(《南齐书·高祖纪下》)

高帝建元二年 (公元 480 年)，夏，丹阳、吴二郡大水。(《南齐书·五行志》) 高祖太和四年 (公元 480 年)，是岁，诏以州镇十八水旱，民饥，开仓赈恤。(《魏书·高祖纪上》)

高祖太和五年 (公元 481 年)，是岁，京师大霖雨，州镇十二饥。(《魏书·天象志三》)

高帝建元四年 (公元 482 年)，水潦为患，星纬乖序。京都囚系，可克日讯决；诸远狱委刺史以时察判。建康、秣陵二县贫民加赈赐，必令周悉。吴兴、义兴遭水县，蠲除租调。(《南齐书·武帝纪》) 大水。(《南齐书·五行志》) 高祖太和六年 (482 年)，七月，青、雍二州大水。八月，徐、东徐、兖、济、平、豫、光七州，平原、枋头、广阿、临济四镇大水。(《魏书·灵征志上》) 八月癸未朔，分遣大使，巡行天下遭水之处，丐民租赋。贫俭不自存者，赐以粟帛。(《魏书·高祖纪上》)

高祖太和八年 (公元 484 年)，六月，戊辰，武州水泛滥，坏民居舍。十

有二月，诏以州镇十五水旱，民饥，遣使者循行，问所疾苦，开仓赈恤。（《魏书·高祖纪上》）

武帝永明三年（公元485年），大鸟集会稽上虞。其年，县大水。（《南齐书·五行志》）高祖太和九年（485年），九月，南豫、朔二州各大水，杀千余人。（《魏书·灵征志上》）八月，诏书"数州灾水，饥馑荐臻，致有卖鬻男女者。天之所谴，在予一人，而百姓无辜，横罹艰毒，朕用殷忧夕惕，忘食与寝"。是年，京师及州镇十三水旱伤稼。（《魏书·高祖纪上》）是岁，冀定数州大水，人有鬻男女者，京师及州镇十三水旱伤稼。（《魏书·天象志三》）

武帝永明五年（公元487年），夏，吴兴、义兴水雨伤稼。（《南齐书·五行志》）

武帝永明六年（公元488年），吴兴、义兴二郡大水。（《南齐书·五行志》）

武帝永明七年（公元489年），雍州频岁戎役，兼水旱为弊，原四年以前逋租。（《南齐书·武帝纪》）高祖太和十三年（公元489年），时江南北连岁灾雨。（《魏书·天象志三》）

武帝永明八年（公元490年），七月，诏："阴阳舛和，纬象愆度，储胤婴患，淹历旬暑。思仰祗天戒，俯纾民瘼，可大赦天下。"癸亥，诏"司、雍二州，比岁不稔，雍州八年以前、司州七年以前逋租悉原。汝南一郡复限更申五年"。八月，丙寅，诏"京邑霖雨既过，居民泛滥，遣中书舍人、二县官长赈恤"。冬，十月，丁丑，诏"吴兴水淹过度，开所在仓赈赐"。（《南齐书·武帝纪》）永明八年四月，己巳起阴雨，昼或暂晴，夜时见星月，连雨积霖，至十七日乃止。（《南齐书·五行志》）

武帝永明九年（公元491年），八月，吴兴、义兴大水。乙卯，蠲二郡租。（《南史·齐本纪上》）九年，京邑大水，吴兴偏剧，子良开仓赈救，贫病不能立者于第北立廨收养，给衣及药。（《南齐书·萧子良传》）

武帝永明十年（公元492年），十一月，戊午，诏曰："顷者霖雨，樵粮稍贵，京邑居民，多离其弊。遣中书舍人、二县官长赈赐。"（《南齐书·武帝纪》）

武帝永明十一年（公元493年），年四月辛巳朔，去三月戊寅起，而其间暂时晴，从四月一日又阴雨，昼或见日，夜乍见月，回复阴雨，至七月乃止。（《南齐书·五行志》）五月，水旱成灾，谷稼伤弊，凡三调众逋，可同申至秋登。京师二县、朱方、姑熟，可权断酒。六月壬午，诏"霖雨既过，遣中书舍人、二县官长赈赐京邑居民"。秋，七月，丁巳，诏曰："顷风水为灾，二岸居民多离其患，加以贫病六疾，孤老稚弱，弥足矜念。遣中书舍人履行沾恤。"又诏曰："水旱为灾，实伤农稼。江淮之间，仓廪既虚，遂草窃充斥，互相侵夺，依阻山湖，成此逋逃。曲赦南兖、兖、豫、司、徐五州，南豫州之历阳、谯、临江、庐江四郡，三调众逋宿债，并同原除。"（《南齐书·武帝纪》）

明帝永泰元年（公元 498 年），十二月二十九日雨，至永元元年五月二十一日乃晴。（《南齐书·五行志》）高祖太和二十二年（公元 498 年），兖、豫二州大霖雨。（《魏书·灵征志上》）

东昏侯永元元年（公元 499 年），秋，七月，丁亥，京师大水，死者众，诏赐死者材器，并赈恤。八月，乙巳，蠲京邑遇水资财漂荡者今年调税。（《南齐书·东昏侯纪》）高祖太和二十三年（公元 499 年），六月，青、齐、光、南青、徐、豫、兖、东豫八州大水。（《魏书·灵征志上》是岁，州镇十八水，民饥，分遣使者开仓赈恤。（《魏书·世宗纪》）

世宗景明元年（公元 500 年），七月，青、齐、南青、光、徐、兖、豫、东豫，司州之颍川、汲郡大水，平地一丈五尺，民居全者十四五。（《魏书·灵征志上》）

东昏侯永元三年（公元 501 年），六月，京邑雨水，遣中书舍人、二县官长赈赐有差。（《南齐书·东昏侯纪》）

武帝天监二年（公元 503 年），六月，诏以东阳、信安、丰安三县水潦，漂损居民资业，遣使周履，量蠲课调。（《梁书·武帝纪中》）

世宗正始二年（公元 505 年），三月，青、徐州大雨霖，海水溢出于青州乐陵之隰沃县，流漂一百五十二人。（《魏书·灵征志上》）

武帝天监六年（公元 507 年），八月，京师大水。（《梁书·武帝纪中》）

武帝天监七年（公元 508 年），五月，建康又大水。天监七年七月，雨，至十月乃霁。（《隋书·五行志上》）

世宗永平三年（公元 510 年），七月，州郡二十大水。（《魏书·灵征志上》）

世宗延昌元年（公元 512 年），夏，京师及四方大水。（《魏书·灵征志上》）

武帝天监十二年（公元 513 年），四月，建康大水。（《隋书·五行志上》）世宗延昌二年（公元 513 年），五月，寿春大水。（《魏书·灵征志上》）延昌二年夏，大霖雨，川渎皆溢。（《魏书·李宝传附李彦传》）

世宗延昌三年（公元 514 年），今频年水旱，百姓不宜劳役。（《资治通鉴·梁纪三》）

肃宗熙平元年（公元 516 年），六月，徐州大水。（《魏书·灵征志上》）

肃宗熙平二年（公元 517 年），九月，冀、瀛、沧三州大水。（《魏书·灵征志上》）

肃宗正光二年（公元 521 年），夏，定、冀、瀛、相四州大水。（《魏书·灵征志上》）

肃宗孝昌三年（公元 527 年），秋，京师大水。（《魏书·灵征志上》）

出帝太昌元年（公元 532 年），六月庚午，京师大水，谷水泛溢，坏三百余家。（《魏书·灵征志上》）

武帝中大通五年（公元 533 年），五月，建康大水，御道通船。（《隋书·五行志上》）

孝静帝元象元年（公元 538 年），定、冀、瀛、沧四州大水。（《魏书·灵征志上》）

孝静帝兴和四年（公元 542 年），沧州大水。（《魏书·灵征志上》）

东魏武定五年（公元 547 年），秋，大雨七十余日。（《隋书·五行志上》）

武帝太清三年（公元 549 年），八月，（江陵）会大雨，平地水深四尺。（《资治通鉴·梁纪十八》）

西魏文帝大统十六年（公元 550 年），时连雨，自秋及冬，诸军马驴多死。（《周书·文帝纪下》）

西魏恭帝三年（公元 556 年），下诏："赋役繁省，灾厉所兴，水旱之处：并宜具闻。"（《周书·孝悯帝纪》）

文宣帝天保八年（公元 557 年），"戊申，诏赵、燕、瀛、定、南营五州及司州广平、清河二郡去年螽涝损田，兼春夏少雨，苗稼薄者，免今年租赋"。（《北齐书·文宣帝纪》）

明帝武成元年（公元 559 年），六月戊子，大雨霖。下诏："朕将览察，以答天谴。其遭水者，有司可时巡检，条列以闻。"（《周书·明帝纪》）

废帝乾明元年（公元560年），"夏四月癸亥，诏河南、定、冀、赵、瀛、沧、南胶、光、青九州，往因蠡水，颇伤时稼，遣使分途赡恤"。（《北齐书·废帝纪》）

文帝天嘉三年（公元562年），夏，潦，水涨满。（《陈书·侯安都传》）

武成帝河清二年（公元563年），十二月，兖、赵、魏三州大水。（《隋书·五行志上》）

武成帝河清三年（公元564年），六月庚子，大雨，昼夜不息，至甲辰。山东大水，人多饿死。（《隋书·五行志上》）闰（六）月乙未，诏遣十二使巡行水潦州，免其租调。山东大水，饥死者不可胜计，诏发赈给，事竟不行。（《北齐书·武成帝纪》）

武成帝河清四年（公元565年），三月戊子，诏给西兖、梁、沧、赵州，司州之东郡、阳平、清河、武都，冀州之长乐、渤海遭水潦之处贫下户粟，各有差。家别斗升而已，又多不付。（《北齐书·武成帝纪》）

后主天统三年（公元567年），十月，积阴大雨。（《隋书·五行志上》）是秋，山东大水，人饥，僵尸满道。（《北齐书·后主纪》）

宣帝太建元年（公元569年），时东境大水，百姓饥馑。（《陈书·王励传》）

后主武平元年（公元570年），沧、瀛大水，千里无烟。（《周书·韦孝宽传》）

武帝建德三年（公元574年），七月，霖雨三旬。（《隋书·五行志上》）

后主武平六年（公元575年），八月丁酉，冀、定、赵、幽、沧、瀛六州大水。（武平）七年春正月壬辰，诏去秋已来，水潦人饥不自立者，所在付大寺及诸富户济其性命。（《北齐书·后主纪》）

后主武平七年（公元576年），七月，大霖雨，水涝，人户流亡。（《隋书·五行志上》）秋七月丁丑，大雨霖。是月，以水涝遣使巡抚流亡人户。（《北齐书·后主纪》）

宣帝太建九年（公元577年），七月庚辰，大雨。（《陈书·宣帝纪》）

宣帝太建十年（公元578年），六月丁卯，大雨。（《陈书·宣帝纪》）

宣帝太建十二年（公元580年），八月，大雨雹霖。（《隋书·五行志上》）

魏晋南北朝时期的水灾，可分几个阶段：公元220年至公元238年，19年发生了 8 次水灾，平均 2.4 年发生一次水灾。是水灾频率较高的时段。不过这一时期水灾基本上是持续降水造成的，公元 220 年、公元 224 年、公元 230 年以及公元 238 年大雨持续的时间很长，少则月余，多则百日，可见当时降水较多。其余年份的水灾都是大雨或者大水造成的。这一时期水灾多在夏秋，持续长时间降水，是暖空气势力不足、冷空气势力强大的结果，反映了这一时期气候比较寒冷。

公元 239 年至公元 274 年，36 年间发生 6 次水灾，平均 6 年发生一次水灾，是水灾频率较低的时期，而且水灾范围比较小。

公元 275 年至公元 302 年，28 年间发生 22 次水灾，平均 1.3 年发生一次水灾。这一时期水灾危害比较大，"伤秋稼，坏屋室，有死者" 等现象时有发生。此外，水灾的范围比较广，近十个郡国发生水灾。

公元 303 年至公元 377 年，75 年间发生水灾 20 次，平均 3.75 年发生一次水灾，是水灾频率较低的时段。这一时期水灾以 "大水" 的形式出现，且地域比较广。

公元 378 年至公元 444 年，67 年中发生水灾 35 次，平均 1.9 年发生一次水灾，是水灾频率较高的时段。这一时期水灾多发生在南方，共有 28 次；北方发生了 7 次，也多在淮河流域。

公元 445 年至公元 471 年，27 年发生水灾 10 次；平均 2.7 年发生一次水灾，是水灾频率相对较低的时期。这一时期水灾在南方发生较多，有 8 次，主要在建康附近；北方只有 2 次。

公元 472 年至公元 521 年，50 年间发生水灾 37 次，平均近 1.4 年发生一次水灾，是水灾频率较高的时段。北方发生旱灾 20 次；南方发生水灾 23 次（部分时段与北方重合），基本上频率差不多。公元 490 年、公元 493 年、公元 498 年、公元 508 年南方发生持续时间较长的降水，是冷空气势力较强的体现。

公元 522 年至公元 555 年，34 年间发生水灾 8 次，平均 4.25 年发生一次水灾，是水灾频率较低的时段。这一时期北方发生水灾 6 次，其中公元 547 年和公元 550 年持续降水的时间比较长，达到两三个月；南方发生水灾 2 次。

公元 556 年至公元 580 年，25 年间发生水灾 17 次，平均 1.5 年发生一次水灾，是水灾频率较高的时段。这一时期水灾集中体现在降水时间比较长，水灾范围比较广。公元 567 年，"积阴大雨"；公元 574 年，"霖雨三旬"。此外公元 559 年、公元 576 年、公元 580 年，都是"大雨霖"。这一时期北方发生水灾 12 次，南方发生旱灾 5 次，可知这一时期南方降水比较少，北方降水较多。这可能与这一时期南方气温回升较快，北方气温回升较慢有关。北方气温回升慢，冷暖空气长期在北方交汇，容易发生大规模降水，从而形成灾害。

第三节　魏晋南北朝时期的蝗灾

魏晋南北朝时期的蝗灾，史书记载如下：

文帝黄初元年（公元 220 年），帝欲徙冀州士卒家十万户实河南，时天旱，蝗，民饥，群司以为不可，而帝意甚盛。（《资治通鉴·魏纪一》）

文帝黄初三年（公元 222 年），七月，冀州大蝗，人饥。（《晋书·五行志下》）

武帝泰始十年（公元 274 年），六月，蝗。（《晋书·五行志下》）

惠帝永宁元年（公元 301 年），郡国六蝗。（《晋书·五行志下》）

怀帝永嘉四年（公元 310 年），五月，大蝗，自幽、并、司、冀至于秦雍，草木牛马毛鬣皆尽。（《晋书·五行志下》）

愍帝建兴四年（公元 316 年），六月，河东大蝗，唯不食黍豆。靳准率部人收而埋之，哭声闻于十余里，后乃钻土飞出，复食黍豆。平阳饥甚，司隶部人奔于冀州二十万户，石越招之故。（《晋书·刘聪载记》）

元帝大兴二年（公元 319 年），八月，冀、徐、青三州蝗。（《晋书·元帝纪》）

晋成帝咸和八年（公元 333 年），六月，广阿蝗。季龙密遣其子邃率骑三千游于蝗所。（《晋书·石季龙载记》）

晋成帝咸康四年（公元 338 年），冀州八郡蝗。（《资治通鉴·晋纪十八》）

晋穆帝永和八年（公元 352 年），五月，（燕）大旱、蝗。（《资治通鉴·晋纪二十二》）

晋穆帝永和十年（公元 354 年），蝗虫大起，自华泽至陇山，食百草无遗。（《晋书·苻健载记》）

晋孝武帝太元七年（公元 382 年），幽州蝗，广袤千里，坚遣其散骑常侍刘兰持节为使者，发青、冀、幽、并百姓讨之。（《晋书·苻健载记》）

晋孝武帝太元十五年（公元 390 年），八月，诸郡大水，兖州又蝗。（《晋书·天文志中》）

晋孝武帝太元十六年（公元 391 年），五月，飞蝗从南来，集堂邑县界，害苗稼。（《晋书·天文志下》）

宋文帝元嘉三年（公元 426 年），秋，旱且蝗。（《南史·宋本纪中》）其年秋，旱蝗，又上表言："有蝗之处，县官多课人捕之，无益于枯苗，有伤于杀害。"（《南史·范泰传》）

高宗兴安元年（公元 452 年），十二月，癸亥，诏以营州蝗开仓赈恤。（《魏书·高宗纪》）

高宗太安三年（公元 457 年），十有二月，以州镇五蝗，民饥，使使者开仓以赈之。（《魏书·高宗纪》）

高宗和平四年（公元 463 年），五年二月，诏以州镇十四去岁虫、水，开仓赈恤。（《魏书·高宗纪》）

高祖延兴四年（公元 474 年），州镇十三饥，又比岁蝗旱。（《魏书·天象志三》）

高祖太和元年（公元 477 年），十二月丁未，诏以州郡八水旱蝗，民饥，开仓赈恤。（《魏书·高祖纪上》）

高祖太和五年（公元 481 年），七月，敦煌镇蝗，秋稼略尽。（《魏书·灵征志上》）

高祖太和六年（公元 482 年），七月，青、雍二州蚼蚧害稼。八月，徐、东徐、兖、济、平、豫、光七州，平原、枋头、广阿、临济四镇，蝗害稼。（《魏书·灵征志上》）

高祖太和七年（公元 483 年），四月，相、豫二州蝗害稼。（《魏书·灵征志上》）

高祖太和八年（公元 484 年），四月，济、光、幽、肆、雍、齐、平七州蝗。（《魏书·灵征志上》）

高祖太和十六年（公元 492 年），十月癸巳，枹罕镇蝗，害稼。（《魏书·灵征志上》）

世宗景明四年（公元 503 年），六月，河州大蝗。（《魏书·灵征志上》）

世宗正始元年（公元 504 年），六月，夏、司二州蝗害稼。（《魏书·灵征志上》）

世宗正始四年（公元 507 年），八月，泾州黄鼠、蝗虫、班虫，河州蚼蚄、班虫，凉州、司州恒农郡蝗虫并为灾。（《魏书·灵征志上》）

世宗永平元年（公元 508 年），六月己巳，凉州蝗害稼。（《魏书·灵征志上》）

武帝大同初年（公元 535 年），都下旱蝗。（《南史·裴之礼传》）

简文帝大宝元年（公元 550 年），时江南大饥，江、扬弥甚，旱蝗相系。（《南史·侯梁景传》）

北齐天保八年（公元 557 年），自夏至九月，河北六州、河南十二州、畿内八郡大蝗。是月，飞至京师，蔽日，声如风雨。甲辰，诏今年遭蝗之处免租。（《北齐书·文宣纪》）后齐天保八年，河北六州、河南十二州蝗。畿人皆祭之。帝问魏尹丞崔叔瓒曰："何故虫？"叔瓒对曰："《五行志》云：'土功不时则蝗虫为灾。'今外筑长城，内修三台，故致灾也。"（《隋书·五行志》）

北齐天保九年（公元 558 年），山东大蝗，差夫役捕而坑之。（《北齐书·文宣纪》）九年，除阳平太守，治有能名。是时，频有灾蝗，犬牙不入阳平境。（《北齐书》卷四三《羊烈传》）武帝永定二年（公元 558 年），吴州、缙州，蝗旱。（《陈书·高祖纪下》）

北齐天保十年（公元 559 年），幽州大蝗。（《隋书·五行志》）

北齐废帝乾明元年（公元 560 年），夏四月癸亥，诏河南、定、冀、赵、瀛、沧、南胶、光、青九州，往因螽水，颇伤时稼，遣使分途赡恤。（《北齐书·废帝纪》）

北齐武成帝河清二年（公元 563 年），夏四月，并、汾、晋、东雍、南汾五州虫旱伤稼，遣使赈恤。（《北齐书·武成帝纪》）

北周武帝天和六年（公元 571 年），去秋灾蝗，年谷不登，民有散亡，家空杼轴。（《周书·武帝纪上》）

北周武帝建德二年（公元 573 年），八月，关内大蝗。（《周书·武帝纪上》）后周建德二年，关中大蝗。（《隋书·五行志》）

魏晋南北朝时期的蝗灾，有下列特征：公元 220 年至公元 451 年，蝗灾发生比较少。232 年间只有 15 次，约 15.5 年一次。公元 452 年至公元 549 年，98 年发生蝗灾 15 次，约 6.5 年发生一次蝗灾。不过这一时期在公元 481 年至公元 484 年间是连续 4 年发生蝗灾，而公元 503 年至公元 508 年蝗灾发生频率比较高。公元 550 年至公元 580 年，31 年间发生蝗灾 8 次，大约平均 4 年发生一次蝗灾，其中公元557年至公元560年是连续4年发生蝗灾，而且多是"大蝗"，范围也很广。

在地域的分布上，山东是蝗灾发生较多的地区，有近26次；此外就是河北，有近14次；河南和山西9次；甘肃8次；陕西有4次；江苏有5次；其余地方如北京一带、辽宁以及内蒙古和浙江，各有1次的记载。

蝗虫发生的这种频率与气候密切相关，蝗虫的繁衍需要有一定的适宜温度范围，在此范围之内，其生命力最旺盛，发育、繁殖能正常进行，环境温度过高或过低，均会抑制其发育。如果在蝗卵孵化盛期（5—6月）的月均气温偏高，该年蝗虫为大灾年份；如果偏低，该年蝗虫未成灾。[①] 也有研究表明，影响蝗灾的两个气候因素是降水与气温。就降水而言，4月至9月的降水多寡直接影响到孵化期及孵化后出土蝗虫的成活率。降水的影响主要包括三方面：其一，降水量增多特别是低温多湿的环境可直接延缓或抑制蝗虫发育，并间接有利于病菌的繁殖，从而降低种群密度。其二，强度大的降水对幼蝻或正在脱皮的蝗蝻有显著的机械杀伤作用。其三，降水量过大可造成洼地及湖泊的积水增多，也可以淹没一部分有卵地区而增加蝗卵死亡率。因此，降水是影响蝗虫发生数量及其发生动态变化的重要因素。如果上一年冬季出现低于−10℃和−15℃气温的天数分别多于15天和5天时，虫卵就有被冻死的可能。因此，冷冬次年蝗灾爆发的可能性就会降低，反之，暖冬次年蝗灾爆发的可能性就会提高。[②]

公元220年至公元355年，气候逐步变冷，这136年只有11次蝗灾，平均12.4年发生一次，频率较低，符合这一时期气候寒冷的特征；公元356年后，气候虽然出现回暖，但北方直到公元428年才较温暖，公元428年—457年属于气候温暖期。

---

① 吴瑞芬等：《蝗虫发生的气象环境成因研究概述》，《自然灾害学报》2005年第3期。

② 李纲：《历史时期中国蝗灾记录特征及其环境意义集成研究》，兰州大学2008年博士论文，第131—132页。

第四节　魏晋南北朝时期的地震

　　魏晋南北朝时期的地震灾害，史书记载的也比较详细：

　　吴孙权黄武四年（公元 225 年），江东地连震。（《晋书·五行志下》）

　　魏明帝青龙二年（公元 234 年），十一月，京都地震。（《晋书·五行志下》）

　　魏明帝景初元年（公元 237 年），六月戊申，京都地震。（《晋书·五行志下》）吴孙权嘉禾六年（公元 237 年），五月，江东地震。（《晋书·五行志下》）

　　吴孙权赤乌二年（公元 239 年），正月，地再震。（《晋书·五行志下》）

　　魏齐王正始二年（公元 241 年），十一月，南安郡地震。（《晋书·五行志下》）

　　魏齐王正始三年（公元 242 年），七月甲申，南安郡地震。十二月，魏郡地震。（《晋书·五行志下》）

　　魏齐王正始六年（公元 245 年），二月丁卯，南安郡地震。（《晋书·五行志下》）

　　吴孙权赤乌十一年（公元 248 年），二月，江东地仍震。（《晋书·五行志下》）

　　蜀刘禅炎兴元年（公元 263 年），蜀地震。（《晋书·五行志下》）

　　武帝泰始五年（公元 269 年），四月辛酉，地震。（《晋书·五行志下》）

　　武帝泰始七年（公元 271 年），六月丙申，地震。（《晋书·五行志下》）

　　武帝咸宁二年（公元 276 年），八月庚辰，河南、河东、平阳地震。（《晋书·五行志下》）

　　武帝咸宁四年（公元 278 年），六月丁未，阴平广武地震，甲子又震。（《晋书·五行志下》）

　　武帝太康二年（公元 281 年），二月庚申，淮南、丹阳地震。（《晋书·五

行志下》）

　　武帝太康五年（公元 284 年），正月朔壬辰，京师地震。（《晋书·五行志下》）

　　武帝太康六年（公元 285 年），七月己丑，地震。（《晋书·五行志下》）

　　武帝太康七年（公元 286 年），七月，南安、犍为地震。八月，京兆地震。（《晋书·五行志下》）

　　武帝太康八年（公元 287 年），五月壬子，建安地震。七月，阴平地震。八月，丹阳地震。（《晋书·五行志下》）

　　武帝太康九年（公元 288 年），正月，会稽、丹阳、吴兴地震。四月辛酉，长沙、南海等郡国八地震。七月至于八月，地又四震，其三有声如雷。九月，临贺地震，十二月又震。（《晋书·五行志下》）

　　武帝太康十年（公元 289 年），十二月己亥，丹阳地震。（《晋书·五行志下》）

　　武帝太熙元年（公元 290 年），正月，地又震。（《晋书·五行志下》）

　　惠帝元康元年（公元 291 年），十二月辛酉，京都地震。（《晋书·五行志下》）

　　惠帝元康四年（公元 294 年），二月，上谷、上庸、辽东地震。五月，蜀郡山移。淮南寿春洪水出，山崩地陷，坏城府。八月，上谷地震，水出，杀百余人。十月，京都地震。十一月，荥阳、襄城、汝阴、梁国、南阳地皆震。十二月，京都又震。（《晋书·五行志下》）

　　惠帝元康五年（公元 295 年），五月丁丑，地震。六月，金城地震。（《晋书·五行志下》）

　　惠帝元康六年（公元 296 年），正月丁丑，地震。（《晋书·五行志下》）

　　惠帝元康八年（公元 298 年），正月丙辰，地震。（《晋书·五行志下》）

　　惠帝太安元年（公元 302 年），十月，地震。（《晋书·五行志下》）

　　惠帝太安二年（公元 303 年），十二月丙辰，地震。（《晋书·五行志下》）

　　怀帝永嘉三年（公元 309 年），十月，荆、湘二州地震。（《晋书·五行志下》）

　　怀帝永嘉四年（公元 310 年），四月，兖州地震。（《晋书·五行志下》）

　　愍帝建兴二年（公元 314 年），四月甲辰，地震。（《晋书·五行志下》）

愍帝建兴三年（公元 315 年），六月丁卯，长安又地震。（《晋书·五行志下》）

元帝大兴元年（公元 318 年），四月，西平地震，涌水出。十二月，庐陵、豫章、武昌、西陵地震，涌水出，山崩。（《晋书·五行志下》）

元帝大兴二年（公元 319 年），五月己丑，祁山地震，山崩，杀人。（《晋书·五行志下》）

元帝大兴三年（公元 320 年），五月庚寅，丹阳、吴郡、晋陵又地震。（《晋书·五行志下》）

成帝咸和二年（公元 327 年）二月，江陵地震。三月，益州地震。四月己未，豫章地震。（《晋书·五行志下》）

成帝咸和九年（公元 334 年），三月丁酉，会稽地震。（《晋书·五行志下》）

穆帝永和元年（公元 345 年），六月癸亥，地震。是时，嗣主幼冲，母后称制，政在臣下，所以连年地震。（《晋书·五行志下》）

穆帝永和二年（公元 346 年），十月，地震。（《晋书·五行志下》）

穆帝永和三年（公元 347 年），正月丙辰，地震。九月，地又震。（《晋书·五行志下》）

穆帝永和四年（公元 348 年），十月己未，地震。（《晋书·五行志下》）

穆帝永和五年（公元 349 年），正月庚寅，地震。（《晋书·五行志下》）

穆帝永和九年（公元 353 年），八月丁酉，京都地震，有声如雷。（《晋书·五行志下》）

穆帝永和十年（公元 354 年），正月丁卯，地震，声如雷。（《晋书·五行志下》）

穆帝永和十一年（公元 355 年），四月乙酉，地震。五月丁未，地震。（《晋书·五行志下》）

穆帝升平二年（公元 358 年），十一月辛酉，地震。（《晋书·五行志下》）

穆帝升平五年（公元 361 年），八月，凉州地震。（《晋书·五行志下》）

哀帝隆和元年（公元 362 年），四月甲戌，地震。（《晋书·五行志下》）

哀帝兴宁元年（公元 363 年），四月甲戌，扬州地震，湖渎溢。（《晋书·五行志下》）

哀帝兴宁二年（公元 364 年），二月庚寅，江陵地震。（《晋书·五行志下》）

海西公太和元年（公元 366 年），二月，凉州地震，水涌。（《晋书·五行志下》）

简文帝咸安二年（公元 372 年），十月辛未，安成地震。（《晋书·五行志下》）

孝武帝宁康元年（公元 373 年），十月辛未，地震。（《晋书·五行志下》）

孝武帝宁康二年（公元 374 年），二月丁巳，地震。七月甲午，凉州地又震，山崩。（《晋书·五行志下》）

孝武帝太元二年（公元 377 年），闰三月壬午，地震。五月丁丑，地震。（《晋书·五行志下》）

孝武帝太元十一年（公元 386 年），六月己卯，地震。（《晋书·五行志下》）

孝武帝太元十五年（公元 390 年），二月己酉朔夜，地震。八月，京都地震。十二月己未，地震。（《晋书·五行志下》）

孝武帝太元十七年（公元 392 年），六月癸卯，地震。十二月己未，地又震。（《晋书·五行志下》）

孝武帝太元十八年（公元 393 年），正月癸亥朔，地震。二月乙未夜，地震。（《晋书·五行志下》）

安帝隆安四年（公元 400 年），四月乙未，地震。九月癸丑，地震。（《晋书·五行志下》）

安帝义熙元年（公元 405 年），九月，（南燕）俄而地震，百僚惊恐，备德亦不自安。（《资治通鉴·晋纪三十六》）

安帝义熙二年（公元 406 年），苑川地震裂生毛。（《晋书·乞伏乾归载记》）

安帝义熙三年（公元 407 年），是岁广固地震，天齐水涌，井水溢，女水竭，河、济冻合，而淄水不冰。（《晋书·慕容超载记》）（不过《资治通鉴·晋纪三十六》记载：义熙四年，南燕汝水竭。河冻皆合，而淄水不冰。南燕王超恶之，问于李宣，对曰："淄水无冰，良由逼带京城，近日月也。"超大悦，赐朝服一具。故此地震应该在公元 408 年。）

安帝义熙四年（公元 408 年），（北凉）时地震，山崩折木。（《晋书·沮渠蒙逊载记》）正月壬子，夜，地震有声。十月癸亥，地震。（《晋书·五行志下》）

安帝义熙五年（公元 409 年），正月戊戌夜，寻阳地震，有声如雷。（《晋书·五行志下》）

安帝义熙八年（公元 412 年），自正月至四月，南康、庐陵地四震。（《晋书·五行志下》）安帝义熙八年（公元 412 年），（后秦）时客星入东井，所在地震，前后一百五十六。兴公卿抗表请罪，兴曰："灾谴之来，咎在元首；近代或归罪三公，甚无谓也。公等其悉冠履复位。"（《晋书·姚兴载记》）

安帝义熙十年（公元 414 年），三月戊寅，地震。（《晋书·五行志下》）

安帝义熙十二年（公元 416 年），秦州地震者三十二，殷殷有声者八，山崩舍坏，咸以为不祥。（《晋书·姚泓载记》）

晋恭帝元熙元年（公元 419 年），（北燕）跋境地震山崩，洪光门鹳雀折。又地震，右寝坏。（《晋书·冯跋载记》）（西凉）春夏地颇五震。（《晋书·李歆传》）太宗泰常四年（公元 419 年），二月甲子，司州地震，屋室尽摇动。（《魏书·灵征志上》）

武帝永初二年（公元 421 年），秋七月己巳，地震。（《宋书·武帝纪下》）

文帝元嘉六年（公元 429 年），（西秦）地震，野草皆自反。（《资治通鉴·宋纪三》）

文帝元嘉七年（公元 430 年），四月丙辰，地震。（《宋书·五行志五》）

文帝元嘉十二年（公元 435 年），四月丙辰，京邑地震。（《宋书·五行志五》）

世祖太延二年（公元 436 年），十一月丁卯，并州地震。（《魏书·灵征志上》

世祖太延四年（公元 438 年），三月乙未，京师地震。十一月丁亥，幽兖二州地震。（《魏书·灵征志上》）文帝元嘉十五年（公元 438 年），七月辛未，地震。（《宋书·五行志五》）

文帝元嘉十六年（公元 439 年），地震。（《宋书·五行志五》）

世祖太平真君元年（公元 440 年），五月丙午，河东地震。（《魏书·灵征志上》

孝武帝大明二年（公元 458 年），四月辛丑，地震。（《宋书·五行志五》）

大明六年（公元 462 年），七月甲申，地震，有声自河北来，鲁郡山摇地动，彭城城女墙四百八十丈坠落，屋室倾倒，兖州地裂泉涌，二年不已。（《宋书·五行志五》）

明帝泰始二年（公元 466 年），四月，地震。（《宋书·五行志五》）

泰始四年（公元 468 年），七月己酉，东北有声如雷，地震。（《宋书·五行志五》）

明帝泰豫元年（公元 472 年），闰七月甲申，东北有声如雷，地震。（《宋书·五行志五》）

高祖延兴四年（公元 474 年），五月，雁门崎城有声如雷，自上西引十余声，声止地震。十月己亥，京师地震。（《魏书·灵征志上》）后废帝元徽二年（公元 474 年），四月戊申，地震。（《宋书·五行志五》）

高祖太和元年（公元 477 年），四月辛酉，京师地震。五月，统万镇地震，有声如雷。闰月，秦州地震，殷殷有声。（《魏书·灵征志上》）后废帝元徽五年（公元 477 年），五月戊申，地震。（《宋书·五行志五》）

高祖太和二年（公元 478 年），二月丙子，兖州地震。十月丁卯，并州地震有声。（《魏书·灵征志上》）

高祖太和三年（公元 479 年），三月戊辰，平州地震，有声如雷，野雉皆雊。七月丁卯，京师地震。（《魏书·灵征志上》）

高祖太和四年（公元 480 年），五月己酉，并州地震。（《魏书·灵征志上》）

高祖太和五年（公元 481 年），二月戊戌，秦州地震。（《魏书·灵征志上》）

高祖太和六年（公元 482 年），五月癸未，秦州地震有声。八月甲午，秦州地震，有声如雷。乙未又震。（《魏书·灵征志上》）

高祖太和七年（公元 483 年），三月甲子，秦州地震有声。四月丁卯，肆州地震有声。六月甲子，东雍州地震有声。（《魏书·灵征志上》）

高祖太和八年（公元 484 年），十一月丙申，并州地震。（《魏书·灵征志上》）

高祖太和十年（公元 486 年），正月辛未，并州地震，殷殷有声。闰月丙

午，秦州地震。二月甲子，京师地震。丙寅，又震。丙午，秦州地震有声。三月壬子，京师及营州地震。(《魏书·灵征志上》)

高祖太和十九年 (公元 495 年)，二月己未，光州地震，东莱之牟平虞丘山陷五所，一处有水。(《魏书·灵征志上》) 明帝建武二年 (公元 495 年)，二月丁巳，地震。(《南齐书·五行志》)

高祖太和二十年 (公元 496 年)，正月辛未，并州地震。四月乙未，营州地震。(《魏书·灵征志上》)

高祖太和二十二年 (公元 498 年)，三月癸未，营州地震。八月戊子，兖州地震。九月辛卯，并州地震。(《魏书·灵征志上》)

高祖太和二十三年 (公元 499 年)，六月乙未，京师地震。(《魏书·灵征志上》) 东昏侯永元元年 (公元 499 年)，七月，地日夜十八震。九月十九日，地五震。(《南齐书·五行志》)

世宗景明元年 (公元 500 年)，六月庚午，秦州地震。(《魏书·灵征志上》)

世宗景明四年 (公元 503 年)，正月辛酉，凉州地震。壬申，并州地震。六月丁亥，秦州地震。十二月辛巳，秦州地震。(《魏书·灵征志上》)

世宗正始元年 (公元 504 年)，四月庚辰，京师地震。六月乙巳，京师地震。(《魏书·灵征志上》)

世宗正始二年 (公元 505 年)，九月己丑，恒州地震。(《魏书·灵征志上》)

世宗正始三年 (公元 506 年)，七月己丑，凉州地震，殷殷有声，城门崩。八月庚申，秦州地震。(《魏书·灵征志上》) 武帝天监五年 (公元 506 年)，十一月，京师地震。(《隋书·五行志上》)

世宗永平元年 (公元 508 年)，春正月庚寅，秦州地震。九月壬辰，青州地震，殷殷有声。(《魏书·灵征志上》)

世宗永平二年 (公元 509 年)，正月壬寅，青州地震。(《魏书·灵征志上》)

世宗永平四年 (公元 511 年)，五月庚戌，恒、定二州地震，殷殷有声。十月己巳，恒州地震，有声如雷。(《魏书·灵征志上》)

世宗延昌元年 (公元 512 年)，四月庚辰，京师及并、朔、相、冀、定、瀛六州地震。恒州之繁峙、桑乾、灵丘，肆州之秀容、雁门地震陷裂，山崩泉涌，杀五千三百一十人，伤者二千七百二十二人，牛马杂畜死伤者三千余。十月壬申，秦州地震有声。十一月己酉，定、肆二州地震。十二月辛未，京师地震，东北有声。(《魏书·灵征志上》)

世宗延昌二年 (公元513年)，三月己未，济州地震有声。阙月丙戌，京师地震。(《魏书·灵征志上》) 魏恒、肆二州地震、山鸣，逾年不已，民履压死伤甚众。(《资治通鉴·梁纪三》)

世宗延昌三年 (公元514年)，正月辛亥，有司奏："肆州上言秀容郡敷城县自延昌二年四月地震，于今不止。"(《魏书·灵征志上》)

世宗延昌四年 (公元515年)，正月癸丑，华州地震。十一月甲午，地震从西北来，殷殷有声。丁酉，又地震从东北来。(《魏书·灵征志上》)

肃宗熙平二年 (公元517年)，十二月乙巳，秦州地震有声。(《魏书·灵征志上》)

肃宗正光二年 (公元521年)，六月，秦州地震有声，东北引。(《魏书·灵征志上》)

肃宗正光三年 (公元522年)，六月庚辰，徐州地震。(《魏书·灵征志上》) 武帝普通三年 (公元522年)，正月，建康地震。(《隋书·五行志上》)

武帝普通六年 (公元525年)，十二月，地震。(《隋书·五行志上》)

武帝中大通五年 (公元533年)，正月，建康地震。(《隋书·五行志上》)

武帝大同三年 (公元537年)，十一月，建康地震。(《隋书·五行志上》)

武帝大同七年 (公元541年)，二月，建康地震。(《隋书·五行志上》)

武帝大同九年 (公元543年)，闰正月，地震。(《隋书·五行志上》)

孝静武定三年 (公元545年)，冬，并州地震。(《魏书·灵征志上》)

孝静武定七年 (公元549年)，夏，并州乡郡地震。(《魏书·灵征志上》) 武帝太清三年 (公元549年)，四月，建康地再震。(《隋书·五行志上》) 冬十月丁未，地震。(《梁书·简文帝纪》)

武帝永定二年 (公元558年)，五月，建康地震。(《隋书·五行志上》)

北齐河清二年 (公元563年)，并州地震。(《隋书·五行志》)

北周天和二年 (公元567年)，闰 (六) 月庚午，地震。(《周书·武帝纪

上》）

宣帝太建四年（公元572年），十一月，地震。（《隋书·五行志上》）

北周建德二年（公元573年），凉州地频震。城郭多坏，地裂出泉。（《隋书·五行志》）

北周建德三年（公元574年），凉州比年地震，坏城郭，地裂，涌泉出。（《周书·武帝纪上》）

北周建德五年（公元576年），河东地震。（《周书·武帝纪下》）

魏晋南北朝时期，地震也可以分几个阶段：公元220年至公元283年，64年中发生地震17次，平均3.76年发生一次地震，是地震活动比较弱的时期。

公元284至公元303年，20年间，发生地震30次，平均一年发生地震1.5次，是地震活动比较活跃时期。其中公元286年至公元288年地震活动比较频繁，公元294年发生的地震强度比较大。

公元304年至344年，41年期间发生地震12次，平均3.4年发生一次地震，是地震活动比较弱的时期，但公元318年和公元319年发生地震的强度比较大。

公元345年至404年，60年间发生地震32次，平均1.9年发生地震一次，是地震活动较弱时期。

公元405年至公元420年，16年间发生地震11次，约1.5年发生地震一次，虽然是地震活动较弱时期，但是也是地震活动频繁，地震强度较大时期。公元408年以及公元416年和公元419年地震强度较大，破坏较严重。

公元421年至公元440年，20年中发生了10次地震，平均每两年发生一次地震，是地震比较少的时期。

公元441年至公元471年，31年间发生了4次地震，平均约7.6年发生一次地震，属于地震不活跃期。不过大明六年即公元462年地震强度比较大。

公元472年至公元494年，23年间发生地震26次，平均0.88年发生一次地震，地震频率逐渐增加。

公元495年至公元525年，31年间发生地震42次，平均九个月发生一次地震。这一阶段地震活动频繁，肆州在延昌二年和三年之间时常地震；此外，烈度也比较大，造成人员死伤较多的地震有两次，是地震强度比较大的结果。这一时期是地震灾害比较严重时期。

公元526年至公元580年，55年间发生地震15次，平均3.67年发生一次地震，是地震活动比较少的时期。这期间在凉州发生一系列地震烈度较强的地震。

魏晋时期，今河南、山西、陕西、甘肃、山东、辽宁地区为地震相对高发区，湖南、湖北、江西、江苏等地也是地震多发区。南北朝时期，今山西、江苏有地震发生，甘肃、山东、河南洛阳地震记载较多，此外，陕西、河北、辽宁也多年发生地震。

魏晋南北朝时期，地震活跃的地区比较集中。以建康为中心包括扬州、会稽、丹阳、晋陵等地区是地震发生比较频繁的地区，据不完全统计，这一地区，魏晋南北朝时期发生地震近 60 次。此外，汾河流域，南起河东，北到并州大同一带，也是地震高发地区，魏晋南北朝时期，这一地区发生地震有近 30 次。凉州—秦州一带，属于魏晋南北朝时期地震较多、地震强度较大的地区，这一时期发生地震有近 30 次。此外，洛阳及其附近也是一个地震多发地区，魏晋南北朝时期地震有 19 次，其中三国时期 2 次，西晋时期 11 次，北魏时期 6 次。不过，十六国北魏时期洛阳及其周边地区关于地震的记载应该有缺漏之处，北魏记载的 6 次地震都是迁都洛阳后的，可能与洛阳地区在北朝前期远离政治中心有关，加之西晋之后，人口大量减少，即使有地震，破坏性也不大。

环太平洋和地中海—喜马拉雅两大地震带所发生的地震数量占世界地震总数量的 90% 以上，所释放的能量占世界地震释放总能量的 95%。而中国正好位于这两大地震带之间，是世界上地震活动最为强烈的地区之一。[①] 李善邦认为全国有两条明显的大地震带：一是纵贯南北的中枢地震带，二是横亘华北地区的华北地震带。中枢地震带基本走向为：北自阿拉善地块南侧的北山，经山丹、民勤而至中卫，向北与银川凹陷的区域地震带相连，向南沿六盘山西麓而下，与秦岭地轴相连，然后从天水再往南，经五都、文县进入川北，沿岷江上游南下至汶川，顺成都盆地的西缘而至泸定，再沿康滇地轴的西边向南延伸，直至怒江、澜沧江流域与滇西地槽地震带会合，全长约 2000 公里。华北地震带的主要走向为：西起宝鸡，向东经渭汾河谷入晋北，再往北，绕五台隆起至

---

① 王理等：《中国历史地震活动时空分异》，《北京师范大学学报》（自然科学版）2003 年第 4 期。

燕山区的西部为止，长约 1500 公里。①

西北地区甘肃、陕西这一时期地震记载较多，主要是这些地区处于构造活动区内，是一条明显的地震带。南秦岭与东秦岭之间为断层接触，其间有一个地震带，震中约沿汉中、安康、竹山一带分布，此外，在以今湖北江陵为中心存在江陵凹陷，这个凹陷地带是地震容易发生的区域。② 所以在今南阳一带以及江陵一带容易发生地震。

魏晋南北朝时期，江苏虽然发生地震比较多，但几乎都是一般性地震，并未造成较大的危害，主要原因是江苏及黄淮地区 85% 以上的地震属于"相对安全"的地震。③

魏晋南北朝时期，汾河流域地震多发，与山西地震带的分布有关。山西地震带北起延庆—怀来盆地，经大同忻定、晋中、临汾、运城盆地，南至灵宝—渭河盆地，由一系列雁行式排列的北东—北北东向新生代断陷盆地组成。其中，纵贯汾渭断陷盆地的中段，有一条汾河新构造断裂带，它切过了晋中、临汾和运城盆地。山西地震带的震中沿汾河一线分布，表明汾河新构造断裂带对山西地震的分布有着举足轻重的作用。④

魏晋南北朝时期，洛阳一带地震多发，原因是洛阳处于邢台—河间地震带与许昌—淮南地震带交会处，为地震高发地区。

---

① 李善邦：《中国地震》，地震出版社 1981 年版，第 299—301 页。

② 李善邦：《中国地震》，地震出版社 1981 年版，第 265、285 页。

③ 田建明等：《江苏及南黄海地区历史地震类型分布特征》，《地震学报》2004 年第 4 期。

④ 陆德复、朱新人：《汾河新构造断裂带及其地震地质意义》，《山西地震》1984 年第 4 期。

第五节　魏晋南北朝时期的疫病概况[1]

曹魏建立之后，疫病依然流行，在其统治期间，也发生了几次大规模疫病。

黄初三年（公元 222 年），夏侯尚在江陵与吴国军队对峙时，"尚夜多持油船，将步骑万余人，于下流潜渡，攻瑾诸军，夹江烧其舟船，水陆并攻，破之。城未拔，会大疫，诏敕尚引诸军还"[2]。

黄初四年（公元 223 年）三月，"是月大疫"[3]。《宋书·五行志五》也记载了这次疫病，"宛、许大疫，死者万数"。

孙吴统治时期，也因军事行动而在军队之中流行疫病，例如，嘉禾元年（公元 232 年），孙权在征讨珠崖及夷州时，"军行经岁，士众疾疫死者十有八九，权深悔之"[4]。

魏明帝青龙二年（公元 234 年），"夏四月，大疫"。

三年（公元 235 年）春，"京都大疫"[5]。《宋书·天文志一》也记载："（青龙二年）是年夏，大疫；冬，又大病，至三年春乃止。"关于后者，在

① 龚胜生的《魏晋南北朝时期疫灾时空分布规律研究》（《中国历史地理论丛》2007 年第 3 期）有详细的论述，由于材料的关系，笔者与之的统计不尽一致。此外，在《太上洞渊神咒经》等道藏资料以及出土的解注文中有不少疫病史资料，但其中年代多不明，无法逐一考证。

②《三国志·魏书·夏侯尚传》。

③《三国志·魏书·文帝纪》。

④《三国志·吴书·全综传》。

⑤《三国志·魏书·明帝纪》。

《晋书·天文志上》记载："青龙三年……是年夏及冬，大疫。"可见，当年发生了两次疫病。

孙吴统治时期，也发生了疫病，赤乌五年（公元242年），"是岁大疫"[①]。

在此之后一段时间内，曹魏没有发生较大规模的疫病，到了公元249年，也就是齐王芳正始十年，王弼"其秋遇疠疾亡，时年二十四，无子绝嗣"[②]。王弼应该是感染了疫病而死的。

建兴二年（公元253年），"夏四月，围新城，大疫，兵卒死者大半"[③]。

咸熙元年（公元264年），魏灭蜀时，"（罗）宪守永安城……宪距守经年，救援不至，城中疾疫太半"[④]。

西晋建立后，疫病比较流行，泰始四年（公元268年），"普天大疫"[⑤]。

公元269年也发生了疫病，《北堂书钞·医类》记载："晋泰始五年（公元269年），夏四月，地震，大疫。上命医以驷马小车驰救疗。"这次疫病应该发生在洛阳附近。

东吴在凤凰元年至凤凰三年（公元272年—274年）之间，"自改年及是岁，连大疫"[⑥]。

泰始十年（公元274年），"大疫，吴土亦同"[⑦]。

咸宁元年（公元275年）十二月，"是月大疫，洛阳死者大半。封裴颁为钜鹿公。二年春正月，以疾疫废朝"。这次疫病可能感染了晋武帝，"先是，帝不豫，及瘳，群臣上寿。诏曰：'每念顷遇疫气死亡，为之怆然。岂以一身之休息，忘百姓之艰邪？诸上礼者皆绝之。'"[⑧]《宋书》卷三四《五行志五》

---

① 《三国志·吴书·吴主传》。

② 《三国志·魏书·王弼传》。

③ 《三国志·吴书·三嗣主传·孙亮传》。

④ 《晋书·罗宪传》。

⑤ 《宋书·天文志》。

⑥ 《三国志·吴书·三嗣主传·孙皓传》。

⑦ 《宋书·五行志》。

⑧ 《晋书·世祖武帝纪》。

记载："晋武帝咸宁元年十一月，大疫，京都死者十万人。" 可见死亡人数颇多。这一轮疫病从凤凰元年开始，流行范围很广，持续时间也很长。《晋书》卷八八《庾衮》记载："咸宁中，大疫，二兄俱亡，次兄毗复殆，疠气方炽，父母诸弟皆出次于外，衮独留不去。诸父兄强之，乃曰：'衮性不畏病。'遂亲自扶持，昼夜不眠，其间复抚柩哀临不辍。如此十有余旬，疫势既歇，家人乃反，毗病得差，衮亦无恙。" 可见这次疫病的严重程度及其持续反复时间之长。

晋武帝太康元年（公元 280 年）蜀地也发生了疫病，《佛祖统纪》卷三七记载："晋太康元年，（许逊）为蜀郡旌阳令，民服其化至于无讼。岁大疫，标竹江滨置符水中，令病者饮之，无不愈。"

太康三年（公元 282 年），"春，疫"①。

太康九年（公元 288 年），洛阳一带也发生了疫病，《佛祖统纪》卷三六："太康九年，洛阳大疫。西竺沙门呵罗竭，持咒法加水以治之，所遇者皆差。"《高僧传》则记载："晋武帝太康九年，暂至洛阳，时疫疾甚流，死者相继，竭为咒治，十差八九。"

到惠帝统治时期，疫病大规模流行。"晋惠帝元康元年（公元 291 年）七月，雍州大旱，殒霜疾疫……元康七年，周处、卢播等复败，关西震乱。交兵弥岁，至是饥疫荐臻，戎、晋并困，朝廷不能振，诏听相卖鬻。"②

元康二年（公元 292 年），"冬十一月，大疫"。元康六年（公元 296 年），"十一月，关中饥，大疫"。元康七年（公元 297 年），"秋七月，雍、梁州疫"。③

元康九年（公元 299 年）正月，氐帅齐万年为孟观所擒，氐羌之乱被平定。太子洗马官江统上《徙戎论》，而导致有人责难他："方今关中之祸，暴兵二载，征戍之劳，老师十万，水旱之害，荐饥累荒，疫疠之灾，札瘥夭昏。凶逆既戮，悔恶初附，且款且畏，咸怀危惧，百姓愁苦，异人同虑，望宁息之

---

① 《宋书·五行志》。

② 《宋书·五行志》。

③ 《晋书·孝惠帝纪》。

有期，若枯旱之思雨露，诚宜镇之以安豫。"① 可见，在当时的关中地区也发生过疫灾。

永康元年（公元 300 年），"三月，秦地血雨降，妖星昼见，疫毒流行，民遭横夭。真人施符水，点混元灯，越三旬间方息"②。

公元 306 年，"宁州频岁饥疫，死者以十万计"③。而《晋书·李雄载纪》记载："先是，南土频岁饥疫，死者十万计。"看来这一带疫病流行的时间不止一年。

永嘉元年（公元 307 年），关中一带发生疫病，"转征西大将军、开府、都督秦雍梁益诸军事，代河间王颙镇关中……时关中饥荒，百姓相唉，加以疾疠，盗贼公行"④。

永嘉二年（公元 308 年），三吴地区，发生了疫病，"大人、小儿频行风痛之病，得发例不能言，或发热，半身掣缩，或五六日或七八日死。张思唯合此散，所疗皆愈"⑤。

永嘉四年（公元 310 年），"襄阳大疫，死者三千余人"。此外，《宋书·五行志五》记载："晋孝怀帝永嘉四年五月，秦、雍州饥疫至秋。"

永嘉初年，东平一带也发生了大规模的疫病，"晋陈国袁无忌，寓居东平。永嘉初，得疫疠，家百余口，死亡垂尽"⑥。

石勒统治下的后赵也时常发生疫病，公元 311 年，石勒准备南侵，东晋王导与之战斗，"勒军粮不接，死疫太半，纳张宾之策，乃焚辎重，裹粮卷甲，渡沔，寇江夏，太守杨岠弃郡而走"⑦。

永嘉六年（公元 312 年），"是岁大疫"⑧。《宋书·五行志五》也记载：

---

① 《晋书·江统传》。

② 《历代真仙体道通鉴·路大安传》。

③ 《资治通鉴·晋纪八》。

④ 《晋书·高密文献王泰传附略弟南阳王模传》。

⑤ 《金匮玉函要略辑义·中风历节病脉症并治》。

⑥ 《太平广记·鬼·袁无忌》。

⑦ 《晋书·石勒载记上》。

⑧ 《晋书·孝怀帝纪》。

"永嘉六年，大疫。"此外，杜光庭在《太上洞渊神咒经》序中也提及："西晋之末，中原乱罹，饥馑既臻，瘟疠乃作……毒瘴殒毙者多，闾里凋荒、死亡枕藉。"①《太平广记》卷一五引《神仙感遇传·道士王纂》也记载："值西晋之末，中原乱离，饥馑既臻，疫疠乃作，时有毒瘴，殒毙者多，闾里凋荒，死亡枕藉。"可见，这次疫灾持续的时间比较长，范围较广，波及的人数众多。

公元310年至公元312年左右，刘聪活动的区域发生了疫病，在公元313年，"正旦，聪宴于光极前殿，逼帝行酒"，不久刘聪毒杀了晋孝愍帝，并"赦境内殊死已下，立左贵嫔刘氏为皇后"，廷尉陈元达对他说："陛下龙兴已来，外歼二京不世之寇，内兴殿观四十余所，重之以饥馑疾疫，死亡相属，兵疲于外，人怨于内，为之父母固若是乎！"②刘聪"永嘉四年僭即皇帝"，所谓"龙兴已来"，即公元310年—312年，北方应该发生多次疫病，与杜光庭的记载可以相证。

公元315年至公元316年间，刘聪军队中也发生疫病，《晋书·刘聪载记》记载："聪立上皇后樊氏，即张氏之侍婢也。时四后之外，佩皇后玺绶者七人，朝廷内外无复纲纪，阿谀日进，货贿公行，军旅在外，饥疫相仍，后宫赏赐动至千万。"按照《资治通鉴·晋纪十一》记载，四后并立发生在公元315年。公元316年春，《资治通鉴》也有类似的记载："当是军旅岁起，将士无钱帛之赏，而后宫之家，赐及僮仆，动至数千万。沈等车服、第舍逾于诸王，子弟中表为守令者三十余人，皆贪残为民害。"可见，疫病发生时间当在公元315年—316年间。

十六国时期，北方长期战乱，也多次发生疫病。在刘曜统治时期，大兴三年（公元320年），刘岳征讨投降石勒的宋始等人，"镇洛阳。会三军疫甚，岳遂屯渑池"③。

公元322年，刘曜进攻仇池。"时曜寝疾，兼疠疫甚，议欲班师。"④公元

①《全唐文·杜光庭·太上洞渊神咒经》。

②《晋书·刘聪载记》。

③《晋书·刘曜载记》。

④《资治通鉴·晋纪十三》。

322 年在前赵统治区域内，十二月，"疫气大行，死者十三四"①。后来，又和东晋军队在寿春对峙，"元帝使诸将率江南之众大集寿春，勒军中饥疫死者太半"。其后"勒境内大疫，死者十二三，乃罢徽文殿作"②。这一年，在南方地区疫病一度非常流行。永昌元年（公元 322 年），"冬十月，大疫，死者十二三"③。而《宋书·五行志五》记载："晋元帝永昌元年十一月，大疫，死者十二三；河朔亦同。""河朔"地区应是泛指北方地区，即东晋未能统治的黄河流域。可见这是一次大规模的流行疫病。

　　公元 323 年至公元 325 年之间，明帝统治时期，史书记载："帝聪明有机断，尤精物理。于时兵凶岁饥，死疫过半，虚弊既甚，事极艰虞。"④ 明帝统治时间较短，其中太宁元年至三年，即公元 323 年—325 年这段时间内南方大部分地区都流行疫病。

　　咸和五年（公元 330 年），"夏五月，旱，且饥疫"⑤。

　　公元 335 年，"季龙自率众南寇历阳，临江而旋，京师大震。遣其征虏石遇寇中庐，遂围平北将军桓宣于襄阳。辅国将军毛宝、南中郎将王国、征西司马王愆期等率荆州之众救之，屯于章山。遇攻守二旬，军中饥疫而还"⑥。而《资治通鉴》卷九五《晋纪十七》则记载："赵征虏将军石遇攻桓宣于襄阳，不克。"可知，当年在襄阳一带，石虎军队发生过疫灾。

　　在公元 338 年，"八月，蜀中久雨，百姓饥疫，寿命群臣极言得失。龚壮上封事称：'陛下起兵之初，上指星辰，昭告天地，歃血盟众，举国称藩，天应人悦，大功克集。而论者未谕，权宜称制。今淫雨百日，饥疫并臻，天其或者将以监示陛下故也。愚谓宜遵前盟，推奉建康，彼必不爱高爵重位以报大功；虽降阶一等，而子孙无穷，永保福祚，不亦休哉！'"⑦ 可知，在当年成

---

① 《晋书·刘曜载记》《资治通鉴·晋纪十三》。

② 《晋书·石勒载记下》。

③ 《晋书·肃宗明帝纪》。

④ 《晋书·肃宗明帝纪》。

⑤ 《晋书·显宗成帝纪》。

⑥ 《晋书·石季龙载记下附冉闵载记》。

⑦ 《资治通鉴·晋纪十八》。

都一带发生了疫病。

永和六年（公元350年），在三吴等地发生了疫灾，"是岁，大疫"①。

冉闵时期，在公元351年，"赵所徙青、雍、幽、荆四州人民及氐、羌、胡蛮数百万口，以赵法禁不行，各还本土；道路交错，互相杀掠，其能达者什有二三。中原大乱。因以饥疫，人相食，无复耕者"②。"自季龙末年而闵尽散仓库以树私恩。与羌胡相攻，无月不战。青、雍、幽、荆州徙户及诸氐、羌、胡蛮数百余万，各还本土，道路交错，互相杀掠，且饥疫死亡，其能达者十有二三。"③

永和九年（公元353年），"五月，大疫"④。这次疫灾应该在南方发生的地区比较广。

永和十二年（公元356年）十月，也有疫病发生，史书记载："永和末，多疾疫。"⑤ 出土的墓志证明这一年也发生了疫病。⑥

兴宁年间（公元363年—365年），竺法旷东游禹穴时，"东土多遭疫疾"⑦。这里东土是指浙东一带。

太和四年（公元369年），"冬，大疫"⑧。

---

① 《晋书·孝穆帝纪》。

② 《资治通鉴·晋纪二十一》。

③ 《晋书·石季龙载记下》。

④ 《晋书·孝穆帝纪》。

⑤ 《晋书·王廙传附彬子彪之传》。

⑥ 东晋王氏家族中王康之墓志记载："永和十二年十月十七日，晋/故男子琅耶临沂王康之字/承叔年廿二卒，其年十一月/十日葬于白石。故刻砖为识。"王康之墓志，志文极为简单，未书父祖官爵名讳，亦未书妻子兄弟，颇令人费解。张学锋认为这与王康之在这一年染上疫病，死于非命有关。详见张学锋《南京象山东晋王氏家族墓志研究》，牟发松主编：《社会与国家关系视野下的汉唐历史变迁》，华东师范大学出版社2006年版，第329—332页。

⑦ 《高僧传·晋于潜青山竺法旷传》。

⑧ 《宋书·五行志》。

太元四年（公元 379 年），"三月，大疫"①。

太元五年（公元 380 年），"五月，自冬大疫，至于此夏，多绝户者"②。《幽明录》记载："大元中，临海有李巫，不知所由来。能卜相作，水符治病多愈，亦礼佛读经。语人云：'明年天下当大疫，此境尤剧。又，二纪之后，此邦之西北大郡，僵尸横路。'……到明年，县内病死者数千人。""大""太"古代通用，这一年发生的疫病，应该是太元五年，可知此年疫病影响较大。

北魏皇始二年（公元 397 年）八月，道武帝进军常山之九门，"时大疫，人马牛多死。帝问疫于诸将，对曰：'在者才十四五。'是时中山犹拒守，而饥疫并臻，群下咸思还北"③。可见，这次疫病损失很大。

隆安五年（公元 401 年），"十一月，高祖追恩于沪渎，及海盐，又破之。三战，并大获，俘馘以万数。恩自是饥馑疾疫，死者太半，自浃口奔临海"④。

元兴末年（公元 404 年），"晋元兴末，魏郡民陈氏女名琬，家在查浦，年十六，饥疫之岁，父母相继死没，唯有一兄，佣赁自活"⑤。

晋安帝义熙元年（公元 405 年）十月，"大疫，发赤班乃愈"⑥。"赤班"是天花流行的表现。

义熙四年（公元 408 年），刘敬宣进攻成都时，"纵辅国将军谯道福悉众拒崄，相持六十余日，敬宣不得进。食尽，军中疾疫，死者太半，乃引军还，敬宣坐免官"⑦。

义熙五年（公元 409 年），"晋义熙五年，卢循自广州下，泊船江西，众多疫死"⑧。

---

①《晋书·孝武帝纪》。

②《宋书·五行志》。

③《魏书·太祖道武帝纪》。

④《宋书·武帝纪上》。

⑤《述异记》。

⑥《宋书·五行志》。

⑦《资治通鉴·晋纪三十六》。

⑧《异苑》卷三。

义熙七年（公元411年）春，"大疫"①。

泰常八年（公元423年），北魏军队攻下虎牢之后，"众大疫，死者十二三"②。而《魏书·天文志》则记载："时官军陷武牢。会军大疫，死者十二三。"

元嘉三年（公元426年），"时旱灾未已，加以疾疫，泰又上表曰：'顷亢旱历时，疾疫未已，方之常灾，实为过差，古以为王泽不流之征。'"③

元嘉四年（公元427年）五月，"京师疾疫。甲午，遣使存问，给医药；死者若无家属，赐以棺器"。这年疫病的持续和影响时间比较长，直到五年春正月乙亥，宋文帝还下诏书："朕恭承洪业，临飨四海，风化未弘，治道多昧，求之人事，鉴寐惟忧。加顷阴违序，旱疫成患，仰惟灾戒，责深在予。思所以侧身克念，议狱详刑，上答天谴，下恤民瘼。群后百司，其各献谠言，指陈得失，勿有所讳。"

元嘉六年（公元429年），"元嘉五年秋夕，豫章胡充有大蜈蚣长三尺，落充妇与妹前，令婢挟掷。婢才出户，忽睹一姥，衣服臭败，两目无精。到六年三月，阖门时患，死亡相继"④。能让全家患病死去的"时患"，当是当时流行的疫病。

元嘉七年（公元430年），到彦之北伐，"将士疾疫，乃引兵自清入济。南至历城，焚舟弃甲，步趋彭城"⑤。

公元433年左右，凉州以北地方，发生过规模比较大的疫病。《出三藏集记》卷一四记载："谶尝告蒙逊云：'有鬼入聚落，必多灾疫。'逊不信，欲躬见为验。谶即以术加逊，逊见而骇怖。谶曰：'宜洁诚斋戒，神咒驱之。'乃读咒三日，谓逊曰：'鬼北去矣。'既而北境之外疫死万数。"

太延五年也就是公元439年，"牧犍左右有告魏使者曰：我君承蠕蠕可汗安言云：'去岁（指公元438年）魏天子自来伐我，士马疫死，大败而还；我

---

①《宋书·五行志》。

②《魏书·太宗明元帝纪》。

③《宋书·范泰传》。

④《异苑》卷三。

⑤《资治通鉴·宋纪三》。

擒其长弟乐平王丕。'"①

元嘉二十四年（公元 447 年）六月，"京邑疫疠。丙戌，使郡县及营署部司，普加履行，给以医药"②。

元嘉二十八年（公元 451 年）四月，"是月，都下疾疫"③。

正平元年（公元 451 年），北魏军队围攻盱眙，"凡攻之三旬，不拔。会魏军中多疾疫，或告以建康遣水军自海入淮，又敕彭城断其归路；二月，丙辰朔，魏主烧攻具退走"④。

在公元 454 年之前，吴郡一带发生了大规模的疫病，"吴郡钱唐人也。少而仁厚，固穷济急。同里范法先父母兄弟七人，同时疫死，唯余法先，病又危笃，丧尸经月不收。叔孙悉备棺器，亲为殡埋。又同里施渊夫疾病，父母死不殡；又同里范苗父子并亡；又同里危敬宗家口六人俱得病，二人丧没，亲邻畏远，莫敢营视。叔孙并殡葬，躬恤病者，并皆得全……世祖孝建初，除竟陵王国中军将军，不就"⑤。世祖孝建元年为公元 454 年，这段时间是否与元嘉末年发生的疫病时间一致，我们不得而知，不过应该可以肯定的是这次疫病发生在吴郡一带，而且死亡人数众多。

大明元年（公元 457 年），"夏四月，京邑疾疫。丙申，遣使按行，赐给医药。死而无收敛者，官为敛埋"⑥。

大明四年（公元 460 年）四月，"京邑疾疫"。皇帝还下诏："都邑节气未调，疠疫犹众，言念民瘼，情有矜伤。可遣使存问，并给医药；其死亡者，随宜恤赡。"⑦ 在北方，和平元年（公元 460 年），在征讨吐谷浑的什寅时，"九月，诸军济河追之，遇瘴气，多有疫疾，乃引军还。获畜二十余万"⑧。除了

①《资治通鉴·宋纪五》。

②《宋书·文帝纪》。

③《建康实录·太祖文皇帝》。

④《资治通鉴·宋纪八》。

⑤《宋书·孝义传·范叔孙传》。

⑥《宋书·孝武帝纪》。

⑦《宋书·五行志》《宋书·孝武帝纪》。

⑧《魏书·高宗纪》。

军事行动带来的疫病之外，由于饥荒、水旱等灾害原因也发生很多疫病。

北魏天安二年（公元 467 年），"江南阻饥，牛且大疫……旱，河决，州镇二十七皆饥，寻又天下大疫"①。

显祖皇兴二年（公元 468 年），"十月，豫州疫，民死十四五万"②。

顾宪之在齐高帝时期为衡阳太守，"齐高帝即位，除衡阳内史……郡境连岁疾疫，死者太半，棺木尤贵，悉裹以苇席，弃之路傍。宪之下车，分告属县，求其亲党，悉令殡葬。其家人绝灭者，宪之为出公禄，使纲纪营护之"③。齐高帝即是齐太祖萧道成，其即位时间为建元元年，其即公元 479 年，可知在此前几年常发生疫病。

公元 495 年，在浙东一代，天花流行。"建武二年（公元 495 年），剡县有小儿，年八岁，与母俱得赤班病。母死，家人以小儿犹恶，不令其知。小儿疑之，问云：'母尝数问我病，昨来觉声羸，今不复闻，何谓也？'因自投下床，匍匐至母尸侧，顿绝而死。乡邻告之县令宗善才，求表庐，事竟不行。"④"赤班"即天花。

中兴元年（公元 501 年），梁武帝攻打郢时，"初，郢城之闭，将佐文武男女口十余万人，疾疫流肿死者十七八，及城开，高祖并加隐恤，其死者命给棺槥"。"初，郢城之拒守也，男女口垂十万，闭垒经年，疾疫死者十七八，皆积尸于床下，而生者寝处其上，每屋辄盈满。叡料简隐恤，咸为营理，于是死者得埋藏，生者反居业，百姓赖之。"⑤

天监二年（公元 503 年），"是夏多疠疫"⑥。

天监三年（公元 504 年），"是岁多疾疫"⑦。

世宗永平三年（公元 510 年）四月，"平阳之禽昌、襄陵二县大疫，自正

---

①《魏书·天象志三》。

②《魏书·灵征志上》。

③《梁书·止足传·顾宪之传》。

④《南齐书·孝义传·杜栖传》。

⑤《梁书·武帝纪上》《梁书·韦叡传》。

⑥《梁书·武帝纪中》。

⑦《梁书·武帝纪中》。

月至是月，死者二千七百三十人"①。关于这次疫病，《魏书·天文志》则记载："夏四月，平阳郡大疫，死者几三千人。"可见这次疫病导致人口损失颇大。

正光五年（公元 524 年），洛阳一带，发生过流行性疾病。"正光五年，尼之春秋八十有六，四月三日忽遘时疹，出居外寺……五月庚戌朔七日丙辰，迁神于昭仪寺。"② 从对患者的隔离来判断，"时疹"应该是流行性传染疾病。

天监十四年（公元 515 年）修筑浮山偃时，动用二十万人，在夏天也发生了疫病，"夏日疾疫，死者相枕，蝇虫昼夜声相合"③。

中大通元年（公元 529 年），"六月壬午，以永兴公主疾笃故，大赦，公主志也。是月，都下疫甚，帝于重云殿为百姓设救苦斋，以身为祷"④。

梁太清元年至二年（公元 547 年—548 年），"旱疫者二年，扬、徐、兖、豫尤甚"⑤。

侯景围攻建康时（公元 548 年—549 年），城内发生了疫病，"侯景围城，坚屯太阳门，终日蒲饮，不抚军政。吏士有功，未尝申理，疫疠所加，亦不存恤，士咸愤怨"⑥。侯景也知道城中发生了疫病，故而长时间围城，"景知城内疾疫，复怀奸计，迟疑不去"，导致很多人失去了生命，"城中疾疫，死者太半"。⑦

大宝二年（公元 551 年），"世祖遣领军王僧辩率众东下代徐文盛，军次巴陵，会景至，僧辩因坚壁拒之。景设长围，筑土山，昼夜攻击，不克。军中

---

① 《魏书·灵征志上》。

② 《王钟儿墓志》，赵超：《汉魏南北朝墓志汇编》，天津古籍出版社 1992 年版，第 146 页；韩理洲等辑校编年：《全北魏东魏西魏文补遗》，三秦出版社 2010 年版，第 13 页。

③ 《梁书·康绚传》。

④ 《南史·武帝纪下》。

⑤ 《隋书·五行志》。

⑥ 《梁书·高祖三王传·邵陵王纶传附子坚传》。

⑦ 《梁书·沈浚传》《梁书·侯景传》。

疾疫，死伤太半"①。

公元555年，梁境发生了大的疫灾，徐陵在《武皇帝作相时与北齐广陵城主书》一文中提道："去岁抑达摩等，石头天井，连月亢阳，三子才降，连冬大雪，黄袍尽没，白帐皆浮，既因之以泥涂，兼加之以疾疫，萧裴既退，云雾便除，从尔以来，稍成灾旱，定知衣冠之国，礼乐相承，天道不言，不容都灭。"②

北齐和北周统治时期疫病也一度流行，河清年间（公元562年—565年），"重以疾疫相乘，死者十四五焉"③。

天统元年（公元565年），"河南大疫"④。

陈朝时期天康元年（公元566年）春二月丙子，陈文帝下诏："朕以寡德，纂承洪绪，日昃劬劳，思弘景业，而政道多昧，黎庶未康，兼疹患淹时，亢阳累月，百姓何咎，实由朕躬，念兹在兹，痛如疾首。可大赦天下，改天嘉七年为天康元年。"⑤ "疹患淹时"，看来是一种流行病。此外，《续高僧传》卷二九《隋天台山瀑布寺释慧达传》记载："有陈之日，疠疫大行，百姓毙者殆其过半。达内兴慈施，于杨都大市建大药藏，须者便给，拯济弥隆。"可知陈朝发生过一次严重的疫病。

武平年间（公元570年—576年），秦州刺史陆杳被陈军包围，"城中多疫疠，死者过半，人无异心"⑥。

太建六年（公元574年），陈伐北齐，"近命师薄伐，义在济民，青、齐旧隶，胶、光部落，久患凶戎，争归有道，弃彼农桑，忘其衣食。而大军未接，中途止憩，朐山、黄郭，车营布满，扶老携幼，蓬流草跋，既丧其本业，

①《梁书·侯景传》。

②《全梁文·徐陵·武皇帝作相时与北齐广陵城主书》。据《资治通鉴·梁纪二十二》记载，柳达摩在这一年入侵建康，很快失败。

③《隋书·食货志》。

④《北齐书·后主纪》。

⑤《陈书·世祖纪》。

⑥《北史·陆俟传附印弟杳传》。

咸事游手，饥馑疾疫，不免流离"①。胶、光、朐山、黄郭是徐州统治的地区，在今江苏北部和山东南部。

在魏晋南北朝时期疾病的类型与分布之中，很多"疫病"是由于战争引起的，在战争之中，人员集中，加之生活条件恶化，抵抗力下降，很容易发生群体性疾病，在这种情况之下若治疗不及时，容易导致人员大量死亡。

其次就是瘟疫之类的疾病，导致"死者大半"的基本上就是这种疾病。魏晋南北朝时期，疫病主要发生在西晋末年，西晋武帝统治的26年期间，北方就有5年发生了疫情（公元268年、274年、275年、276年、282年），发生时间相对集中。如果考虑到东吴在272年和273年也发生了疫灾，可见这一时期疫灾比较严重。晋惠帝之后，22年之中就有8年发生疫灾，大约3年就有一次疫灾，可见疫情严重。《晋书·食货志》说："惠帝之后，政教陵夷，至于永嘉，丧乱弥甚……又大疾疫，兼以饥馑。百姓又为寇贼所杀，流尸满河，白骨蔽野。刘曜之逼，朝廷议欲迁都仓垣。人多相食，饥疫总至，百官流亡者十八九。"疫灾如此集中发生的原因，应与270年左右气候突变有关。气候突变引起了各种灾害，地震、冻灾、旱灾、水灾相对集中。有学者认为地震可以导致疾病流行，看来这在时间上有一定的偶合，二者之间的关系值得进一步研究。从疫灾的地域上看，南方是这一时期疫病流行的中心，可能与南方卑湿有关。②

《荆楚岁时记》中记载了很多关于避疫的风俗："帖画鸡，或斫镂五采及土鸡于户上。造桃板着户谓之仙木。绘二神贴户左右，左神荼，右郁垒，俗谓之门神。按，庄周云：'有挂鸡于户，悬苇索于其上，插桃符于旁，百鬼畏之。'又魏时，人问议郎董勋云：'今正、腊旦，门前作烟火，桃神，绞索，松柏，杀鸡着门户，逐疫，礼欤？'勋答曰：'礼。'十二月索室逐疫，衅门户，磔鸡。""按，炼化篇云：'正月旦，吞鸡子赤豆各七枚，辟瘟气。'又肘后方云：'旦及七日，吞麻子小豆各十七枚，消疾疫。'张仲景方云：'岁有恶气中人，不幸便死，取大豆十七枚，鸡子，白麻子，并酒吞之。'""冬至日，量日影，作赤豆粥，以禳疫按。共工氏有不才之子，以冬至死，为疫鬼，畏赤豆，故冬至日作赤豆粥以禳之。"可见在民间有多种消除疫病的风俗。

---

①《陈书·宣帝纪》。

②于赓哲：《疾病、卑湿与中古族群边界》，《民族研究》2010年第1期。

第六节　魏晋南北朝时期其他疾病

在秦汉魏晋南北朝时期，还有一些疾病冠之以"时行"。《全晋文·王羲之·杂帖二》中有"君二妹差佳，慰问心期，中冷，顷时行，可畏愁人"。《全晋文·王羲之·杂帖五》也有"羲之白，昨故遣书，当不相遇。知君还，喜慰。足下时行，想今善除，犹耿耿。仆时行以十一日而不保，如比日便成委顿，今日犹当小胜。不知能转佳不积不？"《搜神后记》卷三记载："桓宣武时，有一督将，因时行病后虚热，更能饮复著，必一斛二斗乃饱。才减升合，便以为不足。非复一日。"《太平御览》卷八四九《饮食部七》引《齐谐记》记载："江夏郡安陆县有人姓郭名坦，兄弟三人。其大儿忽得时行病，病后，遂大能食。"卷八八八《妖异部四》引《齐谐记》记载："太元元年，江夏郡安陆县驯岳恂，年二十二。少来了了，忽得时行病。差后发狂，百药治救不署。乃复病狂走，犹剧忽失踪迹。"可知这种疾病应该是传染病。

与"时行"相似的疾病还有"时气"。《搜神后记》卷四记载："襄阳李除，中时气死。"《全晋文·王献之·杂帖》记载："近与铁石共书，令致之。想久达，不得君问，以复经月，悬情岂可言。顷更寒不适，颇有时气，君须各可耳……然疾根聚在右髀，脚重痛不得转动，左脚又肿，疾侯极是不佳，幸食眠意事为复可可，冀非臧病耳。"此外，还有称之为时疾的，《太平广记·黄苗》记载："元嘉中，南康平固人黄苗为州吏，受假违期……苗还家八年，得时疾死。"

所谓时行，《伤寒杂病论·伤寒例》指出："春气温和，夏气暑热，秋气清凉，冬气冰冽，此则四时正气之序也。冬时严寒，万类深藏，君子周密，则不伤于寒。触冒之者，则名伤寒耳。其伤于四时之气，皆能为病。以伤寒为病者，以其最盛杀厉之气也。中而即病者，名曰伤寒；不即病，寒毒藏于肌肤，至春变为温病，至夏变为暑病。暑病者，热极重于温也。是以辛苦之人，春夏多温热者，皆由冬时触寒所致，非时行之气也。凡时行者，春时应暖而反大寒，夏时应热而反大凉，秋时应凉而反大热，冬时应寒而反大温。此非其时而有其气，是以一岁之中，长幼之病多相似者，此则时行之气也。夫欲候知四时正气为病，及时行疫气之法，皆当按斗历占之。"

就是说所谓时行之气，就是非其时所行之气，春应暖而大寒，夏应热而凉，秋应凉而热，冬应冷而暖。时行病由时行之气导致，系有感而发，又由于"一岁之中，长幼之病多相似"，故有时称时行之气谓时疫之气，具有一定的传染性。《伤寒例》虽然出现在《伤寒杂病论》中，但一般认为不是张仲景的作品，而是王叔和的作品。时气、时疾，也应该是流行病的称呼。①

此外，还有瘴疾。三国时期，华核推荐陆胤，原因之一就是他在交州，"奉宣朝恩，流民归附，海隅肃清。苍梧、南海，岁旧风瘴气之害，风则折木，飞砂转石，气则雾郁，飞鸟不经"②。

西晋时期，有关瘴病记载的区域逐渐增多。《华阳国志》卷四《南中志》记载今云贵川交界的兴古郡，"特有瘴气，少谷，有桄榔木，可以做棉，以牛酥酪食之，人民资以为粮"。左思在《魏都赋》中说"庸蜀与鸲鹊同窠，句吴与黾同"，这些地区是"宅土煽暑，封疆瘴疠"。庸蜀和句吴应该是泛指，指西南和江南地区，这些地区"瘴疠之病"盛行。《晋书》卷九〇《吴隐之传》记载："广州包带山海，珍异所出，一箧之宝，可资数世，然多瘴疫，人情惮焉。"

南齐时期的越州，"土有瘴气杀人。汉世交州刺史每暑月辄避处高，今交土调和，越瘴独甚"③。南齐时期，当时的甘肃、青海一带"肥地则有雀鼠同穴，生黄紫花；瘦地辄有瘴气，使人断气，牛马得之，疲汗不能行"④。

梁朝时期"交州土豪李贲反，逐刺史萧谘，谘奔广州，（杜）台遣子雄与高州刺史孙冏讨贲。时春草已生，瘴疠方起，子雄请待秋讨之，广州刺史新渝侯萧映不听，萧谘又促之，子雄等不得已，遂行。至合浦，死者十六七，众并

---

① 陈德宁：《时行病·时疫病·时病》，《中医函授通讯》1988 年第 4 期。

②《三国志·吴书·陆胤传》。

③《南齐书·州郡志》。

④《南齐书·芮芮虏传》。

惮役溃散，禁之不可，乃引其余兵退还"①。

此外在北魏和平元年北魏军队追讨吐谷浑什寅时，"九月，诸军济河追之，遇瘴气，多有疫疾，乃引军还。获畜二十余万"②。

隋朝的卢思道在《为隋檄陈文》中说："江界湫湄，如掌之陋，涂泥所集，瘴疠自兴。"③ 陈朝统治范围在江南地区，可见江南都是疫病之区。隋朝初年的库狄士文，"至州，发摘奸吏，尺布斗粟之赃，无所宽贷，得千人奏之，悉配防岭南。亲戚相送，哭声遍于州境。至岭南，遇瘴疠死者十八九，于是父母妻子唯哭士文"④。可知，在人们心目中，岭南就是死亡之地的代名词，其原因是这里多瘴病。

除了瘴病之外，在北方人眼里，南方还流行疠病，苻坚准备攻打晋朝，当时就有人提出："且东南区区，地下气疠，虞舜游而不返，大禹适而弗归，何足以上劳神驾，下困苍生。彼若凭长江以固守，徙江北百姓于江南，增城清野，杜门不战，我已疲矣，彼未引弓。土下气疠，不可久留，陛下将若之何？"⑤

同样的事情发生在北魏，当朝廷有人要求派军队与刘宋作战时，崔浩就说："又南土下湿，夏月蒸暑，水潦方多，草木深邃，疾疫必起，非行师之时。且彼先严有备，必坚城固守。屯军攻之，则粮食不给；分兵肆讨，则无以应敌。未见其利。就使能来，待其劳倦，秋凉马肥，因敌取食，徐往击之，万全之计，胜必可克。"⑥

实际上，以上记载的瘴病和瘴气不是严格意义上的流行病。比如南齐时期河南地区的瘴气，应该是高山反应的症状。北魏军队所遇见的"瘴气"，应该是一种传染性疾病，不过当时不知道是何种疾病，因为生病的人颇多，所以就归之为"瘴"。左思与卢思道所言江南等地为瘴疠之区，除了这一地区本身多

---

①《陈书·杜僧明传》。

②《魏书·高宗文成帝纪》。

③《全隋文·卢思道·为隋檄陈文》。

④《北齐书·库狄干传附子士文传》。

⑤《晋书·苻坚载记》。

⑥《魏书·崔浩传》。

有一些地方性疾病之外，更多意义上应该是说"瘴疠之区"为文化落后地区或者非正统区的代名词。

从秦汉到魏晋南北朝时期，以"瘴"为名字出现的范围有扩大趋势，东汉至三国时期，人们认为日南、交阯、苍梧、南海一带多瘴气。到了晋朝时期，交州、越州等西南地区则成为瘴的主要分布区，而在南北朝时期，整个江南则是瘴疠之乡。这种变化有很强烈的文化意味。在秦汉时期，华夏人对南方的认识有限。两汉时期对南方大规模用兵，多次受阻，到东汉时期，失败的次数多了，所以人们就认识到有某种"害气"在从中作祟，中原人逐渐形成了南方有某种害气阻人的观点，此即"瘴气"的由来。瘴气一说形成之后，在南北朝出现了泛化的趋势，把不明疾病都归之为瘴病。[1] 不过考虑到疫病的情况，我们发现"瘴病"的出现还是有很多医学上的意义的，即首先瘴病应该是一种地方性传染疾病。

---

[1] 张文：《地域偏见和族群歧视：中国古代瘴气与瘴病的文化学解读》，《民族研究》2005 年第 3 期。

第七节　魏晋南北朝时期的地方病

一、东晋南朝时期的"足疾"与"脚气"

（一）东晋南朝时期的"足疾"

自永嘉南渡以来，有不少士大夫患有比较严重的足疾。王羲之在给友人的信中写道："乖违积年。每惟乖苦，痛切心肝，惟同此情，当可居处。羲之脚不践地，十五年无由奉展，比欲奉迎，不审能垂降不？豫唯哽故先承问。"[①]"羲之脚不践地，十五年无由奉展"的原因，是他患有严重的足疾，"且反想至，所苦差不？耿耿，仆脚中不堪沈阴，重痛不可言，不知何以治之，忧深，力不具"[②]。王羲之的弟弟王献之也患有足疾，"献之白，奉承问，近雪寒，患面疼肿，脚中更急痛。兼少下，甚驰情，转和佳。不审尊体复何如？得此诸患，小差不复思何如？"[③]可见足疾是当时很多士大夫所患的疾病。《晋书》中记载有足疾的人颇多，"（周）札脚疾，不堪拜，固让经年，有司弹奏，不得已乃视职"。贺循也患有脚疾"及陈敏之乱，诈称诏书，以循为丹阳内史。循辞以脚疾，手不制笔，又服寒食散，露发袒身，示不可用，敏竟不敢逼"。王彬得罪王敦后，众人要求其道歉，王彬说："有脚疾已来，见天子尚欲不拜，何跪之有！此复何所谢！"刘胤也因为得罪王敦，"出为豫章太守，辞以脚疾，诏就家授印绶"。习凿齿，"后以脚疾，遂废于里巷"。邓粲，"长沙人，少以

①《全晋文·王羲之·所欲示之》。

②《全晋文·王羲之·杂帖》。

③《全晋文·王献之·如省》。

高洁……后患足疾，不能朝拜，求去职，不听，令卧视事。后以病笃，乞骸骨，许之"。何澄因为患有脚疾，没有接受朝廷授予的尚书职位，"特听不朝，坐家视事"。陶渊明也是"素有脚疾，向乘蓝舆"。桓温"有脚疾，诏乘舆入朝"。① 东晋时期的孟府君"辞以脚疾，不任拜起，诏使人扶入"②。

刘宋时期，患足疾的人也颇多，刘钟，"时脚疾不能行"；张茂度曾"以脚疾出为义兴太守"；臧焘在东晋"元熙元年，以脚疾去职"；王球也是"素有脚疾"；范泰患有足疾，"上以泰先朝旧臣，恩礼甚重，以有脚疾，起居艰难，宴见之日，特听乘舆到坐"。而在此之前"高祖还彭城，与共登城，泰有足疾，特命乘舆"；殷景仁"卧疾者五年，虽不见上，而密表去来，日中以十数"，其所患的疾病，也是足疾，"上出华林园延贤堂召景仁，犹称脚疾，小床舆以就坐，诛讨处分，一皆委之"；范晔被要求跟随檀道济北征，"晔惮行，辞以脚疾，上不许，使由水道统载器仗部伍"；袁淑"迁太子洗马，以脚疾不拜"；王玄谟，"为大统，领水军南讨，以脚疾，听乘舆出入"；顾觊之，"不欲与殷景仁久接事，乃辞脚疾自免归"；王镇之在刘裕登基后，"以脚患自陈，出为辅国将军"。③ 羊欣在给友人的书信中写道："三月六日，欣顿首，暮春感摧切割，不能自胜，当奈何奈何？得去六日告，深慰，足下复何如？脚中日胜也，吾日弊难复，令自顾忧叹情想转积，执笔增愻。足下保爱，书欲何言，羊欣顿首。"④ 可见羊欣不仅自己有脚疾，而且其朋友的脚疾也很严重。孔琳之在给友人的信中说自己："孤子并疾患，叹具悒悒，脚中转剧。近服散未觉

---

① 《晋书·周处传附玘弟札传》《晋书·贺循传》《晋书·王虞传附弟彬传》《晋书·刘胤传》《晋书·习凿齿传》《晋书·邓粲传》《晋书·外戚传·何准传附子澄传》《晋书·桓温传》《晋书·隐逸传·陶潜传》。

② 《全晋文·陶潜·晋故征西大将军长史孟府君传》。

③ 《宋书·刘钟传》《宋书·张茂度传》《宋书·臧焘传》《宋书·王球传》《宋书·范泰传》《宋书·殷景仁传》《宋书·范晔传》《宋书·袁淑传》《宋书·王玄谟传》《宋书·顾觊之传》《宋书·王镇之传》。

④ 《全宋文·羊欣·书》。

益。"① 也提及自己的脚病比较严重。谢灵运在《答范光禄书》写道:"辱告慰企，晚寒体中胜常，灵运脚诸疾，比春更甚忧虑。"② 看来谢灵运的脚疾比较严重。鲍照也说自己:"患脚上气四十余日，知旧先借傅玄集，以余病剧，遂见还。开帙。适见乐府诗龟鹤篇。与危病中见长逝词，恻然酸怀抱。如此重病，弥时不差，呼吸乏喘，举目悲矣。火药间阙而拟之。"③

南齐和梁朝时期，患脚疾的人也很多。"郁林废，朝臣到宫门参承高宗"，张瑰"托脚疾不至"。吕安国患有疾病，世祖吩咐他"自不宜劳，且脚中既恒恶，扶人至吾前，于礼望殊成有亏，吾难赦之。其人甚讳病，卿可作私意向，其若好差不复须扶人，依例入，幸勿牵勉"。萧颖胄"遭父丧，感脚疾，数年然后能行。世祖有诏慰勉，赐医药"。王慈"患脚，世祖敕王晏曰:'慈在职未久，既有微疾，不堪朝，又不能骑马，听乘车在仗后。'江左来少例也。以疾从闲任，转冠军将军、司徒左长史"。南齐时的萧遥光，"足疾不得同朝列，常乘舆自望贤门入。每与上久清闲，言毕，上索香火，明日必有所诛杀"。④

在梁朝，梁武帝在给友人的信中提到:"数朝脚气转动不得，多有忧悬情也。二谢处委曲复当有情，故旧数有书问否? 可复有兴也。知何时再言话报之。"⑤ 可见梁武帝的这位朋友脚疾较严重。梁朝时期的徐勉也"脚疾转剧，久阙朝觐，固陈求解，诏乃赉假，须疾差还省"。徐勉的儿子徐悱"出入宫坊者历稔，以足疾出为湘东王友，迁晋安内史"。此外江革被北魏俘虏后，"革称患脚不拜，延明将加害焉，见革辞色严正，更相敬重"。许懋，"以足疾出为始平太守，政有能名"。刘杳，"以本官兼廷尉正，又以足疾解"。⑥ 梁朝末

---

① 《全宋文·孔琳之·书》。

② 《全宋文·谢灵运·答范光禄书》。

③ 《秦汉魏晋南北朝诗·宋诗·鲍照·〈松柏篇〉并序》。

④ 《南齐书·张瑰传》《南齐书·吕安国传》《南齐书·萧赤斧传附子颖胄传》《南齐书·王慈传》《南齐书·宗室传·始安贞王道生传附子遥光传》。

⑤ 《全梁文·梁武帝·与某书》。

⑥ 《梁书·徐勉传》《梁书·江革传》《梁书·许懋传》《梁书·文学传下·刘杳传》。

年，虞寄也"常居东山寺，伪称脚疾，不复起"①。生活在梁朝的颜之推在《观我生赋》中也称自己"牵疴疢而就路"，也就是患了脚病。②

在以上例子之中，我们可以发现当时脚疾的一些特点：一是脚软无力，不能久站，故连上朝都不能去。所以很多人害怕站着面见皇上，以"脚疾"为名而要求外任，这样可以坐着办公而不需站着面对皇帝。二是脚疾需要较长时间的治疗，比如南齐时期的萧颖胄"感脚疾，数年然后能行"。看来作为皇族的萧颖胄花了很长一段时间才使得脚疾的治疗有一定的效果。萧颖胄所能得到的治疗条件比一般士人要好，可想其他人所需治疗时间更长。三是这种脚病在当时有一定的普遍性。"脚疾"成为很多人的一个借口，对方也不去深究，正是由于这种疾病有普遍性才有此后果。四是这种脚病局限在社会上层，在士兵之中并没有出现，如果士兵中流行这种疾病，军队就没有战斗力，会常吃败仗，而史书上并没有这样的记载。另外，还有一个特征是手无力，比如贺循就是"手不制笔"，不过以上患"足疾"之人，只有贺循说自己有这个特征，至于其他人是否有这个特征，由于史料的缺失，我们不得而知。再有，根据对王羲之书信的研究，我们可以发现，王羲之足疾的一个症状就是腿肿，"累书想至，君比各可不？仆近下数日，匆匆肿剧，数尔进退，忧之转深，亦不知当复何治。下由食谷也。自食谷，小有肌肉，气力不胜，更生余患。去月尽来，停谷敢面，复平平耳"，"得书知问，肿不差，乏气匆匆，面近，羲之报"。③

这类疾病在魏晋之前并没有医学记载，唐代孙思邈在《千金要方》卷二二《风毒脚气》中说："考诸经方，往往有脚弱之论。而古人少有此疾，自永嘉南度，衣缨士人，多有遭者。岭表江东有支法存、仰道人等，并留意经方，偏善斯术，晋朝仕望，多获全济，莫不由此二公。又宋齐之间，有释门深师，师道人述法存等诸家旧方为三十卷，其脚弱一方近百余首。魏周之代，盖无此病，所以姚公《集验》殊不殷勤，徐王撰录未以为意，特以三方鼎峙，风教未一，霜露不均，寒暑不等，是以关西河北不识此疾。"孙思邈认为这种疾病是在东晋时期流行的，而且只流行于士人之中。

---

① 《陈书·虞荔传附弟寄传》。

② 《全隋文·颜之推·观我生赋》。

③ 《全晋文·王羲之·杂帖》。

脚疾为何病，是由什么因素导致的呢？由于孙思邈将之归为风毒脚气类，所以后世很多人都认为这是现代意义上的脚气病，并认为是食用大米所致。①在一些研究之中，也认为这一时期的脚气病还是由于缺乏维生素 B1 导致。②实际上，这种推论与史料并不相符。首先，史书中最早有"足疾"记载的并不是东晋时期的士人，而是西晋末年的傅祗。史书记载他："迁司徒，以足疾，诏版舆上殿，不拜。"③ 作为北方人的傅祗，此时不可能以大米为主食。其次，在上述患有足疾的人中，我们可以发现大部分人是南迁移民的后裔，他们应该习惯南方的饮食。此外邓粲、周札、贺循等人作为南方土著的后裔也患有此类疾病，显然不能用食用大米来解释。再者，这种疾病只发生在士人之间，还是不能用食用大米来解释，因为南渡的北方贫民更可能比贵族在饮食上提前南化而率先吃上大米，而他们并没有脚疾。与此同时，北方旱田作物也在东晋南朝时期南移，徐州、扬州等地也广种三麦。④ 而在北方人主要的聚集地区，建康周围和京口、晋陵之间以及会稽、永嘉一带，麦类植物面积较大。⑤ 贵族要食用麦类及粟类还是很方便的。通过以上分析，我们可以判断，食用大米导致当时"足疾"说不能成立。

那么，究竟是什么原因导致足疾呢？廖育群先生认为东晋南朝人所患的"脚气"是由于服用丹药引起的汞、铅中毒，这对研究这一时期的脚疾为何种疾病有很大启发意义。在西晋时期，士人们常常服用五石散，也有出现类似"脚疾"之类的症状，皇甫谧在总结自己服用五石散的后果时写道："浮气流肿，四肢酸重。"不过这种疾病似乎并没有严重到不能走路的地步。⑥ 对日本

① 廖育群：《关于中国古代的脚气病及其历史的研究》，《自然科学史研究》2000年第 3 期。以下引用没有注明均为该文。

② 侯祥川：《我国古书论脚气病》，《中华医史杂志》1954 年第 1 期；范家伟：《从脚气病论魏晋南北朝时期印度医学之传入》，《中华医史杂志》1995 年第 4 期。

③《晋书·傅玄传附咸从父弟祗传》。

④ 黎虎：《东晋南朝时期北方旱田作物的南移》，《北京师范大学学报》1988 年第 2 期。

⑤ 张学锋：《试论六朝江南之麦作业》，《中国农史》1990 年第 3 期。

⑥《晋书·皇甫谧传》。

著名的水俣湾汞中毒事件的研究表明，汞中毒后的主要表现为：肢端对称性感觉障碍、共济失调、双侧视野的向心性缩小、步态及语言障碍、肌无得力、震颤、眼球异常运动、听力损害。另外，部分患者尚可出现精神症状及嗅觉和味觉障碍。① 水俣湾汞中毒其实是甲基汞引起的。此外，在炼制丹药过程之中，也会用到铅。急性铅中毒的表现为恶心、呕吐、腹胀、头疼，甚至可以导致抽搐、瘫痪、昏迷。慢性铅中毒的主要表现为头疼、头晕、失眠、健忘、多梦、肢体酸痛、食欲不振、腹胀腹痛等，还可能出现四肢沉重、乏力、发麻、感觉减退等神经症状。②

因此，我们可以判断，这一时期的"足疾"，应该是甲基汞中毒，因为大量服用朱砂之后，汞与体内的甲基物质形成甲基汞，而人体对甲基汞的吸收几乎是100%。③ 所以，流行于东晋南朝的"足疾""脚疾"之类的疾病很可能由于士人在服用含有汞的丹药后而引起的。由于服用丹药所需要的成本比较高，一般人没有经济基础，故只有经济基础较好的士人才能服用。因此这种疾病才能流行于士人之中，普通人倒不会有这种疾病。不过由于丹药的配方不同，含汞剂量不一样，汞中毒的程度也会表现不一样。

（二）东晋南朝时期的"脚气"

东晋南朝时期，在南方还流行一种称之为"脚气"的疾病。最早记载此类疾病的是葛洪，葛洪《肘后备急方》卷三《治风毒脚弱痹满上气方》中记载："脚气之病，先起岭南，稍来江东，得之无渐，或微觉疼痹，或两胫小满，或行起忽弱，或小腹不仁，或时冷时热，皆其候也，不即治，转上入腹，便发气，则杀人。"唐孙思邈也接受葛洪的观点，在《千金要方》卷二二《风毒脚气》中写道："然此病发初得先从脚起，因即胫肿，时人号为脚气……凡脚气病，皆由感风毒所致。得此病，多不令人即觉。会因它病，一度乃始发动。或奄然大闷，经三两日不起，方乃觉之。诸小庸医，皆不识此疾，漫作余

---

① 曹秉振：《汞中毒后的神经损伤机制及其病理变化特征》，《中国临床康复》2005年第31期。

② 何扬子：《铅中毒的防治常识》，《创业者》1997年第6期。

③ 高雅等：《反反正正论朱砂》，《中国中医药信息杂志》1999年第12期。

病治之，莫不尽毙，故此病多不令人识也。始起甚微，食饮嬉戏，气力如故。惟猝起脚屈弱不能动，有此为异耳。"对于这种疾病，廖育群先生认为这还是铅汞中毒，因为历史上岭南是朱砂的主要产区，这里的人和朱砂接触较多，得这种病的人较多。实际上，朱砂毒性很小，只有大量服用，才有可能中毒，形成所谓的"足疾"，而在东晋南朝时期"足疾"主要发生在贵族身上，而这里的"脚气"则一般人都能得上，因此不能把之归纳为铅汞中毒。

这种"脚气"疾病的特征是："夫有脚未觉异，而头项臂膊已有所苦，有诸处皆悉未知，而心腹五内已有所困。又风毒之中人也，或见食呕吐憎闻食臭，或有腹痛下痢，或大小便秘涩不通，或胸中冲悸、不欲见光明，或精神昏愦，或喜迷忘、语言错乱，或壮热头痛，或身体酷冷疼烦，或觉转筋，或肿不肿，或腿顽痹，或时缓纵不随，或复百节挛急，或小腹不仁，此皆脚气状貌也，亦云风毒脚气之候也。其候难知，当须细意察之，不尔必失其机要。"当然，这种疾病中的一部分人从得病到死亡的时间很短，两三日不治，就会毙命。应该是一种传染性的疾病，而非我们所认为的是现代意义上的"脚气"。现代意义上的"脚气"虽然有一定的传染性，但是致死的可能性极小，也没有上述症状。这种疾病应该是一种通过脚等接触而导致的传染病，因此符友丰认为这就是腺鼠疫。[①] 可备一说，至于是何种疾病，还要依据文献来深入探讨。在治疗过程中容易将之当作风寒，导致误诊，死亡率很高。一般认为滇东南以及越南北部为家鼠疫源地，不过随着人们对鼠疫的认识逐渐深入，也有人认为在广东和广西也有鼠疫源地。[②] 这也可以说明岭南地区发生"脚气之病"的原因。

孙思邈在《千金要方》卷二二《风毒脚气》中把流行于东晋南朝之际的"脚弱"类的"足疾"和"脚气"之类的疾病都放在一起论述，认为二者是同

---

① 符友丰：《揭开〈千金·风毒脚气〉之谜》，《中国中医药报》1995年8月23日；符友丰：《脚气本义与腺鼠疫史话》，《南京中医药大学学报》（社会科学版）2006年第1期；符友丰：《鼠疫病史研究的方法论省思》，《中国工程科学》2007年第9期。

② 沈荣煊、麦海：《关于广东鼠疫自然疫地的再思考》，曹树基主编：《田祖有神——明清以来的自然灾害及其社会应对机制》，上海交通大学出版社2007年版，第409—410页。

一种疾病。实际上，这是两种不同的疾病，前者流行于士人之中，后者流行于社会全体成员之中。前者是一种慢性疾病，患者虽多，但有关得此病死亡的病例却很少；而后者是一种急性病，死亡率高。由于孙思邈把支法存、仰道人等人治疗脚弱的事迹和治疗脚气的方子放在一章，故使很多人认为支法存、仰道人等人治疗的就是"脚气"，进而把东晋南朝时期士人们所患的"脚疾"等同于"脚气"，这就犯了比较严重的知识性的错误。在魏晋南北朝时期，来自印度的僧人以治疗脚弱等病症而出名，被认为是中印医学交流史上的大事。[1] 不过，我们要考虑到印度也是鼠疫的发源地之一[2]，印度僧人带来的药方多为治疗鼠疫的。因此，我们可以大致断定，流行于东晋南朝士人之中的"脚疾"可能是慢性汞中毒，流行江东的"脚气"可能是腺鼠疫。"脚气"在魏晋南北朝时期进入到医学家的视野之中，或许与这一时期岭南等地得到开发有关，从《晋书·州郡志》《宋书·州郡志》《梁书·州郡志》来看，岭南地区户数和州郡数大为增加，人口增加，土地进一步被开垦，人鼠接触的机会增加，鼠疫流行概率也大为增加。当然，以上只是一种推断，要弄清这一时期流行于南方的两种疾病，还需要依靠更多的资料来推断。

二、魏晋南北朝时期河西地区的注病

河西地区，魏晋南北朝时期的墓葬中出土了大量含有"注"的文字。比较早的是夏鼐先生在 20 世纪三四十年代发现的，当时在敦煌佛爷庙古墓发掘出了东汉晚期到晋初的两个小罐，每个罐内粟米一堆，罐子外面用朱红写着镇墓文，两罐几乎相同，仅人名第三字似不同，第五字一罐脱落一"薄"字。其文字为："翟宗盈，汝自薄命蚤终，寿穷算尽，死见八鬼九坎，太山长阅（？）汝自往之，苦莫相念，乐莫相念。从别以后，无令死者注于主人。赐腊

---

① 范家伟：《从脚气病论魏晋南北朝时期印度医学之传入》，《中华医史杂志》1995年第 4 期。

② 沈荣煊、麦海：《关于广东鼠疫自然疫地的再思考》，曹树基主编：《田祖有神——明清以来的自然灾害及其社会应对机制》，上海交通大学出版社 2007 年版，第 40—90 页。

社伏，徼于郊外。千年万岁，乃复得会，如律令。"对于这些文字，夏鼐先生认为："这表示当时生人对死去的亲人，一方面爱丝未断，厚葬以奉死者，一方面又怀畏惧的心情，怕死者作祟。"[①]

20世纪70年代，在敦煌发掘的魏晋墓中，含有"注"的镇墓文逐渐增多。

60M1：4 陶钵文字

天注，地注……氾注，玄注，獨注，风注，火注，人注。

建元六……九坎，自……注、土注、地注、日注、月注、时注、风注、火注，生人前行，死者却步，不得口注口应去之，如律令。

东棺M3：15 陶罐朱书

麟加八年阴月甲辰朔六日已酉直执，姬女训身死，自往应之，今□□天注、地注、岁注、月注、日注、时注。生人前行，死人却步，生死道异，不得相撞，急急如律令。

西棺M3：13 陶罐朱书

咸安五年十月癸酉朔，姬令熊死日不时。□自薄命早终，算尽寿穷，汝死□□□复，八魁九坎，太山长问见死者，姬令熊自往应之，□苦莫相念，乐莫相思，□□□□□□死者注□□□祠□代□□□□□死者乃□得会，如律令。

西棺M3：19 陶钵墨书

咸安五年□□□□□□□□□□□□时之□□□□□□□□□□□注□□□□注鬼□注□□行□□□□□注□□□检□生人前行，死人却步□□□□□□□□□□生□急□如律令。

庚子六年正月辛未朔廿七日已酉，敦煌郡敦煌县东乡昌利里张辅字德政薄命早终，算尽寿穷，时值八魁、九坎。今下斗瓶，用当重复，解天注、地注、人注、鬼注、岁注、月注、日注、时注。乐莫相念，□（苦）莫相思。生人前行，死人却步，生死不得相□☒，如律令。

北棺M1：6 陶罐墨书

玄始十年八月丁丑朔廿六日壬寅，张德政妻法☒之身。今下斗瓶□人，用当重复地上生人，青乌子告北辰诏令，死者自受其殃，罚不两加，不得注仵生

---

① 夏鼐：《敦煌考古漫记》，百花文艺出版社2002年版，第53页。

人，移殃转咎，逐与他里，急急如律令。

北棺 MI：8 陶钵墨书

玄始十年八月丁丑朔廿六日壬寅，张法☑之身死日不时，适值八魁九坎，天注、地注、人注、鬼注、岁注、月注、日注、时注。汝寿□□穷，□□□□□□得□□□□□□律令。①

在甘肃祁家湾古墓共 117 座，无论大小墓，都流行随葬斗瓶。瓶内一般装有粟粒、面粉、云母片等，个别的还装有"铅人"，瓶腹多朱书"镇墓文"，少量为墨书，亦有一部分素面无文。斗瓶往往成对使用，一放墓主头部，一放死者脚旁，也有的放于枕内或尸床内。镇墓文多寡不等，多者可达百余字，少者仅四字。共九十个。这些"镇墓文"中有很多含有"注"字。②

M364：11

建兴四年十一月廿六日　庚

戌女子徐男□之□死

适治八魁九坎□□

天注地注岁注……

注□□生死各□□□

千秋万岁不得相注

忤便利生人如律令

M319：12

建兴二年闰月一

日丁卯女子吕

轩女身死

适治八魁九

坎厌解天注

地注岁注月注

日注时注生死

---

① 马世长、孙国璋：《敦煌晋墓》，《考古》1974 年第 3 期。

② 甘肃省文物考古研究所：《敦煌祁家湾——西晋十六国墓葬发掘报告》，文物出版社 1994 年版，第 100—122 页。

各异路千秋

万岁不得

相注忤便利

生人如律令

M319：13

盖自彦今

自薄命早

终诸天注

地注生注死

注星注皆

自故玲玉

生人前行

死人却步

不得相

注忤如

律令

M206：3

□宫华年

薄命早终

相注而死今

送铅人一双

斗瓶五谷

用赎生人

魂魄须铅

人膺□五谷

生死乃当

死生死各

异路不得更

相注□忤除

重复便利生人

如律令

M218：19

天注去

地注去

月注去

日注去

如律

令

M356：12

卅一年三月八日

吴仁姜之

身死天注适

值八魁九坎今

下斗瓶铅

人五谷当

重复仁姜

正身要注去

如律令

M356：13

卅一年三月八日

吴仁姜之

身死天注地

注年注岁注

月注日注时

注生死异路

千秋万岁

不得相注件

如律令

M351：24

侯去疾

去如注自

天注地

注月注

日注时

时注

生注

死注

人注鬼注

M348：5

建元十三年十二月庚寅朔

五日甲午直执□□□

子之身死□□□□

九□□天注岁注月注

生死各异路千秋

万……

……

……

急如律令

M310：15

神玺二年八

月辛酉朔

廿三日癸未敦

煌郡西乡里

民□富昌

命绝生死

今下斗瓶铅

人五谷用当

地上之福死者

自受央咎生

死各异路不

得相注忤便

利生人如

律令

M336：5

建初五年闰月

七日辛卯□敦煌

郡敦煌县都乡

里民画（虏）奴之

身死□死□时

适值八魁九坎

□天注地岁注

月注日注时注生

死异路千秋万

岁不得相注许

便利生人急

如律令

M312：5

玄始九年九月十九

日敦煌郡敦

煌乡都乡里

民□安富生时

漏八科九魁下

斗瓶除地上

之福生人前行

死人却步生死

各异路不得

相注仵如律

令

此外，姜伯勤在《敦煌艺术宗教与礼乐文明》一书中也辑录了不少含"注"的镇墓文：

永安元年八月丙寅朔十一日丙子直□，大男韩治，汝身死适值八魁九坎，厌解天注、月注、日注、地注、威注注，□如□□丁止秋□岁不得相忤，便利生人，各如天，如律令。

阿平死者□□，汝自薄命蚤终，□尽寿穷。汝死者见□复，值八□九坎，太山长□，死者阿平自往应之。苦莫相□，乐莫相□，从别以后，无令□□注……

建兴廿五年二月十二日戊辰，赵氏之家得死男子季波之身死，天注、地注、年注、岁注、月注、日注、时注，生死异路，千秋万岁，不得相注件，急急如律令。

建兴廿六年正月丙辰朔五日庚申直□，之□傅女芝，汝自薄命早终，□尽寿穷。汝死见重复，八魁九坎，太山长阅，死者傅女芝自往应之。苦莫相念，乐莫相思，从别以后，□□死者注□□人，祠社腊伏，□□□千里□岁乃复得□，如律令。

建兴廿七年三月丙子朔三日戊寅，傅长然身死。今下斗瓶、五谷。铅人，用当复地上地下。青乌子北辰诏令，死者自受其央，罚不两加，转央移咎，远至他乡，各如律令，傅长然，汝死适值八魁九坎，当星四时□□天注、地注、岁注、月注、日注、时注，千秋万岁，不得注件，各律令。①

流落到香港博物馆的《建兴廿八年"松人"解除简》中也含有这方面的内容，此简出土于武威一带：

建兴廿八年十一月丙申朔，天帝使者合同复重拘校，八魁九坎，年望朔晦，东井七星。死者王群洛子所犯，柏人当之，西方有呼者，松人应之，地下有呼者，松人应之。

生人有所□，当问柏人，洛子死注咎，松人当之，不得拘校复重父母兄弟妻子。欲复重酒，松柏能言语。急急如律令。（四周）

无拘校复重，松柏人当之。（上方）

日月时构校复重，柏人当之。（右）岁墓年命复重，松人当之。（左）（两旁）

建兴廿八年十一月丙申朔二日丁酉，（武威）北所住者谨为王氏之家解复。死者洛子，四时不食，复重拘校与生人相妨，故作松柏人以解咎殃。谨解：

东方甲乙之复，鬼令复五木，谨解。

西方庚辛之复，鬼令复五金，谨解。

---

① 姜伯勤：《敦煌艺术宗教和礼乐文明》，中国社会科学出版社 1996 年版，第 275 页。

南方丙丁之复，鬼令复五火，谨解。

北方壬癸之复，鬼令复五水，谨解。

中央戊己之复，鬼令复五土，无复兄弟妻子妇女孙息宗亲，无罚无负，齐一人止。急急如律令。

主人拘校复重，松人应之，死人罚谪作役，松人应之，六畜作役，松人应之，无复兄弟，无复妻子。若松人前却，不时应对，鞭答三百，如律令。（背面）①

1998年8月，甘肃省文物考古研究所在安西县（今瓜州县）发掘魏晋墓葬（M9）时发现1件墨色纪年镇墓器置于墓主人左肩胛骨处，自名"斗瓶"，干泥制成，呈高柄灯状，灯碗呈刹一腹钵状，有刮削的棱痕，柄呈八棱柱状，柄座一体，实心，口径5.3厘米、底径7厘米、高11厘米。器柄的八个棱上除最后一棱为一道符外，其余七棱均为墨色纪年镇墓符文，从右至左竖行排列，共11行。除部分字剥落漫法不清外，大部分完好，文为：

建兴十年三月□□

起人帝阳府邓

氏之妇字□□

死值八开九坎□□

之日令卜青乌□

斗瓶五谷□当□

重复□□☑

注……☑

阳之注五□□☑

如法不得□☑

急急如律令②

东汉以来的墓葬中，出土了一些刻在石、玉、铅或者是瓶、盆、罐上的文字。根据内容，学者将之分为买地券和镇墓文。最初将买地券与镇墓文分为两类者是罗振玉。他在《蒿里遗珍》中提出："以传世诸券考之，殆有二种：一

---

① 连劭名：《建兴廿八年"松人"解除简考述》，《世界宗教研究》1996年第3期。

② 王元林：《前凉道符考释》，《文物》2011年第4期。

为买之于人，如建初、建宁二券是也；一为买之于鬼神，则术家假托之词。"
这种看法，得到后来绝大多数学者的认同。随着这类出土文物的增加，出现了
一些含有解注类词语文字的镇墓文，其中以是否含有"注"字为主要区分标
准之一。目前含有"注"字的镇墓文主要出土于魏晋时期的河西地区，但最
早的含"注"字的镇墓文出现在东汉时期，以洛阳、长安一代为多。东汉之
后，基本上出土于河西地区。

　　由于镇墓文内容的不同，刘昭瑞先生提出镇墓文可以分为若干小类，将带
有解注类词语的文字，称之为解注文。① 张勋燎先生也认为镇墓文中的一部分
应该归之于解注文，并且可能是一种传染病。② 刘屹先生也注意到了其中的区
别，不过他并没有进行细分，只是把它和买地券分开，统称之为"镇墓—解
除"类型。③ 易守菊注意到解注文中很多是针对当时的传染病即所谓的
"注"病。④

　　实际上，"注"病在东汉时代比较流行。《四民月令》指出，在十二月：
"东门磔白鸡头，可以合注药。"主要就是针对注病的。东汉末年刘熙在《释
名·释疾病》中说："注病，一人死，一人复得，气相灌注也。"可见注病是
一种具有传染性的疾病。《抱朴子·仙药》中记载："余又闻上党有赵瞿者，
病癞历年，众治之不愈，垂死。或云不及活，流弃之，后子孙转相注易，其家
乃赍粮将之，送置山穴中。"这里用"注易"，可见人们已经认识到麻风病具
有传染性。

　　由于注病有传染性，到了魏晋南北朝时期，有很多宗教仪式来应对注病。
《颜氏家训·风操》记载："偏傍之书，死有归杀。子孙逃窜，莫肯在家；画
瓦书符，作诸厌胜；丧出之日，门前然火，户外列灰，被送家鬼，章断注连。

---

① 刘昭瑞：《谈考古发现的道教解注文》，《敦煌研究》1991 年第 4 期。

② 张勋燎：《东汉墓葬出土的解注器材料和天师道的起源》，陈鼓应主编：《道教文
　化研究》（第九辑），上海古籍出版社 1996 年版。

③ 刘屹：《敬天与崇道——中古道教形成的思想史背景之一》，首都师范大学 2000
　年博士论文。

④ 易守菊：《概述解注文中的传染病思想》，《南京中医药大学学报》（社会科学
　版）2001 年第 3 期。

凡如此比，不近有情，乃儒雅之罪人，弹议所当加也。"

《赤松子章历》卷四《解五墓章》记载了解除注疾的方法："具法位，上言：臣谨按玄科，今据乡贯某，叩头自列，素以胎生，下官子孙，但某身中，今岁行年到某辰上，入墓之年，或为五墓所缠，及三杀之下。夫人入墓之年，恐被墓神注连，鬼气缠绕。比者脚手沉重，饮食不加，罔知拔赎五墓灾厄，扶护身命。唯以一心，上凭大道，仰希鉴照，特垂救护。今赍法信，锡人五躯，命米一石二斗，命钱一千二百文，命素一匹，油一斗二升，纸、笔、算子百二十枚，向臣求乞章奏，断绝亡人殃祸。令以锡人代形，分解灾厄，延年保命。谨以拜章一通上闻。愿天曹上官典者，垂恩照省，原赦某身，年七世已来所犯千罪万过，并赐除荡，五墓五方之厄来临者，以锡人五形代之，令弟子无有错悮之厄。上请还命君、寿命君、延命君、拔命君、续命君、扶命君、益命君各五人，官将百二十人下，同为某上诣南宫中司命、司录，转赎弟子性命，三藏一期，三百一时，解除身中灾厄。当为排天门，却死籍，移名青录长生之簿，永为后世种民。上章之后，某身中年命延长，五墓殃注，并令断绝，五墓灾刑，返为恩福，以为效信。恩惟太上众真分别，求一辰臣愚。谨因同前章，只换直神云。谨为某上请天官解除五墓殃注灾厄锡人代形乞恩纸章一通，上诣太上某宫曹治。"

此外，还有《断亡人复连章》："具法位，上言：臣谨按仙科，今据某云，即日叩头列状，素以胎生，下官子孙，千载幸遇，得奉大道，诚实欣慰。某信向违科，致有灾厄。某今月某日，染疾困重，梦想纷纭，所向非善。寻求算术，云亡某为祸，更相复连，致令此病连绵不止。恐死亡不绝，注复不断，阖家惶怖，恐不生全。即日词情恳切，向臣求乞生理。辄为拜章一通，上闻天曹。伏乞太上老君、太上丈人、天师君、门下主者，赐为分别。上请本命君十万人，为某解除亡人复连之气，愿令断绝。生人魂神属生始，一元一始，相去万万九十余里。生人上属皇天，死人下属黄泉。生死异路，不得扰乱某身。又恐亡某生犯莫大之罪，死有不赦之愆，系闭在于诸狱，时在河伯之狱，时在女青之狱，时在城隍社庙之中。不知亡人某魂魄在何处，并乞迁达，令得安稳，上升天堂，衣食自然，逍遥无为，坟墓安稳，注讼消沉，某身中疾病，即蒙除愈，复连断绝，元元如愿，以为效信。恩惟太上众真分别。求哀。臣为某上请天官断绝亡人复连章一通，上诣太上某曹治。"这些都是针对注病的宗教措施。

　　魏晋南北朝时期，医学著作有很多记载和治疗注病的药方。《肘后备急方》卷一《治尸注鬼》指出当时存在两类常见的注病，即尸注和鬼注，"尸注、鬼注病者，葛云，即是五尸之中尸注，又挟诸鬼邪为害也。其病变动，乃有三十六种至九十九种，大略使人寒热、淋沥、恍恍、默默，不的知其所苦，而无处不恶，累年积月，渐就顿滞；以至于死，死后复传之旁人，乃至灭门。觉知此候者，便宜急治之"。成书于汉魏时期、由葛洪整理的《神农本草经》记载了一些治疗鬼注疾病的药物。《神农本草经·上品·蘼芜》记载："主咳逆，定惊气，辟邪恶，除蛊毒鬼注，去三虫，久服通神。"此外，石龙刍，"主心腹邪气，小便不利，淋闭，风湿，鬼注，恶毒。久服，补虚羸，轻身，耳目聪明，延年"。龙骨、马先蒿、燕屎、代赭、钩吻、蜀漆、鸢尾、鬼臼等都能治疗鬼注这类疾病。到了六朝时期，这类疾病更常见，隋朝时期巢元方主修的《诸病源候论》中，对以往的"注病"有详细的记载，在卷二四《注病源候》中指出："凡注之言住也，谓邪气居住人身内，故名为注。此由阴阳失守，经络空虚，风寒暑湿、饮食劳倦之所致也。其伤寒不时发汗，或发汗不得真汗，三阳传于诸阴，入于五脏，不时除瘥，留滞宿食；或冷热不调，邪气流注；或乍感生死之气；或卒犯鬼物之精，皆能成此病。"注病很多，"其变状多端，乃至三十六种，九十九种，而方不皆显其名也"。注病分多种，有风注、鬼注、骨注、土注等三十三种，其中许多注病，"死又注易傍人也"。比如殃注，"人有染疫疠之气致死，其余殃不息，流注子孙亲族，得病证状，与死者相似，故名为殃注"。

　　对于注病，学术界还存在不同见解。万方认为注病包括部分传染病、地方病、精神病以及寄生虫病。[1] 连劭名认为与疾病无关。[2] 陈昊以传染性疾病来解释注病，并认为是一种地方性的传染疾病。[3] 从河西出土文献来看，河西在魏晋南北朝时期，注病是比较流行的，而且很多人感染注病而早亡。比如祁家湾墓中就有典型的"薄命早终相注而死"，"吴仁姜之身死天注"，显然是死于传染病。为了应对注病，当时人们还采取宗教措施。至于注病为何种疾病，还

① 万方：《古代注（疰）病及禳解治疗考述》，《敦煌研究》1992 年第 4 期。

② 连劭名：《汉晋解除文与道家方术》，《华夏考古》1998 年第 4 期。

③ 陈昊：《汉唐之间墓葬文书中的注病书写》，《唐研究》（第十二卷）。

需进一步分析。河西地区在魏晋时期，传染病是比较流行的，对老百姓心理产生了极大的影响。

三、东吴长沙地区的疾病

长沙走马楼竹简中，有大量的简牍记录了当地疾病。当地疾病中，主要有：

腹心病

736 ☑年十七苦腹心病

1582 年八十苦腹心病

938 妻大女妾年五十筭一肿两足，耳子男康年廿九筭一腹心病

953 公乘奴年廿腹心病

2529 陈子公乘狗年廿四苦腹心病

2979 富贵里户人公乘衣修年卅三筭一苦腹心病

3052 子公乘□年十腹心病

3075 子公乘客年廿八筭一苦腹心病复

3790 □度年卅筭腹心病复

3945 高平里户人公乘高郡年卅一筭一苦腹心病复

4540 □□里户人公乘□崔年卅腹心病

5336 东阳里户人公乘乐龙年十八素苦腹心疾病

5149 □男弟香年廿二苦腹心病

544☑3 里户人公乘逢缯年廿五苦腹心病

5512 养成里户人公乘李□年卅九苦腹心病

5558 □年十五苦腹心病

5564 平乐里户人公乘郭忠年廿一苦腹心病

7706 钱弟士伍布年五腹心病

7708 □侄子胄年七岁腹心病

7715 ☑年十八苦腹心病

7719 ☑野弟男☑年廿苦腹心病

8410 士小父日年卅苦腹心病

8433 □□兄□年六十一腹心病肿两足

8443 □□里户人公乘区单年廿七苦肿病

8446 平阳里户人公乘雷宜年卅八苦腹心病

8448 平乐里户人公乘李会年卅一苦腹心病

8631 碓男弟圭年十六苦腹心病

8900……年廿苦腹心病

8920 高兄兴年卅一苦腹心病

8934 □弟期年五十腹心病给□吏

8975 绍户下婢双年十五苦腹心病

9127 清男弟真年十一苦腹心病

9158 石子男成年五岁苦腹心病

9164 □男弟宗年廿腹心病

9174 渊☑侄子男皮年十二腹心病

9229 唐男弟奴八岁苦腹心病

9237 ☑苦腹心病

9242 □阳里人户公乘程仲年六十八苦腹心病

9257 □户下奴春年五十四腹心病

9273 祚户下婢善年七十五腹心病

9294 妾子男成年五十一苦腹心病

9303 桓户下奴平年十八苦□病

9304 □户下奴有年廿四苦腹心病

9307 平乐里人户公乘万章年六十五苦腹心病页

9320 绍户下婢心年廿二苦腹心病

9331 □弟男□年十五苦腹心病

9340 诏兄得年廿三苦腹心病

9346 平乐里人户公乘李昱年卅六苦腹心病

9472 宜阳里户人公乘赵□年五十六苦腹心病

9473 义成里户人公乘雷夷年卅九苦腹心病

10142 □父□年六十二苦腹心病

10250 平阳里户人公乘刘右☑年五十一算一苦腹心病

1045☑9 公乘文礼年卅六算一苦心腹病

腹心病是现在的何种疾病，有学者认为是血吸虫病，可能是晚期血吸虫病肝腹水的症状。① 也有学者认为是一种地方疾病，但何种疾病没有讨论。② 腹心病在居延简中也出现 "第二隧卒江谭一四月六日病苦心服丈满 4·4A 白昨日病心腹第十二卒李同昨日病　日病心腹　211·6A 三月乙酉病心腹丸药卅五 275·8"③。不过居延简中腹心病的例子比较少，走马楼吴简中腹心病比较多，可见腹心病应该是当地的一种地方病。但如果认为所有的腹心病都是血吸虫病，则有些勉强。在以上腹心病患者中，最小的仅五岁，此外还有八岁、十一岁、十二岁、十五岁、十七岁得腹心病的。另外，虽然患腹心病的以中青年居多，但五十岁以上的也不少，年龄最高的是八十岁。五岁、八岁和十一岁的小孩患上严重的血吸虫病可能性并不大，因为血吸虫病在人体的潜伏期比较长，一般是 5 到 15 年或者更长时间。长沙一带的确是血吸虫病高发区，但七八十岁人还携带血吸虫病可能性也不高。走马楼中有八十岁腹心病患者，携带血吸虫病的可能性并不高。因此，腹心病虽然有血吸虫病的病症，但并非所有的腹心病患者都是血吸虫病，应该还有其他的地方性疾病。《诸病源候论》记载："鬲间有寒，胃脘有热；寒热相搏，气逆攻腹乘心，故心腹痛。其寒气盛，胜于热气，荣卫秘涩不通，寒气内结于心，故心腹痛而心寒也。其状：心腹痛而战，不能言语是也。" 可见，"鬲间有寒，胃脘有热；寒热相搏，气逆攻腹乘心"，也能导致类似的症状。

此外，在走马楼吴简之中，有大量有关"肿足"的记载，可见"肿足"也是当地的一种地方性疾病。

3 马侄子男高年七岁踵（肿）两足

932 妻大女员年卅九第一踵（肿）两足，□小妻银年□□肿

1540□母妾年七十二踵（肿）足

1244 肿两足

1264 朱设年五十一肿两足

1318 女番猎年五十五肿两足

---

① 高凯：《地理环境与中国古代社会变迁三论》，天津古籍出版社 2006 年版，第 224 页。

② 张荣强：《说"罚估"——吴简所见免役资料试释》，《文物》2004 年第 12 期。

③ 谢桂华：《居延汉简释文合校》，文物出版社 1987 年版，第 4、325、464 页。

2580□年六十七肿两足刑右手

2603□弟士伍益年十岁肿两足

2619 钛子公乘缥年卅肿两足□□

2629□子公乘富年十六肿……

2635□养年七岁肿足

2657 甚妻大女将年五十八肿两足

2896 妻大女誉年廿三算一肿两足复

2905□弟男吴十岁肿右足

2910 常迁里户人公乘何练年六十一肿两足页

2938 妻大女思年卅三算一尽肿两足复

2941 子小女国年廿八算一肿两足复

2957 富贵里户人公乘胡礼年五十四算一肿两足复

2987……算一肿两足

3041 蔡侄子公乘□年十八肿两足

3043 二算一肿两足复

3059 谢小妻大女思廿二肿两足

3067 妻大女□年廿五筭一肿两足复

3286 妻大女思年卅三筭一肿两足复

3320 妻大女稠年卅六筭一肿两足

3776 廿筭一肿两足

3938 妻大女□年五十八筭一肿两足复

3981 大女贞年卅三筭一肿两足复

4738□□李户人公乘□殷年六十一肿两足

4902□年卅三肿两足

4979 强外侄子男斗九岁肿两足

5162 老男胡公年六十一肿两足

5178 大男周生年五十二肿两足

5181 大男刘水年卅七肿两足

5199 老男□□年七十二肿两足

5234 宜阳里户人公乘陈蜚年廿四肿两足

5392……年□七肿两足

5395□大女□年廿肿两足

5410……□年卅一肿两足

5480 张妻大女姑年卅八肿两足复

6435□妻□年卅一肿两足

7377 尽男弟鼠年廿筭一肿两足

7563□年廿八肿两足

7632 十九肿两足

7651 长男侄卷年廿二肿左足

1540□母妾年七十二踵（肿）足

1555□叔父公乘（人胡）年六十七踵（肿）两足

3002 经叔父迫年卅二筭一肿两足

3016 妻大女思年卅四筭一肿两足

7672□从弟士伍陵年廿一岁肿两□

7716☑圭妻谢年十五肿两足

7759□妻大女婢年卅一肿两足

8399 东阳里户人大女娄妾年七十二肿两足

8419 潘父司年六十六肿病

8443□□里户人公乘区单年廿七苦肿病

8441 东（两个夫）里户人公乘仇莫年六十九肿两足

8524☑公乘周权年卅七筭一肿两足

8986 民冯汉年七十二肿两足复

8987 民朱坚年六十肿两足☑

9048 识母大女姑年五十肿两足

9107 户下婢思年六十二踵两足

9126□母大女妾年七十五肿两足

8514 贵妻誉年五十三肿右足

8515 义成里户人公乘壬尽年五十八肿两足

8643 张妻婢年六十踵两足

9189□男弟把年七岁踵左足

9240☑年廿五踵两足

9252 东阳里人户公乘文两年八十一踵两足

9258 ☐年廿踵两足

9276 识兄平年卅踵两足

9295 石门里人户公乘番主年六十五踵两足

9326 妻大女执年七十一踵两足

9343 妻大女陵年廿八踵两足

9374 厥男弟世年十一踵两足

9443 义成里户人公乘番广年七十一踵两足

9513 ☐男弟易年五岁肿两足

9656 平阳里户人乘胡☐年☐一肿两足

10240 ☑☐☐☐年六十七肿两足

10241 客小妻大女妾年卅算一肿两足复

10162 朋子男事年十七算一肿两足

10255 高子男史年廿算一苦肿病

10321 高迁里户人公乘唐星年七十六肿两足

10354 子男豪年十七算一肿两足

10385 吉阳里户人公乘勇客年卅一算一肿两足

10448 羊男弟勉年十七算一肿两足

10480 平阳里户人公乘烝平年卅二算一肿两足

关于"肿病""肿足"的含义，有人认为可能是现代医学中所称的血丝虫病，[1] 也有学者没有给出具体的现代意义上的病名，但估计与水田劳作有关。[2] 也有学者将"肿两足"与"踵左足"及"踵右足"视为两种病症，认为前者与在该地肆虐已久的血吸虫病有密切关系，后者则与麻风病有密切关系。[3] 还有学者认为很可能是因冬季赤脚而造成的严重冻疮。[4] 的确，这些肿足患者身

---

[1] 汪小烜：《吴简所见"肿足"解》，《历史研究》2001 年第 4 期。

[2] 王素等：《长沙走马楼简牍整理的新收获》，《文物》1999 年第 5 期。

[3] 高凯：《地理环境与中国古代社会变迁三论》，天津古籍出版社 2006 年版，第 223—226 页。

[4] 侯旭东：《长沙走马楼吴简"肿足"别解》，《吴简研究》（第二辑），崇文书局 2006 年版，第 214—220 页。

份情况比较复杂，年龄中有"五岁肿两足""七岁踵左足"，也有"七岁肿足"，这种"肿足"患者的年龄似乎不是血吸虫病的阶段。如果"肿足"中有麻风病，则与中国古代对麻风病患者的处置不恰当有关。早在先秦时期，人们对麻风病患者采取隔离的措施，如果其犯罪，一般采用"定杀"的方式加以处置。① 血丝虫病，会出现象皮腿的症状，但中国的血丝虫病一般流行于东南沿海地区，虽然可以通过蚊子传播该类疾病，但长沙地区不是流行区域。如果是冻疮，肿一只脚的可能性也不大，小孩应该是冻疮的主体，但吴简中小孩得肿足的病例并不占主流。吴简中多次出现"苦肿病"，可见肿病是一种比较严重的疾病。综合上述因素，血吸虫病的可能性还是比较大的，血吸虫病到了晚期，局部会出现肿胀以及肢肿的现象。但并非所有的肿病都是血吸虫病，其中应该包括其他的地方性疾病。

---

① 林富士：《试释睡虎地秦简中的"疠"与"定杀"》，《史原》第 15 期。

第七章

魏晋南北朝时期的土壤与地貌

第一节　魏晋南北朝时期土壤技术的变化

魏晋南北朝时期，随着气候变冷，降水减少，干旱成为这一时期耕作面对的一个难题。《齐民要术》中很多章节记载了耕作必须面对的干旱问题。"春既多风，若不寻劳，地必虚燥。"（耕田第一）"春若遇旱。秋耕之地，得仰垄待雨。"（种谷第三）"春多风、旱，非畦不得。"（种葵第十七）"春雨难期，必需藉泽。"（种胡荽第二十四）"四月亢旱，不浇则不长，有雨即不须。"（种葵第十七）

对于干旱气候，除了兴修水利之外，还要发展耕作技术，防旱保墒。魏晋南北朝时期，对农民来说，后者更为重要，因为处于战乱时期，水利的兴修没有保障。

魏晋南北朝时期，北方旱作农业技术体系基本上形成，形成了耕、耙、耢、压、锄等环节的耕作体系。其中关键技术就是耙。①

在魏晋南北朝时期，耕地的技术有了很大进步。耕地的时间，《氾胜之书·耕田》中强调："春气未通，则土历适不保泽，终岁不宜稼，非粪不解。慎无旱耕。须草生，至可耕时，有雨即耕，土相亲，苗独生，草秽烂，皆成良田。此一耕而当五也。不如此而旱耕，块硬，苗秽同孔出，不可锄治，反为败田。秋无雨而耕，绝土气，土坚垎，名曰腊田。及盛冬耕，泄阴气，土枯燥，名曰脯田。脯田与腊田，皆伤田，二岁不起稼，则二岁休之。"即是强调春耕，不提倡秋耕。《氾胜之书·耕田》还说："凡麦田，常以五月耕，六月再耕，七月勿耕，谨摩平以待种时。五月耕，一当三。六月耕，一当再。若七月耕，五不当一。"

不过到了魏晋南北朝时期，耕地的时间不受限制，特别强调了秋耕："凡

---

① 梁家勉主编：《中国农业科学技术史稿》，农业出版社1989年版，第266页。

秋收之后，牛力弱，未及即秋耕者，谷、黍、穄、粱、秫芨之下，即移嬴速锋之，地恒润泽而不坚硬。乃至冬初，常得耕劳，不患枯旱。若牛力少者，但九月、十月一劳之，至春楢种亦得。""凡耕高下田，不问春秋，必需燥湿得所为佳"，"燥湿得所"即土壤既不过干也不过湿，这是耕田的最佳时机。但是，"若水旱不调，宁燥不湿"。因为"燥耕虽块，一经得雨，地则粉解。湿耕坚垎，数年不佳。谚曰：'湿耕泽锄，不如归去。'言无益而有损。湿耕者，白背速榛之，亦无伤害，否则大恶也"。

耕后的整地工作，是抗旱保墒、争取高产的另一重要环节。整地技术主要是耙和耢，目的是把土壤耙细耢平，既便于播种，又利于防旱保墒。当时的民谚说："耕而不劳，不如作暴。"强调整地工作的重要性，其原因是"盖言泽难遇，喜天时故也"。强调保墒的作用。耢和耙出现于魏晋南北朝时期，是秋耕得以实现的原因，因为耢和耙能将土壤团块打碎，形成上虚下实的土层，有利于保墒，所谓"犁廉耕细，牛复不疲；再劳地熟，旱亦保泽也"。

中耕作业强调的是多锄，中耕锄草次数多，"锄不厌数，周而复始，勿以无草而暂停"。"多锄则饶子，不锄则无实，五谷蔬菜瓜果之属，皆如此也。"《齐民要术》中粮食作物要求谷要锄5—10遍，黍穄4遍，粱秫5—10遍，小麦6遍。中耕作业可以使土壤表土疏松，破除板结，增加土壤通气性，并能提高地温，促进土壤中好气微生物的活动和土壤养分有效化，去除杂草，促使植株根系伸展，还能调节土壤水分状况。土壤干旱时中耕可以切断表土毛细管，减少水分蒸发；过湿时中耕则因表土疏松而利于水分蒸发。因此，耕作技术的改进，在某种程度上也改变了土壤的特性，使土壤变得符合农作物生长的需求。

旱作技术提高，在魏晋南北朝时期，体现为保墒技术的发展，在播种时，对雨水的要求没有之前的高。《氾胜之书·麦》中提道："当种麦，若天旱无雨泽，则薄责麦种以酢浆并蚕矢，夜半渍，向晨速投之，令与白露俱下。酢浆令麦耐旱，蚕矢令麦忍寒。"但在《齐民要术·大小麦》中，并没有强调播种时有无雨水。《氾胜之书·黍》强调："黍者暑也，种者必待暑。先夏至二十日，此时有雨，强土可种黍。一亩三升。黍心未生，雨灌其心，心伤无实。"而《齐民要术·黍穄》中则说："三月上旬种者为上时，四月上旬为中时，五月上旬为下时。夏种黍、穄，与植谷同时；非夏者，大率以椹赤为候。燥湿候黄场。种讫不曳挞。"这里也没有强调种黍时有无雨水。《氾胜之书·禾》强调："种禾无期，因地为时。三月榆荚时雨，高地强土可种禾。"《齐民要术·种谷》则说："凡种谷，雨后为佳。遇小雨，宜接湿种；遇大雨，待秽生。春若遇旱，秋耕之地，得仰垅待雨。夏若仰垅，非直荡汰不生，兼与草秽俱出。"强调雨后种植，即使是春旱之时，也是可以播种的。总的看来，魏晋南北朝时期，对农作物的播种不再强调是否有雨水，反映出保墒技术和旱作农业水平的发展。

魏晋南北朝时期，中原地区长期受到战乱影响，水利失修，土地很容易盐碱化，特别是本来盐碱比较严重的关中地区，土壤盐碱化情况更为严重。当政局比较稳定时，统治者在关中等地兴修水利，用以治理土地盐碱化。

曹魏青龙元年（公元233年），"开成国渠自陈仓至槐里；筑临晋陂，引汧洛溉舄卤之地三千余顷，国以充实焉"①。可见成国渠的主要功能就是引汧水来洗盐，使地表土壤盐分下降，使之利于农作物生长。

苻坚统治时期，当政局比较稳定时期，"开山泽之利，公私共之，偃甲息兵，与境内休息"，"坚以关中水旱不时，议依郑白故事，发其王侯已下及豪望富室僮隶三万人，开泾水上源，凿山起堤，通渠引渎，以溉冈卤之田。及春而成，百姓赖其利"。苻坚这些措施，使农业生产获得保障，"永嘉之乱，庠序无闻，及坚之僭，颇留心儒学，王猛整齐风俗，政理称举，学校渐兴。关、陇清晏，百姓丰乐，自长安至于诸州，皆夹路树槐柳，二十里一亭，四十里一驿，旅行者取给于途，工商贸贩于道"。②

北魏时卢文伟于神龟二年（公元519年），向裴延俊建议，对督亢陂和戾陵堰进行修复。裴延俊也认为："范阳郡有旧督亢渠，径五十里；渔阳燕郡有故戾陵诸堰，广袤三十里。皆废毁多时，莫能修复。"在其努力下，"时水旱不调，民多饥馁，延俊谓疏通旧迹，势必可成，乃表求营造。遂躬自履行，相度水形，随力分督，未几而就。溉田百万余亩，为利十倍，百姓至今赖之。又命主簿郦恽修起学校，礼教大行，民歌谣之。在州五年，考绩为天下最"。③不过这个水利工程很快失去了功效，在乾明元年（公元560年），平州刺史嵇

---

① 《晋书·食货志》。

② 《晋书·苻坚载记上》。

③ 《魏书·裴延俊传》。

晔，在范阳郡发动当地军民，"开幽州督亢旧陂，长城内外营屯，岁收稻粟数十万石，北境得以周赡"①。督亢一带兴修水利，实质上也是为了降低土地盐碱化，"沆泽之无水，斥卤之谓也"②。

　　水利失修，除了容易发生旱涝灾害之外，还容易使土壤盐碱化，在干旱时候，蒸发量增加，原来在地表深处的盐分会上升；在涝灾时候，地下水位提高，土地也容易发生盐碱化。北魏时期，"冀定数州，频遭水害"。崔楷上书说："在顷东北数州，频年淫雨，长河激浪，洪波汨流，川陆连涛，原隰过望，弥漫不已，泛滥为灾。户无担石之储，家有藜藿之色。华壤膏腴，变为舄卤；菽麦禾黍，化作萑蒲。"③ 因此他建议要治理河道，排除盐碱灾害。他的建议虽然得到了朝廷的支持，并一度付诸实施，但工程庞大，最终没有成功。

---

① 《隋书·食货志》。

② 《水经注·圣水》。

③ 《魏书·崔辩传附模弟楷传》。

第二节　魏晋南北朝时期西北地区地貌变化

气候变冷将引起海水蒸发减少，大气中水汽含量减少，冷空气活动强盛，夏季风相对变弱。暖湿空气难以深入内陆，从而可能导致中低纬之间雨量减少而发生干旱，以致沙漠化。①

河西地区古城遗址中汉代城池废弃于南北朝时期的有古城子、九座窑、古城村古城、金塔破城子、居延城、破城子、雅布赖城、乌兰德勒布井城、温都格特日格城、马圈城。魏晋南北朝时期废弃城池遗址占整个废弃遗址的19.2%。不同地区的古城在大致相近时期内被废弃，表明古城废弃不是孤立、偶然事件。通过古城遗址，结合其他资料如剖面等，可知魏晋南北朝时期是河西地区的一个沙漠化时期。其中，石羊河流域大致有40平方千米的土地沙漠化，黑河流域约有1030平方千米土地沙漠化。②

在王莽后期以及东汉时期，由于中央政权弱化，鄂尔多斯地区的汉族人口大为减少，原有的耕地荒芜，水利设施废弃。而鄂尔多斯草原黑垆土下是古成风沙，在田地荒芜、水利设施废弃情况之下，黑垆土层容易被风吹走，露出古成风沙层。一旦古成风沙层暴露，在风力的作用之下，其面积将会逐渐扩大，最后形成沙丘。鄂尔多斯地区，至少在北魏时期就出现了流动沙丘。太平真君七年（公元446年）薄骨律镇将刁雍上书说："奉诏高平、安定、统万及臣所守四镇，出车五千乘，运屯谷五十万斛付沃野镇，以供军粮。臣镇去沃野八百里，道多深沙，轻车来往，犹以为难。设令载谷，不过二十石，每涉深沙，必致滞陷。又谷在河西，转至沃野，越度大河，计车五千乘，运十万斛，百余日

---

① 任振球等：《气候冷暖与干旱、沙漠化》，《气象科技》1987年第2期。

② 程弘毅：《河西地区历史时期沙漠化研究》，兰州大学2007年博士论文，第120—121页。

乃得一返，大废生民耕垦之业。车牛艰阻，难可全至，一岁不过二运，五十万斛乃经三年。"① 这说明，从薄骨律镇到沃野八百里之间，已经出现妨碍交通的流沙，而且流沙面积比较广阔，无法绕道而行。

薄骨律镇的位置，《水经注·河水三》记载："河侧有两山相对，水出其间，即上河峡也。世谓之为青山峡。河水历峡北注，枝分东出。河水又北，迳富平县故城西，秦置北地郡，治县城。王莽名郡为威戎，县曰持武……河水又北，有薄骨律镇城。"可知薄骨律镇在富平县故城以北，即今宁夏灵武（今属银川）。至于沃野镇的位置，唐长孺先生经考察认为有三处，起初设置在汉沃野故城（今内蒙古巴彦淖尔市临河区西南），太和十年（公元486年）迁至汉朔方故城，延昌二年（公元513年）又迁至唐天德军北（今内蒙古五原东北）。② 从薄骨律镇到沃野镇，要经过鄂尔多斯地区西部，这表明，鄂尔多斯草原地区，在公元5世纪中期，就出现了流沙堆积。又，《水经注·河水三》记载："河水自临河县东迳阳山南……《史记音义》曰：五原安阳县北有马阴山，今县在河北，言阴山在河南，又传疑之非也。余按南河、北河及安阳县以南，悉沙阜耳，无佗异山。故《广志》曰：朔方郡北移沙七所，而无山以拟之，是《音义》之僻也。"郦道元以"南河、北河及安阳县以南，悉沙阜耳"而怀疑《史记音义》的记载，不过，《史记音义》可能是正确的，因为沙阜，即流沙的存在，可能使一些山变成了荒漠。这个记载也反映了在鄂尔多斯地区西部，当时有大量沙丘存在。

相似的情景也出现在额济纳的居延地区。汉武帝打败匈奴后，在居延地设重兵，防止匈奴南下。由于无法从内地运来大量粮食，只能就地垦荒，解决粮食问题。由于建筑、生活、生产与军事的需要，居延垦区周边地区的森林与草原遭到严重的破坏。此时的居延垦区中心位于弱水下游左岸。不过从唐代以后，垦区的中心逐渐转向弱水下游的上段。在一般情况下，在老区开垦土地继续耕种，要比开垦新的耕地容易得多，利用原有的水利灌溉，可以节省许多人力物力。唐代拒绝利用汉代的老垦区，其主要原因是汉代老垦区无法继续利

---

① 《魏书·刁雍传》。

② 唐长孺：《北魏沃野镇的迁徙》，《华中师院学报》（哲学社会科学版）1979年第
　3期。

用，只有开垦新的垦区。汉代老垦区无法继续耕作，是因为土地严重退化、恶化的结果。造成土地退化、恶化的主要原因，是在垦区内出现了严重的沙漠化。①

魏晋时期，呼伦贝尔的一些地区也出现了沙漠化的倾向。呼伦贝尔地区生存条件优越，在这里有很多石器时代的遗存。东汉时期，拓跋鲜卑人进入呼伦贝尔地区，"宣皇帝讳推寅立。南迁大泽，方千余里，厥土昏冥沮洳。谋更南徙，未行而崩"②。所谓"沮洳"，指的是地势低洼潮湿的地方，其中有腐烂植物埋在地下而形成的泥沼。从上面记载可以知道，东汉时期，呼伦贝尔地区水草丰茂，沼泽地带较多，并不太适合以游牧为主的拓跋鲜卑人居住。不过，推寅南迁未成，拓跋鲜卑人继续生活在这一地区，直到圣武皇帝诘汾时才南迁，"始居匈奴之故地"③。拓跋鲜卑人在此生活了八代，约200年。在呼伦贝尔居住时，拓跋鲜卑人逐渐发展农业，并在生产和生活之中大量消耗了桦树等木柴。④ 农业的发展，以草原的开垦为代价，而在呼伦贝尔草原上，这里的土地表层比较薄，地表土以下便是深厚的粉沙细沙。原先有茂密的牧草林木将地表土固定，地表土又将地下的沙层覆盖，沙子处于潜伏状态，无法活动，而一旦开垦草原之后，沙层暴露，加之这里西北风强劲，所以容易形成风蚀，进而形成流沙。⑤ 在北魏初期，有神人言于国曰："此土荒遐，未足以建都邑，宜复徙居。"⑥ "此土荒遐，未足以建都邑"，所以拓跋鲜卑人就从呼伦贝尔迁移到匈奴故地，不过在匈奴故地也未"建都邑"。看来找一个"建都邑"的迁移借口是假，而真正的原因是"此土荒遐"，也就是环境恶化，不适宜居住生活，其主要原因就是草原沙化。

魏晋南北朝时期统万城周边地区的环境，史书有较多的记载，赫连勃勃北游契吴山时曾盛赞那里的生态环境，说："美哉，临广泽而带清流，吾行地多

---

① 景爱：《沙漠考古通论》，紫禁城出版社1999年版，第229页。

②《魏书·序纪·宣帝纪》。

③《魏书·序纪·圣武帝纪》。

④ 郑隆：《内蒙古扎赍诺尔古墓群调查记》，《文物》1961年第9期。

⑤ 景爱：《沙漠考古通论》，紫禁城出版社1999年版，第64页。

⑥《魏书·序纪》。

矣，自马岭以北，大河以南，未之有也。"①《水经注》记载："（奢延）水西出奢延县西南赤沙阜，东北流……奢延水又东北，与温泉合。源西北出沙溪，而东南流注奢延水。奢延水又东，黑水入焉，水出奢延县黑涧，东南历沙陵，注奢延水。"奢延水就是今天的无定河，《水经注》提到位于无定河畔的统万城（即汉代奢延县）西南有"赤沙阜"，西北方有"沙溪"，东南方有"沙陵"。有些学者又由此认定，《水经注》中这些关于"沙"的记载，加上北魏时期称灵、夏州一线为"沙塞"的说法，反映了统万城建城初期的生态环境就比较差，早已经有流沙分布了。比如，王尚义认为地层探测与史籍资料均表明，在统万城建城时，本地区已有"沙阜""沙丘""沙陵"，但自然景观并未形成沙的环境，"沙阜"与"绿洲"相间并存，在河床谷地有一定规模的农业生产，而主要的还是能承载数百万牲畜的天然牧场。②

不过邓辉等认为，赫连昌时期，统万城内至少有4万人。统万城地区生态环境的变化，主要是由于人类过度使用当地的土地资源而造成的结果。统万城地区的开发虽然可以上溯到西汉年间，但从十六国时期开始，人们对当地的生态环境影响大大加强。从5世纪初统万城建成，到10世纪末被放弃，在这大约500年的时间里，当地人口一直保持在很高的水平，当地土地资源由于长期受到过度耕垦、过度放牧，终于使得原来河流纵横的草原地区，逐渐沦为流沙满目的荒凉沙地。③师海军指出赫连夏时人口数量爆炸式的增长，成为统万城环境恶化的主导因素。保守估计，由外迁入统万城的人口至少45万，加之周边地区的人口，至少有60万。人口的爆炸式增长，对土地过分开垦，加之气候和战争因素，统万城地区沙化越来越严重。④

从统万城建立到《水经注》，时间过去一百多年。《水经注》中记载的"赤沙阜""沙溪""沙陵"在统万城建立时就存在，还是统万城建立后一百多年出现的，还要进一步考证。统万城建立在生态脆弱地带，加之地表土壤下存

①《元和郡县志》卷四《夏州朔方县》引《十六国春秋》。

②王尚义等：《统万城的兴废与毛乌素沙地之变迁》，《地理研究》2001年第3期。

③邓辉等：《从统万城的兴废看人类活动对生态环境脆弱地区的影响》，《中国历史地理论丛》2001年第2期。

④师海军：《夏州（统万城）地区沙化蠡测》，《江汉论坛》2009年第8期。

在古沙，破坏地表土壤，容易形成就地起沙。因此，统万城的建立，在很大程度上改变了当地的植被环境与表土环境。

公元 413 年，赫连勃勃"乃赦其境内，改元为凤翔，以叱干阿利领将作大匠，发岭北夷夏十万人，于朔方水北、黑水之南营起都城"①。统万城极其坚固，"初，夏世祖性豪侈，筑统万城，高十仞，基厚三十步，上广十步，宫墙高五仞，其坚可以厉刀斧"②。现在调查表明，统万城分为外城郭、东城和西城。东城周长 2566 米，西城周长 2470 米，西城基厚约 16 米，东城基厚约 10 米。城的四隅都有高出城外的平面方形墩台，高达 31.62 米。统万城蒸土筑城，就是用石灰、黏土和砂加水拌和而成的三合土筑成。③ 庞大的工程用土量，致使其取土时已经达到了古沙层。

此外，统万城修筑过程中，"乃蒸土筑城"，加之城内建筑"台榭壮大，皆雕镂图画，被以绮绣，穷极文采"。此外，还有其他建筑用木，据调查，统万城残坑内的支柱主要是松、柏、侧柏、杉、柠条、沙大王、沙蒿、沙柳等木材。④ 如果说，台榭等所用木材取自其他区域，那"蒸土筑城"所需的燃料以及其他建筑所需的材料，则取自本区域，由于土方极大，这无疑需消耗本地很多木材资源。

此外，这十万建筑工人，加之监军，一年所消耗的食物和燃料也极多，如果以肉食为主要食物，牛羊等也会破坏周围的环境。公元 424 年，统万城建立之后，"勃勃还统万，以宫殿大成，于是赦其境内，又改元曰真兴……名其南门曰朝宋门，东门曰招魏门，西门曰服凉门，北门曰平朔门"⑤。定都统万城之后，统万城有多少人，史书并没有明确记载。不过，可以推断，统万城的军队至少有 10 万，公元 417 年，赫连勃勃"以子璝都督前锋诸军事，领抚军大将军，率骑二万南伐长安"，攻下长安后，收编了部分军队，"璝率众三万追

———————————

① 《资治通鉴·晋纪三十八》。

② 《资治通鉴·宋纪二》。

③ 戴应新：《统万城城址勘测记》，《考古》1981 年第 3 期。

④ 戴应新：《统万城城址勘测记》，《考古》1981 年第 3 期。

⑤ 《晋书·赫连勃勃载记》。

击义真，王师败绩，义真单马而遁"①。赫连勃勃回统万，其率领军队大致有三四万。公元 424 年，"夏主将废太子璝而立少子酒泉公伦。璝闻之，将兵七万北伐伦。伦将骑三万拒之，战于高平，伦败死。伦兄太原公昌将骑一万袭璝，杀之，并其众八万五千，归于统万"②。这八万五千人加上赫连勃勃所能控制的军队，统万城内有军人不下 10 万。此外，修城的 10 万工匠，一半能活下来，也有近 5 万人。公元 426 年，北魏拓跋焘进攻统万，在"杀获数万，得牛马十余万"后，还"徙其民万余家而还"。以五口一家计算，估计有 5 万人被迁徙。第二年，拓跋焘又一次进攻统万，这一次"杀夏主之弟河南公满及兄子蒙逊，死者万余人……魏主入城，获夏王、公、卿、将、校及诸母、后妃、姊妹、宫人以万数，马三十余万匹，牛羊数千万头"③。《魏书·世祖纪上》也记载："虏昌君弟及其诸母、姊妹、妻妾、宫人万数，府库珍宝车旗器物不可胜计，擒昌尚书王买、薛超等及司马德宗将毛修之、秦雍人士数千人，获马三十余万匹，牛羊数千万。"这次俘虏人口有宫人上万，加之几千秦雍人士。这些人加上军队以及工匠还有上一年被迁徙之人，统万城内大致有 25 万人。除了人口之外，统万城内"还有马匹三十余万，以及牛羊数千万"。人口的大量移入需要消耗大量的资源，牛羊数千万，也会导致草场负担过重，出现退化。由于取土的消耗以及人口与牲畜的压力，统万城周边地区在当时就已经有部分地区沙化，随风起沙情况比较严重。也是在拓跋焘攻克统万城的战斗之中，"夏兵为两翼，鼓噪追之，行五六里，会有风雨从东南来，扬沙晦冥"。其扬沙的沙源，在统万城附近，而且已经比较严重。此后，统万成为北魏的重要军镇，朝廷长期派大员镇守，统万城农业也得到一定发展。《魏书·刁雍传》记载："雍表曰：'奉诏高平、安定、统万及臣所守四镇，出车五千乘，运屯谷五十万斛付沃野镇。'"此外，还在这一带设置牧场，《魏书·食货志》记载："世祖之平统万，定秦陇，以河西水草善，乃以为牧地。畜产滋息，马至二百余万匹，橐驼将半之，牛羊则无数。"牲畜数量已越来越多，远远超过

---

① 《晋书·赫连勃勃载记》。

② 《资治通鉴·宋纪二》。

③ 《资治通鉴·宋纪二》。

赫连夏盘踞时代，草场压力进一步增加。[①] 加之此后气候变冷，不利于植被的生长，风沙现象越来越严重。

---

① 赵淑芳等：《北魏时期黄河下游水患问题的再探讨》，《人民黄河》1999 年第 4 期。

第三节　牛耕的推广与北方旱作农业的形成

气候以及相应降水条件的变化，对耕作条件产生影响，在北方，黄土的特性决定了需要有与之相适应的耕作制度，魏晋南北朝时期，旱作农业逐渐形成。

一、黄河流域中下游地区牛耕推广的过程

对于中国牛耕的起源，学界历来有争议；对于牛耕在中国的普及，学界也有不少看法。有研究表明，在春秋战国时期，牛耕并没有普及。[①] 至于牛耕在两汉时期的推广，更是争议不少。至少在西汉中期，牛耕并没有普及。《史记·货殖列传》载："通邑大都，酤一岁千酿，醯酱千瓨，浆千甔，屠牛羊彘千皮……"可见当时在经济发达的地方，杀牛是比较普遍的现象，足见牛耕并不普遍。《九章算术·均输》记载："今有程耕，一人一日发七亩，一人一日耕三亩，一人一日耰种五亩。今令一人一日自发、耕、耰种之，问治田几何？答曰：一亩一百一十四步七十一分步之六十六。"上述例子中，一人一天只能耕三亩，应该不是牛耕，而是耒耜耕作。文献记载中，西汉时期耒耜耕作的例子颇多。西汉初年，贾谊指出："今农事弃捐而采铜者日蕃，释其耒耨，冶熔炊炭，奸钱日多，五谷不为多。"[②]《淮南子·主术训》说："夫民之为生也，一人跖耒而耕，不过十亩，中田之获，卒岁之收，不过亩四石，妻子老弱仰而食之。时有涔旱灾害之患，无以给上之征赋车马兵革之费。由此观之，则

---

① 李恒全、李天石：《铁农具和牛耕导致春秋战国土地制度变革说质疑》，《中国社会经济史研究》2005 年第 4 期。

②《汉书·食货志下》。

人之生悯矣！"《淮南子》中的这段话主要反映了农民生活不稳定，遇到灾害，容易陷入困苦境地，故其反映的"跖耒而耕"应该是当时社会中的普遍现象。《淮南子·缪称训》说："夫织者日以进，耕者日以却，事相反，成功一也。""耕者日以却"，应该是耒耜取土时的动作，如果是牛耕，则应该是前进。《盐铁论·刺权》说："……鸣鼓巴俞作于堂下，妇女被罗纨，婢妾曳绨纻，子孙连车列骑，田猎出入，毕弋捷健。是以耕者释耒而不勤，百姓冰释而懈怠。"此外，《盐铁论·未通》记载："内郡人众，水泉荐草不能相赡，地势温湿，不宜牛马。民跖耒而耕，负檐而行，劳罢而寡功。"这些也反映出在当时农业中，耒耜之耕还占据主要地位。《淮南子》和《盐铁论》中的这些记载，反映出西汉中期，黄河流域中下游地区农业生产的耕作方式还是以耒耜耕作为主。

汉武帝时期，赵过倡导牛耕，被认为是西汉推广牛耕的开始，不过细读史料，还是有问题的。史载："率十二夫为田一井一屋，故亩五顷，用耦犁，二牛三人，一岁之收常过缦田亩一斛以上，善者倍之。过使教田太常、三辅，大农置工巧奴与从事，为作田器。两千石遣令长、三老、力田及里父老善田者受田器，学耕种养苗状。民或苦少牛，亡以趋泽，故平都令光教过以人挽犁。过奏光以为丞，教民相与庸挽犁。率多人者田日三十亩，少者十三亩，以故田多垦辟。过试以离宫卒田其宫壖地，课得谷皆多其旁田亩一斛以上。令命家田三辅公田，又教边郡及居延城。是后边城、河东、弘农、三辅、太常民皆便代田，用力少而得谷多。"[1]

代田法的优点是能防风抗旱，增加单产，代价是要投入较多的牛力和人力。代田法推广比较缓慢，除了与传统大田农业的耕作法有很大区别之外，一个很重要的原因是，赵过用耦犁的前提是土地比较集中，要拥有五顷即五百亩土地，才能用牛耕。这主要是由于西汉时期农耕还主要使用大犁，这就要求土地集中，以便于耕作。[2] 而在西汉时期，农民耕种的土地有限，每户一般耕地

---

①《汉书·食货志》。

② 王静如：《论中国古代耕犁和田亩的发展》，《农业考古》1983 年第 1 期。

面积以二三十亩居多①，也有人认为户均耕地面积是七十亩左右②。不管是二三十亩还是七十亩，距五顷都是相差较多的。规模有限的土地，并不适合耦犁耕作。

在这种情况下，牛耕并没有得到普及。西汉末年，铁犁和牛耕技术的推广仍局限于中国北部，南至河南中部，北达内蒙古、辽宁，东到山东，西抵甘肃、青海、新疆。即使是在上述地区，耒耜类农具仍然与铁犁并重，或在许多地区比铁犁更重。③

在东汉初年黄河流域的一些地方，牛耕也并不普遍。史书记载"（王）霸子时方耕于野，闻宾至，投耒而归"④。王霸是太原人，太原处于当时的经济重心区，耒耕还比较流行，其他地方可想而知。东汉前期，王充在《论衡·乱龙》中说："立春东耕，为土象人，男女各二人，秉耒把锄；或立土牛。未必能耕也。"《论衡·自然》记载："耒耜耕耘，因春播种者，人为之也。及谷入地，日夜长大，人不能为也。"可见当时耒耕还是占相当大的比重的。东汉中后期，牛耕在黄河流域逐渐推广。建初元年（公元76年），汉章帝下诏说："比年牛多疾疫，垦田减少，谷价颇贵，人以流亡。方春东作，宜及时务。"牛疫导致垦田减少，可知这一时期牛耕比较普遍，因此，朝廷对牛疫也比较重视，故建初四年（公元79年），史书又载"冬，牛大疫"⑤。和帝永元十六年（公元104年），"二月己未，诏兖、豫、徐、冀四州比年雨多伤稼，禁沽酒。夏四月，遣三府掾分行四州，贫民无以耕者，为雇犁牛直"⑥，可知，至少在兖州、豫州、徐州、冀州这四个黄河流域的州中，牛耕是比较普遍的。《风俗通义·佚文》指出："牛乃耕农之本，百姓所仰，为用最大，国家之为强弱也。"东汉末年，黄河流域牛耕基本普及。在考城县，蔡邕看到："暧暧玄路，

① 赵德馨、周秀鸾：《汉代的农业生产水平有多高——与宁可同志商榷》，《江汉论坛》1979年第2期。

② 杨际平：《秦汉农业：精耕细作抑或粗放经营》，《历史研究》2001年第4期。

③ 王文涛：《两汉的耒耜类农具》，《农业考古》1995年第3期。

④《后汉书·列女传·王霸妻传》。

⑤《后汉书·显宗孝章帝纪》。

⑥《后汉书·孝和帝纪》。

北至考城，劝兹稺民，东作是营。农桑之业，为国之经。我君勤心，德章邈成。率雨苗民，慎不散德，女执伊筐，男执其耕。"① 在东汉的荡阴，"路无拾遗，犁种宿野"②。东汉中后期的纬书《河图帝览嬉》记载："月犯牵牛，将军奔，天下牛多死。"《易纬乾坤凿度》卷上记载："服牛马随。"郑玄对此的解释是："今畜随人用。"可知在东汉末年，黄河流域牛耕比较普遍。

魏晋时期，牛耕基本上在黄河流域普及。建安七年（公元 202 年），曹操要求："其举义兵已来，将士绝无后者，求其亲戚以后之，授土田，官给耕牛，置学师以教之。"③ 曹操实行屯田后，"时议者皆言当计牛输谷，佃科以定"④。卫觊曾经建议："盐者国之大宝，自丧乱以来放散，今宜如旧置使者监卖，以其直益市犁牛，百姓归者以供给之。勤耕积粟，以丰殖关中，远者闻之，必多竞还。"这个建议得到曹操的赞同，于是"遣谒者仆射监盐官，移司隶校尉居弘农。流人果还，关中丰实"。三国时期，"四方郡守垦田又加，以故国用不匮。时济北颜斐为京兆太守，京兆自马超之乱，百姓不专农殖，乃无车牛。斐又课百姓，令闲月取车材，转相教匠。其无牛者令养猪，投贵卖以买牛。始者皆以为烦，一二年中编户皆有车牛，于田役省赡，京兆遂以丰沃"⑤。这些都表明牛耕在黄河流域得到了推广。

在十六国时期，黄河流域虽处于战乱之中，但牛耕仍然得以继续推广。慕容皝"以牧牛给贫家，田于苑中，公收其八，二分入私。有牛而无地者，亦田苑中，公收其七，三分入私"⑥。

北魏时期，牛耕在黄河流域得到了普及。太武帝长子拓跋晃监国时，曾下令："其制有司课畿内之民，使无牛家以人牛力相贸，垦殖锄耨。其有牛家与无牛家一人种田二十二亩，偿以私锄功七亩，如是为差，至与小、老无牛家种田七亩，小、老者偿以锄功二亩。皆以五口下贫家为率。各列家别口数，所劝

---

① 《全后汉文·蔡邕·行考城县》。

② 《全后汉文·阙名·汉故毂城长荡阴令张君表颂》。

③ 《三国志·魏书·武帝纪》。

④ 《三国志·魏书·任峻传》引《魏武故事》。

⑤ 《晋书·食货志》。

⑥ 《晋书·慕容皝载记》。

种顷亩，明立簿目。所种者于地首标题姓名，以辨播殖之功。"① 此后，孝文帝时期，也曾要求"同部之内，贫富相通。家有兼牛，通借无者。若不从诏，一门之内终身不仕。守宰不督察，免所居官"，"六月庚午，禁杀牛马"。他还曾下令说："朕政治多阙，灾眚屡兴。去年牛疫，死伤大半，耕垦之利，当有亏损。今东作既兴，人须肄业。其敕在所督课田农，有牛者加勤于常岁，无牛者倍庸于余年。一夫制治田四十亩，中男二十亩。无令人有余力，地有遗利。"② 肃宗时期，也曾"重申杀牛之禁"③。

二、牛耕推广过程中的困难

在西汉时期，赵过的耦耕只是加强了耕作，程念祺先生认为这种做法对实行精耕细作的小农经济而言，意义并不大。因为精耕细作农业的最大特点，就是人力的大量投入，所以，当畜力的运用还仅限于耕种，而不能用之于整地、中耕的情况下，无论是马耕还是牛耕，对于实行精耕细作的小农经济而言，意义都不大。换言之，仅仅扩大耕地和播种面积，而没有足够的人力进行整地、中耕，不能给小农带来额外的利益。④ 此外，在两汉时期，牛耕技术处于完善过程之中，仅犁就包括大犁、中犁以及小犁。⑤ 另外，汉代铁犁铧品种多样，大小不一，适应不同耕作技术的需要。⑥ 犁铧品种的多样化，加大了购买的成本。

战国时期，李悝指出农民的经济状况基本上是收支平衡的，如果发生灾害，很容易破产。他认为农民收入扣除各种生活必需之外，还略显不足，必须省吃俭用才能维持生计。到了西汉时期，农民的生活也没有多大的改善："春耕夏耘，秋获冬藏，伐薪樵，治官府，给徭役；春不得避风尘，夏不得避暑

①《魏书·世祖太武帝纪附恭宗景穆帝纪》。

②《魏书·高祖孝文帝纪》。

③《魏书·肃宗孝明帝纪》。

④ 程念祺：《中国古代经济史中的牛耕》，《史林》2005 年第 6 期。

⑤ 张传玺：《两汉大铁犁研究》，《北京大学学报》（哲学社会科学版）1985 年第 1 期。

⑥ 陈文华：《中国农业考古图录》，江西科学技术出版社 1994 年版，第 218 页。

热，秋不得避阴雨，冬不得避寒冻，四时之间亡日休息；又私自送往迎来，吊死问疾，养孤长幼在其中。勤苦如此，尚复被水旱之灾，急政暴赋，赋敛不时，朝令而暮改。"①

战国时期，牛耕还未普及，李悝没有计算农民在市场上买犁等铁制农具的成本，如果要购买铁制农具，付出会更多。汉代，普通农户要花较高的费用从市场上购买铁制农具。以大铁犁为例，一般大铁犁重 26 千克左右，成本相当高，而且质量不好，给老百姓带来很大不便。《盐铁论·水旱》记载："县官鼓铸铁器，大抵多为大器，务应员程，不给民用。民用钝弊，割草不痛，是以农夫作剧，得获者少，百姓苦之矣。"这里的大器，应该是指大铁犁。

此外，汉代牛耕通常需要两头牛，牛的价格比较高的话，就不利于牛耕的推广。《九章算术》中，牛的价格在一千二至三千七百之间。② 西汉时期，牛耕还没有普及，牛价颇低。东汉时期，牛耕逐渐普及，牛价也随之上涨。东汉四川牛一头值钱一万五千，而上等田一亩才两千。③ 一头牛的价格相当于近八亩上等田的价格，想要拥有两头牛，就要失去近十六亩上等田。也有农史专家根据当时一头牛的价钱相当于一百斛粟这样一个事实，推论当时小农根本不具备拥有"二牛"的实力，"一般贫民耕作，只得凭耒、锸而已"④。牛价过高，普通百姓无法负担。东汉至北朝时期，犁逐渐改良并定型⑤，犁的成本也逐渐下降。与此同时，一牛一犁的耕作也已经出现。⑥ 但是，黄河流域的牛耕仍然

---

① 《汉书·食货志上》。

② 《九章算术》卷七《盈不足》，卷八《方程》。

③ 《犀浦东汉"簿书"残碑》，见高文：《汉碑集释》，河南大学出版社 1997 年版，第 265—266 页。

④ 中国农业科学院南京农学院中国农业遗产研究室：《中国农学史》，科学出版社 1959 年版，第 155 页。

⑤ 陈文华：《中国农业考古图录》，江西科学技术出版社 1994 年版，第 218 页。

⑥ 鲁才全：《汉唐之间的牛耕和犁耙糖耧》，《武汉大学学报》（哲学社会科学版）1980 年第 6 期。

以两牛（或者是两个大牲畜）一犁为主要形式。① 拥有耕牛对农民来说是一件比较困难的事情。

汉代的牛耕需要投入较多的劳动力。赵过推广的耦耕，需要"二牛三人"，而晁错指出"今农夫五口之家，其服役者不下二人"②。五口之家，只能有两人从事农业活动，即使有二牛，也没有多余的劳动力进行牛耕，因此，西汉时期，家庭人口规模偏小也在一定程度上制约了牛耕的推广。

三、牛耕推广的动力

虽然牛耕推广过程中有诸多困难，但牛耕却不断得到推广普及，原因很复杂。

第一，牛耕对农业生产带来两大好处。一是能扩大耕地面积，"二牛三人"可耕田五顷，劳动生产率是西周"一夫百亩"的十二倍。③ 二是耕地能改变土壤的特性，提高粮食产量。耕的好处，就是能使土壤的力、柔适度，息、劳适度，棘、肥适度，急、缓适度，湿、燥适度。耕地以深耕为好，故《吕氏春秋·上农》提出了"五耕五耨"，即是多耕多锄。④

第二，亩制扩大，也有利于牛耕的推广。西汉时期，新的亩制逐渐产生。在耒耜耕作的条件下，田制中以一百方步的长条为一亩。这种亩制在用牛犁地时回转困难、费力，所以需要放长亩的步数。商鞅"废井田，开阡陌"，其目的是重新划定地界，扶植小农经济，同时减轻农民负担，吸引外来人口。⑤ 西汉建立后，推行二百四十方步田亩制度："先帝哀怜百姓之愁苦，衣食不足，

---

① 张传玺：《两汉大铁犁研究》，《北京大学学报》（哲学社会科学版）1985 年第 1 期；张思：《近代华北村落共同体的变迁——农耕结合习惯的历史人类学考察》，商务印书馆 2005 年版。

②《汉书·食货志上》。

③ 李根蟠：《中国精耕细作的两种类型和牛耕使用的变化——关于传统经济再评价的两个问题》，《史苑》第 8 期。

④ 李长年：《农业史话》，上海科学技术出版社 1981 年版，第 51 页。

⑤ 吴慧：《中国历代粮食亩产研究》，农业出版社 1985 年版，第 13—14 页。

制田二百四十步而一亩，率三十而税一。"① 这里的先帝，多数人认为是汉武帝。不过，在西汉初年，新的亩制就已经普遍采用。《二年律令·田律》规定："田广一步，袤二百卌步，为畛，亩二畛，为佰道；百亩为顷，十顷一千道，道广二丈。"推广新的大的田亩制度的目的在于减轻农民负担，而不是为了适应牛耕的需要。不过，这的确有利于以后牛耕的发展。到了东汉时期，由于犁耕逐渐普及，土地兼并现象十分严重，仲长统指出："井田之变，豪人货殖，馆舍而于州郡，田亩连于方国。身无半通青纶之命，而窃三辰龙章之服；不为编户一伍之长，而有千室名邑之役。"②

第三，国家通过各种途径降低耕牛的价格。东汉时期，兖、豫、徐、冀等地遭水灾后，和帝"遣三府掾分行四州，贫民无以耕者，为雇犁牛直"③。官方雇牛给农民耕种，降低了牛耕成本。在东汉末年，曹操也采取措施："将士绝无后者，求其亲戚以后之，授土田，官给耕牛，置学师以教之。"④ 据《晋书·食货志》记载，西晋武帝时期，朝廷采纳杜预的建议，将官府手中的种牛租给三魏等地百姓使用。北魏统治时期，曾多次与北方游牧民族发生战争，并俘获大量牛、马、羊。史书记载："世祖不听，乃遣原等并发新附高车合万骑，至于巳尼陂，高车诸部望军而降者数十万落，获马牛羊亦百余万，皆徙置漠南千里之地。乘高车，逐水草，畜牧蕃息，数年之后，渐知粒食，岁致献贡，由是国家马及牛羊遂至于贱，毡皮委积。"⑤ 耕牛价格遂逐渐下降，为牛耕推广创造了良好的条件。北魏政府还多次要求有牛之家与无牛之家互相合作，扩大耕地面积，达到"地无遗利"。如太和元年（公元477年），孝文帝下诏书说："朕政治多阙，灾眚屡兴。去年牛疫，死伤太半，耕垦之利，当有亏损。今东作既兴，人须肄业。其敕在所督课田农，有牛者加勤于常岁，无牛者倍庸于余年。一夫制治田四十亩，中男二十亩。无令人有余力，地有

---

① 《盐铁论·未通》。

② 《全后汉文·仲长统·损益篇》。

③ 《后汉书·孝和帝纪》。

④ 《三国志·魏书·武帝纪》。

⑤ 《魏书·高车传》。

遗利。"①

第四，魏晋以来气候的变化推动了牛耕的推广。这一时期的气候变得干冷，降水减少，特别是在黄河流域中下游地区，春旱容易发生。在这种情况下，农民需要及时抢墒播种。现代研究表明，旱地播种，尤其是春旱条件下的播种，最为紧要和迫切的是在作条、下种、撒粪之后，立即在后面用役畜拖动砘子将土埋进沟内，并将种子、粪肥和土相互压实、压紧……理由是，在土地较干的情况下，作条并撒完种、肥之后，如果不尽快砘地而搁置一两小时的话，作条后的土会被晾晒变干，在这种坚硬的土壤里作物无法生长，那时只能重新作条。要保证上述播种方法的实现，最低限度要有两头役畜（其中至少有一头是大型的强畜，如马或骡，不然则需要三头驴），除了役畜之外，华北的旱作播种方法还需要至少四个劳动力……耕起的目的在于通过将土壤翻起、细碎的作业形成作物生长活动所需要的土壤环境，即耕土层。而深耕的意义在于促进深土的风化，使土壤变为团粒状态，从而使耕土层中保有作物生长所必需的水分、空气和植物营养素。此外，华北地区的旱地耕起作业当中也有一个争取时间、防止耕后土地干硬结块的问题。华北的农民在耕地过程中要随时加以盖磨，也即使用役畜和农具将翻起后的土地磨碎、磨平，以达到保墒的目的。如果上午耕地，就要耙、盖磨，不能耽搁到下午，否则土壤形成大硬块，水分保存不住，以后怎样播种都是徒劳无益的。② 黄河流域中下游地区的这一套耕作技术在《齐民要术·杂说》中已经出现，尽管这篇《杂说》一向被认为是唐代的作品，但这种旱作农业思想，在魏晋时期应当已经逐渐形成。由此可见，魏晋北朝时期，黄河流域气候变冷，降水减少，导致旱作农业生产体系逐渐形成。这种生产体系意味着耕地、整地、播种要在极短时间内完成，这就推动了牛耕的普及。虽然在魏晋北朝以后，黄河流域人均耕地逐渐减少，但牛耕依然普遍存在。此外，黄河流域抗旱的手段之一，也就是多次耕种和整地，如《齐民要术·耕田》强调："凡秋耕欲深，春夏欲浅。犁欲廉，劳欲再。犁廉耕细，牛复不疲；再劳地熟，旱亦保泽也。"

---

① 《魏书·高祖孝文帝纪》。

② 张思：《近代华北村落共同体的变迁——农耕结合习惯的历史人类学考察》，商务印书馆 2005 年版，第 103—104 页。

　　第五，技术的进步也是牛耕加速推广的一个重要原因。在西汉，《盐铁论·轻重》说："茂木之下无丰草，大块之间无美苗。"大土块之间不能长出好的庄稼，古人很早就想到要把土块弄碎。《氾胜之书》记载："春地气通，可耕坚硬强地黑垆土，辄平摩其块以生草，草生复耕之，天有小雨复耕和之，勿令有块以待时。所谓强土而弱之也。""凡麦田，常以五月耕，六月再耕，七月勿耕，谨摩平以待种时。"可知在西汉时期，农民已经知道耕作后要把土块磨平，不过，当时磨平土块主要还是靠人力。牛耕发展到一定程度后，整地技术已经成为牛耕推广的一个瓶颈，因为据《九章算术》记载"一人一日耰种五亩"，也就是说，一人一天大概可以平整土地五亩，一户以两个劳动力计算，一天只能平整土地十亩。以汉代五口之家耕种一百亩计算，大概需要十多天才能断断续续平整完土地，这样有可能耽误墒情。而魏晋时期出现了耙、耢等工具。耙用来将耕地中的土块碎成小土块，耢再将小土块磨细磨平，这样土壤表面疏松。① 黄河流域春旱时常发生，《齐民要术·耕田》中强调"春耕寻手劳"，原因是"春既多风，若不寻劳，地必虚燥"，在土壤墒情适度的情况下进行春耕后，应随即将土壤耙碎磨细，不然，耕起的土壤中原有的水分会很快地被春天的干风吹走。当时有谚语说："耕而不劳，不如作暴。"意思是如果耕起后不立即整地，不如粗放耕作。因此，耙、耢等工具的出现，提高了平整土地的效率，加速了牛耕的推广。

---

① 李长年：《农业史话》，上海科学技术出版社 1981 年版，第 93 页。

第八章

魏晋南北朝时期的环境意识与环境保护

第一节 自然崇拜

自然崇拜可以说是早期人类主要的信仰之一，一般可分为四类：一是日月星辰风雨雷电崇拜。二是山川崇拜。三是动植物崇拜。

一、日月星辰风雨雷电崇拜

魏晋南北朝时期，占星术仍然盛行。在八王之乱时期，"赵王伦辅政，有星变，占曰：'不利上相。'孙秀惧伦受灾，乃省司徒为丞相，以授肜，猥加崇进，欲以应之"①。谢敷长期不为官，"初，月犯少微，少微一名处士星，占者以陷士当之。谯国戴逵有美才，人或忧之。俄而敷死，故会稽人士以嘲吴人云：'吴中高士，便是求死不得死。'"② 可见人们把天上星宿的变化同人间的祸福联系在一起。

刘宋元嘉八年（公元 431 年），"太白星犯右执法，（刘）义庆惧有灾祸，乞求外镇"。宋文帝虽然搬出很多理由来劝阻他，但最终刘义庆还是辞官。③ 北魏时期，"时太史屡奏天文错乱，帝亲览经占，多云改王易政，故数革官号，一欲防塞凶狡，二欲消灾应变"④。除了改革官号之外，在天赐六年（公元 409 年），"天文多变，占者云'当有逆臣伏尸流血'。太祖恶之，颇杀公卿，欲以厌当天灾"⑤。可见，北魏太祖是一个狂热的星宿信仰者。

---

① 《晋书·梁王肜传》。
② 《晋书·隐逸传·谢敷传》。
③ 《宋书·宗室传·临川烈武王道规传附子义庆传》。
④ 《魏书·太祖道武帝纪》。
⑤ 《魏书·秦王翰传附子卫王仪传》。

由于皇帝痴迷星宿信仰，在北魏时期，也出现了一批占星士。张渊，“明占候，晓内外星分”，僧化“识星分，案天占以言灾异，时有所中”。[①]

在东晋咸康元年，也就是公元335年，“荧惑守南斗经旬，（王）导谓领军将军陶回曰：‘斗，扬州之分，吾当逊位以厌天谴。’回曰：‘公以明德作辅，而与桓景造膝，使荧惑何以退舍！’导深愧之”[②]。可见，王导虽然贵为执政大臣，但还是对星变很敬畏，反映了这一时期人们星宿崇拜比较流行。

公元373年，“彗星出于尾箕，长十余丈，经太微，扫东井；自四月始见，及秋冬不灭。秦太史令张孟言于秦王坚曰：‘尾、箕，燕分；东井，秦分也。令彗起尾、箕而扫东井，十年之后，燕当灭秦；二十年之后，代当灭燕。慕容暐父子兄弟，我之仇敌，而布列朝廷，贵盛莫二，臣窃忧之，宜翦其抱魁桀者，以消天变。’”[③] 这里的背景是后秦的大臣劝苻坚要彻底消灭慕容氏，避免其东山再起。在苻坚准备南伐灭东晋时，“太子宏曰：‘今岁在吴分，又晋君无罪，若大举不捷，恐威名外挫，财力内竭，此群下所以疑也！’坚曰：‘昔吾灭燕，亦犯岁而捷，天道固难知也。秦灭六国，六国之君岂皆暴虐乎！’”[④] 可见少数民族政权的统治者也对星宿比较崇拜。

中国古代有一些方士会依据风的方向等来推测人间变故，通常说他们能占风，比如在咸宁初，“风吹太社树折，社中有青气，占者以为东莞有帝者之祥。由是徙封东莞王于琅邪，即武王也”[⑤]。戴洋“遂善风角”[⑥]。北魏的王早“明阴阳九宫及兵法，尤善风角。太宗时，丧乱之后，多相杀害。有人诣早求问胜术，早为设法，令各无咎”，有一次“早与客清晨立于门内，遇有卒风振树。早语客曰：‘依法当有千里外急使。日中，将有两匹马，一白一赤，从西南来。至即取我，逼我，不听与妻子别。’语讫便入，召家人邻里辞别。语讫，浴，带书囊，日中出门候使。如期，果有二马，一白一赤，从凉州而至，

①《魏书·术艺传·张渊传》《魏书·术艺传·张渊传附僧化传》。

②《资治通鉴·晋纪十七》。

③《资治通鉴·晋纪二十五》。

④《资治通鉴·晋纪二十六》。

⑤《晋书·中宗元帝纪》。

⑥《晋书·艺术传·戴洋传》。

即捉早上马，遂诣行宫"①。可见王早是一个能把风和人事联系得很密切的术士。

行军打仗，要了解对手的情况，古代往往根据风向的变化来做出对敌情的判断。公元418年，"和龙有赤气四塞蔽日，自寅至申，燕太史令张穆言于燕王跋曰：'此兵气也。今魏方强盛，而执其使者，好命不通，臣窃惧焉。'跋曰：'吾方思之。'"② 果然，在这一年五月，北魏军队就发动了战争，由于早有准备，北魏军队并没有达到其目的。

由于风向与军事密切相关，所以历史上出现了大量解读风向与军事之间关系的著作。《隋书·经籍志三》中记载诸多作品，比较典型的有《风气占军决胜战》《对敌占风》《黄帝夏氏占气》《兵法风气等占》《兵法日月风云背向杂占》《兵法风角式》。至于民间占风的著作也颇多，主要有《翼氏占风》《风角要占》《风角占》《侯公领中风角占》《风角总占要决》《风角总集》《风角杂占要决》《风角杂占》《风角要集》《风角要候》《风角书》《风角》《风角占候》《风角杂兵候》《风角镶历占》。可知在这一时期对风的崇拜颇为流行，或许与南北朝时期战争频繁有关。

二、山川崇拜

山川崇拜起源很早，古代人认为山川都有灵性，需要时常祭祀，但都是国家规定的名山大川才能祭祀。汉质帝时期承认了地方山川崇拜的合法化，将民间祭祀纳入到国家祭祀的体制之中，进而扩大了山川祭祀的对象。到了曹魏时期，国家祭祀的范围有所缩小，在文帝黄初五年规定："先王制祀，所以昭孝事祖，大则郊社，其次宗庙，三辰五行，名山川泽，非此族也，不在祀典。叔世衰乱，崇信巫史，至乃宫殿之内，户牖之间，无不沃酹，甚矣其惑也。自今其敢设非礼之祭，巫祝之言，皆以执左道论，著于令。"到明帝青龙元年，又规定："郡国山川不在祀典者，勿祠。"这就是说，认定地方老百姓所信奉的本地山川神灵为非法的，官员不能去祭祀。然而，这些规定并没有执行多久，

①《魏书·术艺传·王早传》。

②《资治通鉴·晋纪四十》。

在晋武帝咸宁二年，由于长期干旱，"四月丁巳，诏曰：'诸旱处广加祈请。'五月庚午，始祈雨于社稷山川……太康三年四月、十年二月，又如之。是后，修之至今"①。所谓山川就包括了一些以前没有纳入国家祭祀范围的神灵。

东晋南朝时期，朝廷祭祀的山川神灵范围进一步扩大，"地郊则五岳、四望、四海、四渎、五湖、五帝之佐、沂山、岳山、白山、霍山、医无闾山、蒋山、松江、会稽山、钱唐江、先农，凡四十四神也。江南诸小山，盖江左所立，犹如汉西京关中小水皆有祭秩也"②。由此可以看出东晋时期，国家祭祀的自然神灵对象增多。

但是，到了刘宋时期，国家祭祀的自然神灵有所减少，"宋武帝永初二年，普禁淫祀。由是蒋子文祠以下，普皆毁绝。孝武孝建初，更修起蒋山祠，所在山川，渐皆修复。明帝立九州庙于鸡笼山，大聚群神。蒋侯宋代稍加爵，位至相国、大都督、中外诸军事，加殊礼，钟山王。苏侯骠骑大将军。四方诸神，咸加爵秩"。在刘宋之后，除了山神灵祭祀范围有所扩大，东晋时期国家祭祀的神灵有逐渐减少的趋势。

梁朝时期，规定国家祭祀的自然神灵有"五岳、沂山、岳山、白石山、霍山、无闾山、蒋山、四海、四渎、松江、会稽江、钱塘江、四望，皆从祀"③。看来，梁朝国家祭祀的自然神灵和刘宋差别不大。

在北方，北魏祭祀的自然神灵很多，"立五岳四渎庙于桑乾水之阴，春秋遣有司祭，有牲及币。四渎唯以牲牢，准古望秩云。其余山川及海若诸神在州郡者，合三百二十四所，每岁十月，遣祀官诣州镇遍祀。有水旱灾厉，则牧守各随其界内祈谒，其祭皆用牲。王畿内诸山川，皆列祀次祭，各有水旱则祷之"。由于所祭祀的自然神灵颇多，所以崔浩曾建议："神祀多不经，案祀典所宜祀，凡五十七所，余复重及小神，请皆罢之。"虽然朝廷一度采纳这个建议，但是在"四月旱，下诏州郡，于其界内神无大小，悉洒扫荐以酒脯。年登之后，各随本秩，祭以牲牢。至是，群祀先废者皆复之"。由于所要祭祀的自然神灵和其他神灵颇多，导致所需要的祭品也很多，"高祖延兴二年，有司

①《宋书·礼志四》。

②《晋书·礼志上》。

③《隋书·礼仪志一》。

奏天地五郊、社稷已下及诸神，合一千七十五所，岁用牲七万五千五百"①。可见，祭祀活动在很大程度上成为朝廷的一笔大开销。

北齐国家祭祀的自然神灵颇多，"其神州之神、社稷、岱岳、沂镇、会稽镇、云云山、亭亭山、蒙山、羽山、峄山、崧岳、霍岳、衡镇、荆山、内方山、大别山、敷浅原山、桐柏山、陪尾山、华岳、太岳镇、积石山、龙门山、江山、岐山、荆山、嶓冢山、壶口山、雷首山、底柱山、析城山、王屋山、西倾朱圉山、鸟鼠同穴山、熊耳山、敦物山、蔡蒙山、梁山、岷山、武功山、太白山、恒岳、医无闾山镇、阴山、白登山、碣石山、太行山、狼山、封龙山、漳山、宣务山、阏山、方山、苟山、狭龙山、淮水、东海、泗水、沂水、淄水、潍水、江水、南海、汉水、谷水、洛水、伊水、漾水、沔水、河水、西海、黑水、涝水、渭水、泾水、酆水、济水、北海、松水、京水、桑乾水、漳水、呼沱水、卫水、洹水、延水、并从祀"②。

朝廷的祭祀活动代表了官方的自然崇拜，这些自然崇拜有些距离普通民众比较远，如果本地有比较"灵验"的自然之神的话，本地人也会信奉这种神灵。比较典型的就是关中白兆山，"时属大旱，滍水绝流。旧俗，每逢亢阳，祷白兆山祈雨。高祖先禁淫祀，山庙已除。（于）翼遣主簿祭之，即日澍雨沾洽，岁遂有年。民庶感之，聚会歌舞，颂翼之德"③。这些地方的自然神灵在多数情况之下并没有被纳入国家自然崇拜的体系之中，在很多情况之下被视为"淫祀"而被禁止崇拜。北周武帝时期，"并禁诸淫祀，礼典所不载者，尽除之"④。白兆山被禁止祭祀就是在这个命令之后。拓跋桢在邺时，"以旱祈雨于群神"⑤，这里的群神应该是地方神灵，当然包括地方上有影响的自然神灵。

生活在海边的人，信仰海神，裴粲在任胶州剌史时，"属时亢旱，士民劝令祷于海神。粲惮违众心，乃为祈请，直据胡床，举杯而言曰：'仆白君。'左右云：'前后例皆拜谒。'粲曰：'五岳视三公，四渎视诸侯，安有方伯而致

①《魏书·礼志一》。

②《隋书·礼仪志一》。

③《周书·于翼传》。

④《周书·武帝纪上》。

⑤《魏书·南安王桢传》。

礼海神也。'卒不肯拜"①。在裴粲看来，海神只是地方民间信奉的神灵，祭拜它有失身份。生活在今台湾的土著居民也信奉海神，"俗事山海之神，祭以酒肴，斗战杀人，便将所杀人祭其神。或依茂树起小屋，或悬髑髅于树上，以箭射之，或累石系幡以为神主"②。

当然，生活在江边的人，多信奉江神。萧憺在镇守荆州时，长江发大水，"乃刑白马祭江神。俄而水退堤立"③。《太平御览》卷一一《天部》引《宋永初山川记》说："鄱阳长寿山，山形似马，白云出于鞍中，不崇朝而雨。"盛弘之《荆州记》中说："湘东有雨母山，山有祠坛，每祈祷无不降泽，以是名之。"这些都是地方自然崇拜。由于山有灵性，所以山上的一些石头也有灵性，《荆州记》中记载："很山县有一山独立峻绝，西北有石穴，北行百步许，二大石其间相去一丈许，俗名其一为阳石，一为阴石。水旱为灾，鞭阳石则雨，鞭阴石则晴。"

从秦汉到魏晋南北朝，国家祭祀的山川神灵有增多的趋势，这有几个原因。一个是国家出于社会控制的需要，把地方信奉的自然神灵纳入到国家祭祀体系之中，由朝廷出面主持祭祀，可以避免一些居心叵测的人利用群众信仰来做一些危及朝廷的事情。第二个原因是道教因素。由于道教在思想渊源上接受了山神崇拜，并有洞天福地的思想，所以随着道教的兴盛，灵山信仰在各地传播开来，无论是地方还是朝廷都有灵山崇拜的痕迹。④ 当然，最主要的原因就是这一时期的气候变化。自东汉以后，气候逐渐变冷，极端气候出现频率增加，气候趋向干旱，这一时期旱灾流行。为了降低旱灾带来的损失，朝廷和地方官员经常举行祈雨的活动，而祈雨的地点通常是名山大河。典型的是北魏孝文帝，在太和元年，"五月乙酉，车驾祈雨于武州山，俄而澍雨大洽"。太和四年正月，孝文帝下诏说："朕承乾绪，君临海内，夙兴昧旦，如履薄冰。今东作方兴，庶类萌动，品物资生，膏雨不降，岁一不登，百姓饥乏，朕甚惧焉。其敕天下，祀山川群神及能兴云雨者，修饰祠堂，荐以牲璧。民有疾苦，

①《魏书·裴叔业附从子粲传》。

②《隋书·流求国传》。

③《梁书·太祖五王传·始兴王憺传》。

④ 吴成国等：《魏晋南北朝时期道教灵山崇拜论析》，《宗教学研究》2005 年第 2 期。

所在存问。"太和五年四月，又下诏说："时雨不沾，春苗萎悴。诸有骸骨之处，皆敕埋藏，勿令露见。有神祇之所，悉可祷祈。"① 看来孝文帝属于有病乱投医，只要是能够使天降大雨的神灵，不管是朝廷祭祀还是民间信仰都要去祈祷。故在这种思想的支配下，北魏和北齐时期国家祭祀的自然神灵很多。

三、动植物崇拜

在人类历史进程中，图腾崇拜盛行，图腾作为一种宗教形式，通常是某种自然客体——多半是动物，与氏族有着紧密的联系。图腾崇拜是与氏族发展初期的社会结构相符合的意识形态。② 随着人类逐渐进入到文明社会，图腾崇拜逐渐消失，但一些信仰的残余依然保留在人们的信仰体系之中。这其中主要表现为动植物崇拜。

动物存活到一定的年限后，可能会变成精怪，这种思想在东汉就比较流行。《说文解字》卷九《鬼部》中指出："彪，老精物也。"而"彪"通"魅"。东汉之后，动植物成精的信仰流行开来。当时民间流传着各种"老物"成精作怪的故事，树精、蛇精、犬精、龟精、扫帚精、浮石精等，真是触目皆鬼，无物不精。③

《太平广记》中记载许多这类精怪。"狐五十岁，能变化为妇人。百岁为美女，为神巫，或为丈夫与女人交接，能知千里外事，善蛊魅，使人迷惑失智。千岁即与天通，为天狐。""晋习凿齿为桓温主簿，从温出猎。时大雪，于临江城西，见草雪上气出。觉有物，射之，应弦死。往取之，乃老雄狐，脚上带绛缯香囊。"④

《洛阳伽蓝记》卷四《城西》也指出："市北慈孝……有挽歌者孙岩，取妻三年，妻不脱衣而卧。岩私怪之。伺其睡，阴解其衣，有尾长三尺，似狐

---

① 《魏书·高祖孝文帝纪上》。

② 海通著，何新亮译：《图腾崇拜》，广西师范大学出版社2004年版，第3—4页。

③ 韦凤娟：《另类的"修炼"：六朝狐精故事与魏晋神仙道教》，《文学遗产》2006年第1期。

④ 《太平广记·狐一》。

尾。岩惧而出之。甫临去，将刀截岩发而走。邻人逐之，变为一狐，追之不得。其后京邑被截发者一百三十人。初变为妇人，衣服净妆，行于道路。人见而悦之，近者被截发。当时妇人着彩衣者，人指为狐魅。"

《搜神记》卷一八中记载了许多狐狸成精的故事："董仲舒下帷讲诵，有客来诣。舒知其非常。客又云：'欲雨。'舒戏之曰：'巢居知风，穴居知雨。卿非狐狸，则是鼷鼠。'客遂化为老狸……张华字茂先，晋惠帝时为司空。于时燕昭王墓前，有一斑狐，积年能为变幻。"这些故事表明在秦汉魏晋南北朝时期，狐仙之类的信仰在民间广泛流行。

除了狐狸可以成精之外，蛇由于长期在洞窟中居住，也被认为修炼后容易成精。《搜神记》中记载了很多蛇精作怪的故事："寿光侯者，汉章帝时人也。能劾百鬼众魅，令自缚见形。其乡人有妇为魅所病，侯为劾之，得大蛇数丈，死于门外，妇因以安。又有大树，树有精，人止其下者死，鸟过之亦坠。侯劾之，树盛夏枯落，有大蛇长七八丈，悬死树间。章帝闻之，征问。对曰：'有之。'帝曰：'殿下有怪：夜半后，常有数人，绛衣披发，持火相随。岂能劾之？'侯曰：'此小怪，易消耳。'帝伪使三人为之。侯乃设法，三人登时仆没无气。帝惊曰：'非魅也，朕相试耳。'"① "山精如人，一足，长三四尺，食山蟹，夜出昼藏。"②

古人认为除了动物可以成精，生长时间比较长的一些植物也可以成精。"吴先主时，陆敬叔为建安太守，使人伐大樟树，不数斧，忽有血出。树断，有物人面狗身，从树中出。敬叔曰：此名'彭侯'。乃烹食之，其味如狗。《白泽图》曰：'木之精名彭侯，状如黑狗，无尾，可烹食之。'"可见，三国之前，人们就相信树木可以成精。

"魏桂阳太守江夏张辽，字叔高，去鄢陵，家居买田。田中有大树十余围，枝叶扶疏，盖地数亩，不生谷，遣客伐之。斧数下，有赤汁六七斗出。客惊怖，归白叔高。叔高大怒曰：'树老汁赤，如何得怪！'因自严行，复斫之，血大流洒。叔高使先斫其枝，上有一空处，见白头公，可长四五尺，突出，往赴叔高，高以刀逆格之。如此凡杀四五头，并死。左右皆惊怖伏地，叔高神虑

①《搜神记》卷二。

②《异苑》卷三。

怡然如旧。徐熟视，非人非兽。遂伐其木。此所谓'木石之怪，夔、魍、魉'。"①《三国志》卷一《魏书·帝纪》引《世语》说："太祖自汉中至洛阳，起建始殿，伐濯龙祠而树血出。"《曹瞒传》则称："王使工苏越徙美梨，掘之，根伤尽出血。越白状，王躬自视而恶之，以为不祥，还遂寝疾。"这些事情虽然不太符合历史事实，但从"王躬自视而恶之，以为不祥"来看，可知古人对这类事情还是比较敬畏的。

《洛阳伽蓝记》卷一记载："愿会寺……佛堂前生桑树一株，直上五尺，枝条横绕，柯叶傍布，形如羽盖。复高五尺，又然。凡为五重，每重叶椹各异，京师道俗谓之神桑。观者成市，施者甚众。帝闻而恶之，以为惑众，命给事中黄门侍郎元纪伐杀之。其日云雾晦冥，下斧之处，血流至地，见者莫不悲泣。"

《女青鬼律》记载了各种动植物精怪："山精之鬼长一尺，名濯肉。木精之鬼，名群禾。乌老切，一名式。虎精之鬼，名健庄子。蛇精之鬼，名啼圭。狩精之鬼，名大晶子。猴精之鬼，名马痫子。狐精之鬼，名追午。大树之鬼，名方域。小木之鬼，名转其。榕木之鬼，名汝远。木榴之鬼，名鸣哝。虫之鬼，名遐懚。"可见，关于动植物成精怪的认识和思想在魏晋南北朝时期比较普遍。

由于害怕动植物成精，道教中也有很多方法来对付这些精怪。《赤松子章历》卷三《消怪章》记载："窃以东方青怪自称岁星，妄作祅怪，老木之精，动作青物，多所中伤。乞东方青帝消灭怪殃。南方赤怪，自称荧惑，动作赤物，欲来所害。愿南方赤帝消灭怪殃。西方白怪，自称太白，动作白物，专为凶逆，妄为怪异。乞西方白帝消灭怪殃。北方黑怪，自称辰星，发泉源龟之精，动作黑物，转易姓名。乞北方黑帝消灭怪形。中央黄怪，自称镇星，动作黄物，托号家亲，招集不祥，互作怪异。乞中央黄帝除灭怪殃。谨按天师千二百官章，表录上请天昌君，黄衣兵士十万人；督御君，兵士百万人；又请无上元士君五人，各官将百二十人，下为某家收捕百二十殃怪。一时扫荡，消而灭之，众老之精，前后愆咎，乞垂原赦。所请天官，依三会言功，不负效信。"

《太上洞玄灵宝五符序》中记载《三天太上伏蛟龙虎豹山精文》："名之曰

---

① 《搜神记》卷一八。

八威策。道士入山，带此书于肘后，百禽精兽徒从人行在左右。执此书于手中，则百禽山精毒兽却走千里。"可见山上除了老虎之外，还有其他的山精对人类产生危害。

既然动植物能变化成人类，这些"非我族类"的"人类"对人类的态度会怎样呢？秦汉魏晋南北朝时期有诸多"狐仙"，如同前面的例子，这些狐仙对待人类以及人类对待它们至少都怀有一种戒备心理，比起蒲松龄笔下可爱的狐仙形象，还有一定的差距。

当然，这一时期，也有一些善良的精灵，史书也不乏这类例子，如：

谢端，晋安侯官人也。少丧父母，无有亲属，为邻人所养。至年十七八，恭谨自守，不履非法，始出作居。未有妻，乡人共悯念之，规为娶妇，未得。端夜卧早起，躬耕力作，不舍昼夜。后于邑下得一大螺，如三升壶。以为异物，取以归，贮瓮中畜之。十数日，端每早至野，还，见其户中有饭饮汤火，如有人为者……后方以鸡初鸣出去，平早潜归，于篱外窃窥其家，见一少女从瓮中出，至灶下燃火。端便入门，取径造瓮所视螺，但见壳。仍到灶下问之曰："新妇从何所来，而相为炊？"女人惶惑，欲还瓮中，不能得，答曰："我天汉中白水素女也。天帝哀卿少孤，恭慎自守，故使我权相为守舍炊烹。十年之中，使卿居富得妇，自当还去。而卿无故窃相同掩，吾形已见，不宜复留，当相委去。虽尔后自当少差，勤于田作，渔采治生。留此壳去，以贮米谷，常可不乏。"①

不过，这样的仙人并不多。

人们相信动植物能成精，故在生活之中有很多禁忌。这种禁忌在一定程度上对这类动植物有着保护的作用。

---

① 《太平广记·白水素女》。

第二节　魏晋南北朝时期的自然观

一、魏晋玄学自然观

　　魏晋时期，儒家的天人感应学说逐渐受到学者的怀疑，玄学逐渐兴起。王弼是玄学中最重要的开创性人物，他将自然内化为人性、物性，是继庄子之后明确主张"以自然为性"的哲学家。王弼提倡人性的自由，反对"以形制物"。其中，便包含着人与万物和谐相处的生态意识。在王弼看来，自然界是一个完整的生态系统，万物"自相治理"而"各适其所"，各自都能得到满足，用不着人为的"造立施化"。他在解释老子"天地不仁，以万物为刍狗"时说："天地任自然，无为无造，万物自相治理，故不仁也。仁者必造立施化，有恩有为。造立施化，则物失其真；有恩有为，则物不具存，则不足以备载矣。天地不为兽生刍，而兽食刍，不为人生狗，而人食狗。无为于万物而万物各适其所，用则莫不瞻矣。若慧由己树，未足任也。"① 这是关于自然生态系统的很完整、很具体的论述。

　　王弼重视人与自然的整体和谐，但要保持和维护整体的和谐，人类就要尊重自然界的万物之性，以同情的态度对待万物，既不能过分掠夺，更不能对之进行伤害，还要"不塞其原""不禁其性"。"不塞其原，则物自生，何功之有？不禁其性，则物自济，何为之恃？物自长足，不吾宰成，有德无主，非玄而何？凡言之玄德，皆有德而不知其主，出乎幽冥。"② 万物不依赖人的干预而自由生长，人类也就不会受到万物的伤害而能够与之和谐相处了。在注释

---

① 王弼著，楼宇烈校释：《王弼集校释》，中华书局 1980 年版，第 13 页。

② 王弼著，楼宇烈校释：《王弼集校释》，中华书局 1980 年版，第 24 页。

"含德之厚，比于赤子。虫毒不螫，猛兽不据，攫鸟不搏"时，王弼认为"赤子无求无欲，不犯众物，故毒虫之物无犯之人也。含德之厚者，不犯于物，故无物以损其全也"。①

郭象认为自然界是由万物构成的，"天地"是自然界的代名词，"天地者，万物之总名也。天地以万物为体，而万物比以自然为正。自然者，不为而自然者也"。

魏晋玄学家还发展了庄子的天乐与钟情自然的思想，在他们的心目中，自然山水和花鸟鱼虫被赋予更多的情感和伦理意义。自然山水和花鸟鱼虫的气韵清丽、流畅自在给作者心灵以无尽的舒慰和愉悦，使其暂时忘记了世俗人生的争逐之心、功利之心和贪欲之心，达到一种与自然纯然合一的自然真趣的境界。②《晋书·阮籍传》记载："或闭户视书，累月不出；或登临山水，经日忘归。"《晋书·羊祜传》记载："（羊）祜乐山水，每风景，必造岘山，置酒言咏，终日不倦。尝慨然叹息，顾谓从事中郎邹湛等曰：'自有宇宙，便有此山。由来贤达胜士，登此远望，如我与卿者多矣！皆湮灭无闻，使人悲伤。如百岁后有知，魂魄犹应登此也。'"如果说阮籍喜欢山水某种程度是为了逃避现实，而羊祜则是乐于接近自然。

到了东晋时期，会稽一带的山水，与中原有很大不同，很符合士人理想的生活境界，《世说新语·言语》记载："顾长康从会稽还，人问山川之美，顾云：'千岩竞秀，万壑争流，草木蒙笼其上，若云兴霞蔚。'""王子敬云：'从山阴道上行，山川自相映发，使人应接不暇。若秋冬之际，尤难为坏。'""王司州至吴兴印渚中看。叹曰：'非唯使人情开涤，亦觉日月清朗。'""荀中郎在京口，登北固望海云：'虽未睹三山，便自使人有凌云意。若秦、汉之君，必当褰裳濡足。'"江南山水的美丽，使得更多人沉迷山水，《晋书·谢安传》记载："（谢安）寓居会稽，与王羲之及高阳许询、桑门支遁游处，出则渔弋山水，入则言咏属文，无处世意。"《晋书·王羲之传》记载："会稽有佳山水，名士多居之，谢安未仕时亦居焉。羲之既去官，与东土人士尽山水之

---

① 王弼著，楼宇烈校释：《王弼集校释》，中华书局1980年版，第145页。

② 王泽应：《自然与道德——道家伦理道德精粹》，湖南大学出版社1999年版，第276页。

游，弋钓为娱。"

山水之美，使人们乐于发现并赞美其。吴均在《与朱元思书》中写道："自富阳至桐庐，一百许里，奇山异水，天下独绝。水皆缥碧，千丈见底。游鱼细石，直视无碍。急湍甚箭，猛浪若奔。夹峰高山，皆生寒树。负势竞上，互相轩邈；争高直指，千百成峰。泉水激石，泠泠作响；好鸟相鸣，嘤嘤成韵。蝉则千转不穷，猿则百叫无绝。鸢飞戾天者，望峰息心；经纶世务者，窥谷忘反。横柯上蔽，在昼犹昏；疏条交映，有时见日。"在《与顾宪章书》中言："梅溪之西，有石门山者，森壁争霞，孤峰限日，幽岫含云，深溪蓄翠，蝉吟鹤唳，水响猿啼，英英相杂，绵绵成韵。既素重幽居，遂葺宇其上，幸富菊华，偏饶竹实，山谷所资，于斯已办，仁智所乐，岂徒语哉！"在《与施从事书》中说："故鄣县东三十五里有青山，绝壁干天，孤峰入汉，绿嶂百重。青川万转。归飞之鸟，千翼竞来。企水之猿，百臂相接，秋露为霜，春梦被迳，风雨如晦，鸡鸣不已。信足荡累颐物，悟里散赏。"① 看来，吴均经常游山玩水，才有如此感受，才能欣赏自然之美，吴均虽然不是玄学家，但其思想受到玄学的影响。

总之，魏晋玄学家们一方面肯定自然，另一方面又将这种观点付诸实践，促进了魏晋时期山水诗的发展。②

二、阴阳家的自然观

魏晋南北朝时期，阴阳家逐渐活跃在历史舞台，风水思想在社会中的影响增大。这一时期出现了一大批以相墓为生的人，"阳人唐宇之侨居桐庐，父祖相传图墓为业"③，"时有伊氏者，善占墓"④，"武进县彭山，旧茔在焉。其山

---

① 《全梁文》卷六○《吴均·与朱元思书》，《吴均·与顾宪章书》，《吴均·与施从事书》。

② 郭本厚：《六朝游文化视野中的山水诗研究》，上海师范大学 2010 年博士论文。

③ 《南齐书·沈文秀传》。

④ 《陈书·吴明彻传》。

冈阜相属数百里，上有五色云气，有龙出焉。宋明帝恶之，遣相墓工高灵文占视"①。除了相墓之外，阴阳家还相宅，东晋时期的魏舒，"少孤，为外家宁氏所养。宁氏起宅，相宅者云：'当出贵甥。'"② 陈朝皇帝陈霸先的祖先陈达，"永嘉南迁，为丞相掾，历太子洗马，出为长城令，悦其山水，遂家焉。尝谓所亲曰：'此地山川秀丽，当有王者兴，二百年后，我子孙必钟斯运。'"③ 陈达虽然不是风水师，但至少其懂得风水。昭明太子的遭遇可说明这一时期风水对社会影响深刻。"初，昭明太子葬其母丁贵嫔，遣人求墓地之吉者。或赂宦者俞三副求卖地，云若得钱三百万，以百万与之。三副密启上，言'太子所得地，不如今地于上为吉'。上年老多忌，即命市之。葬毕，有道士云：'此地不利长子，若厌之，或可申延。'乃为蜡鹅及诸物埋于墓侧长子位。宫监鲍邈之、魏雅初皆有宠于太子，邈之晚见疏于雅，乃密启上云：'雅为太子厌祷。'上遣检掘，果得鹅物，大惊，将穷其事。徐勉固谏而止，但诛道士。由是太子终身惭愤，不能自明。"④

阴阳家看重墓地，其主要理论在郭璞的《葬经》中有详细的论述："葬者，乘生气也，五气行乎地中，发而生乎万物。人受体于父母，本骸得气，遗体受荫。经曰：气感而应，鬼福及人。"《葬经》强调气的作用，"夫土者，气之体，有土斯有气。气者，水之母，有气斯有水。经曰：外气横形，内气止生。盖言此也。丘垄之骨，冈阜之支，气之所随。经曰：土形气行，物因以生。盖生者，气之聚，凝结成骨者，死而独留。故葬者，反气纳骨，以荫所生之法也"。

因此，对墓地有极高的要求，"父母子孙，本同一气，互相感召，如受鬼福，故天下名墓，在在有之。盖真龙发迹，迢迢百里，或数十里，结为一穴。及至穴前，则峰峦蠹拥，众水环绕，叠嶂层层，献奇于后，龙脉抱卫，砂水贫聚。形穴既就，则山川这灵秀，造化之精英，凝结融会于其中矣。苟盗其精英，空窃其灵秀，以父母遗骨藏于融会之地，由是子孙之心寄托于此，因其心

①《南齐书·祥瑞志》。

②《晋书·魏舒传》。

③《陈书·高祖纪上》。

④《资治通鉴·梁纪十一》。

之所寄，前能与之感通，以致福于将来也。是知人心通乎气，而气通乎天。以人心之灵，合山川这灵，故降神孕秀，以钟于生息之源，而其富贵贫贱，寿夭贤愚，靡不攸系……世有往往以遗骨弃诸水火而无祸福者，盖心与之离故也"。

此外，还要求墓葬"土高水深，郁草茂林"。"水深沉则土壤高厚，气冲和则草木茂昌。程子曰：易谓地之美？土色光润，草木茂盛，乃其验也。贵若千乘，富如万金。"阴阳家看重墓地，其背后的自然观是人与自然是一体，自然能作用于人类。在墓葬中，还有很多禁忌，一个禁忌就是"气以生和，而童山不可葬也"。其原因是"土色光润，草木茂盛，为地之美。今童山粗顽，土脉枯槁，无发生冲和之气，故不可葬"。故在墓葬周围非常重视植树。

三、医学家的自然观

魏晋南北朝时期，医学家认为，人是自然的一部分，人的疾病与自然的变化有关，"人者上禀天，下委地。阳以辅之，阴以佐之。天地顺则人气泰，天地逆则人气痞。是以天地有四时五行，寒暄动静。其变也喜为雨，怒为风，结为霜，张为虹，此天地之常也。人有四肢五脏，呼吸寤寐，精气流散，行为荣，张为气，发为声，此人之常也。……人之危厄死生，禀于天地。阴之病也，来亦缓而去亦缓。阳之病也，来亦速而去亦速。阳生于热，热而舒缓。阴生于寒，寒则拳急。寒邪中于下，热邪中于上，饮食之邪中于中。人之动止本乎天地。知人者有验于天，知天者必有验于人，天合于人，人法于天，见天地逆从，则知人衰盛。人有百病"。此外，还要根据自然变化来考虑病因，"病有百候，候有百变，皆天地阴阳逆从而生。苟能穷究乎此，如其神耳"①。

魏晋南北朝时期的医学家，认为不同的自然环境产生不同的疾病。《小品方》卷一《述看方及逆合备急药决》中说："江西、江北，其地早寒，寒重于江东，令人阳气早伏，内养肾气。至春解亦晚，腠理闭密，外不受邪湿，故少患脚弱上气，无甚毒螫也……江东、岭南晚寒寒轻，令人阳气不伏，肾气弱，且冬月暖，熏于肌肤，腠理开疏而受邪湿，至春解阳气外泄，阴气倍盛于内，

---

① 《中藏经》卷上《人法于天地论》。《中藏经》托名华佗所著，但实际上是六朝
　　时期的作品。

邪湿乘之，故多患上气、四肢痿弱及温疟、发黄，多诸毒螫也。"由于自然环境不一样，所以用药分量也要有一定差别。治疗冷病时，温药在长江以北要多用两分，在长江以南要少用两分。"凡用诸方欲随土地所宜者，俱是治一冷病，共方用温药分两多者，宜江西、江北；用温药分两少者，宜江东、岭南也。所以方有同说而异药者，皆此之类也。"

要根据疾病发生的自然环境，有针对性地治病。《小品方》卷一〇《治瘿病诸方》中记载："瘿病者，始作与瘰核相似。其瘿病喜当颈下，当中央不偏两边也，乃不急然，则是瘿也。中国人息气结瘿者，但重无核也，长安及襄阳蛮人，其饮沙水，喜瘿有核瘰瘰耳，无根，浮动在皮中，其地妇人患之，肾气实，沙石性合于肾，则令肾实，故病瘿也。北方妇人饮沙水者，产乳其于难，非针不出。是以比家有不救者，良由此也。"中原地区的人与长安地区的人由于水质的缘故，患瘿病的状况也不一样，要区别对待。

要根据不同的季节来养生。"圣人春夏养阳，秋冬养阴，以从其根，逆其根则伐其本矣。故阴阳者，万物之终始也。顺之则生，逆之则死；反顺为逆，是谓内格。是故圣人不治已病治未病，论五脏相传所胜也。假使心病传肺，肺未病逆治之耳。"①

不同季节食用不同食物，有利于身体健康。陶弘景《养性延命录·食戒》中提及："春宜食辛，夏宜食酸，秋宜食苦，冬宜食咸，此皆助五藏，益血气，辟诸病。食酸咸甜苦，即不得过分食。春不食肝，夏不食心，秋不食肺，冬不食肾，四季不食脾。如能不食此五藏，犹顺天理。"

---

① 《针灸甲乙经·五脏变》。

第三节 环境保护的思想

一、取之以时， 用之有节

魏晋南北朝时期，顺应自然、取之以时的思想得到继承。葛洪注《鬼谷子》"不可干而逆之。逆之者，虽成必败"时就说："言理所必有，物之自然者，静而顺之，则四时行焉、万物生焉。若乃干其时令，逆其气候，成者犹败，况未成者？元亮曰含气之类，顺之必悦逆之必怒，况天为万物之尊而逆之。"即要顺应自然之意。《宋书·礼志一》记载："春禽怀孕，搜而不射；鸟兽之肉不登于俎，不射；皮革齿牙骨角毛羽不登于器，不射。"

在许多地方，由于受到某种信仰的局限，在向自然界索取物质的时候，也非常注意取之有度。在四川夷水流域，"水中有神鱼，大者二尺，小者一尺。居民钓鱼，先陈所须多少，拜而请之，拜讫，投钓饵。得鱼过数者，水辄波涌，暴风卒起，树木摧折。水侧生异花，路人欲摘者，皆当先请，不得辄取。县北十余里有神穴，平居无水，时有渴者，诚启请乞，辄得水。或戏求者，水终不出。县东十许里至平乐村，又有石穴，出清泉，中有潜龙，每至大旱，平乐左近村居，辇草秽著穴中。龙怒，须臾水出，荡其草秽，傍侧之田，皆得浇灌。从平乐顺流五六里，东亭村北，山甚高峻，上合下空，空窍东西广二丈许，高起如屋。中有石床，甚整顿，傍生野韭。人往乞者，神许，则风吹别分，随偃而输，不得过越，不偃而输，辄凶。往观者去时特平，暨处自然"①。在这里，不仅要取之有度，而且只有必需的时候才能攫取，这样能有效保护自然资源的多样性与可持续性。

---

① 《水经注·夷水》。

此外,《异苑》卷一记载:"永嘉郡有百簿濑,郡人断水捕鱼,宰生祷祭,以祈多获。逾时了无所得,众侣忿怨,弃业将罢。其夕并梦见一老公云'诸君且可小停,要思其宜'。夜忽闻有跳跃声,惊起共看,乃是大鱼……故因以百簿名濑。"这里,也是要求不要向自然界过分索取。

《搜神后记》也记载:"吴末,临海人入山射猎,为舍住……辞谢云:'住此一年猎,明年以去,慎勿复来,来必为祸。'射人曰:'善。'遂停一年猎,所获甚多,骤至巨富。数年后,忽忆先所获多,乃忘前言,复更往猎。见先白带人告曰:'我语君勿复更来,不能见用。仇子已大,今必报君。非我所知。'射人闻之,甚怖,便欲走。乃见三乌衣人,皆长八尺,俱张口向之,射人即死。"猎人因为贪心而丢掉了性命。

合理利用自然资源,可以有效保护自然环境,兼顾人类发展与环境保护,有利于人类的可持续发展,现在中国在很多水域进行休渔等政策,其实就是这种思想的延伸。

二、戒杀护生

魏晋南北朝时期,随着宗教的发展,戒杀护生的思想比较流行。葛洪继承和发展了秦汉时期道教戒杀护生的思想,他认为:"侵克贤者,诛戮降伏,谤讪仙圣,伤残道士,弹射飞鸟,刳胎破卵,春夏燎猎,骂詈神灵,教人为恶,蔽人之善,危人自安,佻人自功,坏人佳事,夺人所爱,离人骨肉,辱人求胜,取人长钱,还人短陌,决放水火,以术害人,迫胁尪弱,以恶易好,强取强求,掳掠致富……凡有一事,辄是一罪,随事轻重,司命夺其算纪,算尽则死。但有恶心而无恶迹者夺算,若恶事而损于人者夺纪。"[1] 可见,在葛洪眼里,"弹射飞鸟,刳胎破卵,春夏燎猎"是一种罪行,是要折寿的。当然,如果我们进一步分析,葛洪并不是要禁止一切杀生,禁止"春夏燎猎",并不等于秋冬不能燎猎,而是要依据动物生长习性,合理利用动植物资源。

道家思想经过秦汉时期的发展,到了魏晋南北朝时期,形成了比较复杂的道家戒律。在《太上老君经律》中的《道德尊经戒》要求:"戒勿杀、言杀。"

---

①《抱朴子·内篇·微质》。

此外，《老君说一百八十戒》中则有很多关于戒杀的戒律："第十三戒，不得以药落去子；第十四戒，不得烧野田山林……第十八戒，不得妄伐树木……第十九戒，不得妄摘草花……第三十六戒，不得以毒药投渊池江海中……第四十七戒，不得妄凿地，毁山川……第四十九戒，不得以足踏六畜……第五十三戒，不得竭水泽……第七十九戒，不得渔猎，伤煞众生……第九十五戒，不得冬天发掘地中蛰藏虫物……第九十七戒，不得妄上树探巢破卵……第九十八戒，不得笼罩鸟兽……第一百九戒，不得在平地然火……第一百三十二戒，不得惊鸟兽……第一百七十六戒，不得绝断众生六畜之命。"这些禁令是针对道教徒的，如果他人杀生来满足自己的欲望怎么办呢？《老君说一百八十戒》中提出："第一百七十二戒，若人为己杀鸟兽鱼等，皆不得食；第一百七十三戒，若见杀禽畜命者，不得食。"除了戒杀的戒律之外，在《老君说一百八十戒》中还有很多戒律要求保护人类自身的生活环境，只有人类的生存环境没有破坏，人类才可能健康长寿，"第一百戒，不得以秽污之物投井中；第一百一戒，不得塞池井……第一百十六戒，不得便溺生草上及人所食之水中……第一百二十一戒，不得妄轻入江河中浴"。这些规定主要是为了避免传播疾病。

在这一时期道教的其他戒律中，也有类似的规定。《上洞玄灵宝三元品戒功德轻重经》也有类似《老君说一百八十戒》的要求："学者及百姓子杀害众生之罪……学者及百姓子屠割六畜杀生之罪……学者及百姓子刺射野兽飞鸟罪……学者及百姓子烧山捕猎之罪……学者及百姓子张筌捕鱼之……学者及百姓子以饮食投水中之罪……学者及百姓子火烧田野山林之罪……学者及百姓子斫伐树木采摘华草之罪……学者及百姓子秽污五岳三河之罪……学者及百姓子惊惧鸟兽促着穷地之罪……学者及百姓子牢笼飞鸟走兽之罪。"其中一些内容规定得更具体。《上清洞真智慧观身大戒文》则要求更严厉些："道学不得杀生暨蠕动之虫，道学不得教人杀生暨蠕动之虫……道学不得惊惧鸟兽促以穷地……道学不得笼飞鸟走兽。"除了自己不能杀生之外，也不能教别人杀生。

《女青鬼律》卷三记录了《女青玄都鬼律》的二十二条戒律，其中第十七条规定"不得灭天所生，妄煞走兽，弹射飞鸟"，否则"天夺算三千"。这条戒律相当严格，其"夺算"严厉程度仅次于第九条的"天夺算万三千"及第十九条"天夺算三万"。《太上经戒》也要求"不得杀生屠害，割截物命……若见畋猎，当愿一切不为始终，入为无罪……一者不杀，当念众生……不得杀生淫祀。不得烧野山林"。此外，也要求"边道立井，植种果林，教化童蒙，劝人作善"。

《初真十戒文》也有多条戒律要求不杀生："第三戒者，不得杀害含生以充滋味，当行慈惠以及昆虫。"《太上洞真智慧上品大戒》要求更为详细："第二戒者，守仁不杀，愍济群生，慈爱广施，润及一切。"此外还要求"施惠及鸟兽，有生之类，割口饲之，无所爱惜"。《太微灵书紫文仙忌真记上经》要求不"杀生昆虫以上"，"勿食六禽肉"，"勿食父母本命兽肉……勿食己身本命兽肉"。《玄都律文·百药律》中认为"不烧山林为一药"，而《玄都律文·百病律》中则认为"探巢破卵是一病"。这也是要求信徒不焚烧森林，并要爱惜动物。

《太上洞玄灵宝智慧本愿大戒上品经》指出："居世好杀，今报以夭伤……若见畋猎，当愿一切不为始终，免无间罪。"《太上洞玄灵宝本行宿缘经》中的十戒要求："二者不得饮酒食肉，秽乱三宫……七者不得杀生，祠祀六天鬼神。"还有"十恶不可犯……六者杀生贪味，口是心非……犯之者，或见为鬼神所枉杀，阳官所考治，居安即危，履善遇恶，可事不偶。或死入地狱，幽闭重槛，不睹三光，昼夜拷毒，抱铜柱，履刀山，攀剑树，入镬汤，吞火烟，临寒冰，五苦备经。地狱既竟，乃补三官徒役，谪作山海，鞭笞无数。既竟，当下生于世，常为下贱人。或作仆使，有人之形，无人之情。或生边夷异国。或生业疾，恶恶相缘，善善相因，其罪福难说。罪福之报，如日月之垂光，大海之朝宗，必至之期，万无一失也。罪福之不灭，若影之随形，轮转之对，若车之轮矣"。

《洞玄灵宝长夜之府九幽玉匮明真科》则指出："或烹杀六畜，割剔残伤，夭杀狩命，屠毒众生"，则"其罪深逆，死受酷对，吞火食炭，为火所烧，头面焦燎，通体烂坏，无复人形，身负铁镬，头戴火山，痛非可忍，考不可担，当得还生六畜之中，任人杀活，以酬昔怨，永失人道，长沦罪根，不得开度，何由得还……无极世界男女之人，生世无道，不念善缘，三春游猎，放鹰走犬，张罗布网，放火烧山，刺射野兽，杀害众生，其罪酷逆，死充重殃，身负铁杖，万痛交行，驱驰百极，食息无宁，死魂苦毒，非可堪当，万劫当生，野兽之身。恒被烧斫，以报宿怨，纵横人道，恒遭恶人，万劫鞭迫，忧苦自婴，福路日远，罪根日臻，不得开度，长夜绵绵。"

《太上洞玄灵宝智慧罪根上品大戒经》要求："边道立井，植种果林，教化童蒙，劝人作善。"其中的"十戒"要求："得杀生祠祀，六天鬼神……平等一心，仁孝一切。"此外还有"十恶"，"杀生贪味，口是心非"。如果犯了"十恶"，就会受到报应。"犯之者身遭众横，鬼神害命，考楚万痛，恒无一宁，履善遇恶，万向失利。死入地狱，幽闭重槛长夜之中，不睹三光，昼夜流曳。抱铜柱，履刀山，循剑树，入镬汤，吞火食炭，五苦备经，长沦九幽，无有生期，纵得解脱，还生六畜之中，不得人道。"还有"十二可从戒者"，其中就要求"洁身持戒，修斋建功，广救群生，咸得度脱"。另外，如果出现"斯人前生不念慈心，三春游猎，张罗布网，放火烧山，刺射野兽，杀害众生"，则"其罪深重，死受殃罚，身负槌打，万痛交行，驱驰百极，食息无宁"。当然，要死后不受此遭遇，也可以"欲拔比罪，还于福中，当依明真科品，以黄纹之缯百二十尺，亦可一十二尺，金龙一枚，以诣东北梵炁天君东北诸灵官九幽之府，拔赎罪魂。一十二日一十二夜，烧香然灯，照耀诸天地狱之中，使长徒幽魂得见光明，罪根披散，还入福门，魂升南宫，受庆自然"。

《太上洞真智慧上品大戒》也要求："守仁不杀。悯济群生，慈爱广救，润及一切……施慧鸟兽有生之类，割口饴之，无所爱惜，世世饱满，常在福地……度诸蠢动，一切众生，咸使成就，无有夭伤，见世兴盛，不履众横。"

《太上老君戒经》要求："戒杀者，一切众生，含气以上，邓飞蠕动之类，皆不得杀。蠕动之类，无不乐生，自蚊蚁蜓岫，咸知避死也。是故不杀者，乃至无有杀心。夫杀心之起，起于不戒，遂至增甚。今言乃至无有杀心者，自微自防也。自有虽不手杀，或因人行杀，或劝人行杀，或看人行杀，或使人行杀，而心不为恶，皆同于杀也。所以然者，皆由有杀心。若其不戒，终不能成就者也……杀害众生，利养身口。杀生治病为养身，宰害供厨为利口也。如此等辈，见生受业，永坠诸苦。生不受戒，唯恶是行，恶业增长，则沦三涂。"

《洞玄灵宝三洞奉道科戒营始》则认为："杀害众生者，见世得短命，长宿牢狱厄身，过去生六畜中……食肉者，见世生百病，过去生麋鹿中……好食荤辛秽者，见世得腥臭身，过去生粪秽中……生世嗜肉好杀者，从毒虫猛兽中来。"此外，"复有十种，不得使出家"，其中就有"五者屠沽淫欲，六者偷盗奸矫，七者饮酒食肉"。当然，"凡出家，有三十相"，其中就包括"常行慈悲、不杀众生"。此外，道教徒要"有二十五事纲纪，法徒可常遵奉"，其中第一条就是"一者不杀，当念众生"。

《上清洞真智慧观身大戒文》要求："道学不得以世间堪食之物投水火中，道学不得教人以世间堪食之物投水火中……道学不得以火烧田野山林，道学不得教人以火烧田野山林……道学不得无故摘众草之花，道学不得教人元故摘众草之花……道学不得无故伐树木，道学不得教人无故伐树木……道学不得以毒药投渊池江海中，道学不得教人以毒药投渊池江海中……道学不得竭陂池，学不得教人竭陂池……道学不得塞井及沟池。"

《太上九真明科》中提出："若见大江，思念无量，普注渊泽，身与我神，无不包容。若见大山，思念无量，普得障遏，身与我神，栖托岩穴。若见树木，思念无量，普无凋悴，身与我神，郁成茂林。若见种植，思念无量，普得滋长，身与我神，与日成生。若见果林，思念无量，普得成就，身与我神，结实生根。若见飞鸟，思念无量，普得空行，身与我神，时生羽翮。若见禽兽，思念无量，不生害心，身与我神，隐学幽林。"要求人与自然和谐相处，人是自然的一部分，此外对禽兽不要产生"害心"。

《太上洞玄灵宝智慧定志通微经》中指出"十戒为本"，其中"一者不杀，当念众生"。有人认为："余悉可从，唯杀生戒难。我性好瞰鸡，一食无肉，了自无味，数日便瘦。"化人说："贤者肥为人患，瘦益体轻，用肥何为。即说偈曰：贤者戒其杀，亦莫怀杀想。众生虽微微，亦悉乐生长。如何害彼命，而用以自养。自养今一诗，累汝自然爽。长沦三涂中，辛苦还复生。善恶各有缘，譬如呼有响。何不改此行，慈心以自奖。真人拥手游，逍遥观浮量。"此外还有所谓"法轮开度十恶诸场"，其中"二品不行爱念众生，常怀凶勃……八品不行恭敬经诫心，常谤毁天真，以入邪论，害生祭祀……十品行常杀害无量众生，淫欲无度，万恶备立，进退疑惑，行常使然者，可谓十恶矣……夫上德至人，唯以十善为功，常以己心为十方飞天福堂，径往法轮为因缘，执持诫业，寻本行微，取果报上真之德，是以不经十苦，不入八难，不见烦恼，不履三涂也。夫下士诸人，唯以己心常为执杀之官，径寻地狱循环诸报，背十善，向十恶，行十苦，自以身投八难，往取烦恼之根，形履三涂之门，日有沉沦，亿劫长罹涂炭，去福远矣。吾开法轮，普度诸人矣"。

《太上洞玄灵宝诫业本行上品妙经》有"开法轮十善诸场"，其中"一品慈孝顺物，万行同心；二品爱念一切众生，皆如我身……七品能救济一切厄急，无量众生性命，舍放无穷，皆得存其本命"。

佛教在东汉末年传入中原后，随着其逐渐中国化，在环保思想上逐渐影响到信教群众的日常生活。其主要表现在戒杀和素食。佛教的慈悲观要求关爱众生，"何谓为慈？愍伤众生等一物我，推己恕彼愿令普安，爱及昆虫情无同异。何谓为悲？博爱兼拯雨泪恻心，要令实功潜着不直有心而已。何谓为喜？欢悦柔软施而无悔。何谓为爱护？随其方便触类善救，津梁会通务存弘济，能行四等三界极尊"。在关爱众生的基础上还要戒杀，"十善者，身不犯杀盗淫，意不嫉恚痴，口不妄言绮语两舌恶口。何谓不杀？常当矜愍一切蠕动之类，虽在困急终不害彼，凡众生厄难皆当尽心营救，随其水陆各令得所，疑有为已杀者皆不当受"①。释宝林也说："行厨不设，百味自然，含慈秉素，泽润苍生，恩过二养，位若朝阳，应天而食，不害众命……故《枕中戒》曰：'含气蠢蠕，百虫勿瘿，无食鸟卵，中有神灵。天无受命，地庭有形，粗禀二仪，焉可害生。'此皆逆理，违道本经，群民含慈，顺天不杀，况害猪羊，而饮其血。以此推之，非其神也。"② 可知，在日常生活中应尽可能避免杀生。

　　此外，佛家还有因果报应思想，如果滥杀动物，自己或者家人会受到报应。《冥报记》中谈道："杀生者当作蜉蝣，朝生暮死。"此外，《冥报记》还记载："宋阮稚宗者……汝好渔猎，今应受报。便取稚宗皮，剥脔截具，如治诸牲兽之法。复纳于深水，钩口出之，剖破解切，若为脍状。又镬煮炉炙，初悉糜烂，随以还复，痛恼苦毒，至三乃止……由是遂断渔耳。"《幽明录》中也提道："晋元熙中，桂阳郡有一老翁，常以钓为业。后清晨出钓，遇大鱼食饵，掣纶甚急，船人奄然俱没。家人寻丧于钓所，见老翁及鱼并死，为钓纶所缠。鱼腹下有丹字，文曰：'我闻曾潭乐，故从檐潭来。磔死弊老翁，持钓数见欺。好食赤鲤鲹，今日得汝为。'"因果报应思想的流行，会对人们的行为产生一定的警戒作用。

　　释道安就说："慈仁不杀，则寿命延长，残掠渔猎，则年算减夭……凡伐木杀草，田猎不顺，尚违时令，而亏帝道。况刑罚不中，滥害善人，宁不伤天心，犯和气也！天心伤，和气损，而欲阴阳调适，四时顺序，万物阜安，苍生悦乐者，不可得也。"③ 智颙指出："北方人士，寿长有福，岂非慈心少害，感此妙龄，东海民庶多夭殇，渔猎所以短命？"④ 可见，在佛教徒眼中，人的寿

---

① 《弘明集·奉法要》。

② 《弘明集·檄太山文竺道爽》。

③ 《全后周文·教指通局》。

④ 《全隋文·智颙·遗书临海镇将解拔国述放生池》。

命与是否戒杀有一定的联系。在《颜氏家训·归心》中也指出："含生之徒，莫不爱命；去杀之事，必勉行之。好杀之人，临死报验，子孙殃祸，其数甚多。"其中有："梁世有人，常以鸡卵白和沐，云使发光，每沐辄二三十枚。临死，发中但闻啾啾数千鸡雏声。江陵刘氏，以卖鳝为业。后生一儿头是鳝，自颈以下，方为人耳。齐有一奉朝请，家甚豪侈，非手杀牛，啖之不美。年三十许，病笃，大见牛来，举体如被刀刺，叫呼而终。江陵高伟，随吾入齐，凡数年，向幽州淀中捕鱼。后病，每见群鱼啮之而死。"这种思想显然是受到佛教思想的影响。

当然，如果保护动物，自己也会得到好的报应。《冥报记》卷上记载一件事："杨州严恭者，本泉州人，家富于财，而无兄弟。父母爱恭，言无所违。陈太建初恭年弱冠，请于父母，愿得钱五万，往杨州市物，父母从之。恭乘船载钱，而下去杨州，数十里，江中逢一船载鼋，将诣市卖之。恭问知其故，念鼋当死，请赎之。鼋主曰：'我鼋大头，千钱乃可。'恭问：'有几头？'答有五十。恭曰：'我正有钱五万，愿以赎之。'鼋主喜取钱，付鼋而去。恭尽以鼋放江中，空船诣杨州。其鼋主别恭行十余里，船没而死。是日恭父母在家，昏时有乌衣客五十人，诣门寄宿，并送钱五万。付恭父曰：'君儿在杨州市，附此钱归，愿依数受也。'恭父怪愕疑谓恭死，因审之。客曰：'儿无恙。但不须钱，故附归耳。'恭父受之，记是本钱，而皆水湿。留客为设食，客止，明旦辞去。后月余日，恭还，父母大喜。"

总之，在佛教戒律和因果报应基础上，佛教徒要做到尽量不杀生，这在某种程度上保护了动植物的多样性。佛教徒多生活在深山之中，对自身的居住环境比较重视，一般说来，佛教寺院植物众多，是环境比较优美的地方。

尊重动物的本性，也是当时的一种重要的思想。《洛阳伽蓝记》卷三记载："普泰元年，广陵王即位，诏曰：'禽兽囚之，则违其性，宜放还山林。'"当时的普通人也有类似思想，"村陌有狗子为人所弃者，（张）元见，即收而养之。其叔父怒曰：'何用此为？'将欲更弃之。元对曰：'有生之类，莫不重其性命。若天生天杀，自然之理。今为人所弃而死，非其道也。若见而不收养，无仁心也。是以收而养之。'"① 张元认为："有生之类，莫不重其性

---

① 《周书·孝义传·张元传》。

命。若天生天杀，自然之理。"张元的这种观点也反映出对动物生命的尊重，要尊重其"性命"。在南方，也有类似的观点，"南齐曲江公萧遥欣少有神采干局。为童子时，有一小儿左右弹飞鸟，未尝不应弦而下。遥欣谓之曰：凡戏多端，何急弹此？鸟自云中翔，何关人事？小儿感之，终身不复捉弹。尔时年十一。士庶多竞此戏，遥欣一说，旬月播之，远近闻者，不复为之"①。飞鸟在空中飞翔，将之弹下，伤害了小鸟的性命。

①《太平广记·萧遥欣》。

第四节　环境保护的禁令

一、山泽之禁

魏晋南北朝时期，山泽仍然属国有，但在饥荒时期，也放开禁令，允许灾民进入国家控制的山泽谋生。东晋建武元年（公元 317 年）七月，"弛山泽之禁"①；义熙九年（公元 413 年），"夏四月壬戌，罢临沂、湖熟皇后脂泽田四十顷，以赐贫人，弛湖池之禁"②。北魏时期，在灾害时期，也往往开放山泽给贫民，皇兴四年（公元 470 年），"十有一月，诏弛山泽之禁"③；太和六年（公元 482 年），八月庚子，"罢山泽之禁"④。在北周大象二年（公元 580 年）六月，"庚辰，罢诸鱼池及山泽公禁者，与百姓共之"。⑤

除了平常严禁百姓去国有山泽采捕之外，在皇家苑囿，平时也禁止百姓进去采捕，只有在灾荒时期才让百姓进去开垦土地或者狩猎之类。北魏延兴三年十有二月"庚戌，诏关外苑囿听民樵采"，太和十一年八月"辛巳，罢山北苑，以其地赐贫民"。⑥

不过在南朝时期，南方实行封山占泽，"山湖川泽，皆为豪强所专，小民

①《晋书·中宗元帝纪》。

②《晋书·安帝纪》。

③《魏书·显祖献文帝纪》。

④《魏书·高祖孝文帝纪》。

⑤《周书·静帝纪》。

⑥《魏书·高祖孝文帝纪上》《魏书·高祖孝文帝纪下》。

薪采渔钓，皆责税直，至是禁断之"①。扬州刺史西阳王子尚曾经上书："山湖之禁，虽有旧科，民俗相因，替而不奉，爁山封水，保为家利。自顷以来，颓弛日甚，富强者兼岭而占，贫弱者薪苏无托，至渔采之地，亦又如兹。斯实害治之深弊，为政所宜去绝，损益旧条，更申恒制。"有司检壬辰诏书："占山护泽，强盗律论，赃一丈以上，皆弃市。"所以羊希认为："壬辰之制，其禁严刻，事既难遵，理与时弛。而占山封水，渐染复滋，更相因仍，便成先业，一朝顿去，易致嗟怨。今更刊革，立制五条。凡是山泽，先常爁炉种养竹木杂果为林，及陂湖江海鱼梁鳅鳖场，常加功修作者，听不追夺。官品第一、第二，听占山三顷；第三、第四品，二顷五十亩；第五、第六品，二顷；第七、第八品，一顷五十亩；第九品及百姓，一顷。皆依定格，条上赀簿。若先已占山，不得更占；先占阙少，依限占足。若非前条旧业，一不得禁。有犯者，水土一尺以上，并计赃，依常盗律论。停除咸康二年壬辰之科。"后来朝廷"从之"②。

自此之后，南朝基本上实行按照官品来占有山泽的制度。不过，在特殊时期，朝廷也允许百姓因为生活所需而去樵采。元嘉三十年六月，宋孝武帝刘骏规定："水陆捕采，各顺时日。官私交市，务令优衷。其江海田池公家规固者，详所开弛。贵戚竞利，悉皆禁绝。"③梁武帝于天监七年九月丁亥下诏说："刍牧必往，姬文垂则，雉兔有刑，姜宣致贬。薮泽山林，毓材是出，斧斤之用，比屋所资。而顷世相承，并加封固，岂所谓与民同利，惠兹黔首？凡公家诸屯戍见封爁者，可悉开常禁。"④大同七年，又规定："至百姓樵采以供烟爨者，悉不得禁。及以采捕，亦勿诃问。"⑤

历代的山泽之禁，手段虽然原始，但是从保护环境来说，有一定的可取之处。

---

①《宋书·武帝纪中》。

②《宋书·羊玄保传附兄子希传》。

③《宋书·孝武帝纪》。

④《梁书·武帝纪上》。

⑤《梁书·武帝纪下》。

二、时禁

魏晋南北朝时期，月令在政治上依然得到贯彻。《魏书·甄琛传》记载："王者道同天壤，施齐造化，济时拯物，为民父母。故年谷不登，为民祈祀。乾坤所惠，天子顺之；山川秘利，天子通之。苟益生民，损躬无吝，如或所聚，唯为赈恤。是以《月令》称：山林薮泽，有能取蔬食禽兽者，皆野虞教导之；其迭相侵夺者，罪之无赦。此明导民而弗禁，通有无以相济也。《周礼》虽有川泽之禁，正所以防其残尽，必令取之有时。"甄琛要求狩猎等活动要按照时令行事。北齐天保九年二月，"诏限仲冬一月燎野，不得他时行火，损昆虫草木"①。主要原因是春天放火烧草会殃及一些出来活动的无辜昆虫，而冬季昆虫冬眠，放火烧草的危害程度小些。河清元年正月，"诏断屠杀以顺春令"②。也就是在万物生长的春季不杀生，以便使动植物有繁衍后代、获得可持续发展的机会。

地方向朝廷上贡的贡品之中，有些并不是当下时令所产，所以有时朝廷就以此为理由，下令禁止地方上贡这些贡品。《晋书·陶璜传》记载："合浦郡土地硗确，无有田农，百姓唯以采珠为业，商贾去来，以珠贸米。而吴时珠禁甚严，虑百姓私散好珠，禁绝来去，人以饥困。又所调猥多，限每不充。今请上珠三分输二，次者输一，粗者蠲除。自十月讫二月，非采上珠之时，听商旅往来如旧。"就是要求按照采珠的时节来上贡珍珠。

刘宋孝武帝于大明二年下诏说："凡寰卫贡职，山渊采捕，皆当详辨产殖，考顺岁时，勿使牵课虚悬，睽忤气序。"此后还规定："水陆捕采，各顺时日。官私交市，务令优衷。其江海田池公家规固者，详所开弛。贵戚竞利，悉皆禁绝。"③泰始三年八月，宋明帝下诏："古者衡虞置制，蟭蚳不收；川泽产育，登器进御。所以繁阜民财，养遂生德。顷商贩逐末，竞早争新。折未实之果，收豪家之利，笼非膳之翼，为戏童之资。岂所以还风尚本，捐华务实。

①《北齐书·文宣帝纪》。

②《北齐书·孝昭帝纪》。

③《宋书·孝武帝纪》。

宜修道布仁，以革斯蠹。自今鳞介羽毛，肴核众品，非时月可采，器味所须，可一皆禁断，严为科制。"① 这两个规定都是要求人们要按照季节捕获动物，后者还指责商人唯利是图，不按照季节捕获动物。

不过，即使是顺时捕猎，也要适可而止，不能过度。北魏和平四年八月，高宗在河西打猎，可能是有感而发，颁布了一道诏书："朕顺时畋猎，而从官杀获过度，既殚禽兽，乖不合围之义。其敕从官及典围将校，自今已后，不听滥杀。其畋获皮肉，别自颁赉。"② 所谓"不合围之义"，就是古人要求在打猎时期，不能四面合围，只能围住三面，要"网开一面"，让一些动物逃生，以便一些动物能再度繁衍。

以月令来对人们的活动进行规范，可以有效保护动植物生长，给动植物一定的时间休养生息，避免涸泽而渔，有利于维护生态平衡，从而能可持续发展。这个道理如同现在采取的"休渔"措施。

此外，由于宗教或者禁忌的原因，还形成了一种特殊的习俗，《荆楚岁时记》记载，董勋《问礼俗》曰："正月一日为鸡，二日为狗，三日为猪，四日为羊，五日为牛，六日为马，七日为人。正旦画鸡于门，七日贴人于帐。"今一日不杀鸡，二日不杀狗，三日不杀猪，四日不杀羊，五日不杀牛，六日不杀马，七日不行刑，亦此义也。这种习俗，在某种程度上有利于保护动物资源。

三、戒杀法令

东汉之后，随着佛教和道教思想的流行，在环境保护上有了新的内容。就是禁止捕杀一切动物，当然就包括按照时令来捕杀的野生动物，以及一些家养的动物了。佛教在北朝流行，信徒在各地建立了大量的寺庙。北魏高祖于延兴二年下诏书："内外之人，兴建福业，造立图寺，高敞显博，亦足以辉隆至教矣。然无知之徒，各相高尚，贫富相竞，费竭财产，务存高广，伤杀昆虫含生之类。苟能精致，累土聚沙，福钟不朽。欲建为福之因，未知伤生之业。朕为

---

① 《宋书·明帝纪》。

② 《魏书·高宗文成帝纪》。

民父母，慈养是务。自今一切断之。"① 以"伤杀昆虫含生之类"来禁止百姓建造寺庙，虽然有限制佛教发展的意图，但其理由无可厚非，符合佛教不杀生的传统。

魏晋南北朝时期，佛教"五戒"逐渐得到遵循。南齐时期僧人法度对靳尚说过："血食世祀，此最为五戒所禁。"此后靳尚以"受戒于度法师矣，今后祠祭者勿得杀戮"②。

北朝是游牧民族建立的国家，狩猎在北朝很盛行，在狩猎之中，往往需要猎鹰之类动物的辅助。而猎鹰捕获动物的过程中，有很多动物丧命。北魏时期，多次禁止畜养猎鹰。显祖时"禁断鸷鸟，不得畜焉"，其原因是："显祖因田鹰获鸳鸯一，其偶悲鸣，上下不去。帝乃惕然，问左右曰：'此飞鸣者，为雌为雄？'左右对曰：'臣以为雌。'帝曰：'何以知？'对曰：'阳性刚，阴性柔，以刚柔推之，必是雌矣。'帝乃慨然而叹曰：'虽人鸟事别，至于资识性情，竟何异哉！'"③ 高祖延兴五年四月，"诏禁畜鹰鹞"④。北齐天保八年三月，"诏公私鹰鹞俱亦禁绝"⑤。天统元年二月，"诏禁网捕鹰鹞及畜养笼放之物"⑥。

除了不允许狩猎杀生之外，在平常生活之中也要求尽量不杀生。祭祀需要屠杀大量的牲畜，这不符合佛教不杀生的传统，故受佛教影响较深的皇帝，在祭祀时期，往往希望不杀生。北魏高祖延兴二年，"有司奏天地五郊、社稷已下及诸神，合一千七十五所，岁用牲七万五千五百。显祖深愍生命，乃诏曰：'朕承天事神，以育群品，而咸秩处广，用牲甚众。夫神聪明正直，享德与信，何必在牲。《易》曰：东邻杀牛，不如西邻之禴祭，实受其福。苟诚感有著，虽行潦菜羹，可以致大嘏，何必多杀，然后获祉福哉！其命有司，非郊天

①《魏书·释老志》。

②《太平广记·法度》。

③《魏书·释老志》。

④《魏书·高祖孝文帝纪》。

⑤《北齐书·文宣帝纪》。

⑥《北齐书·后主纪》。

地、宗庙、社稷之祀，皆无用牲。'于是群祀悉用酒脯"①。不过，北魏高祖这种做法只能减少祭祀时期屠宰牲畜，因为祭祀时毕竟还要有"脯"，而且在一些祭祀时，还要用牲畜。

　　到了梁朝武帝时期，祭祀就要求不用牲畜。"梁制，迎气以始祖配，牲用特牛一，其仪同南郊。天监七年，尚书左丞司马筠等议：'以昆虫未蛰，不以火田，鸠化为鹰，罻罗方设。仲春之月，祀不用牲，止珪璧皮币。斯又事神之道，可以不杀明矣。况今祀天，岂容尚此？请夏初迎气，祭不用牲。'帝从之。"②当然，这里主要是要求在仲春之月和诸夏"迎气"时不用牲，虽然是以月令为理由，但还是有佛教思想的因素。到了天监十六年，"三月丙子，敕太医不得以生类为药；公家织官纹锦饰，并断仙人鸟兽之形，以为褻衣，裁翦有乖仁恕。于是祈告天地宗庙，以去杀之理，欲被之含识。郊庙牲牷，皆代以麫，其山川诸祀则否。时以宗庙去牲，则为不复血食，虽公卿异议，朝野喧嚣，竟不从"。这个争议可能持续了一段时间，直到冬十月，"宗庙荐羞，始用蔬果"③。梁武帝以"仁恕"为借口，来禁止"血食"，本质上还是与其信仰佛教有关。此外，在北齐天保七年五月，"帝以肉为断慈，遂不得食"④。文宣帝高洋也因为信奉佛教，在祭祀时不用牲畜，"文宣天保末年敬信内法，乃至宗庙不血食，皆元海所谋"⑤。

　　梁武帝时期，还禁止佛教徒食肉，"诸僧道诸小僧辈，看经未遍，互言无断肉语，今日此经何所道，所以唱此革屣文者……于时僧正慧超法宠法师难云，若经文究竟断一切肉，乃至自死不得食者，此则同尼乾断皮革，不得著革屣，若开皮革得著革屣者，亦应开食肉……若无麻之乡，亦有开皮革义论，有麻处，大慈者乃实应不著，但此事与食肉不得顿同。凡著一革屣，经久不坏，若食啖众生，就一食中，便害无量身命，况日日餐咀，数若恒沙，亦不可得用革屣以并断肉。……凡啖肉者，是大罪障，经文道，昔与众生经为父母亲属，

---

① 《魏书·礼志一》。
② 《隋书·礼仪志一》。
③ 《南史·武帝纪》。
④ 《北齐书·文宣帝纪》。
⑤ 《北齐书·上洛王思宗传附子元海传》。

众僧那不思此，犹忍食啖众生，己不能投身饿虎，割肉贸鹰，云何反更啖他身分？诸僧及领徒众法师，诸尼及领徒众者，各还本寺，宣告诸小僧尼，令知此意"。此后，在梁武帝的推动下，僧人不食肉、不用皮革制品在中国逐渐流行。

北朝时期，也要求禁止杀生，特别是在干旱时期，禁止杀生。这被认为是感动上天的一个有效办法。故在干旱时候朝廷常常颁布诏书，禁止屠杀动物。北魏永平二年五月，"辛丑，帝以旱故，减膳彻悬，禁断屠杀"；十有一月，"甲申，诏禁屠杀含孕，以为永制"。① 正光四年六月，因为天旱颁布诏书，要求："上下群官，侧躬自厉，理冤狱，止土功，减膳撤悬，禁止屠杀。"② 北周武帝在保定二年下诏书说："夏四月甲辰，禁屠宰，旱故也。"③ 北齐时期，高元海也"说后主禁屠宰，断酤酒"④。

这些措施虽然只是应对干旱天气，其屠杀的动物也多为家养，但也有部分为野生动物，故在一定程度上有利于保护环境。

---

① 《魏书·世宗宣武帝纪》。

② 《魏书·肃宗孝明帝纪》。

③ 《周书·武帝纪上》。

④ 《北齐书·上洛王思宗传附子元海传》。

第五节　环境保护的客观实效

　　曹魏时期，尚书郎下设有"虞曹"一职，也是管理山川河泽的，西晋时期继续设置"虞曹"一职，但在东晋"康穆以后，又无虞曹"①。刘宋时期没有虞曹这一官职，但到了南齐时期，又设置了"上林令"②，到了梁武帝时期，恢复设置"虞曹"，而"陈承梁，皆循其制官"③。当是虞人的职务，"彻围顿罔，卷斾收鸢；虞人数兽，林衡计鲜；论最犒勤，息马韬弦；肴驷连镳，酒驾方轩，千锺电酹，万隧星繁，陵皋沾流膏，溪谷厌芳烟。欢极乐殚，回节而旋"④。虞衡的职务是在皇帝狩猎时负责组织狩猎活动，平时当然要保护资源，否则皇帝来时无猎物可狩将带来很大麻烦。

　　北魏前期，陆续设有"虞曹""司竹都尉""河堤谒者""监淮海津都尉""水衡都尉"等官职；后期经过调整，还设置了"都水使者"并保留了"监淮海津都尉"⑤。此外，也有与"虞衡"类似的职务，《魏书·食货志》记载："神瑞二年，又不熟，京畿之内，路有行馑……教行三农，生殖九谷；教行园圃，毓长草木；教行虞衡，山泽作材；教行薮牧，养蕃鸟兽；教行百工，饬成器用；教行商贾，阜通货贿；教行嫔妇，化治丝枲；教行臣妾，事勤力役。"北齐也设有"虞曹"，其主要职能是"掌地图，山川远近，园囿田猎，肴膳杂味等事"⑥。各朝代设有"虞曹"，一方面可以增加朝廷的税收，另一方面对森

---

① 《晋书·职官志》。

② 《南齐书·百官志》。

③ 《隋书·百官志上》。

④ 《全晋文·张协·七命》。

⑤ 《魏书·官氏志》。

⑥ 《隋书·百官志中》。

林与水资源可以有效管理。

此外，还设有"都水使者"之类的职务，管理水资源。《魏书·职官志》记载，曹魏和两晋时期，设有"水部"一职；曹魏还设有"河堤谒者"；两晋时期还有"水曹"以及"都水使者"等职务。《唐六典·尚书工部·水部郎中》记载："魏置水部郎中。历晋、宋、齐、后魏、北齐并有水部郎中，梁、陈为侍郎。后周冬官府有司水中大夫……后周冬官府有小司水上士，则水部员外郎之任也。"《隋书·百官志》记载，梁朝的官职中，"太舟卿，梁初为都水台，使者一人，参军事二人，河堤谒者八人。七年，改焉。位视中书郎，列卿之最末者也。主舟航堤渠"。这个官职是沿袭宋齐时期的"都水使者"。《唐六典·都水监》记载："都水监……魏因之，又兼有水衡都尉，主天下水军舟船器械。晋置都水台都水使者一人，掌舟楫之事，官品第四；又有左、右、前、后、中五水衡。《晋起居注》及《元康百官名》：陈慎、戴熊俱以都水使者领水衡都尉。宋孝武帝省都水台，置永衡令。齐氏复置都水台使者一人。梁武帝天监七年改为太舟卿，为冬卿，班第九，吏员依晋，又加当关四人。陈因之。后魏亦二官并置建，都水使者正第四品中，水衡都尉从五品中；太和二十二年，都水使者从五品，而省永衡。北齐都水台使者二人，后周有司水中大夫一人。"此外，《隋书·百官志中》记载，后齐设有"水部，掌舟船、津梁，公私水事"。此外，"钩盾又别领大圌、上林、游猎、柴草、池薮、苜蓿等六部丞"。《唐六典·司农寺·钩盾署》也记载："北齐司农统钩盾令、丞。隋司农统钩盾署令三人，掌薪刍及炭、鹅、鸭、蒲蔺、陂池、薮泽之物。"可见，钩盾署也管理水资源。

十六国时期，前秦王猛要求在官道上种植槐树，"自长安至于诸州，皆夹路树槐柳，二十里一亭，四十里一驿，旅行者取给于途，工商贸贩于道。百姓歌之曰：'长安大街，夹树杨槐。下走朱轮，上有鸾栖。英彦云集，诲我萌黎。'"[①] 此外，前秦时期，在阿房城也大规模种植树木，"初，长安谣云：'凤皇凤皇止阿房。'苻坚遂于阿房城植桐数万株以待之"[②]。后赵定都襄国后，

---

① 《晋书·苻坚载记》。

② 《太平御览》卷九五六引《秦记》。

"襄国邺路千里之中，夹道种榆，盛暑之下，人行其下"①。姚苌曾经"命其将当城于营处一栅孔中莳树一根，以旌战功。岁余，问之，城曰：'营所至小，已广之矣。'"② 其目的并非以改善环境为出发点，但有利于局部环境的改变。在北周时期，曾下令要求全国官道种树，"（韦孝宽）为雍州刺史。先是，路侧一里置一土堠，经雨颓毁，每须修之。自孝宽临州，乃勒部内，当堠处植槐树代之。既免修复，行旅又得庇阴。周文后见，怪问知之，曰：'岂得一州独尔，当令天下同之。'于是令诸州夹道一里种一树，十里种三树，百里种五树焉"③。在凉州，张骏也想移植内地树种，不过并没有成功，"先是，河右不生楸、槐、柏、漆，张骏之世，取于秦陇而植之，终于皆死，而酒泉宫之西北隅有槐树生焉"④。北周宇文泰曾经主持一次大规模植树活动。大统三年（公元537年）宇文泰在沙苑战役中战胜高欢，"乃于战所，准当时兵，人种树一株，栽柳七千根，以旌武功"⑤。这些树一直到唐代还很茂盛。

这一时期在建康城及其附近也大量种树，左思在《吴都赋》中提道："驰道如砥，树以青槐，亘以绿水，玄荫耽耽。"东晋咸和五年（公元330年），"重建建康宫，修苑城（即台城），都城宣阳门至朱雀门之御道五里余，植槐柳为行道树。台城南中门大司马门至宣阳门二里，开御沟，植槐柳。命刺史罢返京栽松百余，郡守五十株于钟山"。建元元年（公元343年），"康帝于御道旁植槐柳"。宁康元年（公元373年），"孝武帝于御道旁开御沟，植柳。台城外堑内并种桔树，宫墙内种石榴，殿庭及三台、三省悉列种槐树"。义熙六年（公元410年），"令刺史罢官还都栽松百余株，郡守栽松五十株于钟山"。刘宋永初元年（公元420年），"使诸州刺史罢职还乡者，栽松三千株，下至郡守，各有差别"。⑥ 东晋刘宋时期，刺史任期三年，州郡官吏不少，遂三年种树一次，但加起来，数量壮观。

---

①《册府龟元·帝王部·修废》。

②《晋书·姚苌载记》。

③《北史·韦孝宽传》。

④《晋书·凉武昭王李玄盛传》。

⑤《北史·太宗文帝纪》。

⑥《景定建康志·苑囿》。

由于有朝廷的规定以及专门官员负责，所以在驰道以及宗庙等地，树木还是比较茂盛的。在东晋时期，"元帝永昌元年七月丙寅，大风拔木，屋瓦皆飞。八月，暴风坏屋，拔御道柳树百余株……义熙六年五月壬申，大风拔北郊树，树几百年也"①。在南齐时期，"永元元年七月十二日，大风，京师十围树及官府居民屋皆拔倒"②。"树几百年"以及"十围树"，反映在京师附近，由于朝廷的重视，树木比较多。此外，据《魏书·灵征志》记载，北魏时期时常有大风，京师地区许多树木被折断，也反映京师树木较多。

除了要求地方百姓种植树木之外，朝廷还有法律禁止随便砍伐树木。曹魏时期的法律体系之中有《贼律》，就是有关规定"有贼伐树木、杀伤人畜产及诸亡印"的律法。③在山东莱州的道士谷，还有最早的禁止伐树的公告，"此大基山内中明□及四面岩顶上，荥阳郑道昭扫石置五处仙坛。其松林草木有能奉□者，世贵吉昌，慎勿侵犯，铭告令如也"④。此石刻于公元512年，可知当时已经认识到森林与人类密切相关，产生了较早的环境保护思想。

魏晋南北朝时期，地方官员也劝人们种树。西晋王宏为汲郡太守时，"抚百姓如家，耕桑树艺，屋宇阡陌，莫不躬自教示，曲尽事宜，在郡有殊绩"⑤。南齐时期刘善明为海陵太守时，"郡境边海，无树木，善明课民种榆槚杂果，遂获其利"⑥。在刘宋时期，"郡守赋政方畿，县宰亲民之主，宜思奖训，导以良规。咸使肆力，地无遗利，耕蚕树艺，各尽其力。若有力田殊众，岁竟条名列上"⑦，即要求地方官员督促老百姓种桑植树。

在东魏时期，贾思勰在《齐民要术》中记载了很多栽树的方法，在卷四

---

① 《晋书·五行志下》。

② 《南齐书·五行志》。

③ 《晋书·刑法志》。

④ 王凤臣：《我国最早的环境保护文告——"道士谷"摩崖石刻〈进山告示〉》，《四川环境》1995年第4期。

⑤ 《晋书·王宏传》。

⑥ 《南齐书·刘善明传》。

⑦ 《宋书·文帝纪》。

中记载了园篱、种树、种枣、种桃柰、种李、种梅杏、种栗等的技术与方法。在卷五之中，则记载了种榆、白杨，种棠，种谷楮，种漆，种槐、柳、楸、梓、梧、柞，种竹等的方法与技术。这些树木普通人虽然不全种，但也会选择部分种植。陶渊明因在住宅旁边种植五株柳树而号称"五柳先生"①。在南齐时期，"襄阳土俗，邻居种桑树于界上为志"②，也就是在房屋界限处种上桑树，也符合孟子所说的："五亩之宅，树之以桑，五十者可以衣帛矣。"③

北朝时期规定百姓种植树木，《魏书·食货志》记载北魏实施均田制时规定："诸初受田者，男夫一人给田二十亩，课莳余，种桑五十树，枣五株，榆三根。非桑之土，夫给一亩，依法课莳榆、枣。奴各依良。限三年种毕，不毕，夺其不毕之地。于桑榆地分杂莳余果及多种桑榆者不禁。"北齐的受田规定："又每丁给永业二十亩，为桑田。其中种桑五十根，榆三根，枣五根，不在还受之限。非此田者，悉入还受之分。土不宜桑者，给麻田，如桑田法。"④北周虽然没有类似的规定，但在苏绰制定的六条诏书中要求："三农之隙，及阴雨之暇，又当教民种桑、植果，艺其菜蔬，修其园圃，畜育鸡豚，以备生生之资，以供养老之具。"⑤此外，冯跋也曾规定北凉地区"可令百姓人殖桑一百根，柘二十根"⑥。通过国家和地方官员的努力以及老百姓自觉栽种，在秦汉魏晋南北朝时期，社会上有大量的枣树、桑树和榆树。

北魏规定征收赋税"各随其土所出"，其中"司、冀、雍、华、定、相、秦、洛、豫、怀、兖、陕、徐、青、齐、济、南豫、东兖、东徐十九州，贡绵绢及丝"⑦。可见这些地方桑树比较多。其他地方"以麻布充税"，但是不排除有一定规模的桑树。

桑枣是民间防止饥荒的主要食物来源之一，所以，历代在军事行动之时，

①《晋书·隐逸传·陶潜传》。

②《南齐书·孝义传·韩系伯传》。

③《孟子·梁惠王上》。

④《隋书·食货志》。

⑤《周书·苏绰传》。

⑥《晋书·冯跋载记》。

⑦《魏书·食货志》。

为了笼络民心，统治者都禁止士兵破坏桑树和枣树。北魏时期就规定"军之所行，不得伤民桑枣"①。

榆树除了可以作为木材之外，榆叶还可以作为食物，《齐民要术》记载榆树种植后，"三年春，可将荚、叶卖之"②。而春季最容易出现青黄不接的现象，在这一时期，正好可以将榆树叶子作为度过饥荒的食物。所以在北方，榆叶是一种民间很普通的食物。

这些都说明当时北方这三种树木比较多，除了有其良好的经济效益之外，在客观上也有重要的环境效果。

在南方，南朝时期也要求种树，元嘉八年，宋文帝下诏要求："郡守赋政方畿，县宰亲民之主，宜思奖训，导以良规。咸使肆力，地无遗利，耕蚕树艺，各尽其力。若有力田殊众，岁竟条名列上。"③齐武帝下诏书说："守宰亲民之要，刺史案部所先，宜严课农桑，相土揆时，必穷地利。若耕蚕殊众，足厉浮堕者，所在即便列奏……校核殿最，岁竟考课，以申黜陟。"④齐明帝也下诏书："守宰亲民之主，牧伯调俗之司，宜严课农桑，罔令游惰，揆景肆力，必穷地利，固修堤防，考校殿最。"⑤《梁书·沈瑀》记载："永泰元年，为建德令，教民一丁种十五株桑、四株柿及梨栗，女丁半之，人咸欢悦，顷之成林。"沈瑀的做法是劝农种树的典型。

南方气候温暖，加之老百姓也将种树作为自己的日常活动，所以南方树木也多。刘宋时期，周朗就建议："荫巷缘藩，必树桑柘，列庭接宇，唯植竹栗。若此令既行，而善其事者，庶民则叙之以爵，有司亦从而加赏。若田在草间，木物不植，则挞之而伐其余树，在所以次坐之。"不过这个建议并没有得到实施，周朗还指责朝廷"又取税之法，宜计人为输，不应以赀。云何使富者不尽，贫者不蠲。乃令桑长一尺，围以为价，田进一亩，度以为钱，屋不得

---

①《魏书·高祖道武帝纪》。

②《齐民要术·种榆》。

③《宋书·文帝纪》。

④《南齐书·武帝纪》。

⑤《南齐书·明帝纪》。

瓦，皆责赍实。民以此，树不敢种，土畏妄垦，栋焚榱露，不敢加泥"①。梁朝末年，"京城陷，（侯）景将宋子仙据吴兴，遣使召（沈）炯，委以书记之任。炯固辞以疾，子仙怒，命斩之。炯解衣将就戮，碍于路间桑树，乃更牵往他所，或遽救之，仅而获免"②。由于"碍于路间桑树"，沈炯被牵到其他地方处死，可见路边的桑树颇多。沈炯所在地为都城附近，是人口比较稠密的地方，这里桑树多，其他地方估计和这里差不多。

朝廷鼓励农民种树，其主要目的是为了稳固小农经济。③ 一方面使农民在饥荒时期有替代的粮食，另一方面使农民生活所用薪柴充足，不用在市场上购买。此种举措，间接有利环境的保护与发展。

魏晋时期，对大多数士人来说，仕途是凶险的，与其仕而危，不如隐而安，所以在这一时期，隐逸之风盛行。但那些仕途得意的人，虽然暂时没有生命之忧，但也为风气所染，好游山玩水，一方面可以欣赏自然美景，另一方面可以暂时忘却心中的烦忧。④ 东晋之后，这些人一方面继续游山玩水，另一方面也将自己的住处营造成为环境优美的地方。孔愉，"在郡三年，乃营山阴湖南侯山下数亩地为宅，草屋数间，便弃官居之"⑤。谢安，"又于土山营墅，楼馆林竹甚盛，每携中外子侄往来游集，肴馔亦屡费百金，世颇以此讥焉，而安殊不以屑意"⑥。谢灵运"遂移籍会稽，修营别业，傍山带江，尽幽居之美。与隐士王弘之、孔淳之等纵放为娱，有终焉之志"。谢灵运还写成了《山居赋》来叙述其住处环境的优美："其居也，左湖右江，往渚还汀。面山背阜，东阻西倾。抱含吸吐，款跨纡萦。绵联邪亘，侧直齐平……近东则上田、下湖、西溪、南谷，石墩、石滂，闵硎、黄竹。决飞泉于百仞，森高薄于千麓。写长源于远江，派深毖于近渎。……下湖在田之下下处，并有名山川。西溪、南谷分流……西溪水出始宁县西谷郭，是近山之最高峰者……入西溪之里，得

---

① 《宋书·周朗传》。

② 《陈书·沈炯传》。

③ 程念祺：《中国历史上的小农经济——生产与生活》，《史林》2004 年第 3 期。

④ 臧维熙：《魏晋尚隐之风与山水意识》，《安徽大学学报》1987 年第 4 期。

⑤ 《晋书·孔愉传》。

⑥ 《晋书·谢安传》。

石墆，以石为阻，故谓为墆。石漈在西溪之东，从县南入九里，两面峻峭数十丈，水自上飞下。比至外溪，封磴十数里，皆飞流迅激，左右岩壁绿竹。闵硎，在石漈之东溪，逶迤下注良田。黄竹与其连，南界莆中也……"① 这种热爱自然、崇尚自然的生活方式，客观上保护了环境。

魏晋南北朝，佛教盛行，南北方都建立大量的寺庙。唐杜牧在脍炙人口的《江南春》中写道："千里莺啼绿映红，水村山郭酒旗风。南朝四百八十寺，多少楼台烟雨中。"可见南朝时期仅在建康城内就有很多寺庙。在北方，据《洛阳伽蓝记》记载，北魏时期的洛阳城内就有很多的寺庙。寺庙除了是佛教徒活动场所之外，也是环境优美的地方，《洛阳伽蓝记》卷一《城内》记载："宗正寺（佛殿）梠柏松椿，扶疏檐霤；蕙竹香草，布护阶墀……四门外，树以青槐，亘以绿水，京邑行人，多庇其下。路断飞尘，不由弇云之润；清风送凉，岂籍合欢之发。"在城内的"义井里北门外有桑树数株，枝条繁茂，下有甘井一所，石槽铁罐，供给行人，饮水庇阴，多有憩者"。此外，永和里"斋馆敞丽，楸槐荫途，桐杨夹植，当世名为贵里"。景林寺，"寺西有园，多饶奇果。春鸟秋蝉，鸣声相续。嘉树夹牖，芳杜匝阶，虽云朝市，想同岩谷"。"龙华寺……追圣寺……并在报德寺之东……京师寺皆种杂果，而此三寺，园林茂盛，莫之与争。"② 这些寺庙都建立在城内，环境还如此优美，建立在深山之处的寺庙其环境可想而知。

在魏晋南北朝时期，道教也要求信徒种植林木。《太上洞玄灵宝智慧罪恶根上品大戒经》要求："边道立井，种植果木。"这是方便行人、行善积德的事情。

随着风水观念流行，在墓周围植树，是很常见的事情。刘宋时期，"鲁郡上民孔景等五户居近孔子墓侧，蠲其课役，供给洒扫，并种松柏六百株"③。庾沙弥"及母亡，水浆不入口累日，终丧不解衰绖，不出庐户，昼夜号恸，邻人不忍闻。墓在新林，因有旅松百余株，自生坟侧"④。

---

① 《宋书·谢灵运传》。

② 《洛阳伽蓝记·城南》。

③ 《宋书·文帝纪》。

④ 《梁书·孝行传·庾沙弥传》。

总之，在魏晋南北朝时期，朝廷通过提倡植树等政策，使得当时社会上人工林地比较多，环境整体上比较优美。陶渊明在《归田园居》中写道："方宅十余亩，草屋八九间。榆柳荫后檐，桃李罗堂前。暧暧远人村，依依墟里烟。狗吠深巷中，鸡鸣桑树颠。"陶渊明虽然出身于破落贵族家庭，但这一时期的他过着普通人的生活，这首诗反映出农村秀丽的自然风光，由此也可以窥见当时的自然环境之美。

第六节　环境与民俗

一、气候变化与民俗变化

魏晋南北朝时期，随着气候变冷，降水减少，产生了很多与祈雨相关的民俗与信仰。《太平御览》记载了许多地方上类似的祈雨风俗。罗霄山，"王孚《安成记》曰：萍乡罗霄山，泽水所出，水傍出石乳。天旱，吏人祷之，因以大木长三四丈投井中，即雨。水悬凑井溢，辄令木涌出而雨止，盖潜龙之穴也。以阳居阴，神精上通，故扣之而必有玄感，则《蜀都赋》云'应鸣鼓而兴雨者'也"。洪崖山，"《列仙传》云：洪崖山者，山之阳有洪唐寺，山中有洪崖坛，每亢旱祷此"。空山，"《南康图经》曰：空山，晋咸康五年，太守庾恪于西山麓中建立神庙，历代祈雨，最有灵应"。①

在北周，同州（今陕西大荔）的华岳山在天旱时，是当地民众祈雨的主要去处。达奚武为了上山祈雨，已六十岁的年纪，"唯将数人，攀藤援枝，然后得上。于是稽首祈请，陈百姓恳诚。晚不得还，即于岳上藉草而宿。梦见一白衣人来，执武手曰：'快辛苦，甚相嘉尚。'武遂惊觉，益用祗肃。至旦，云雾四起，俄而澍雨，远近沾洽"②。白兆山也是当地民众祈雨的主要地方。③

除了祭祀山灵之外，凡是能够得雨的神灵都要祭祀，只要能得雨的措施都要实施。"《遁甲开山图》曰：绛北有阳石山，有神龙池。黄帝时遣云阳先生养于此，帝王历代养龙之处，国有水旱不时，即祀池请雨。""湘东有雨母山，

---

①《太平御览》卷四八《樊山》《罗霄山》《洪崖山》《空山》。

②《周书·达奚武传》。

③《周书·于翼传》。

山有祠坛，每祈祷无不降泽，以是名之。""盛弘之《荆州记》曰：佷山县有一山独立峻绝，西北有石穴，北行百步许，二大石其间相去一丈许，俗名其一为阳石，一为阴石。水旱为灾，鞭阳石则雨，鞭阴石则晴。又曰：湘东有雨母山，山有祠坛，每祈祷无不降泽，以是名之。""顾微《广州记》曰：郁林郡山东南有一池，池边有一石牛，人祭祀之，若旱，百姓杀牛祈雨，以牛血和泥，泥石牛背，祀毕则天雨大注。又曰：湘东新年县有一龙穴，穴中有黑土。岁旱，人则共壅水于此穴，穴淹则立大雨。又曰：耒阳县有雨濑，此县时旱，百姓共壅塞之，则甘雨普降。若一乡独壅，雨亦偏应，随方所祈，信若符刻。"① 又比如，"晋魏郡亢阳，农夫祷于龙洞，得雨"②，在历阳，"有彭祖仙室，请雨必得"，"《蜀本纪》曰：秦王诛蜀侯恽后迎葬咸阳，天雨三月，不通，因葬成都，故蜀人求雨祠蜀侯必雨"。③

在海边郡县，干旱时候，民众往往向海神祈祷降水。"爰延转议郎。徐州遭旱，延使持节到东海请雨。丰泽应澍雨，与京师同日俱霈，还拜五官中郎将。"④ "出帝初，出为骠骑大将军、胶州刺史。属时亢旱，士民劝令祷于海神。"⑤

有些民俗也认为在干旱时期，通过埋葬野外的无名尸骸也可以导致降雨。这或许可以解释为诚感上天。"周畅性仁慈，为河南尹。夏旱，久祷无应，因收葬洛城傍客死骸骨万余人，应时澍雨，岁乃丰稔。"⑥ 在北魏时期，这个措施时常被运用，皇兴二年十有二月甲午，北魏显祖下诏要求："顷张永迷扰，敢拒王威，暴骨原隰，残废不少。死生冤痛，朕甚愍焉。天下民一也，可敕郡县，永军残废之士，听还江南；露骸草莽者，收瘗之。"⑦ 世宗在景明三年二月戊寅，下诏说："自比阳旱积时，农民废殖；寤言增愧，在予良多。申下州

---

① 《太平御览·祈雨》。

② 《搜神记》卷二〇。

③ 《太平御览·祈雨》。

④ 《太平御览·祈雨》。

⑤ 《魏书·裴叔业传附从子粲传》。

⑥ 《太平御览·祈雨》。

⑦ 《魏书·显祖献文帝纪》。

郡，有骸骨暴露者，悉可埋瘗。"正始三年五月丙寅，也下诏："掩骼埋胔，古之令典；顺辰修令，朝之恒式。今时泽未降，春稼已旱。或有孤老馁疾，无人赡救，因以致死，暴露沟堑者，洛阳部尉依法棺埋。"① 孝静帝在天平二年三月辛未下诏说："以旱故，诏京邑及诸州郡县收瘗骸骨。"② 掩埋无名尸骸一方面可以减少疾病的传播，另一方面想通过这种带有慈善的举措来感动上天，以便降下霖雨。各地各种祈雨的民俗，反映出气候干燥少雨对当地民众信仰的影响。

除了各种祈雨民俗之外，在北方一些地方，因为气候干燥，还流行西门豹崇拜。自北朝开始，北方民众，主要是邺城一带的民众，在天旱时，往往去西门豹祠里祈雨。西门豹为战国时期魏文帝邺令时，废除当地为河伯娶妇的风俗，又"引漳以溉邺，民赖其用"，所以被认为是为官一方的贤人，很早就受到祭祀。三国时期魏文帝在《述征赋》中写道："羡西门之嘉迹，忽遥睇其灵宇。"后赵建武中一度也重修该祠。③ 可见在三国时期，人们就在祭祀西门豹。

随着时间的流逝，作为地方先贤而受到祭祀的西门豹，其作用也逐渐发生改变。东晋时期，西门豹就成了祈子的神灵之一。苻坚的母亲苟氏，"尝游漳水，祈子于西门豹祠"④。这种转变始于何时，我们不得而知。到了后赵时期，曾经规定："禁州郡诸祠堂非正典者皆除之，其能兴云致雨，有益于百姓者，郡县更为立祠堂，殖嘉树，准岳渎已下为差等。"⑤ 所以，至少在十六国时期，西门豹已经被地方上认为是可以控制降水的神灵。

北魏时期奚康生为相州刺史时，"以天旱令人鞭石虎画像；复就西门豹祠祈雨，不获，令吏取豹舌。未几，二儿暴丧，身亦遇疾，巫以为虎、豹之祟"⑥。在北齐天保九年，"夏，大旱。帝以祈雨不应，毁西门豹祠，掘其

---

① 《魏书·世宗宣武纪》。

② 《魏书·孝静帝纪》。

③ 《水经注·浊漳水》。

④ 《晋书·苻坚载记上》。

⑤ 《晋书·石勒载记下》。

⑥ 《魏书·奚康生传》。

冢"①。可见在北朝时期，西门豹已经演变为掌管降水的神灵。西门豹信仰内容的转变，可能与西门豹禁止河伯娶妇有关。在中国传说之中，河伯因为能兴风作浪而受到祭祀，否则就会发大水危害百姓。西门豹不惧河伯，在很多人眼里他就是神人。由于河伯主管雨水，西门豹不惧河伯，他当然能够掌控雨水，所以后世祭祀西门豹，主要是向其祈雨。② 在北齐时期，文宣帝高洋虽然因为祈雨不灵而毁掉西门豹的祠庙，但是仍然改变不了西门豹在人们心目中的地位；在高洋之后，西门豹祠被列入北齐朝廷的九大祭祀对象之一，"又祈祷者有九焉：一曰雩，二曰南郊，三曰尧庙，四曰孔、颜庙，五曰社稷，六曰五岳，七曰四渎，八曰滏口，九曰豹祠。水旱疬疫，皆有事焉"③。西门豹由一个地方神灵转变为国家神灵，由一个地方先贤转变为水神，这有很重要的意义，一是表明信奉西门豹的人颇多；二是表明在秦汉魏晋南北朝时期，气候逐渐干燥，干旱时常发生，而西门豹作为掌控降水的神灵当然要特别对待了。

　　同样的道理，在南方，流行的蒋子文信仰也逐渐发生变化，蒋子文逐渐由一个土地神变成了水神。蒋子文的信仰出现在三国时期，《搜神记》卷五记载：

　　蒋子文者，广陵人也。嗜酒好色，挑达无度。常自谓："己骨清，死当为神。"汉末为秣陵尉，逐贼至钟山下，贼击伤额，因解绶缚之，有顷遂死。及吴先主之初，其故吏见文于道，乘白马，执白羽，侍从如平生。见者惊走。文追之，谓曰："我当为此土地神，以福尔下民。尔可宣告百姓，为我立祠。不尔，将有大咎。"是岁夏，大疫，百姓窃相恐动，颇有窃祠之者矣。文又下巫祝："吾将大启佑孙氏，宜为我立祠。不尔，将使虫入人耳为灾。"俄而小虫如尘虻，入耳皆死，医不能治。百姓愈恐。孙主未之信也。又下巫祝："若不祀我，将又以大火为灾。"是岁，火灾大发，一日数十处。火及公宫。议者以为鬼有所归，乃不为厉，宜有以抚之。于是使使者封子文为中都侯，次弟子绪为长水校尉，皆加印绶。为立庙堂。转号钟山为蒋山，今建康东北蒋山是也。自是灾厉止息，百姓遂大事之。

---

① 《北齐书·文宣帝纪》。

② 陈志平：《西门豹祀考论》，《河北经贸大学学报》（综合版）2007 年第 3 期。

③ 《隋书·礼仪志二》。

可见，蒋子文早期是作为土地神的，关于其职能与管辖的范围，《搜神记》卷五也有一些记载，其主要是处理地方事务的神灵。在很长一段时间，蒋子文的主要职责就是作为土地神来保护当地百姓。不过到了南朝末年，蒋子文逐渐演变成水神，或者说其具备了水神的职能，"先是旱甚，诏祈蒋帝神求雨，十旬不降。帝怒，命载获欲焚蒋庙并神影。尔日开朗，欲起火，当神上忽有云如伞，悠忽骤雨如写，台中宫殿皆自振动。帝惧，驰诏追停，少时还静。自此帝畏信遂深。自践阼以来，未尝躬自到庙，于是备法驾将朝臣修谒。是时，魏军攻围钟离，蒋帝神报敕，必许扶助。既而无雨水长，遂挫敌人，亦神之力。凯旋之后，庙中人马僄尽有泥湿，当时并目睹焉"①。《艺文类聚》卷一百录有梁陆倕《请雨赛蒋王文》和任孝恭《赛钟山蒋帝文》两文，表明这一时期蒋子文已经具有掌控降水的职能。陆倕在《请雨赛蒋王文》中写道："陆周祚胤，钟岳降精。聪明正直，得一居贞。无方无体，不疾不行。化驰九县，位冠百灵。"看来在梁朝时期，蒋庙求雨已经是比较普遍了。陈霸先称帝后，永定三年四月，"是时久不雨，丙午，舆驾幸钟山祠蒋帝庙，是日降雨，迄于月晦"②。在南朝末年，蒋子文拥有了水神的职能。

由西门豹信仰和蒋子文信仰的变化，可知在这一时期由于气候变冷，降水减少，一些平时比较有"灵气"的神灵被赋予更多的信仰。总之，秦汉魏晋南北朝时期，由于气候逐渐变冷，干旱对人们的生活影响巨大，各地形成了多种多样的祈雨习俗。

二、环境变化与风俗变迁

民俗是在一定空间地域基础之上形成的，要受到自然地理条件的影响和制约。由于自然地理条件的差异，人们在耕作、饮食、服装、语言等方面形成各种习俗与禁忌。民俗形成之后，有一定的稳定性，但随着社会历史条件的变化，民俗有时也会发生变化。

西晋张华在《博物志》中说道："东方少阳，日月所出，山谷清，其人佼

①《南史·曹景宗传》。

②《陈书·高祖纪下》。

好。西方少阴，日月所入，其土窈冥，其人高鼻、深目、多毛。南方太阳，土下水浅，其人大口多傲。北方太阴，土平广深，其人广面缩颈。中央四析，风雨交，山谷峻，其人端正。南越巢居，北朔穴居，避寒暑也。东南之人食水产，西北之人食陆畜。食水产者，龟蛤螺蚌以为珍味，不觉其腥臊也；食陆畜者，狸兔鼠雀以为珍味，不觉其膻也。有山者采，有水者渔。山气多男，泽气多女。平衍气仁，高凌气犯，丛林气躄，故择其所居。居在高中之平，下中之高，则产好人。"在张华看来，地理环境不仅决定两人的面貌和饮食习惯，甚至对婴儿的性别乃至人的行为都产生了一定影响。

随着生产和生活方式的改变，一个地区的民俗也会发生一定的改变。魏晋南北朝时期的太原地区，风俗与秦汉相比，发生了一定的变化，"太原山川重复，实一都之会，本虽后齐别都，人物殷阜，然不甚机巧。俗与上党颇同，人性劲悍，习于戎马。离石、雁门、马邑、定襄、楼烦、涿郡、上谷、渔阳、北平、安乐、辽西，皆连接边郡，习尚与太原同俗，故自古言勇侠者，皆推幽、并云。然涿郡、太原，自前代已来，皆多文雅之士，虽俱曰边郡，然风教不为比也"①。其民俗不同于秦汉时期，一个很重要的原因就是北方民族南迁，太原等地胡化，所以形成了相应的民俗。

在三吴地区，随着北方移民的南迁，农业经济获得了长足发展，"司马休之外奔，至于元嘉末，三十有九载，兵车勿用，民不外劳，役宽务简，氓庶繁息，至余粮栖亩，户不夜扃，盖东西之极盛也。既扬部分析，境极江南，考之汉域，惟丹阳会稽而已。自晋氏迁流，迄于太元之世，百许年中，无风尘之警，区域之内，晏如也。及孙恩寇乱，歼亡事极，自此以至大明之季，年逾六纪，民户繁育，将曩时一矣。地广野丰，民勤本业，一岁或稔，则数郡忘饥。会土带海傍湖，良畴亦数十万顷，膏腴上地，亩直一金，鄠、杜之间，不能比也。荆城跨南楚之富，扬部有全吴之沃，鱼盐杞梓之利，充仞八方；丝绵布帛之饶，覆衣天下"②。农业生产发展，生活方式发生改变，民俗随之改变。秦汉时期的风俗，《汉书·地理志》记载："吴、粤之君皆好勇，故其民至今好用剑，轻死易发。"而到了魏晋南北朝时期，《颜氏家训·勉学》记载："梁朝

---

① 《隋书·地理志中》。

② 《宋书·沈昙庆传》附《史臣曰》。

全盛之时，贵游子弟，多无学术，至于谚云：'上车不落则著作，体中何如则秘书。'无不熏衣剃面，傅粉施朱，驾长檐车，跟高齿屐，坐棋子方褥，凭斑丝隐囊，列器玩于左右，从容出入，望若神仙。明经求第，则顾人答策：三九公宴，则假手赋诗。当尔之时，亦快士也。"可见当时三吴地区士人已经不再崇尚武力，加之"天下安，人不识于干戈，时无闻于桴鼓"①。

在中原地区，风俗也有一定改变，《隋书·地理志中》记载："豫之言舒也，言禀平和之气，性理安舒也。洛阳得土之中，赋贡所均，故周公作洛，此焉攸在。其俗尚商贾，机巧成俗。故《汉志》云'周人之失，巧伪趋利，贱义贵财'，此亦自古然矣。荥阳古之郑地，梁郡梁孝故都，邪僻傲荡，旧传其俗。今则好尚稼穑，重于礼文，其风皆变于古。谯郡、济阴、襄城、颍川、汝南、淮阳、汝阴，其风颇同。南阳古帝乡，搢绅所出，自三方鼎立，地处边疆，戎马所萃，失其旧俗。"魏晋南北朝时期长期动荡，洛阳周边又是主要战场，动荡、战乱导致人口减少、经济衰退，以上这些因素使洛阳及周边地区的社会风俗发生了一些变化。加之很长一段时间远离经济社会中心，与商业不发达也有一定的关系。南阳地区政治舞台上的优越性丧失，加之是南北对峙的前沿，东汉时期的"河南帝城，多近臣，南阳帝乡，多近亲，田宅逾制，不可为准"②。

《隋书·地理志中》记载山东等地："大抵数郡风俗，与古不殊，男子多务农桑，崇尚学业，其归于俭约，则颇变旧风。东莱人尤朴鲁，故特少文义。"可知山东等地，比较俭约。

总的说来，在大部分地区，魏晋南北朝时期的风俗与秦汉时期变化不大，但在关中地区，随着少数民族的进入，其生活方式和生产方式乃至风俗有一定变化。三吴地区，长期的儒学熏陶，由好武变为好文。

魏晋南北朝时期，由于战争的影响和移民，很多地区的丘陵得到了不同程度的开发，在中原和北方地区，坞堡一度较多，在南方的三吴地区，旱作农作物在部分丘陵得到推广。人们与森林接触的机会大为增加。森林除了能提供食物与燃料之外，有时也有令人意想不到的"敌人"。

①《全陈文·徐陵·武皇帝作相时与北齐广陵城主书》。

②《汉书·刘隆传》。

虎狼对人们的直接威胁比较大，所以有很多驱除虎害的法术。在开垦山林中，蛇也是一个很大的威胁，魏晋南北朝时期，道教中有很多应对蛇的法术。《正一法文经章官品》卷二《收万精鬼》记载："高脊君官将一百二十人，治寄明宫，主收天下龙蛇灾害人者……北玄君一人，官将一百二十人，治皇宫，主收龙蛇精老虎精主之。"《治蛇蜕五毒》："山夷君官将一百二十人，治令仓室，主收阮蛇毒蛊，山中万兽虎狼精毒炁，杀消灭之。先生君一人，官将一百二十人，治神水室，主为万民医治蛇阮五毒精杀不得行，主收某身中五毒之鬼，虫蛇喷人，毒入腹中，毒炁不行，今差之。天上白蛇君三十九人，收万民为蛇毒之鬼所中，便得炁不行。"

蚊虫叮咬，容易传播疟疾，《正一法文经章官品》卷二《主治疟病》中记载："仓母君五人，官将一百二十人，主治男子疟病之鬼作沉重主令消灭之。中室玄武疟吏婴儿一合下并力主治男子疟病鬼令差。"

《太上洞玄灵宝素灵真符》中有《治疟疾》："右符，主治十二时疟鬼，书佩之，立愈。登高山望寒水，临虎狼捕疟鬼咄恁何不度去，吾家有富贵。急急如律令。又登高山望寒水，使虎狼捕疟鬼。朝时来暮时死，得之不捕与同罪。急急如律令。登高山望寒水，临虎狼捕疟鬼。咄饮汝血汝何不疾去，吾家有贵客。字为破石，头如西山，躯如东泽。不食五谷，只食疟鬼。朝食三千，暮八百，一鬼不尽守须索。急急如律令。右符二道，书之安于心前。""登高山望海水，检虎狼捕疟鬼。咄如何不疾去，吾家有贵客。字名破石，头如西山，躯如东泽。不食五谷，但食疟鬼。朝食三千，暮食八百食，汝不足今来更索。急急如律令。右符七道，患疟疾者，依上书之，吞服，即差。此千金之不传也。"

此外还有《禁咒文》："登高山望寒水，使虎狼捕疟鬼。朝食三千，暮食八百。一鬼不去，移名河伯。食之未足，催速求索。急急如新出老君律令。右敕疟，按病并咒符同。天帝使者捕疟鬼得便辄杀勿问罪急急如律令。右敕治疟符文用。臣身中左右官，使者无令错互，各主方神，而疟鬼奸其母，子四子无故入园中，火自烧死，反为疟鬼。吾是太上之使，知汝名字源由，何不疾走？今行水火追杀汝。急急如律令。右敕按疟疾行，火文并咒符。"

此外还有《治疟章》："上言谨按：男子某，素以胎生肉人，百官子孙，千载有幸，得奉清化，道气扶持，从来蒙恩如愿。肉人行多违，招延罪考。某年若干岁，以某月日，忽患疟疾，连日发动，头脑疼痛，寒热嘘吸，不下饮食。发动之日，气息垂尽，转加重剧，大小惶怖，无复情计，驰来诣臣，求乞救治。不胜肉人，婴此疟疾，在可哀愍。谨为伏地。破逆君将一百二十人，治汉仙室，主百姓男女病精魅中刑犯易，披发狂走还格，因称神鬼语称和言皆主之。"

主要参考文献

一、图书

（汉）班固：《汉书》，中华书局 1962 年版。

（南朝宋）范晔：《后汉书》，中华书局 1965 年版。

（晋）陈寿：《三国志》，中华书局 2005 年版。

（晋）王隐：《晋书地道记》，商务印书馆 1936 年版。

（晋）法显：《佛国记》，商务印书馆 1937 年版。

（宋）司马光：《资治通鉴》，中华书局 1956 年版。

（晋）陶渊明：《陶渊明集》，人民文学出版社 1956 年版。

（清）严可均辑：《全上古三代秦汉三国六朝文》，中华书局 1958 年版。

（梁）萧统：《昭明文选》，商务印书馆 1959 年版。

（宋）李昉等编：《太平御览》，中华书局 1960 年版。

（唐）令狐德棻等：《周书》，中华书局 1971 年版。

（唐）姚思廉：《陈书》，中华书局 1972 年版。

（唐）李百药：《北齐书》，中华书局 1972 年版。

（梁）萧子显：《南齐书》，中华书局 1972 年版。

（唐）姚思廉：《梁书》，中华书局 1973 年版。

（唐）魏征等：《隋书》，中华书局 1973 年版。

（唐）房玄龄等：《晋书》，中华书局 1974 年版。

（唐）杜佑：《通典》，中华书局 1998 年版。

（北齐）魏收：《魏书》，中华书局 1974 年版。

（唐）李延寿：《北史》，中华书局 1974 年版。

（唐）李延寿：《南史》，中华书局 1975 年版。

（刘宋）沈约：《宋书》，中华书局 1977 年版。

（晋）干宝：《搜神记》，中华书局 1979 年版。

（晋）王弼著，楼宇烈校释：《王弼集校释》，中华书局 1980 年版。

（晋）葛洪著，王明校释：《抱朴子内篇校释》，中华书局 1980 年版。

（唐）韩鄂著，缪启愉校释：《四民纂要校释》，农业出版社 1981 年版。

（晋）陶潜：《搜神后记》，中华书局 1981 年版。

（宋）李昉等编：《太平广记》，中华书局 1981 年版。

张崇根：《临海水土异物志辑校》，农业出版社 1981 年版。

（齐）陈延之著，高文柱辑校：《小品方辑校》，天津科学技术出版社 1983 年版。

（唐）李吉甫：《元和郡县图志》，中华书局 1983 年版。

（晋）刘义庆：《世说新语》，中华书局 1984 年版。

（晋）张华：《博物志》，中华书局 1985 年版。

（唐）许嵩撰，张忱石点校：《建康实录》，中华书局 1986 年版。

（隋）颜之推：《颜氏家训》，上海书店 1986 年版。

（宋）司马光：《资治通鉴》，中华书局 1956 年版。

（宋）马端临：《文献通考》，中华书局 1986 年版。

（刘宋）刘涓子著，于文忠点校：《刘涓子鬼遗方》，人民卫生出版社 1986 年版。

（宋）刘敞：《南北朝杂记》，中华书局 1991 年版。

（清）钱仪吉：《三国会要》，上海古籍出版社 1991 年版。

（唐）唐临：《冥报记》，中华书局 1992 年版。

（梁）释慧皎撰，汤用彤校注：《高僧传》，中华书局 1992 年版。

（梁）陶弘景编，尚志钧、尚元胜辑校：《本草经集注》，人民卫生出版社 1994 年版。

（梁）释僧佑：《出三藏记集》，中华书局 1995 年版。

（唐）欧阳询撰，汪绍楹校：《艺文类聚》，上海古籍出版社 1995 年版。

（北魏）崔鸿著，汤球补辑：《二十五别史：十六国春秋辑补》，齐鲁书社 2000 年版。

（晋）常璩：《二十五别史：华阳国志》，齐鲁书社 2000 年版。

（魏）郦道元：《水经注》，浙江古籍出版社 2000 年版。

（唐）徐坚等：《初学记》，中华书局 2004 年版。

缪启愉、缪桂龙撰：《齐民要术译注》，上海古籍出版社 2006 年版。

（北魏）杨衒之著，杨勇校笺：《洛阳伽蓝记校笺》，中华书局 2006 年版。

（清）张廷玉等：《明史》，中华书局 1974 年版。

韩理洲：《全北齐北周文补遗》，三秦出版社 2006 年版。

长沙简牍博物馆、中国文物研究所、北京大学历史系编：《长沙走马楼三国吴简·竹简》（壹）文物出版社 2008 年版。

长沙简牍博物馆、中国文物研究所、北京大学历史系编：《长沙走马楼三国吴简·竹简》（贰）文物出版社 2008 年版。

长沙简牍博物馆、中国文物研究所、北京大学历史系编：《长沙走马楼三国吴简·竹简》（叁）文物出版社 2008 年版。

韩理洲等辑校编年：《全北魏东魏西魏文补遗》，三秦出版社 2010 年版。

唐长孺：《魏晋南北朝史论丛》，三联书店 1955 年版。

岑仲勉：《黄河变迁史》，人民出版社 1957 年版。

韩国磐：《北朝经济试探》，上海人民出版社 1958 年版。

唐长孺：《魏晋南北朝史论丛续编》，三联书店 1959 年版。

李剑农：《魏晋南北朝隋唐经济史稿》，三联书店 1959 年版。

周一良：《魏晋南北朝史论集》，中华书局 1963 年版。

史念海：《河山集》，三联书店 1963 年版。

马世骏等：《中国东亚飞蝗蝗区的研究》，科学出版社 1965 年版。

竺可桢、宛敏渭：《物候学》，科学出版社 1973 年版。

张家诚等编著：《气候变迁及其原因》，科学出版社 1976 年版。

张伯忍：《气候与农业》，安徽科学技术出版社 1979 年版。

侯仁之：《历史地理学的理论与实践》，上海人民出版社 1979 年版。

朱震达等：《中国沙漠概论》，科学出版社 1980 年版。

冀朝鼎：《中国历史上的基本经济区与水利事业的发展》，中国社会科学出版社 1981 版。

史念海：《河山集》（二集），三联书店 1981 年版。

朱震达、刘恕：《中国北方地区的沙漠化过程及其治理区划》，中国林业出版社 1981 年版。

刘昭民：《中国历史上气候之变迁》，（台湾）商务印书馆1982年版。

谭其骧主编：《中国历史地图集》（第1—4册），地图出版社1982年版。

傅筑夫：《中国封建社会经济史》（第二卷），人民出版社1982年版。

陈嵘：《中国森林史料》，中国林业出版社1983年版。

汤用彤：《汉魏两晋南北朝佛教史》，中华书局1983年版。

龚高法、张丕远：《历史时期气候变化研究方法》，科学出版社1983年版。

万绳楠：《魏晋南北朝史论稿》，安徽教育出版社1983年版。

韩国磐：《魏晋南北朝史纲》，人民出版社1983年版。

赵希涛：《中国海岸演变研究》，福建科技出版社1984年版。

周一良：《魏晋南北朝史札记》，中华书局1985年版。

史念海等：《黄土高原森林与草原的变迁》，陕西人民出版社1985年版。

谢成侠：《中国养牛羊史（附养鹿简史）》，农业出版社1985年版。

陈高傭等编：《中国历代天灾人祸表》，上海书店1986年影印版。

何兹全主编：《五十年来汉唐佛教寺院经济研究》，北京师范大学出版社1986年版。

朱大渭主编：《中国农民战争史》（魏晋南北朝卷），人民出版社1986年版。

郑斯中等编著：《气候影响评价》，气象出版社1989年版。

谭其骧等：《黄河史论丛》，复旦大学出版社1986年版。

谭其骧：《长水集》（上、下），人民出版社1987年版。

万绳楠整理：《陈寅恪魏晋南北朝讲演录》，黄山书社1987年版。

高敏：《魏晋南北朝社会经济史探讨》，人民出版社1987年版。

姚汉源：《中国水利史纲要》，水利电力出版社1987年版。

曾昭璇等：《珠江三角洲历史地貌学研究》，广东高等教育出版社1987年版。

纪树立：《鼠疫》，人民卫生出版社1988年版。

史念海：《河山集》（三集），人民出版社1988年版。

黄惠贤主编：《古代长江中游的经济开发》，武汉出版社1988年版。

江苏省六朝史学会、江苏省社科院历史所编：《古代长江下游的经济开发》，三秦出版社1989年版。

北京天文台主编:《中国古代天象记录总集》,江苏科学技术出版社 1998 年版。

[日]小尾郊一编著:《中国文学中所表现的自然与自然观》,上海古籍出版社 1989 年版。

郑欣:《魏晋南北朝史探索》,山东大学出版社 1989 年版。

唐长孺:《山居存稿》,中华书局 1989 年版。

曹贯一:《中国农业经济史》,中国社会科学出版社 1989 年版。

袁清林:《中国环境保护史话》,中国环境科学出版社 1989 年版。

[德]W·顾彬,马树德译:《中国文人的自然观》,上海人民出版社 1990 年版。

施雅风等:《中国气候与海面变化研究进展》,海洋出版社 1990 年版。

周一良:《魏晋南北朝史论集续编》,北京大学出版社 1991 年版。

周昆叔主编:《环境考古研究》(第一辑),科学出版社 1991 年版。

陈登林、马建章:《中国自然保护史纲》,东北林业大学出版社 1991 年版。

气候变化与作物产量课题组编:《气候变化与作物产量》,中国农业科学技术出版社 1992 年版。

刘国城:《生物圈与人类社会》,人民出版社 1992 年版。

李克让主编:《中国气候变化及其影响》,海洋出版社 1992 年版。

杜士铎主编:《北魏史》,山西高校联合出版社 1992 年版。

蓝勇:《历史时期西南经济开发与生态变迁》,云南教育出版社 1992 年版。

尹泽生等:《西北干旱地区全新世环境变迁与人类文明兴衰》,地质出版社 1992 年版。

[英]汤因比:《人类与大地母亲》,上海人民出版社 1992 年版。

唐长孺:《魏晋南北朝隋唐史三论》,武汉大学出版社 1993 年版。

何业恒:《中国珍稀兽类的历史变迁》,湖南科学技术出版社 1993 年版。

邹逸麟主编:《黄淮海平原历史地理》,安徽教育出版社 1993 年版。

董智勇主编:《中国森林史资料汇编》,中国林学会林业史学会 1993 年版。

梁方仲编著:《中国历代户口、田地、田赋统计》,上海人民出版社 1980

年版。

陈育宁主编：《宁夏通史》（古代卷），宁夏人民出版社 1993 年版。

甘肃省文物考古研究所：《敦煌祁家湾——西晋十六国墓葬发掘报告》，文物出版社 1994 年版。

［日］前田正名著，李凭等译：《平城历史地理学研究》，书目文献出版社 1994 年版。

邓云特：《中国救荒史》，上海书店出版社 1994 年版。

宋正海等：《历史自然学的理论与实践》，学苑出版社 1994 年版。

王振堂、盛连喜：《中国生态环境变迁与人口压力》，中国环境科学出版社 1994 年版。

罗桂环等：《中国历史时期的人口变迁与环境保护》，冶金工业出版社 1995 年版。

罗桂环等：《中国环境保护史稿》，中国环境科学出版社 1995 年版。

文焕然等：《中国历史时期植物与动物变迁研究》，重庆出版社 1995 年版。

王育民：《中国人口史》，江苏人民出版社 1995 年版。

姜生：《汉魏两晋南北朝道教伦理论稿》，四川大学出版社 1995 年版。

刘翠溶、伊懋可主编：《积渐所至——中国环境史论文集》，（台北）"中央研究院"经济所 1995 年版。

李并成：《河西走廊历史地理》，甘肃人民出版社 1995 年版。

于希贤、于湧：《沧海桑田——历史时期地理环境的渐变与突变》，广东教育出版社 1996 年版。

文焕然等：《中国历史时期冬半年气候冷暖变迁》，科学出版社 1996 年版。

赵冈：《中国历史上生态环境之变迁》，中国环境科学出版社 1996 年版。

牟重行：《中国五千年气候变迁的再考证》，气象出版社 1996 年版。

高敏：《魏晋南北朝经济史》，上海人民出版社 1996 年版。

何业恒：《中国虎与中国熊的历史变迁》，湖南师范大学出版社 1996 年版。

何业恒：《中国珍稀爬行类两栖类和鱼类的历史变迁》，湖南师范大学出版社 1997 年版。

葛剑雄主编：《中国移民史》，福建人民出版社 1997 年版。

史念海：《河山集》（六集），山西人民出版社 1997 年版。

黎虎：《魏晋南北朝史论》，学苑出版社 1997 年版。

梁家勉主编：《中国农业科学技术史稿》，农业出版社 1989 年版。

黎虎：《汉唐饮食文化史》，北京师范大学出版社 1998 年版。

张建民、宋俭：《灾害历史学》，湖北人民出版社 1998 年版。

许飞琼：《灾害统计学》，湖南人民出版社 1998 年版。

张剑光：《三千年疫情》，江西高校出版社 1998 年版。

朱大渭等：《魏晋南北朝社会生活史》，中国社会科学出版社 1998 年版。

［美］纳什著，杨通进译：《大自然的权利：环境伦理学史》，青岛出版社
1999 年版。

史念海：《黄河流域诸河流的演变与治理》，陕西人民出版社 1999 年版。

朱士光：《黄土高原地区环境变迁及其治理》，黄河水利出版社 1999
年版。

劳政武：《佛教戒律学》，宗教文化出版社 1999 年版。

牟发松：《湖北通史》（魏晋南北朝卷），华中师范大学出版社 1999 年版。

景爱：《沙漠考古通论》，紫禁城出版社 1999 年版。

谭其骧：《长水粹编》，河北教育出版社 2000 年版。

王利华：《中古华北饮食文化的变迁》，中国社会科学出版社 2000 年版。

周昆叔主编：《环境考古研究》（第二辑），科学出版社 2000 年版。

李凭：《北魏平城时代》，社会科学文献出版社 2000 年版。

李丙寅等：《中国古代环境保护史》，河南大学出版社 2001 年版。

邹逸麟主编：《中国历史人文地理》，科学出版社 2001 年版。

史念海：《黄土高原历史地理研究》，黄河水利出版社 2001 年版。

余谋昌：《生态文化论》，河北教育出版社 2001 年版。

李根蟠主编：《中国经济史上的"天人"关系》，中国农业出版社 2002
年版。

姜生：《中国道教科学技术史》（汉魏两晋卷），科学出版社 2002 年版。

邹逸麟编著：《中国历史地理概述》，福建人民出版社 1999 年版。

佘正荣：《中国生态伦理传统的诠释与重建》，人民出版社 2002 年版。

张承宗、魏向东：《中国风俗通史》（魏晋南北朝卷），上海文艺出版社

2001 年版。

　　何德章：《中国经济通史》（魏晋南北朝卷），湖南人民出版社 2002 年版。

　　张德二：《中国三千年气象记录总集》，凤凰出版社 2004 年版。

　　宋正海等：《中国古代自然灾异动态分析》，安徽教育出版社 2002 年版。

　　王诺：《欧美生态文学》，北京大学出版社 2003 年版。

　　杨文衡：《易学与生态环境》，中国书店 2003 年版。

　　张泽咸：《汉晋唐时期农业》，中国社会科学出版社 2003 年版。

　　王仲荦：《魏晋南北朝史》，上海人民出版社 2003 年版。

　　李并成：《河西走廊历史时期沙漠化研究》，科学出版社 2003 年版。

　　具圣姬：《两汉魏晋南北朝的坞壁》，民族出版社 2004 年版。

　　蒋福亚：《魏晋南北朝经济史探》，甘肃人民出版社 2004 年版。

　　景爱：《胡杨的呼唤——沙漠考古手记》，中国青年出版社 2004 年版。

　　张敏：《生态史学视野下的十六国北魏兴衰》，湖北人民出版社 2004
年版。

　　北京吴简研讨班：《吴简研究》（第一辑），崇文书局 2004 年版。

　　于振波：《走马楼吴简研究初探》，（台北）文津出版社 2004 年版。

　　乐爱国：《道教生态学》，社会科学文献出版社 2005 年版。

　　葛剑雄主编：《中国人口史》，复旦大学出版社 2005 年版。

　　蒋福亚：《魏晋南北朝社会经济史》，天津古籍出版社 2005 年版。

　　张修桂：《中国历史地貌与古地图研究》，社会科学出版社 2006 年版。

　　邹逸麟：《椿庐史地论稿》，天津古籍出版社 2005 年版。

　　高敏：《魏晋南北朝史发微》，中华书局 2005 年版。

　　程有为：《河南通史》（第二卷），河南人民出版社 2005 年版。

　　长沙市简牍博物馆，北京吴简研讨班：《吴简研究》（第二辑），崇文书局
2006 年版。

　　何兹全：《何兹全文集》，中华书局 2006 年版。

　　石泉：《石泉文集》，武汉大学出版社 2006 年版。

　　周昆叔主编：《环境考古研究》（第三辑），北京大学出版社 2006 年版。

　　侯仁之、邓辉主编：《中国北方干旱半干旱地区历史时期环境变迁研究文
集》，商务出版社 2006 年版。

　　伍成泉：《魏晋南北朝道教戒律规范研究》，巴蜀书社 2006 年版。

毛汉光：《中国人权史》（生存权篇），广西师范大学出版社 2006 年版。

王利华主编：《中国历史上的环境与社会》，三联书店 2007 年版。

田澍主编：《西北开发史研究》，中国社会科学出版社 2007 年版。

莫多闻主编：《环境考古学》（第四辑），北京大学出版社 2007 年版。

王利华：《中国家庭史》（魏晋南北朝卷），广东人民出版社 2007 年版。

赵安起：《中国古代环境文化概论》，中国环境科学出版社 2008 年版。

刘翠溶：《自然与人为互动——环境史研究的视角》，（台北）联经出版公司 2008 年版。

［美］J. 唐纳德·休斯：《什么是环境史》，北京大学出版社 2008 年版。

［英］威廉·贝纳特，彼得·科茨：《环境与历史：美国和南非驯化自然的比较》，译林出版社 2008 年版。

周兆望：《江西通史》（魏晋南北朝卷），江西人民出版社 2008 年版。

赵向群：《甘肃通史》（魏晋南北朝卷），甘肃人民出版社 2009 年版。

赵凯球、马新：《山东通史》（魏晋南北朝卷），人民出版社 2009 年版。

唐大为主编：《中国环境史研究：理论与方法》（第 1 辑），中国环境科学出版社 2009 年版。

满志敏：《中国历史时期气候变化研究》，山东教育出版社 2009 年版。

王建革：《传统末期华北的生态与社会》，三联出版社 2009 年版。

王惠：《荒野哲学与山水诗》，学林出版社 2010 年版。

何德章：《魏晋南北朝史丛稿》，商务印书馆 2010 年版。

马俊亚：《被牺牲的“局部”：淮北社会生态变迁研究（1680—1949）》，北京大学出版社 2011 年版。

葛全胜等：《中国历朝气候变化》，科学出版社 2011 年版。

王鑫义、张子侠：《安徽通史》（秦汉魏晋南北朝卷），安徽人民出版社 2011 年版。

梅雪芹：《环境史研究叙论》，中国环境科学出版社 2011 年版。

王利华：《徘徊在人与自然之间——中国生态环境史探索》，天津古籍出版社 2012 年版。

包茂宏：《环境史学的起源和发展》，北京大学出版社 2012 年版。

夏明方：《近世棘途：生态变迁中的中国现代化进程》，中国人民大学出版社 2012 年版。

张全明：《两宋生态环境变迁史》，中华书局 2015 年版。

马立博：《中国环境史：从史前到现代》，中国人民大学出版社 2015 年版。

夏明方主编：《生态史研究》（第一辑），商务印书馆 2016 年版。

王建革：《江南环境史研究》，科学出版社 2016 年版。

钞晓鸿：《环境史研究的理论与实践》，人民出版社 2016 年版。

［英］卡鲁姆·罗伯茨著，吴佳其译：《假如海洋空荡荡：一部自我毁灭的人类文明史》，北京大学出版社 2016 年版。

王仲荦：《北周地理志》，中华书局 1980 年版。

逯钦立辑校：《先秦汉魏晋南北朝诗》，中华书局 1983 年版。

林梅村编：《楼兰尼雅出土文书》，文物出版社 1985 年版。

任乃强：《华阳国志校补图注》，上海古籍出版社 1987 年版。

林梅村：《沙海古卷——中国所出佉卢文书（初集）》，文物出版社 1988 年版。

上海古籍出版社编：《汉魏六朝笔记小说大观》，上海古籍出版社 1999 年版。

韩理洲：《全隋文补遗》，三秦出版社 2004 年版。

二、论文

徐近之：《黄淮平原气候历史记载的初步整理》，《地理学报》1955 年第 2 期。

孔翼：《我国冬季温度与下半年降水》，《天气月刊》1959 年第 7 期。

万绳楠：《六朝时代江南的开发问题》，《历史教学》1963 年第 3 期。

高敏：《古代豫北的水稻生产问题》，《郑州大学学报》1964 年第 2 期。

纽仲勋：《历史时期山西西部的农牧开发》，《地理集刊》（第七号）。

高敏：《历史上晋冀鲁豫交界地区种稻同改良盐碱土的关系》，《人民日报》1965 年 12 月 7 日。

侯仁之：《从红柳河上的古城废墟看毛乌素沙漠的变迁》，《文物》1973 年第 1 期。

侯仁之：《乌兰布和沙漠的考古发现和地理环境的变迁》，《考古》1973

年第 3 期。

黄明兰：《洛阳北魏元邵墓》，《考古》1973 年第 4 期。

龚时旸，熊贵枢：《黄河泥沙来源和地区分布》，《人民黄河》1979 年第 1 期。

黄秉维：《确切地估计森林的作用》，《地理知识》1980 年第 1 期。

王鹏飞：《节气顺序和我国古代气候变化》，《南京气象学院学报》1980 年第 1 期。

张泽咸等：《略论我国封建时代的粮食生产》，《中国史研究》1980 年第 3 期。

李健超：《一千五百年来渭河中下游的变迁》，《西北历史资料》1980 年第 3 期。

赵克尧：《论魏晋南北朝的坞壁》，《历史研究》1980 年第 6 期。

高耀亭等：《历史时期我国长臂猿分布的变迁》，《动物学研究》1981 年第 1 期。

刘敦愿、张仲葛：《我国养猪史话》，《农业考古》1981 年第 1 期。

田世英：《历史时期山西水文的变迁及其与耕牧业更替的关系》，《山西大学学报》（哲学社会科学版）1981 年第 1 期。

朱志诚：《秦岭以北黄土区植被的演变》，《西北大学学报》（自然科学版），1981 年第 4 期。

鲜肖威：《历史上兰州东平原的黄河河道变迁》，《兰州学刊》1982 年第 1 期。

郑斯中：《气候对社会冲击的评定——一个多学科的课题》，《地理译报》1982 年第 1 期。

田世英：《黄河流湖古湖钩沉》，《山西大学学报》（哲学社会科学版）1982 年第 2 期。

张养才：《历史时期气候变迁与我国稻作区演变关系的研究》，《科学通报》1982 年第 4 期。

鲜肖威：《历史时期甘肃黄土高原的环境变迁》，《社会科学》1982 年第 2 期。

张德二：《历史时期"雨土"现象剖析》，《科学通报》1982 年第 5 期。

景可、陈永宗：《黄土高原侵蚀环境与侵蚀速率的初步研究》，《地理研究》1983 年第 2 期。

陈柏权：《江西地区历史时期的森林》，《农业考古》1985 年第 2 期。

王馥棠：《世界气候与粮食产量的预测》，《气象知识》1984 年第 1 期。

李凤歧等：《黄土高原古代农业抗旱经验初探》，《农业考古》1984 年第 1 期。

陈树平：《略述历史上大白菜和姜种植范围的扩大》，《农业考古》1984 年第 1 期。

罗宗真：《六朝时期的江南农业经济——兼论全国经济重心的开始南移》，《农业考古》1984 年第 1 期。

马正林：《人类活动与中国沙漠地区的扩大》，《陕西师范大学学报》（哲学社会科学版）1984 年第 3 期。

张德二：《我国历史时期以来降尘的天气气候学初步分析》，《中国科学》（B 辑）1984 年第 3 期。

邹逸麟：《历史时期黄河流域水稻生产的地域分布和环境制约》，《复旦学报》（社会科学版）1985 年第 3 期。

张维训：《论鲜卑拓跋族由游牧社会走向农业社会的历史转变》，《中国社会经济史研究》1985 年第 3 期。

阎顺：《新疆平原湖泊的变化》，《陕西师范大学学报》1985 年第 4 期。

程弘：《新史学：来自自然科学的"挑战"》，《晋阳学刊》1982 年第 6 期。

任振球：《中国近五千年来气候的异常期及其天文成因》，《农业考古》1986 年第 1 期。

游修龄：《太湖地区稻作起源及其传播和发展问题》，《中国农史》1986 年第 1 期。

李森：《对历史时期乌兰布和沙漠成因的几点认识》，《西北史地》1986 年第 1 期。

陈育宁：《鄂尔多斯地区沙漠化的形成和发展述论》，《中国社会科学》1986 年第 2 期。

武建国：《北朝屯田述论》，《思想战线》1986 年第 5 期。

牟重行：《南北朝气候考》，《浙江气象科技》1987 年第 3 期。

郑炳林：《十六国时期姑臧建城的自然与人口条件》，《西北史地》1987

年第 3 期。

倪根金：《试论气候变迁对我国古代北方农业经济的影响》，《农业考古》1988 年第 1 期。

游修龄：《农史研究的方法论问题》，《中国农史》1988 年第 1 期。

樊志民、冯风：《关于历史上的旱灾与农业问题研究》，《中国农史》1988 年第 1 期。

张履鹏、赵玉蓉：《魏晋南北朝时期区域农业生产概述》，《古今农业》1988 年第 1 期。

黎虎：《东晋南朝时期北方旱田作物的南移》，《北京师范大学学报》1988 年第 2 期。

曹文柱：《六朝时期江南社会风气的变迁》，《历史研究》1988 年第 2 期。

黄朝迎：《我国草原牧区雪灾及危害》，《灾害学》1988 年第 4 期。

张柏忠：《北魏以前科尔沁沙地的变迁》，《中国沙漠》1989 年第 4 期。

陈新海：《南北朝时期黄河中下游的主要农业区》，《中国历史地理论丛》1990 年第 2 期。

朱士光：《历史时期农业生态环境变迁初探——以陕蒙晋大三角地区为例》，《地理学与国土研究》1990 年第 2 期。

郑云飞：《中国历史上的蝗灾分析》，《中国农史》1990 年第 4 期。

王大建：《魏晋南北朝时期的田园经济与商品生产》，《文史哲》1990 年第 4 期。

张柏忠：《北魏至金代科尔沁沙地的变迁》，《中国沙漠》1991 年第 1 期。

赵松乔：《中国农业（种植业）的历史发展和地理分布》，《地理研究》1991 年第 1 期。

吴兴勇：《论匈奴人西迁的自然地理原因》，《史学月刊》1991 年第 3 期。

吴刚：《秦汉至南朝时期南方农业经济的开发》，《上海社会科学院季刊》1991 年第 1 期。

刘洪杰：《中国古代独角动物的类型及其地理分布的历史变迁》，《中国历史地理论丛》1991 年第 4 期。

李丙寅：《略论魏晋南北朝时代的环境保护》，《史学月刊》1992 年第 1 期。

朱士光：《我国黄土高原地区几个主要区域历史时期经济发展与自然环境

变迁概况》，《中国历史地理论丛》1992 年第 1 期。

黎虎：《北魏前期的狩猎经济》，《历史研究》1992 年第 1 期。

陈兴民、马牧：《气候社会学论略》，《许昌师专学报》1992 年第 4 期。

李并成：《猪野泽及其历史变迁考》，《地理学报》1993 年第 1 期。

孙荣强：《中国农业重旱区及其特征》，《灾害学》1993 年第 2 期。

蓝勇：《中国西南历史气候初步研究》，《中国历史地理论丛》1993 年第 2 期。

陈育宁：《宁夏地区沙漠化的历史演进考略》，《宁夏社会科学》1993 年第 3 期。

楼嘉军：《气候变迁与文化带移动——晋宋时期黄河流域文化南迁浅探》，《历史教学问题》1994 年第 1 期。

于希贤：《近四千年来中国地理环境几次突发变异及其后果的初步研究》，《中国历史地理论丛》1995 年第 2 期。

李并成：《北魏瓜州敦煌郡鸣沙、平康、东乡三县城址考》，《社科纵横》1995 年第 2 期。

王建革：《小农与环境——以生态系统的观点透视传统农业生产的历史过程》，《中国农史》1995 年第 3 期。

王铮等：《历史气候变化对中国社会发展的影响——兼论人地关系》，《地理学报》1996 年第 4 期。

赵冈：《人口、垦殖与生态环境》，《中国农史》1996 年第 1 期。

尹志华：《道教戒律中的环境保护思想》，《中国道教》1996 年第 2 期。

秦冬梅等：《试论六朝时期的江淮农业》，《中国农史》1996 年第 4 期。

朱小梅：《北魏的灾荒及其救灾政策》，《北朝研究》1996 年第 4 期。

冯季昌等：《论科尔沁沙地的历史变迁》，《中国历史地理论丛》1996 年第 4 期。

韩昇：《魏晋隋唐的坞壁和村》，《厦门大学学报》（哲学社会科学版）1997 年第 2 期。

王振堂等：《犀牛在中国灭绝与人口压力关系的初步分析》，《生态学报》1997 年第 6 期。

薛瑞泽：《汉唐间河洛地区的渔业》，《洛阳大学学报》1997 年第 3 期。

于希贤：《历史时期气候变迁的周期性与中国地震活动期问题的探讨》，

《中国历史地理论丛》1997 年第 4 期。

李并成：《河西走廊汉唐古绿洲沙漠化的调查研究》，《地理学报》1998 年第 2 期。

夏明方：《近代中国粮食生产与气候波动——兼评学术界关于中国近代农业生产力水平问题的争论》，《社会科学战线》1998 年第 4 期。

许靖华：《太阳、气候、饥荒与民族大迁移》，《中国科学》（D 辑）1998 年第 4 期。

邹逸麟：《我国古代的环境意识与环境行为》，《庆祝杨向奎先生教研六十年论文集》，河北教育出版社 1998 年版。

蒋福亚：《魏晋南北朝北方的农业耕作方式》，《首都师范大学学报》（社会科学版）1999 年第 1 期。

王乃昂等：《青土湖近 6000 年来沉积气候记录研究——兼论四五世纪气候回暖》，《地理科学》1999 年第 2 期。

张福春：《花信风与我国公元六世纪气候的重建》，《地理研究》1999 年第 2 期。

魏德宗：《佛教的生态观》，《中国社会科学》1999 年第 3 期。

方修琦：《从农业气候条件看我国北方原始农业的衰落与农牧交错带的形成》，《自然资源学报》1999 年第 3 期。

王利华：《中古时期北方地区的水环境和渔业生产》，《中国历史地理论丛》1999 年第 4 期。

周宏伟：《历史时期长江清浊变化的初步研究》，《中国历史地理论丛》1999 年第 4 期。

满志敏：《历史时期柑橘种植北界与气候变化的关系》，《复旦学报》（社会科学版）1999 年第 5 期。

郭黎安：《关于六朝建康气候、自然灾害和生态环境的初步研究》，《南京社会科学》2000 年第 8 期。

张利平：《气候变暖及其对我国的社会影响》，《自然杂志》2000 年第 1 期。

井上幸纪：《两汉魏晋南北朝的灾异政策》，《南京师专学报》2000 年第 1 期。

杨钰侠：《试论南北朝时期的赈灾之政》，《中国农史》2000 年第 2 期。

周唯一：《南北朝诗人的山水游赏之乐》，《衡阳师范学院学报》（社会科学）2000 年第 1 期。

谢丽：《绿洲农业开发与楼兰古国生态环境的变迁》，《中国农史》2001 年第 1 期。

王社教：《历史时期我国沙尘天气时空分布特点及成因研究》，《陕西师范大学学报》（哲学社会科学版）2001 年第 2 期。

赵春福：《道法自然与环境保护——道家生态伦理及其现代意义》，《齐鲁学刊》2001 年第 2 期。

赵夏竹：《汉末三国时代的疾疫、社会与文学》，《中国典籍与文化》2001 年第 3 期。

赵克生：《屠钓之禁的形成及其影响》，《中国农史》2001 年第 3 期。

张岂之：《关于生态环境问题的历史思考》，《史学集刊》2001 年第 3 期。

胡阿祥：《魏晋南北朝时期的生态环境》，《南京晓庄师范学院学报》2001 年第 3 期。

侯旭东：《北朝乡里制与村民的生活世界——以石刻为中心的考察》，《历史研究》2001 年第 6 期。

刘春香：《魏晋南北朝时期的环境问题与环境保护》，《许昌师专学报》2002 年第 1 期。

卿希泰：《道教生态伦理思想及其现实意义》，《四川大学学报》（哲学社会科学版）2002 年第 1 期。

操晓理：《北魏平城地区的移民与饥荒》，《首都师范大学学报》（社会科学版）2002 年第 2 期。

施和金：《论中国历史上的蝗灾及其社会影响》，《南京师大学报》（社会科学版）2002 年第 2 期。

任重：《平城的居民规模与平城时代的经济模式》，《史学月刊》2002 年第 3 期。

薛瑞泽：《北魏的农田水利建设》，《安徽史学》2002 年第 3 期。

王炜林：《毛乌素沙漠化年代问题之考古学观察》，《考古与文物》2002 年第 5 期。

王亚利：《魏晋南北朝时期的灾害思想初探》，《四川大学学报》（哲学社会科学版）2003 年第 1 期。

秦冬梅：《试论魏晋南北朝时期的气候异常与农业生产》，《中国农史》2003 年第 1 期。

王亚利：《论儒家思想对魏晋南北朝救灾理念的主导作用》，《社会科学研究》2003 年第 4 期。

张文：《中国古代报灾检灾制度述论》，《中国经济史研究》2004 年第 1 期。

邵永忠：《二十世纪以来荒政史研究综述》，《中国史研究动态》2004 年第 3 期。

孙关龙：《中国历史大疫的时空分布及其规律研究》，《地域开发与研究》2004 年第 6 期。

刘春香：《魏晋南北朝时期对生态学的认识及其利用》，《许昌学院学报》2004 年第 1 期。

刘春香：《魏晋南北朝时期荒政述论》，《许昌学院学报》2004 年第 4 期。

薛瑞泽：《北魏时期的水旱灾害及其防治》，《北朝研究》2004 年第 4 辑。

章义和：《魏晋南北朝时期蝗灾述论》，《许昌学院学报》2005 年第 1 期。

赵引娟等：《“Dark Ages”冷事件研究进展》，《冰川冻土》2005 年第 2 期。

郑景云等：《魏晋南北朝时期的中国东部温度变化》，《第四纪研究》2005 年第 2 期。

景蜀慧：《“风痹”与“风疾”——汉晋时期医家对“诸风”的认识及相关的自然气候因素探析》，《中山大学学报》（社会科学版）2005 年第 4 期。

周宏伟：《“滇池”本在成都平原考》，《西南师范大学学报》（人文社会科学版）2005 年第 5 期。

李根蟠：《环境史视野与经济史研究——以农史为中心的思考》，《南开学报》2006 年第 2 期。

张秀军：《两晋时期民间应对灾害策略》，《北方论丛》2006 年第 5 期。

朱士光：《关于中国环境史研究几个问题之管见》，《山西大学学报》（哲学社会科学版）2006 年第 3 期。

王利华：《生态环境史的学术界域与学科定位》，《学术研究》2006 年第 9 期。

王玉德：《试析环境史研究热的缘由与走向——兼论环境史研究的学科属

性》，《江西社会科学》2007 年第 7 期。

王利华：《中古华北水资源状况的初步考察》，《南开学报》（哲学社会科学版）2007 年第 3 期。

文传浩：《人类活动的环境效应及生态环境变迁研究述评》，《重庆工商大学学报》（西部论坛）2007 年第 6 期。

方修琦等：《中国水土流失的历史演变》，《水土保持通报》2008 年第 1 期。

杨庭硕：《目前生态环境史研究中的陷阱和误区》，《南开学报》（哲学社会科学版）2009 年第 2 期。

何群：《生态人类学与地理学、环境史亲和性论辩》，《西北民族研究》2009 年第 4 期。

程杰：《“二十四番花信风”考》，《阅江学刊》2010 年第 1 期。

胡梧挺：《鬼神、疾病与环境：唐代厕神传说的另类解读》，《社会科学家》2010 年第 7 期。

赵九洲：《中国环境史研究的认识误区与应对方法》，《学术研究》2011 年第 8 期。

赵仁龙：《橘化为枳：“江”抑或“淮”——写本时代地理观念的传承与变迁》，《中国农史》2011 年第 4 期。

周宏伟：《云梦问题的新认识》，《历史研究》2012 年第 2 期。

孙靖国：《中古时期桑干河流域农牧环境的变迁——兼论北魏为何定都平城》，《南都学坛》2012 年第 3 期。

赵杏根：《魏晋南北朝时期的生态理论与实践举要》，《鄱阳湖学刊》2012 年第 3 期。

夏炎：《魏晋南北朝燃料供应与日常生活》，《东岳论丛》2013 年第 2 期。

文焕然等：《湘江下游森林的变迁》，《历史地理》1982 年第 2 辑。

王尚义：《历史时期鄂尔多斯高原农牧业的交替及其对自然环境的影响》，《历史地理》第 5 辑。

王乃昂：《历史时期甘肃黄土高原的环境变迁》，《历史地理》第 8 辑。

三、未刊硕博士论文

张莉:《汉晋时期楼兰古绿洲环境变迁研究》，陕西师范大学 2001 年硕士论文。

高峰:《北朝灾害史研究》，首都师范大学 2003 年博士论文。

吴海燕:《魏晋南北朝乡村社会及其变迁研究》，郑州大学 2003 年博士论文。

黄景春:《早期买地券、镇墓文整理与研究》，华东师范大学 2004 年博士论文。

姚凤梅:《气候变化对我国粮食产量的影响评价》，中国科学院研究生院（大气物理研究所）2005 年博士论文。

孙丽:《魏晋南北朝疫病研究》，南昌大学 2005 年硕士论文。

白才儒:《汉魏晋南北朝道教生态思想研究》，山东大学 2005 年博士论文。

陆佩玲:《中国木本植物物候对气候变化的响应研究》，北京林业大学 2006 年博士论文。

王琳:《紧张与亲密:环境史与历史地理学》，山东大学 2006 年硕士论文。

黄小忠:《新疆博斯腾湖记录的亚洲中部干旱区全新世气候变化研究》，兰州大学 2006 年博士论文。

程弘毅:《河西地区历史时期沙漠化研究》，兰州大学 2007 年博士论文。

杨胜良:《汉唐环境保护思想研究》，厦门大学 2007 年博士论文。

彭超:《毛乌素沙地西南缘古城址与环境变迁初步研究》，兰州大学 2007 年硕士论文。

徐丽娟:《六朝都城建康的生态环境研究》，南京师范大学 2007 年硕士论文。

刘颖杰:《气候变化对中国粮食产量的区域影响研究》，首都师范大学 2008 年博士论文。

李钢:《历史时期中国蝗灾记录特征及其环境意义集成研究》，兰州大学 2008 年博士论文。

张洁:《历史时期中国境内亚洲象相关问题研究》，陕西师范大学 2008 年硕士论文。

武冠芳：《魏晋南北朝时期北方地区生态环境研究》，山西大学 2009 年硕士论文。

周启良：《我国古代环境保护法制演变考——以土地制度变迁为基本线索》，重庆大学 2009 年博士论文。

黄银洲：《鄂尔多斯高原近 2000 年沙漠化过程与成因研究》，兰州大学 2009 年博士论文。

郭本厚：《六朝游文化视野中的山水诗研究》，上海师范大学 2010 年博士论文。

曹志红：《老虎与人：中国虎地理分布和历史变迁的人文影响因素研究》，陕西师范大学 2010 年博士论文。

周刚：《新疆博斯腾湖记录的我国西北干旱区过去 2000 年气候变化研究》，兰州大学 2011 年硕士论文。

冯文娟：《中国古代环境保护思想与立法》，吉林大学 2011 年硕士论文。

王飞：《3—6 世纪中国北方地区的疫病与社会》，吉林大学 2011 年博士论文。

周景勇：《中国古代帝王诏书中的生态意识研究》，北京林业大学 2011 年博士论文。

赵九洲：《古代华北燃料问题研究》，南开大学 2012 年博士论文。

连雯：《魏晋南北朝时期南方生态环境下的居民生活》，南开大学 2013 年博士论文。

赵延旭：《北朝时期的林业及相关问题研究》，吉林大学 2015 年博士论文。

后　记

魏晋南北朝是中国古代社会中的巨变时代，学术界很早就对引起社会巨变的气候变迁状况进行了讨论，进而研究了气候变迁对农业、疫病以及战争、自然灾害等方面的影响。但对魏晋南北朝时期的环境史缺少整体的认识。本人读博士期间，正值环境史相关理论传入中国，王玉德导师建议本人从事这一时期的环境史研究，本人遂以气候变迁为视角，研究气候变迁对这一时期中国北方环境的影响。博士毕业之后，本人将这一课题完善，形成了本书的雏形。

书稿主体部分在2013年业已完成，在此后几年间，相关研究成果逐渐发表，部分内容也进行了修改，但总体变动不大。近些年，随着本人研究兴趣的转移以及接受诸多委托任务的原因，对魏晋南北朝环境史在理论上没有进行深入思考与讨论，相关研究成果也未完全吸收。个人认为，环境变迁对魏晋南北朝时期的经济、军事乃至政治都产生了深远的影响，目前虽然有不少研究涉及相关问题，但总体上还有待深化之处。魏晋南北朝时期的环境史还值得进一步研究。

书稿即将面世，感慨颇多。本书动笔时，小女才一岁，现在已经是小学五年级学生了。在这期间，爱人黄继东将主要精力放在照顾小孩、承担家务上，耽搁了自己的学业。岳父黄忠臣对本人关爱有加，一直盼望本书的问世；但在书稿即将完成时去世。

写作书稿之时，图书数字化尚不普及，材料搜集比较困难，在此过程中得到不少朋友的帮助、支持，在此一并致谢。

书稿完成后，由于搁置时间较长，文档版本升级时导致一些文字出现脱落和错误，编辑杨天荣同志付出了大量心血进行核对，在此非常感谢她。

由于水平有限，研究过程中还存在不少问题，其中难免有疏漏、不妥之处，欢迎读者批评、指正。